韩怀宗·著

第四波
精品咖啡学

THE FOURTH WAVE
COFFEEOLOGY

中信出版集团 | 北京

图书在版编目（CIP）数据

第四波精品咖啡学 / 韩怀宗著 . -- 北京：中信出
版社 , 2023.5（2024.1 重印）
ISBN 978-7-5217-5097-3

Ⅰ . ①第… Ⅱ . ①韩… Ⅲ . ①咖啡－基本知识 Ⅳ .
① TS971.23

中国版本图书馆 CIP 数据核字（2022）第 251906 号

本著作由写乐文化授权出版中文简体版

第四波精品咖啡学
著者：　　韩怀宗
出版发行：中信出版集团股份有限公司
　　　　（北京市朝阳区东三环北路 27 号嘉铭中心　邮编　100020）
承印者：　北京利丰雅高长城印刷有限公司

开本：787mm×1092 mm　1/16　　　印张：30　　　字数：470 千字
版次：2023 年 5 月第 1 版　　　　　印次：2024 年 1 月第 3 次印刷
书号：ISBN 978-7-5217-5097-3　　　审图号：GS 京（2023）0758 号
定价：168.00 元

韩怀宗老师一直是我很欣赏的前辈，对于咖啡品种与处理法具有极高的热情，每每看到他挖掘出的故事，在许多琐碎的信息间连接出庞大脉络，就觉得咖啡世界真是太有趣了！

——世界咖啡师大赛（WBC）冠军、兴波咖啡共同创办人 **吴则霖**

如果一定要选一本兼具"广度"和"深度"，同时又能满足"启蒙"和"深造"目的的精品咖啡书，那一定会是这一本。书中除了对各品种咖啡和产地做出巨细靡遗的介绍，内容更涵盖了所有最前沿的知识。作者对咖啡学知识积累之深厚，实在让人叹为观止。

—— Coffee Consulate Coffeologist 咖啡教育认证讲师 **李威霆**

自 2008 年《咖啡学》初版问世，韩怀宗老师的著作一向是台湾咖啡从业人员、爱好者的必读经典和启蒙读物。致力于精品咖啡生活化的我们，也在理解世界生豆的变化上受益良多。本书详解了大处理法时代的来临和品种系统的精致化，为咖啡人建构实用且连接产地与餐桌的知识桥梁。

—— 路人咖啡 **李耕豪、王迪焕**

咖啡始于许多美丽的错误，韩老师以学无止境专研求实的精神，将以往信息不透明时代造成的传播误区一一解说清楚，创作出又一本经典之作。文中许多发展历程我都曾亲身参与，也被勾起无数深刻的回忆与感动。我想许多不合时宜的框架应该被打破，该是将经验法则与科学理论相互结合运用的精品咖啡时代了！

—— 第一届台湾咖啡大师比赛冠军、GABEE. 创办人 **林东源**

回望第三波咖啡消费和精品咖啡文化的滥觞，也才不过半个甲子的时间。如今，产地和消费地的咖啡文化风貌已成熟发展，和过去截然不同。正如每个人对于未来有不同的想象，我们对于第三波之后的下个咖啡消费浪潮，也有不同的揣测：一百个人的脑海中有一万种对于第四波的期待。韩怀宗老师的这本《第四波精品咖啡学》，总结了过去向西方取经、系统性地将当时最时髦的精品概念输入东方的经历，加上对近年东方市场响应精品咖啡运动的独特发展历程的观察，个中精彩，岂能错过？

—— 台湾咖啡产业策略联盟召集人 **林哲豪**

新锐的处理法、愈来愈赞的品种风味，再过几年，却有可能喝不到了？韩老师的《第四波精品咖啡学》，带我们深入了解产区现况以及气候变化给未来市场带来的影响，身为咖啡从业人员或爱好者的你绝对不能错过！

—— 世界咖啡闻香师大赛冠军 **咖啡行者**

我从第二波末开始经历咖啡浪潮，至当今的第四波精品咖啡浪潮，拜读过韩老师所有的书，每一次都获得新的观点和想法，偶尔还有一些惊喜。《第四波精品咖啡学》聊到过去、现在，以及未来即将发生的事，这是咖啡初学者、咖啡玩家及咖啡达人必读的一本秘籍。

—— 卓武山咖啡农场负责人 **许定烨**

记得刚做咖啡的时候，最常翻的书除了拉花书就是《咖啡学》，在懵懂的时候好像了解了些什么。现在，身在第四波浪潮里游着，要继续游过万里路，知识系统要更新，我想，就靠这本了！

—— Coffee Stopover 主理人 **张书华**

这么多年来，在精品咖啡品饮之路上，韩怀宗老师的著作始终是我的良师良伴，置身让我真正恋上咖啡再无能自拔的第三波狂潮里，它更是我时刻跟随的指路明灯。此际，第三波洪流发展到极致，第四波浪潮蓄势方兴，理所当然，韩老师再次领头：从品种、产地到后制发酵处理、萃取与评测……已然发展得无比细致精微、多样多端，让人眼花缭乱追之不及的环节，均娓娓细说完整道来；连因气候与产业变化给整体咖啡面貌所带来的影响和位移景况也一一清晰论述。带领我们，让我们在这越见精深浩瀚的知识之海中能有所依有所循，同时，安步前迈，徜徉乐饮此中。

—— 饮食生活作家 **叶怡兰**

多年前能略知"精品咖啡"一二的人，已算凤毛麟角，但韩老师却如数家珍，此前收集大量珍贵资料出版的《咖啡学》，为当时的咖啡人解盲国际观点，这次的《第四波精品咖啡学》更携带大量的未来发展趋势，更值得大家细品。

——世界杯烘豆大赛（WCE）冠军 **赖昱权**

作为一位生物科学领域出身的咖啡从业人员，我研读书中内容时倍感亲切！这本书从精准的科学角度，剖析咖啡的各种方面，如历史、品种、产区、处理法等，进而带入第四波精品咖啡的浪潮，满足新时代消费者对咖啡背景知识更深层的渴求！

—— MKCR 主理人 **爆头（廖国临）**

我和很多香港咖啡业界朋友都从韩老师的著作中了解世界咖啡产业的知识及潮流方向。韩老师这本新作，涉及气候变暖对咖啡种植及品种的影响，极具前瞻性。在咖啡处理法方面，老师也加入很多最新信息及分析。本书绝对是咖啡采购、检测及研发人员必读之选。

—— 香港香记咖啡集团有限公司行政总裁 **Clive Chan**

韩怀宗先生大胆提出第四波的概念，本书是值得专业咖啡从业者和业余爱好者收藏的好书。

—— Fika Fika Cafe 创办人 **陈志煌（James）**

时隔多年，韩老师再度发挥资深记者探究议题的精神，从独特的角度看咖啡。这次着墨在"品种"这个重要，但也极其复杂的课题上，从起源到未来，带着我们思考精品咖啡应该如何在气候变化的环境下，保有风味的独特性与产业的可持续性。

—— Mojocoffee 主理人 **Scott Chen**

十多年前，大部分关于咖啡学问的书籍都是从外语翻译成中文的。韩怀宗老师算用中文编写有关精品咖啡的科学系统研究的第一人。从十多年前开始，咖啡业界一直推动第三波浪潮，当今世界变化太快，一眨眼已到第四浪。

韩老师新作由品种新浪潮到咖啡新处理法，再到萃取率之讨论，为咖啡业界及爱好者提供了丰富的信息及新的看法。现代精品咖啡学没有正宗传统枷锁，只有科学系统研究。学海无涯，每一位咖啡朋友一生都是咖啡学府的学生。

见字读书，见字饮啡。

—— 香港 sensory ZERO 联合创办人 **Alvin Hui**

第一次阅读韩老师的作品是 2008 年的《咖啡学》，当年它就是咖啡知识的字典，从咖啡历史的演变到咖啡原产地的背景资料，令我获益良多。这本《第四波精品咖啡学》除了详细解说咖啡不同产地的变动，更叙述了一些第四波精品咖啡才出现的科技咖啡，让读者更了解精品咖啡学最新的趋势。

这是一本值得推荐给每个喜欢咖啡的人的、一定要阅读的"咖啡字典"。

—— 香港 Ideaology 主理人 **Choctor Tam**

有幸拜读韩老师新作，欣喜若狂！韩老师带我们回顾咖啡在农业上的发展，溯本求源，专精于第四波咖啡品种的探求，不愧为传道、授业、解惑之典范。

—— 香港 Cafe Corridor 主理人 **Felix Wong**

在咖啡界引颈期盼下，韩老师的新书终于问世。咖啡产业发展至今，人们都在问下一步将何去何从。韩老师精辟分析咖啡产业演进，提出未来的发展方向，言论之精准，眼光之犀利，堪称咖啡界的趋势大师，这是本喜欢咖啡的朋友必读的好书。

—— 维堤咖啡学院执行长 **Frank Yang**

致大陆读者

继前作《精品咖啡学（上）》《精品咖啡学（下）》发行 10 年之后，2022 年 7 月，《第四波精品咖啡学》繁体版在宝岛出版，10 个月后，福兔迎祥，简体版亦在大陆面市。又添增与广大咖友交流相长的机会，我很是开心。

纵观全球咖啡产业发展，大转折与新亮点已现。2017 年后，我开始筹思本书的内容与架构。2018 年至 2020 年，我在正瀚生技所属的风味物质研究中心担任资深顾问，除了实地走访庄园，还详阅各类研究报告，将其去芜存菁，归纳整理出符合咖啡产业升级的资料。2020 年至 2022 年全球新冠肺炎疫情大暴发，我深居简出，潜心写作，得以完成近 500 页、逾 25 万字的《第四波精品咖啡学》。

前作《精品咖啡学（上）》《精品咖啡学（下）》聚焦千禧年前后兴起的第三波咖啡浪潮。而今，第三波已是强弩之末，第四波沛然继起，体现在全球变暖、产地变迁挪移、高豆价常态化、救世主明日咖啡子一代（也称杂种第一代、F1）应运而生、特殊处理法争奇斗艳、金杯理论与杯测烘焙度面临调修、咖啡味谱与水活度新解等新内容上。当朝清算前朝，诸多新亮点蓄势待发；第四波格局之大，牵涉之广，科技力介入之深，更胜前三波的总和！

本书以五大方面解析第四波，在此先予以简述，以便读者更快进入历史必然的第四波咖啡洪流。

（一）全球变暖，产地变迁与永续

近年，全球变暖、产地变迁与永续之道已跃为咖啡产业的首要议题。早在

20 世纪 80 年代，联合国就开始关注全球变暖问题；1988 年，联合国环境规划署（UNEP）[1]、世界气象组织（WMO）协同成立联合国政府间气候变化专门委员会（IPCC），主导全球气候变化的评估与研究，以降低全球变暖对人类的威胁。

IPCC 经与各国专家 20 多年的研讨，决定以工业革命前全球年均温（约 13.7℃）为防线。2015 年，《巴黎协定》的各缔约方同意，在 21 世纪末之前把全球年均温控制在工业革命前年均温以上的 2℃以内，即控制在 15.7℃内，并努力在 2050 年前将全球年均温控制在工业革命前年均温以上的 1.5℃以内，即控制在 15.2℃内。然而，近年全球年均温升幅提高，WMO 预估 2040 年将突破 1.5℃的防线，21 世纪末的升幅恐超出 2℃的规范，后果严重。

更糟的是，阿拉比卡诞生距今仅一两万年，演化时间短，基因庞杂度不足，对高低温与干旱的耐受度远逊于大豆、玉米、小麦、稻米等作物，堪称"气候变化的金丝雀"。世界咖啡研究组织（World Coffee Research，简称 WCR）预估，2050 年，阿拉比卡将减产 50%，而咖啡的最大产国巴西将减产 60%，第二大产国越南将减产 48%，阿拉比卡的故乡埃塞俄比亚将减产 22%。另外，瑞典的斯德哥尔摩国际环境研究院（SEI）的研究也指出，21 世纪末，阿拉比卡将因气候变化减产 45.2%，罗布斯塔将减产 23.5%。

这绝非危言耸听。2021 年、2022 年，巴西最大的阿拉比卡产地米纳斯吉拉斯州连年遭到历来罕见的干旱、寒害与雹暴侵袭，折损两成产量，全球咖啡价格随即大涨至今。在厄尔尼诺现象与拉尼娜现象的交替威胁下，各产地冬天更冷，夏天更热，旱季更干，雨季更湿，极端气候发生频率大增，全球咖啡减产，供不应求恐将常态化。

再者，咖啡产地会随着全球变暖而变迁，往更高纬度、更高海拔的地区迁移。譬如，巴西南部高纬度不产咖啡的圣卡塔琳娜州（Santa Catarina，南纬 26°—29°）、南里奥格兰德州（Rio Grande do Sul，南纬 27°—33.6°），数十年后将呈现种植咖啡的适宜性；甚至目前不产咖啡的乌拉圭与智利，未来也会因气

---

1 因业内机构缩写更为常用，为了便于阅读，此类机构名均采取首次出现时括注缩写的处理方式，后文再次出现时，直接使用机构缩写。——编者注

候变暖受益而成为新兴咖啡产国。然而，咖啡产地往更高纬度或更高海拔挪移，将排挤其他作物，各国宜早因应规划。

阿拉比卡的原乡埃塞俄比亚亦难幸免。大裂谷以东的传统产区哈拉尔（Harar）、西达马（Sidama）、耶加雪菲、古吉、阿席（Arsi），近年过度开发，旱涝天灾的发生频率高于大裂谷以西的产区，埃塞俄比亚已着手开发西部乃至大西北较高纬度的有咖啡潜力的新产区。这从2018年、2022年埃塞俄比亚商品交易所（ECX）最新版咖啡合同产地分类表中可看出端倪：西部较高纬度、非传统咖啡产区的齐格（Zege）半岛、东戈贾姆（East Gojjam）、西戈贾姆（West Gojjam）、阿维（Awi）破天荒被列入精品咖啡专区。

埃塞俄比亚未雨绸缪有其学理依据。《埃塞俄比亚气候变化与精品咖啡潜力》（Climate Change and Specialty Coffee Potential in Ethiopia）指出，全球变暖到2090年，埃塞俄比亚适耕的精品咖啡田面积将锐减，尤以哈拉尔、耶加雪菲最严重，减幅将逾40%。但裂谷以西较高纬度的内格默特（Nekemte）产区将因升温受益，精品咖啡田面积不减反增。埃塞俄比亚咖啡和茶叶管理局（Ethiopian Coffee and Tea Authority，简称ECTA）近年更鼓励咖农到2,600米至3,200米的超高海拔区先行试种咖啡。产地变迁，咖啡往新区挪移乃大势所趋。

但仍有少数产地拜气候变化之赐，2050年后，适耕的咖啡田不减反增。瑞士的苏黎世应用科技大学2022年发表的最新研究指出，中国云南和福建、广东、广西，甚至四川的山区，数十年后的咖啡适宜性逆势增加，将成为全球少数受益的咖啡产区。无独有偶，早在13年前，云南省德宏热带农业科学研究所（DTARI）的专家团队到与云南接壤的四川攀枝花考察，发觉攀枝花金沙江干热河谷区虽位于北纬26°，属于不宜种咖啡的高纬度地区，但海拔1,000米至1,500米的干热河谷区"一山有四季，十里不同天"，日照充足，雨量丰沛，年均温20.9℃，种植阿拉比卡的潜力不输云南。2011年，四川省人民政府办公厅下发了《四川省人民政府办公厅关于加快热带作物产业发展的意见》，明确提出要大力开发此区的咖啡产业。近年，攀枝花从云南引进6个品种，经多年试种，筛选出适合本区的德热28、墨西哥11号、印度S288、卡蒂姆CIFC7963、蓝山5个品种进行商业化栽种。攀枝花的咖啡产业潜能恰与瑞士苏黎世应用科技大学的研究不谋而合。

中国 95% 的咖啡产于云南，但近年亦受气候变化的影响，云南咖啡产量从 2016 年的 15.84 万吨高峰，下跌到 2021 年的 10.87 万吨，5 年内下滑了 31.4%。然而，神州幅员辽阔，未来能否在福建、广东、广西或四川觅得咖啡新天地，值得深入调研。

数十年后，全球变暖虽可造就新的咖啡产区，但仍无法弥补传统产地丧失的产量。咖啡生产如何永续，将是 21 世纪各产地首要之务。

（二）高豆价常态化

自从 20 世纪 60 年代咖啡期货开市以来，全球低豆价时期远远长于高豆价时期，然而，漫长的低豆价岁月到了 21 世纪 20 年代开始反转。这不难理解，全球咖啡消费量随着世界人口增加而增长，但土地面积却是不变的，再加上不可逆的全球变暖致使咖啡减产，长期而言，咖啡豆价格将因供不应求而持续上涨，这几年我常这么思考。可喜的是，WCR 2017 年年度研究报告提出相关的科学数据，如果全球咖啡消费量继续维持每年 2% 的增长率，预估 2050 年全球咖啡需求量将高达 1,788 万吨，这几乎是目前的两倍。即使全球咖啡产量仍维持每年 2% 的增长，但到了 2050 年，全球咖啡豆将出现至少 360 万吨的短缺，最多更高达 1,080 万吨。

还有气候变暖的挑战，除非大规模因应气候变化的生产和减灾措施得以施行，否则全球咖啡产量到 2050 年可能低于目前水平。

咖啡供需失衡正在发生，证之于 2021 年至 2023 年全球豆价大涨未歇，警钟已响，昔日低豆价的黄金岁月恐不易再现。2020 年以后，我们面临高豆价的日子将远长于低豆价的日子，大家要有心理准备！

根据 2023 年 4 月 5 日国际咖啡组织（International Coffee Organization，简称 ICO）公布的更新资料指出，2021 年全球咖啡总产量 16,848.5 万袋，全球咖啡总消费量 17,560.5 万袋，出现 712 万袋供给缺口；而 2022 年全球咖啡总产量 17,126.8 万袋，总消费量 17,853.4 万袋，缺口达 726.6 万袋，即世界短缺 43 万多吨咖啡，这大概是埃塞俄比亚一年的咖啡总产量。换言之，全球咖啡已连续两年供不应求，即使2023年风调雨顺，最快也要2024年后才可能供需平衡，豆价逐渐回稳。但能否如愿，要看老天的脸色。以上最新数据虽和第七章表7-1有些出入，但ICO的全球咖啡供需数据系浮动调整，愈晚公布的数据愈精确。

（三）救世主F1应运而生

数十年后，全球咖啡豆恐难达成供需平衡，因为产地将面临可耕地减少且单位产量又必须比目前倍增的双重压力。美国知名的农艺、基因学家蒂莫西·席林博士（Dr. Timothy Schilling）[1]十多年前已预见全球变暖将重创咖啡产业，宜及早应变减灾。在他的奔走下，2012年，全球咖啡巨擘雀巢、星巴克、意利咖啡（illy caffè）、UCC等大力赞助，成立WCR，全力改造基因多样性不足的阿拉比卡，并培育抗病、耐旱、高产又美味的明日咖啡F1。

2015年至2022年，WCR杂交育出43支F1，并从中精选4支风味优且对极端气候适应力强的绩优F1，于2023年至2029年进行商业化前的全球产区试种评估，不久的将来即可释出供咖农减灾。这4支救世主的血缘为瑰夏（Gesha）分别与Obatā、玛塞尔萨（Marsellesa）、IAPAR 59、莎奇姆T5296杂交，值得期待。在可预见的未来，F1将逐渐淘汰替换铁比卡、波旁、卡杜拉（Caturra）等传统老品种，为阿拉比卡延续命脉。

另外，基因学家已着手分析咖啡属中120多个二倍体物种的基因，并进行种间杂交，盼能造出更有适应力的四倍体新咖啡物种。2015年以来，阿拉比卡的母本尤金诺伊狄丝（*C. eugenioides*）多次打进世界各大咖啡赛事优胜榜，这应该与WCR近年的研究顺势带动二倍体咖啡热潮有关。WCR对咖啡产业的贡献较

---

1 席林博士是位农艺兼基因学家，20世纪80年代在内布拉斯加大学执行高粱与小米项目研究，无意间在卖场喝到皮爷咖啡（Peet's Coffee）浓而不苦的重焙咖啡，结下精品咖啡良缘，2009年担任美国精品咖啡协会（SCAA）12位理监事之一。他在美国政府的资助下，远赴卢旺达协助咖啡产业的复兴与扶贫计划，这是他毕生重大功绩之一。2020年他在WCR退休，转任顾问。

之第三波时代推广精品咖啡教学与杯测标准的美国精品咖啡协会、咖啡质量学会（CQI）等机构，只多不少。

另外，云南省农业科学院热带亚热带经济作物研究所（简称云南省农科院热经所）、DTARI这两个擅长咖啡选育的机构近年也培育出风味、产量、抗病力、气候耐受度等综合评比优于卡蒂姆的新品种，诸如德热132、德热3、DTARI 389、DTARI 397、DTARI 399、DTARI 401、DTARI 402、云咖1号、云咖2号等，已释出供咖农栽植，提升云南咖啡的国际竞争力。

笔者曾喝过其中的德热132，花果调与酸甜震突出，迥异于云南最普及的卡蒂姆的苦涩与草本魔鬼尾韵，令人惊艳。德热132是早年引进的卡蒂姆Mexico-9在云南的本土突变品种，果皮为黄色，在遗传学上是一个独立新品种。

更可喜的是，2022年10月，云南省农科院热经所历经21年研究，释出铁比卡与波旁杂交产生的云咖1号与云咖2号；这两个新品种是经过分离、提纯、复壮、试种、选拔而淬炼出的奇葩，若栽植与加工条件完善，有杯测86分以上的实力。

我考证15世纪以来的咖啡史料，大胆提议，将阿拉比卡旗下品种的盛行归纳梳理成以下四大浪潮，可谓波波淬炼，其间诸多趣史与真相值得细品。

阿拉比卡第一波浪潮（1400—1926）　铁比卡与波旁时代

阿拉比卡第二波浪潮（1927—2003）　大发现时代

阿拉比卡第三波浪潮（2004迄今）　水果炸弹时代

阿拉比卡第四波浪潮（2012迄今）　大改造时代

（四）特殊处理法蔚然成风

烘焙是咖啡制程中造香最丰的关键，然而，2014年以后，咖啡造香工艺又朝更上游的后制过程迈进，此乃历史之必然。咖啡生豆在发酵、干燥过程中衍生出诸多醇类、有机酸、酯类、酮类、醛类等重要前驱芳香物，它们是烘焙催香的必要原料；如果生豆欠缺这些风味前体，即使是世界冠军烘豆师，也炼不出千香万味的好咖啡。在600多年的咖啡产业洪流中，近10年堪称后制工艺最受重视、大放异彩、怪招尽出的黄金岁月！

宝岛台湾的咖啡年产量仅 1,000 吨出头，只及云南的百分之　。然而，2009 年，阿里山李高明栽种的铁比卡参加美国精品咖啡协会的年度全球最佳咖啡大赛，从全球 100 多个庄园中脱颖而出，赢得前 12 名优胜榜的第 11 名佳绩。宝岛咖农获此激励，更重视品种选育与后制加工的优化，稳走量少、质精、高价卖的精品路线。卓越杯（Cup of Excellence，简称 CoE）经过两年的评估，认为宝岛优质咖啡已具 87 分以上实力，将于 2023 年 8 月 24 日举办台湾卓越杯咖啡示范竞标会（Best of Taiwan CoE Pilot）。继印度尼西亚、泰国之后，中国台湾地区成为亚太地区第 3 个符合 CoE 资格的精品咖啡产地。

云南咖啡产量百倍于台湾，且质量逐年跃升，相信在不久的将来，云南卓越杯咖啡竞标会将可隆重举行，届时全球咖啡玩家都可品赏到千滋百味的云南咖啡豆。

本书将 600 多年来咖啡的后制、干燥、发酵工艺划分为以下四大浪潮，波波琢磨，进化飘香，造就今日咖啡产业的荣景：

后制工艺第一波浪潮（1400—1850）　日晒独尊，不堪回首的杂味

后制工艺第二波浪潮（1850—1990）　水洗盛行，污染河川

后制工艺第三波浪潮（1990—2013）　省水减污、微处理厂革命、蜜处理崛起与日晒复兴

后制工艺第四波浪潮（2014 迄今）　特殊处理法崛起：厌氧发酵、冷发酵、热发酵、接菌发酵、添加物、厌氧低温慢干、发酵解读神器

（五）金杯理论、咖啡味谱与水活度新解

金杯理论是 60 多年前的萃取理论，但今日的磨豆机、冲煮设备与萃取技术远优于昔日，而沿用至今的金杯最佳萃取率 18%—22%，已不符实际需要。美国加州大学戴维斯分校咖啡研究中心已着手修正、扩充金杯萃取率，且已有初步结果，本书皆有详述。

再者，黑咖啡的甜味是来自糖类吗？两年前美国加州大学戴维斯分校咖啡研

究中心的研究发现，人类对糖类浓度的感知阈值为 0.35 毫克 / 毫升，但是黑咖啡的糖类浓度极低，不到 0.05 毫克 / 毫升。令人不解的是，许多咖啡玩家、杯测师常说"这杯咖啡好甜"或"不甜"，甚至国际精品咖啡协会（SCA）和 CoE 的杯测表格中都有甜味评分栏。那么黑咖啡的甜味究竟从何而来？是来自糖类以外的化合物吗？这些问题困惑了科学家多年。

2022 年末，SCA 旗下的咖啡科学基金会与美国俄亥俄州立大学赫赫有名的风味研究与教育中心（FREC）协同进行"咖啡的甜味：关键化合物的感官分析与鉴定"，希望能在 2023 年揭开黑咖啡甜味的秘密。此问题亦困惑我多年。我们可感知浅焙咖啡味觉的甜滋味，亦可感知鼻后嗅觉的焦糖香气，而且优质的深焙咖啡亦有浑厚的甜感，却呈现在喉头部位，与浅焙咖啡截然不同。咖啡的化合物不下千百种，我一直怀疑糖类并非优质咖啡甜感的主要成分，有些化合物也带有甜味，譬如咖啡熟豆中的糖醇类——甘油、甘露醇等亦有甜味。咖啡甜味的世纪之谜将在第四波揭晓，且杯测表格可能在第四波浪潮中做出重大修正。

另外就是有助于生豆保质的水活度区间。2009 年以来，SCA 规定精品级生豆的水活度必须低于 0.7，以保证食品安全。然而，2020 年后，诸多生豆进口商锲而不舍地研究，发现最有助于精品生豆保质的水活度区间应为 0.45—0.55，这远比 SCA 笼统的规范更为精准。

关于水活度的最新研究结果来不及写入本书繁体版，所幸简体版发行较晚，得以及时补入，这是本书简体版与繁体版最大的不同之处。

咖啡产业循序进化，后浪推前浪，"预支五百年新意，到了千年又觉陈"。咖啡浪潮将在滔滔洪流中，前后相继，永续奔腾！

谨志于台北内湖

2023 年 3 月 1 日

席卷咖啡产业上下游的时代巨浪

2009 年动笔、2012 年出版的前作《精品咖啡学》上下册，忽忽已逾十载。迈入 21 世纪 20 年代，全球咖啡态势酝酿新动力、新内容与新亮点，第四波精品咖啡浪潮正在发生。气候变化虽摧残三大洲经典产区，却也祸中藏福，咖啡处女地因全球升温而有新机遇，造出新产区，全球产地正面临调适与洗牌。世界咖啡研究机构重用阿拉比卡母本尤金诺伊狄丝、父本坎尼佛拉（*C. canephora*，俗称 *C. robusta*，即罗布斯塔）、埃塞俄比亚地方种（Ethiopia Landraces）、野生咖啡的抗病耐旱美味基因，打造 F1 等明日咖啡，以期使世人喝咖啡的闲情逸致能延续到下一世纪。

咖啡的造香工艺从烘焙厂转进更上游的庄园，各派后制技法尽出；厌氧发酵、冷发酵、热发酵、接菌发酵、添加物等"奇门炼香术"争香斗艳，咖啡农的光环首度凌驾咖啡师、杯测师、烘豆师与寻豆师。老朽的金杯理论正面临扩充与修正，一批玩家打破金杯框架与陈规，亦能冲出美味咖啡。这些亮点都是第三波难以想象的新发展。

意大利西西里岛百年历史的老牌咖啡莫雷蒂诺（Morettino），20 世纪 90 年代在该岛西北部、纬度高达北纬 38.1° 的巴勒莫试种，努力了 30 年，拜全球变暖之赐，2021 年终于有较好的产量，产出 30 千克咖啡豆，西西里岛成为全球最高纬度咖啡产地之一[1]。另外，北纬34°的美国南加州的文图拉县（Ventura）2014年以来种了2万株阿拉比卡，近年将增加到10万株。咖啡带近年已突破千百年来的南北回归线"天险"，向更高纬度凉爽地带扩展延伸。

西西里岛虽是无足轻重的"纳米"产地，然而，见微知著，近十多年的科学报告均警告，非洲、拉丁美洲和亚洲的传统咖啡产地，在2050年以前将减产20%—60%不等，其中以最大产国巴西减产六成最为严重，并建议巴西将产区往南方更高纬度的咖啡处女地挪移。阿拉比卡故乡埃塞俄比亚为了减灾与增产，已在海拔3,000米以上的凉爽地"练功"试种咖啡，并大力开发西北部原不产咖啡的处女地，数十年后埃塞俄比亚产地将有新貌。

搬迁产地还不够，全球育种专家齐动员，选育数十支抗病耐旱又美味的明日咖啡，正在各产地试种评估。在这波打造新世代阿拉比卡的行动中，埃塞俄比亚地方种、尤金诺伊狄丝、罗布斯塔的特异基因尤受重视。埃塞俄比亚地方种流入新世界如鱼得水，吃香喝辣，频频打进CoE优胜榜，并被冠上奇名怪姓，诸如粉红波旁（Bourbon Rosado，或Pink Bourbon）、"辣椒"（Aji）、Typica Mejorado、希爪（Sidra）、Chiroso、SL 09、Bernardina……吾等乐见瑰夏终于有了可敬接班人！

咖农大玩微生物造味术，挺进厌氧发酵、二氧化碳浸渍、低温发酵、高温发酵、接菌发酵，成功扩展咖啡新味域，为世界咖啡赛事、消费市场添香助兴。新品种的试栽、极端气候的减灾与"炼香术"的研发，全由咖啡农执行与实践，数百年来咖农首度成为引领风潮的马首，跃为第四波咖啡浪潮推涛手。

咖啡玩家不再拘泥金杯理论教条，以高浓度低萃取率手法泡出萃取率低于16%的美味咖啡，甚至在滤纸或金属滤网助力下泡出萃取率逾22%的美味Espresso。无独有偶，加州大学戴维斯分校咖啡研究中心的咖啡学者已着手放宽

---

1 葡萄牙位于北大西洋亚速尔群岛的圣若热岛（São Jorge），北纬38.6°，稍高于西西里岛巴勒莫的北纬38.1°。圣若热岛早在18世纪末就从巴西引进咖啡，岛上的努内斯家族（Nunes）经营的咖啡园种了800株阿拉比卡，年产770磅（1磅等于453.59237克）咖啡豆专供岛上观光客品鉴。圣若热岛与西西里岛应该是全球纬度最高的袖珍产区。——作者注（本书如无特别标示，页面下方的注释均为作者注。）

金杯理想萃取率的上下限，并重新制定咖啡冲泡管控表的理想区间与风味属性，盼有朝一日能为"年久失修"的金杯理论注入回春活泉。台湾也没闲着，率先"起义"扬弃不符实际需求、教条的杯测烘焙度 Agtron 58—63，改采用更有利高低海拔咖啡一展风华的 Agtron 72—78，广获好评。

速溶咖啡、油滋滋重焙、香精调味咖啡、意式咖啡当道、滤泡式复兴、烈火轻焙、日晒、水洗、去皮日晒、蜜处理、厌氧发酵、冷发酵、热发酵、接菌发酵、铁比卡、波旁、姆咖啡、埃塞俄比亚地方种、野生咖啡、F1 等明日咖啡、金杯理论与杯测烘焙度修正……这些都是咖啡产业从 20 世纪进化到 21 世纪 20 年代，历经四大浪潮波波淬炼的产物。当朝清算前朝并非坏事，没有最好，只有更好，时时检讨，及时修正，乃产业进步的最大动力。

咖啡之学博大精深，仰之弥高，钻之弥坚。由衷感谢正瀚生技董事长夫人 Cindy Wu、研究员李铨，台南护理专科学校邵长平博士，台湾咖啡研究室林哲豪、林仁安，咖啡匙钟文轩，联杰咖啡黄崇适，哥伦比亚 Caravela Coffee，秘鲁 Vela Ethan，卓武山咖啡农场许定烨，百胜村咖啡庄园苏春贤，森悦高峰咖啡庄园吴振宏，自在山林涂家豪，大锄花间林俊吉，云林古坑嵩岳咖啡庄园郭章盛，维堤咖啡杨明勋，冠军咖啡师简嘉程、林东源，以及学生江承哲，因他们的大力协助与宝贵意见，本书方能顺利完稿。

谨志于台北内湖

2022 年 4 月 20 日

目
录

第一部　明日咖啡：品种新浪潮

第一章　阿拉比卡的前世今生

第二章　阿拉比卡的四大浪潮：品种体质大改造

第三章　谁是老大：也门 vs 埃塞俄比亚

第四章　精锐品种面面观（上）：旧世界——埃塞俄比亚

第五章　精锐品种面面观（下）：新世界

第二部　变动中的咖啡产地

第十章　变动中的咖啡产地——南美洲

第十一章　变动中的咖啡产地——中美洲

第十二章 变动中的咖啡产地——亚洲

第三部 咖啡的后制与发酵新纪元

第十三章 后制发酵理论篇：咖啡的芳香尤物

第十四章　咖啡后制四大浪潮（上）：600多年来，人类如何处理咖啡？

第十五章　咖啡后制四大浪潮（下）：奇技竞艳的第四波处理法

第四部　修正金杯理论与杯测烘焙度之浅见

第十六章　金杯理论理想萃取率与杯测烘焙度该修正吗？

第四波咖啡浪潮：全球变暖危机与产业未来

　　较之酒与茶，咖啡算是晚近盛行的饮品，直到 15 世纪以后，咖啡饮料才有文献记载，进入有史时代。第二次世界大战结束迄今，全球咖啡产业迈过七十多载黄金岁月，2019 年世界咖啡生豆交易额为 300 亿美元，是排名全球第 122 大的商品[1]，2020 年咖啡上下游产业链总收入估计超过 4,400 亿美元[2]，而 2018 年精品咖啡的总营收达 359 亿美元，预估 2025 年全球精品咖啡市场总收入可逾 835 亿美元[3]。第二次世界大战后至今，咖啡饮用方式从牛饮进化到品鉴，已衍生三大浪潮，1960 年之前出生的咖啡玩家，都体验过三大浪潮的市况与流行；然而，演化未歇，咖啡巨轮扬尘奔腾，新品种、新处理法、埃塞俄比亚新解、全球变暖、豆价波动与可持续议题，架构出第四波咖啡浪潮的龙骨。

　　第四波咖啡浪潮的深广度与影响力远胜前三波，各地产官学界联手穷究"前朝"未探索的全球变暖与精品咖啡可持续议题，以期使咖啡的黄金岁月延续到下一世纪。咖啡产业链上游的咖农，在前三波被忽视消音；然而，改变正在发生，新一代咖农勤奋博学，集后制师、咖啡师、烘豆师、寻豆师和杯测师的技能于一身，各产地的咖啡园成为职业人士或咖啡族争相参访、充电的学堂。三大洲咖啡产地面临气候变化，如何调适、减灾或迁移他处，诸多转折与应变，成为第四波的焦点。

1　MIT's Observatory of Economic Complexity.

2　Statista.com

3　Adroit Market Research 2019 年出版的 *Global Specialty Coffee Market Size by Grade（80-84.99, 85-89. 99, 90-100）by Application（Home, Commercial）by Region and Forecast 2019 to 2025.*

新品种、新处理法与气候变化的可持续议题都发生在产地，因此站在第四波浪头上的不是咖啡师、烘豆师、杯测师、寻豆师或咖啡馆，而是咖啡农，以及埋首为产地培育新品种的顶尖科研机构，诸如世界咖啡研究组织等。

埃塞俄比亚原生阿拉比卡独有的抗炭疽病、抗叶锈病、抗枯萎病、抗旱以及美味的基因，可协助中南美洲和亚洲产地，培育风味好又能因应全球变暖与病虫害的新锐品种。埃塞俄比亚古优品种的最新诠释，以及埃塞俄比亚产区因全球变暖危机而面临的迁徙问题，值得重新发现、重新论述。

第三波强调地域之味，到了2014年以后，多元发酵尽出争宠，发酵造味逐渐掩盖地域之味，是好是坏，见仁见智。近年，厌氧发酵、菌种发酵、酒桶发酵，以及添加果汁、果皮、酵素、肉桂等加料发酵奇招尽出，迎合市场对强烈、非传统、更劲爆味谱的新需求，这种倾向在亚洲产地尤其明显。咖啡的造香技艺已从烘焙厂回传至更上游的咖啡农。而新品种、新处理法的相乘效果，将第三波烈火轻焙的水果炸弹，升级到第四波的花果核弹；味谱从第三波晶莹剔透的酸甜震，演进到第四波庞杂、娇艳、俗丽、浑厚与缤纷的发酵造味，此一演变轨迹极为明显。

小而美的第三波精英退场

第三波浪潮起于千禧年前后，美国与北欧皆有独立经营的咖啡馆和年轻咖啡师，不屑第二波重焙的焦苦味以及充斥街头的大量复制的星巴克及其同构型咖啡馆。这些小资咖啡馆困知勉行，专攻星巴克不擅长的领域，主推酸香花果韵的烈火轻焙、拉花、彰显地域之味的手冲与虹吸滤泡式黑咖啡、单一产地或单一庄园浓缩咖啡（Single Origin Espresso，简称SOE）、杯测鉴味仪式、咖啡教学，以及每家门店不同的设计风情，创造差异化，力抗星巴克，果然杀出一条活路，点燃第三波浅中焙浪潮。第三波的领头羊包括知识分子（Intelligentsia）、树墩城（Stumptown）、反文化（Counter Culture）和蓝瓶（Blue Bottle），每家连锁的门店不多，只有十来家，恰巧迎合1990年前后出生的千禧世代求新求变求好，以及豆源可溯性的需求。

过去，星巴克是咖啡馆从业者争相学习或模仿的对象，然而，标榜地域之味的第三波浅中焙狂潮，来得又急又猛，逼得第二波重焙巨擘星巴克、皮爷咖啡打破只卖重焙的家规，相继推出浅中焙咖啡迎合市场需求，星巴克甚至学习第三波的手冲与虹吸多元萃取元素，并斥巨资打造升级版的臻选门店（Starbucks Reserve）以及高端大气的臻选烘焙工坊（Starbucks Reserve Roastery），以吸引千禧世代，成功转型，安然度过第三波风暴。

知识分子、树墩城和蓝瓶等小虾米力抗巨鲸的事迹，风光一时，也轻易募得扩大营运的资金，但就在第三波小资咖啡馆形势大好之际，2015 年第二波教父级的皮爷咖啡一口气购并第三波的两大明星树墩城、知识分子，震惊世人。其实早在 2012 年，总部设于卢森堡的 JAB 控股集团就斥资 9 亿多美元购并皮爷咖啡，展现制霸全球咖啡产业的雄心。2013 年，JAB 以 98 亿美元购并欧洲老牌咖啡 Jacobs Douwe Egberts。2015 年，皮爷咖啡在 JAB 集团的撑腰下鲸吞树墩城、知识分子后，世人才惊觉全球精品咖啡产业进入整并狂潮。

2017 年，食品巨擘同时也是全球速溶咖啡龙头的雀巢，以 5 亿美元吃下第三波栋梁蓝瓶六成股份，第三波浪头精英全被财大气粗的第一波或第二波巨擘收编，小而美的第三波王朝寿终正寝。这几出终结第三波的购并大戏，犹如戈雅所绘的希腊神话故事农神吞噬其子（Saturn Devouring His Son）：农神萨图恩担心骨肉长大后篡位夺权，把自己刚出生的小孩生吞入肚，以绝后患。

精品咖啡大者恒大

虽然第三波浪头明星知识分子、树墩城和蓝瓶相继被购并，但被并者的门店仍维持独立运作，产品与店格不变，店内也不卖 JAB、皮爷或雀巢相关产品。蓝瓶有了雀巢当靠山，截至 2020 年 1 月，在美日韩的门店总数增加到 90 家，有趣的是知识分子、树墩城并未大量展店，维持在 20 家左右。

拥有全球渠道的雀巢和 JAB 如何协同囊中的第三波人气咖啡馆和烘焙厂，将精品咖啡的产量规模化，开发更多优质产品，完成从咖啡馆、贩卖机到"包装大众消费品"（Packaged Mass Consumption Goods，简称 PMCG，即更注重包装、品牌、大众化的快速消费品）的产品路径，使之销至全球？量少质精的第三波水果炸弹如何极大化？这将是第四波的要务之一。

全球咖啡市场占有率最高的四巨头依序为雀巢、JAB、星巴克、拉瓦萨（Lavazza）。而意大利老牌咖啡拉瓦萨证实雀巢与JAB曾多次敲门，试图以巨资购并，已遭拒绝。不"重"则不威，拉瓦萨近年也大量购并欧美咖啡品牌，壮大自己，免得被并。饮料巨擘可口可乐也加入咖啡战局，2018年斥资39亿欧元购并欧洲最大咖啡连锁品牌咖世家咖啡（Costa Coffee）。在可预见的未来，咖啡市场将是巨人的乐园，举凡业绩亮眼、潜力雄厚、来不及长大的小资咖啡连锁品牌，终将沦为巨兽的俎上肉。

第三波虽献出了"肉体"，但精神不死。豆源透明性与可溯性、烈火轻焙、SOE、手冲、水果味谱、酸甜震、冷萃、冰酿、拉花、杯测仪式、金杯理论等第三波的重要元素，将融入第四波，但其中的金杯理论与杯测仪式需修正补强，才能继续发扬光大。而对气候变化、可持续议题、豆价波动问题、新品种与处理法，第四波将有更积极的应对方案，本书对此有更详细的剖析。

第三波魅力无远弗届，就连坚持传统、铁板一块的意大利也受影响。改变已然发生，米兰、佛罗伦萨、博洛尼亚……相继开出不少第三波的小资咖啡馆，他们除了贩卖一杯1欧元的本地传统Espresso，更打破传统卖起2欧元起跳的酸香花果韵SOE、V60和Chemex手冲、虹吸，以及爱乐压咖啡。2013年在佛罗伦萨开幕、传播第三波咖啡文化的Ditta Artigianale至今已有两家店和一座烘焙厂，是意大利第三波的点火者；另外，Gardelli Specialty Coffees、His Majesty the Coffee、Cafezal、Cofficina、Orso Nero等，都是意大利第三波的人气咖啡馆。而2018年星巴克霸气的臻选烘焙工坊在米兰盛大开业，为意大利咖啡文化注入新的催化剂。

这些"明知山有虎，偏向虎山行"的第三波传道者，起初被视为"亵渎"意大利咖啡，本地人不屑入内，顾客中观光客高占九成，但经过多年教育与推广，愈来愈多意大利咖啡族成为常客，其中又以千禧世代最多。

在千禧世代求新求变求好，以及全球化的驱动下，不论日式、北欧式、意大利式、澳新式还是西雅图式，终将在第四波大浪的冲刷洗礼下，差异化渐微，融合为一，不分彼此，成为无国界风格。如同遗传距离较远的品种相互杂交，造出适应力更佳、体质更强、风味更迷人的杂交优势新品种，第四波的火花与远景更令人期待。

表 0-1　咖啡时尚的四大浪潮简表

浪潮名称	第一波	第二波	第三波	第四波
时间	1945—1960 年	1966—1990 年	2000—2015 年	2016 年迄今
产品特色	量大低质熟豆与速溶咖啡盛行	①店内新鲜重焙高海拔优质阿拉比卡；②批判"前朝"罐装咖啡；③意式咖啡连锁面世；④拿铁、卡布奇诺大流行	①浅中焙取代重焙；②批判"前朝"深焙焦苦味；③滤泡式手冲、虹吸复兴；④酸甜震、水果韵 SOE 取代甘苦巧克力韵；⑤杯测与咖啡教学盛行	①继承"前朝"浅中焙遗绪；②培育新品种应对全球变暖危机；③发酵奇招尽出，酿造花果核弹；④埃塞俄比亚地方种与产区新解；⑤检讨金杯理论、杯测仪式，以及"前朝"陋规；⑥精品咖啡规模化
主导者	雀巢麦斯威尔Hill BrothersFolgoro	皮爷星巴克天好咖啡（Tim Hortons）Jacobs DouweEgberts	知识分子树墩城蓝瓶	雀巢JAB星巴克咖农与产地WCR加州大学戴维斯分校咖啡研究中心

01

明日咖啡：
品种新浪潮

阿拉比卡的千香万味令人痴迷，本部从它的身世解密开始，
带入品种的四大浪潮，以及现今面临气候变化、森林滥伐等生存压力，
明日咖啡如何进行体质大改造。

第一章
阿拉比卡的前世今生

迟至 15 世纪，中东文献首次记载

一种可提神醒脑、制造快乐的饮料咖瓦（Qahwa），

此乃咖啡饮品的前身。17—18 世纪，咖啡风靡欧洲；

荷兰、法国、英国、葡萄牙等欧洲列强移植阿拉比卡到亚洲和

拉丁美洲属地，大规模种植谋利，

造就今日勃发的咖啡产业链。

数百年间，阿拉比卡因病虫害防治、产量与风味优化、

气候变化与可持续议题，经历四大浪潮的大改造，

已然今非昔比，为世人繁忙的生活添香助兴。

要认识这个咖啡属的奇迹物种，

一切得先从阿拉比卡创世纪的"一夜情"谈起。

阿拉比卡：诞生于创世纪的"不伦恋"

阿拉比卡是造物的奇迹，经上帝宠幸之吻，才有今日盛容！

生物分类学上的咖啡属（*Coffea*），至今已获确认的有 130 个咖啡物种 [1]，包括阿拉比卡（*C. arabica*）、罗布斯塔、刚果咖啡（*C. congensis*，近似罗豆）、赖比瑞卡（*C. liberica*，西班牙发音"利比利卡"）、尤金诺伊狄丝、蕾丝摩莎（*C. racemosa*）、史坦诺菲雅（*C. stenophylla*）、萨瓦崔克斯（*C. salvatrix*），等等。

各咖啡物种底下又衍生许多亚种、变种、品种、栽培品种。"阿拉比卡"其实是个集合名词，旗下有成千上万个变种、品种或栽培品种。咖啡属的 130 个物种中唯独阿拉比卡是异源四倍体，其中的父本来自二倍染色体罗布斯塔，母本来自二倍染色体尤金诺伊狄丝，染色体基数 11，四倍体共 44 条染色体（2n=4x=44）。阿拉比卡以自花授粉为主 [2]，这是异源四倍体的特色。咖啡属其余 129 个物种皆为二倍体，即二倍染色体，染色体基数 11，二倍体共 22 条染色体（2n=2x=22），多采异花授粉，具自花不亲合性。阿拉比卡可说是咖啡属底下 130 个物种中最特立独行、味谱最优雅、最具商业价值的奇葩。

然而，阿拉比卡却是较晚近出现的物种，是咖啡属里的后生晚辈。30 年前，植物学家已发现阿拉比卡是由两个不同种的二倍体咖啡杂交而造出的异源四倍体物种，亲本可能是刚果咖啡、罗布斯塔或尤金诺伊狄丝，而近年基因鉴定，确认了阿拉比卡的父本为罗布斯塔，母本为尤金诺伊狄丝。

2014 年，由意大利咖啡巨擘意利咖啡、拉瓦萨资助，由世界咖啡研究组

---

1 据 2021 年 8 月英国皇家植物园（Royal Botanic Gardens，亦称 Kew，即邱园）发表的研究报告《马达加斯加北部发现咖啡属麾下 6 个新物种》[Six New Species of Coffee（*Coffea*）from Northern Madagascar]，全球咖啡物种总数增加到 130 个。这 6 个新咖啡物种为：*Coffea callmanderi*、*C. darainensis*、*C. kalobinonensis*、*C. microdubardii*、*C. pustulata* 和 *C. rupicola*。有关新咖啡物种的特性与商业潜能，仍待进一步研究。植物学家指出这项发现对基因多样性不足的咖啡属而言，是大利好。

2 目前已知咖啡属底下自交亲合的物种除了阿拉比卡，还有安东奈伊（*C. anthonyi*）和 *C. heterocalyx* 以自花授粉为主，但两物种为二倍体。

阿拉比卡的母亲——尤金诺伊狄丝；果粒较小，豆粒较尖瘦。(刁乃昆提供）

织（WCR）、法国农业国际研究发展中心（CIRAD）、意大利应用基因组学研究所（Istituto di Genomica Applicata）、意大利的里雅斯特大学（The University of Trieste）、也门萨纳大学（Sana'a University）和哥斯达黎加热带农业研究与高等教育中心（the Tropical Agricultural Research and Higher Education Center，简称CATIE）等单位一同对阿拉比卡的身世、基因、遗传进行了深入研究，于2020年3月联署发表了《阿拉比卡四倍体基因组发源地的单次多倍体事件导致野生和栽培品种的遗传变异度极低》（A Single Polyploidization Event at the Origin of the Tetraploid Genome of *Coffea arabica* Is Responsible for the Extremely Low Genetic Variation in Wild and Cultivated Germplasm，以下简称《阿拉比卡遗传变异度极低》）。

该研究报告再度确认阿拉比卡的父本是二倍体罗布斯塔，母本是二倍体尤金诺伊狄丝，这两个不同物种在自然情况下，发生一次跨物种的"不伦恋"，杂交造出了四倍体阿拉比卡，其中两套染色体来自罗布斯塔，另两套得自尤金诺伊狄丝。

在此之前，2011年发表的另一篇研究报告[1]，科学家分析8个同源基因组，推估四倍体阿拉比卡诞生于66.5万至4.6万年前，是很年轻的物种。但上述的《阿拉比卡遗传变异度极低》报告，又将阿拉比卡的生辰往更近代修正，经进一

---

1 研究报告为Micro - Collinearity and Genome Evolution in the Vicinity of an Ethylene Receptor Gene of Cultivated Diploid and Allotetraploid Coffee Species（*Coffea*）。

步基因分析，推算这桩创世纪"一夜情"发生于约1万至2万年前，而且是只发生一次的"种间杂交"，而非多次杂交所形成的物种，其演化时间也较短，基因多样性注定较贫乏，对环境的调适能力与病虫害抵抗力较弱。此乃今日阿拉比卡对高温与低温极为敏感且体弱多病的原因。

两个二倍体异种在天时地利配合下的自然交合，孕育出能够稳定繁衍后代的四倍体物种，是造物的奇迹，其成功概率极低。截至目前，三大洲的咖啡产地尚未发现第二起尤金诺伊狄丝与罗布斯塔在自然环境下杂交成功，孕育出新版阿拉比卡的造物事件。

20世纪90年代，科学家推估数万年前阿拉比卡形成的模式，始于一株父本罗布斯塔的配子减数分裂异常，未产生正常的单倍体配子，而产生了反常的二倍体配子，因缘际会再与一株母本尤金诺伊狄丝的单倍体配子交合，产出三倍体，其配子就可能有单倍与二倍，如果再自交，二倍体的配子就有机会配对成功，进而诞生四倍体的阿拉比卡，此模式在学界达成高度共识，沿用至今，可参见下页图1–1。

左侧是黄波旁（阿拉比卡旗下品种之一），右侧雄壮威武的正是罗布斯塔（阿拉比卡的父本）。

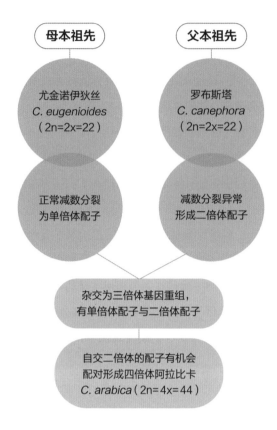

图 1-1　阿拉比卡物种形成的可能模式

阿拉比卡可溯源至乌干达?

换言之,目前全球栽种的上百亿株阿拉比卡,都是 1 万至 2 万年前一株尤金诺伊狄丝与一株罗布斯塔露水姻缘所生的一株四倍体咖啡的后裔。目前所知,埃塞俄比亚是阿拉比卡基因多样性的演化中心,但有趣的是这起创世纪"不伦恋"的"香闺"可能不在埃塞俄比亚!

跨物种的种间杂交,其成功概率远远低于同种间的种内杂交。罗布斯塔与尤金诺伊狄丝"不伦恋",育出有繁殖力的四倍体阿拉比卡,至少要有共存一地、气候温暖、花期一致、自交不亲合系统关闭等四大事件同时发生才可能成功。

1. 共存一地。罗布斯塔是非洲分布最广的咖啡，常见于西非与中非 1,000 米以下的低海拔、潮湿且温暖的森林中心地带；而尤金诺伊狄丝分布于中非与东非 1,000—2,000 米的较高海拔、较干燥的凉爽森林边陲地带，诸如乌干达西部艾伯特湖（Lake Albert）周边、肯尼亚、坦桑尼亚和苏丹。两物种共存的地域不多，目前只有在乌干达艾伯特湖一带仍看得到两物种共存。

然而，埃塞俄比亚境内只生长两种咖啡，除了阿拉比卡，还有另一个鲜为人知、濒临绝种的二倍体妞蕾洛伊咖啡（*C. neoleroyi*）。埃塞俄比亚全境至今不曾发现阿拉比卡的父本与母本共存的踪迹，因此不少科学家推论埃塞俄比亚并非跨物种"一夜情"的现场。更有趣的是，研究员鉴定非洲各地罗布斯塔的基因，发现乌干达罗布斯塔的核苷酸多态性（nucleotide polymorphisms）最接近阿拉比卡，因此推断乌干达艾伯特湖附近的山林，尤其是布东戈森林（Budongo forest），自古以来常见罗布斯塔与尤金诺伊狄丝共存，极可能是两异种创世纪"不伦恋"的现场。

2. 气候温暖。跨物种"不伦恋"发生于 1 万至 2 万年前，约莫是末次冰期。罗布斯塔与尤金诺伊狄丝的配子必须在温暖的气候中才能成功交合，因此冰河时期的"不伦恋"不可能在埃塞俄比亚西南部海拔 1,500 米的霜雪地进行。乌干达艾伯特湖海拔 600 米，离赤道更近，较可能具备阿拉比卡繁殖所需的温暖气候。

3. 花期一致。罗布斯塔与尤金诺伊狄丝即使共存于一地域，花期也必须相同，才可能经由昆虫或风力完成授粉。然而，实际上两物种的花期并不相同，咖啡物种的花期具高度特异性，这是由基因控制的，以免发生异种基因的交流事件。

4. 自交不亲合系统关闭。这不太可能发生，但并非绝不可能。两个亲本自交不亲合的系统必须关闭，才能让新物种顺利自交繁衍，不需再与亲本回交，徒增不确定性。物种在特殊环境与逆境下会为自己找到出路。环境变迁确实会改变植物的繁殖机制，以澳大利亚东部的法属新喀里多尼亚岛（Nouvelle-Calédonie）为例，岛上栽种的阿拉比卡、罗布斯塔、赖比瑞卡过去不曾成功杂交，但近年雨季形态改变，三异种的花期渐趋一致，导致自然杂交的出现。

综上所述，可以这么推论：1 万至 2 万年前，罗布斯塔与尤金诺伊狄丝情定温暖的乌干达，造出四倍体的阿拉比卡，并往东北部繁衍，扩散到今日的埃塞俄比亚西南部低地森林，随着气温回升，阿拉比卡逐渐往更高海拔迁移，埃塞俄比亚西南部山林成为阿拉比卡基因演化中心，进而成为阿拉比卡性状与遗传变异度最高的原产地。

阿拉比卡应正名为"埃塞比卡"？

阿拉比卡的诞生是造物的奇迹，阿拉比卡的命名更是美丽的误会！

17—18世纪是欧洲发现咖啡的大时代，阿拉比卡原生于埃塞俄比亚西南部卡法森林，但当时这片茂密山林仍被卡法王国（Kingdom of Kaffa）控制，极为封闭排外，被喻为"难以穿越的铁墙"，外人很难进入，更不可能知道这里是咖啡基因的宝库。反观阿拉伯半岛南部的也门是欧洲海权国家到亚洲的必经之地，地理位置优于深处内陆不濒海的埃塞俄比亚。17—18世纪的欧洲商人、植物学家或旅行家在也门喝到提神助兴的咖瓦，并在此发现神奇的咖啡树，误以为也门是咖啡原产地。当时欧洲人以拉丁语"快乐幸福的阿拉伯"（Arabia Felix）来歌颂也门是个芬芳宝地。

在17世纪到18世纪这长达200年的时间里，咖啡原产地在阿拉伯（今日也门）是当时欧洲人的主流看法。瑞典知名植物学家卡尔·林奈（1707—1778）于1738年出版的植物学文献《克利福特园》（*Hortus Cliffortianus*）就引用了法国人对咖啡的描述：

> 阿拉伯的茉莉，月桂树的叶片，所产的豆子称为咖啡。

林奈还特别加了一个批注："咖啡只产于快乐的阿拉伯[1]！"

此外，林奈大师亦驳斥法国人认为"咖啡是月桂树的一种"这个说法，他特地为咖啡物种创立了咖啡属，以兹区别。

---

1 快乐的阿拉伯即今日也门。

1753 年，林奈发表了《植物种志》（*Species Plantarum*），这是全世界最早为植物进行系统化分类、命名的巨著。他以二名法的拉丁文为原产于也门的咖啡树定出学名——*Coffea arabica L.*，此一学名可直译文为："咖啡属底下，阿拉伯的种，林奈命名"。植物的学名通常以其性状、特征或原产地来命名，但是林奈大师犯了美丽的错误，误认阿拉伯半岛南部的也门是阿拉比卡原产地。如果大师泉下有知，咖啡的学名想必会更正为 *Coffea ethiopica L.*，将阿拉比卡正名为"埃塞比卡"应该更接近事实。虽然阿拉比卡已众口铄金将错就错数百年，但追求真理的咖啡玩家有必要了解其中的是非曲直。

1761 年林奈出版的 18 页手册《咖啡饮料》（*Potus Coffeae*）写道："咖啡树原产于阿拉伯与埃塞俄比亚。"大师虽然刻意补入埃塞俄比亚，但为时已晚，美丽的错误"阿拉比卡"已深植人心。

误打误撞找到阿拉比卡源头

其实，有少数与林奈同辈的专业人士，当时已提出咖啡原产于埃塞俄比亚的观点，但未受到重视甚至遭到讥笑。1687 年移居开罗执业的法国医师查尔斯－雅克·庞塞特（Charles-Jacques Poncet），于 1699—1700 年应埃塞俄比亚皇帝伊雅苏一世（Iyasu I，1654—1706）之邀为皇族治病，返国后他写了《埃塞俄比亚游记》（*A Voyage to Ethiopia*），对咖啡树有入木三分的描述：

> 咖啡树很像桃金娘，但叶片稍大且绿，果子像开心果，果内有两粒豆子，就是大家说的咖啡。果皮起初是绿色，果熟后转成暗红色……埃塞俄比亚随处可见咖啡树，应该是咖啡原产地，阿拉伯的咖啡树可能是从这里移植过去的。

17、18 世纪之交的法国医生庞塞特，是世界上第一位发现埃塞俄比亚是咖啡原产地的人，但未被当时的主流意见接受。90 年后，另一位挑战也门是阿拉比卡原乡观点的是苏格兰探险家詹姆斯·布鲁斯（James Bruce，1730—1794），他为了探索尼罗河源头，深入埃塞俄比亚探险，1790 年出版多达 3,000 页的巨作《尼罗河源头发现之旅》(*Travels to Discover the Source of the Nile, In the Years 1768, 1769, 1770, 1771, 1772 and 1773*)。其中有一句话深受咖啡史学家重视：

> 咖啡树原生于卡法（Caffa），在此自然而生，数量庞大，从卡法到尼罗河畔，遍地可见。

这是卡法首次出现在欧洲文献里，但拼法不同于今日惯用的 Kaffa。庞塞特与布鲁斯是当时少数获准深入埃塞俄比亚探秘的专业人士，他们俩提出的观察太过前卫，遭到歧视，一直到 1897 年埃塞俄比亚皇帝孟尼利克二世（Menelek II，1844—1913）征服排外的卡法王国，才有更多的欧洲植物学家入内探索，揭开卡法森林的神秘面纱。20 世纪 60 年代，科学家证实了阿拉比卡源自埃塞俄比亚的卡法森林，庞塞特与布鲁斯的观察迟了一两百年才获得认同！

先天不良的阿拉比卡，难御气候变化

从史料来看，卡法森林迟至 1897 年后外界才得入内一窥堂奥。而埃塞俄比亚咖啡种子早在 15 世纪已传入也门，这应该是偶发性的少量引入，可能通过战俘或以物易物的商人之手，而不是长期有计划的大量引进。15—18 世纪中期，也门首开世界之先，利用少量的阿拉比卡种质，在基因多样性有限的情况下大规模商业化栽种咖啡，供应伊斯兰世界与欧洲市场。

更糟的是，亚洲和拉丁美洲的阿拉比卡全来自也门，而不是向阿拉比卡基因演化中心的埃塞俄比亚求经取种而来，加上阿拉比卡进化时间太短以及自花授粉的特性，造成今日全球的铁比卡或波旁基因多样性或遗传变异度极低，抗病力差，无力应对气候变化的挑战。半个多世纪以来，植物学家为了强化阿拉比卡体质，进行了几波品种改良，尤其进入 21 世纪，全球变暖加剧，更启动了阿拉比卡大改造计划（请参见第二章），以期使"黑金危机"不致发生，喝咖啡的闲情逸致能够延续到下一世纪。

第二章
阿拉比卡的四大浪潮：
品种体质大改造

第一章提及阿拉比卡因造物奇迹与美丽误会而诞生，
但它从埃塞俄比亚涓滴流入也门的精确年代已不可考，
姑且以 15 世纪咖啡文献中开始大量出现中东地区为起点，
600 多年来，阿拉比卡为防治病虫害、提高产量、优化风味、
因应气候变化的时代需求，经历了四大时期的洗礼与淬炼，
本章依序演绎、阐述阿拉比卡各浪潮的进程与要义。

1400—1926	1927—2003	2004 迄今	2012 迄今
第一波浪潮	第二波浪潮	第三波浪潮	第四波浪潮
铁比卡与波旁时代：老品种当道	大发现时代：抗病、高产挂帅	水果炸弹时代：美味品种崛起	大改造时代：强化体质抵御气候变化

阿拉比卡第一波浪潮 1400—1926

铁比卡与波旁时代：老品种当道

在漫长的 526 年间，全球咖啡市场主要仰赖阿拉比卡麾下的两大主干老品种：铁比卡与波旁。这两个品种可从外观粗略辨识，铁比卡顶端嫩叶为深褐色，侧枝几乎呈水平状，叶片较狭长，长身豆较多；波旁的顶端嫩叶为绿色，侧枝与主干夹角较小，侧枝较上扬，叶片较宽阔且边缘呈波浪状，圆身豆较多。这两大老品种虽然味美，但对叶锈病、炭疽病、根腐线虫几无抵抗力，对高低温与干旱的耐受度低，产果量也比今日的改良品种低了至少 30%。

1927 年葡萄牙发现东帝汶杂交种（Timor Hybrid）以前，全球阿拉比卡的基因与族谱皆不出铁比卡与波旁两大族群，若说铁比卡与波旁两个品种独霸咖啡产业 600 年也不为过；光靠两个品种即可吃定天下数百年，咖啡是世界绝无仅有的奇葩作物。

历史资料与近年基因检测结果证实，这两大阿拉比卡主干品种是从埃塞俄比亚西南部山林传入也门，在也门被驯化成为地方种，再扩散到印度、印度尼西亚、留尼汪岛、中南美洲，成为 1400—1926 年中，世界"唯二"的咖啡栽培品种的。有趣的是，这两大古老品种的传播路径并不相同，前后有别，铁比卡先行，波旁后至。

铁比卡的传播路径

15—18 世纪，也门垄断全球咖啡贸易，咖啡豆出口前先经过烘焙或水煮，以免活的咖啡种子流入他国。1670 年，备受印度教与伊斯兰教苏菲派景仰的僧侣巴巴布丹（Baba Budan）从麦加朝圣返回印度途中，在也门摩哈港（Port of Mokha）盗走 7 粒咖啡种子，藏在胡子内避人耳目，带回印度种在西南部卡纳塔克邦奇克马加卢尔区（Chikmagalur）的钱德拉吉里山（Chandragiri Hills），开启了印度咖啡种植业。卡纳塔克邦的迈索尔地区 [Mysore，在当时被称为马拉巴（Malabar）] 成为印度最古老的咖啡产区。这 7 颗阿拉比卡种子包括铁比卡与波旁，印度继也门

　　　　　　　　　　　　　　　　　　　第四波精品咖啡学

之后成为世界第二个商业咖啡产地，接下来印度尼西亚、中南美洲和东非的咖啡品种均与这 7 颗种子有关，后人为了缅怀他的贡献，将这座山更名为巴巴布丹山。

铁比卡的传播编年纪事

1690 年：荷兰人从也门引入咖啡到其属地爪哇岛栽种，但几年后以遇到地震夭折告终。

1696—1699 年：荷兰人占领印度西南部马拉巴，并从马拉巴运送咖啡种子到爪哇岛栽种成功，开启印度尼西亚咖啡产业。由于印度尼西亚早期的阿拉比卡皆为褐顶，一般认为荷兰人引入的品种为铁比卡，此一历史渊源造成亚洲产地包括台湾咖啡早年均以铁比卡为主，波旁极为罕见。

1706 年：荷兰东印度公司将一株爪哇的铁比卡树苗运抵阿姆斯特丹并盖了一座温室，由植物学家照料。这株铁比卡竟然成为数年后扩散到中南美洲的铁比卡的母树，也造成基因窄化问题。

1714 年：阿姆斯特丹市长赠送一株铁比卡苗给法国国王路易十四，路易十四在凡尔赛宫的植物园盖了一座温室专门伺候铁比卡，铁比卡顺利开花结果。

1719—1722 年：1719 年，荷兰移植铁比卡至其在南美洲属地的苏里南；1722 年，法国移植铁比卡到法属圭亚那，两国展开咖啡种植竞赛。

1723 年：法国海军军官加布里埃尔·马蒂厄·德·克利乌（Gabriel Mathieu de Clieu）移植凡尔赛宫的铁比卡苗到加勒比海的马提尼克岛，并将种子和树苗分赠牙买加、多米尼加、古巴、海地。

1727 年：荷兰属地苏里南与法国属地圭亚那爆发领土纠纷，巴西外交官帕西塔前往调停有功，获法属圭亚那总督夫人赠送铁比卡苗，帕西塔返国辞官，将咖啡苗种在北部帕拉州，开启巴西咖啡产业。巴西又将铁比卡开枝散叶到巴拉圭、秘鲁。

1750 年以前，哥伦比亚、墨西哥、危地马拉、萨尔瓦多、哥斯达黎加等拉丁美洲产国都种下了铁比卡，皆一脉相承自印度僧侣巴巴布丹盗自也门的褐顶铁比卡。但绿顶波旁并未流出而遗留在印度。

波旁的传播路径

迟至 1860 年，巴西才从东非的留尼汪岛（波旁岛）移植波旁到拉丁美洲；

1900 年以后，法国传教士团体将留尼汪岛的咖啡引进肯尼亚、坦桑尼亚；1920 年后，肯尼亚和坦桑尼亚又从印度引入波旁系统的肯特（Kent）。波旁扩散全球的时间明显晚于铁比卡。

另外，20 世纪 20 年代，英国人在肯尼亚设立斯科特农业实验室（Scott Agricultural Laboratories）协助选拔优质咖啡品种，并以斯科特农业实验室的简称 SL 为品种编号，诸如 SL 17、SL 28、SL 34 等。因种质多半来自波旁岛，故今日业界惯称 SL 编号或法国传教士选拔的品种为波旁系统。但近年基因鉴定证实，其中有少数例外竟然不是波旁，而是铁比卡。譬如 SL 34 经 WCR 鉴定基因，被发现不是波旁，反而更接近铁比卡。

褐顶不等于铁比卡，SL 未必是波旁

虽说过去各产地习惯以咖啡的顶端嫩叶颜色来判定是铁比卡还是波旁，绿顶为波旁，褐顶为铁比卡，但其实此法不够精准。肯特、K7、K423 的顶叶为淡褐色，但 WCR 鉴定其基因却更接近波旁系统。因此光靠外观不易精确判定品种，必须以基因鉴定为准。

SL 34 因为冠上 SL 编码，属于传教士咖啡，向来被归类为波旁系统，但其顶叶为深褐色似乎又像铁比卡。近年 WCR 检测 SL 34 的 DNA，结果并非波旁，而是铁比卡的近亲，但与铁比卡仍有些差异，如同表兄弟一般。另外，SL 28、Coorg、SL 09 虽为绿顶，但与波旁不完全相同，可称为亲戚或波旁系统。

波旁的传播编年纪事

1708—1727 年：法国至少 3 次从也门盗取咖啡苗，移植到马达加斯加岛以东 550 千米的波旁岛（今称留尼汪岛）。1708 年移植失败，1715 年与 1718 年移植来的咖啡苗，少数顺利成长，由于咖啡豆较浑圆，不同于荷兰人栽种的长身豆，故取名为圆身波旁（Bourbon Rond）。史料记载 1727 年收获 45 吨，但波旁

咖啡一直到 1860 年后才离开波旁岛，向外扩散。

1723 年：英国赶搭咖啡种植热潮，英国东印度公司 1723 年从也门取得咖啡苗运到非洲西岸，在大西洋上的英国属地圣赫勒拿岛栽种，咖啡树为绿顶且豆身较圆，形似波旁咖啡，岛民至今仍称之为绿顶波旁。1815—1821 年拿破仑被英国软禁于圣赫勒拿岛，美味的绿顶波旁咖啡成为拿破仑唯一的精神慰藉。

1810 年：波旁岛的圆身波旁出现变种，树株与叶片更小且豆粒更尖细瘦小，咖啡因含量也较低，被取名为尖身波旁（Bourbon Pointu），1860 年由法国人移植到澳大利亚东部的法属小岛新喀里多尼亚（New Cledonia）。

1841—1930 年：波旁咖啡传进肯尼亚、坦桑尼亚、乌干达等东非地区，法国天主教圣灵教会（Congregation of the Holy Ghost）的传教士扮演了重要角色。1841 年，该教团在留尼汪岛成立教会，接着 1862 年在坦桑尼亚、1893 年在肯尼亚设立教会，波旁咖啡随着教会的"福音"传入东非诸国。20 世纪 30 年代，肯尼亚从法国传教士由留尼汪岛引进的波旁中，选拔出知名美味品种 SL28、SL34。

1860 年：巴西从留尼汪岛引进波旁咖啡，取代产量较低与抗病力较差的铁比卡，这是拉丁美洲首度引进波旁。

1911 年：印度迈索尔地区铎登古达咖啡园（Doddengooda Estate）的英国园主 L.P. 肯特（L.P. Kent），从栽种的咖啡树中选拔出对叶锈病有耐受度的品种，取名为肯特（Kent），这是最早发现对锈病有部分抵抗力的阿拉比卡。其顶叶为淡褐色，一直被误认为铁比卡的突变品种，但近年 WCR 鉴定其基因并非铁比卡，反而更接近波旁系统。1920 年后，坦桑尼亚和肯尼亚从印度引进肯特并以之为本，20 世纪 30 年代又选拔出耐旱且对锈病有耐受度的 K7、KP423，这两个品种过去都被认为属铁比卡系统，但近年已更正为波旁系统。

阿拉比卡第二波浪潮 1927—2003
大发现时代：抗病、高产量挂帅

我将 1927—2003 年界定为阿拉比卡的大发现时代。1927 年以前，亚洲和拉丁美洲的阿拉比卡栽培品种不是铁比卡就是波旁，人类所种植的各种作物中，唯独阿拉比卡光靠旗下两个品种吃定天下数百年，这并不正常。尽管咖啡具有全球经济价值，却是世上研究与创新最不足的作物。草莓有 6,640 个品种在国际植物新品种保护联盟（UPOV）注册，咖啡至今只有 111 个品种注册。换言之，草莓育种的创新能力是咖啡育种的近 60 倍，即便草莓就产量而言价值远低于咖啡。然而数百年来阿拉比卡却只仰赖两个品种打天下，加上自花授粉的天性，因而陷入基因瓶颈危机，无力抵抗病虫害与极端气候。

所幸 1927 年以后，相继发现东帝汶杂交种、印度赖比瑞卡与阿拉比卡天然杂交的 S26；埃塞俄比亚抗锈病野生瑰夏移植东非，欧美科学家获准深入旧世界埃塞俄比亚采集珍贵的野生咖啡。在这短短 76 年的"大发现时代"，上天赐予的种间杂交新品种、埃塞俄比亚野生咖啡抗病基因，联手为新世界贫瘠的阿拉比卡基因注入更丰富的多样性，稍稍纾解遭遇基因瓶颈的燃眉之急。然而，大发现时代的咖啡育种以抗锈病、抗炭疽病、提高产量为先，风味好坏不是重点。

上天赐予东帝汶杂交种，带动"姆咖啡"时代

19 世纪 60 年代，斯里兰卡咖啡园暴发锈病，阿拉比卡毫无抵抗力几乎全军夭折，因此斯里兰卡弃咖啡改种茶叶，而距离不远的印度与印度尼西亚，则改种对锈病有抵抗力的另一物种罗布斯塔。当时的葡萄牙属地东帝汶有座创立于 1917 年的咖啡园，在 1927 年发现园内有一株对锈病有抵抗力的"怪胎"咖啡树，经植物学家鉴定为二倍体的罗布斯塔与四倍体的铁比卡在自然环境下极罕见杂交而出的阿拉比卡新品种，取名为东帝汶杂交种。

这一成功率极低的造物事件，可能路径为：罗布斯塔减数分裂的一倍体配子与阿拉比卡减数分裂的二倍体配子结合，形成三倍体的杂交母株，由于缺少同源染色体无法产生种子而不育，但在偶然情况下产生二倍体配子，天时地利配合下又和另一株阿拉比卡（铁比卡）回交，即三倍体的二倍体配子和铁比卡正常减数分裂的二倍体配子交合，从而造出四倍体且带有罗豆抗锈病基因的阿拉比卡新品种。

跨物种的种间杂交，其成功率极低，但在老天的恩准下发生了，犹如及时雨为 20 世纪的阿拉比卡注入新基因。东帝汶杂交种有 4 套染色体，可以跟阿拉比

卡杂交，并引入了罗豆的抗病基因和高产能，被誉为咖啡育种的一大革命。这也是 15 世纪以来，新世界的阿拉比卡基因首度超出铁比卡与波旁的狭窄格局。

东帝汶杂交种首株三倍体母株的克隆苗，于 20 世纪 50 年代送到葡萄牙锈病研究中心（Centro de Investigação das Ferrugens do Cafeeiro，以下简称 CIFC）进行研究，并以编码 CIFC 4106 命名。

1957 年，CIFC 开始对东帝汶杂交种的植株进行长达十多年的选拔，筛出抗锈病强且产量高的 3 个品系 CIFC 832/1、CIFC 832/2、CIFC 1343。这三大"种马"于 1970 年后释出供各产地品种改良：其中 CIFC 832/1 再与波旁的矮株变种卡杜拉杂交，成为日后的卡蒂姆系统（Catimors）；而 CIFC 832/2 则与波旁另一个矮株变种薇拉莎奇（Villa Sarchi）杂交，成为日后的莎奇姆系统（Sarchimors）；至于 CIFC 1343 主要用于给哥伦比亚培育卡蒂姆品系。

这些杂交改良品种的特色是枝条短小、节间短、产量高、抗锈病，适合高密度、全日照种植，每公顷可种 3,000—6,000 株，高出铁比卡与波旁数倍。20世纪 70—90 年代，东帝汶杂交种与卡杜拉或薇拉莎奇杂交育出的卡蒂姆或莎奇姆大量出笼，诸如 Catimor T 129、Catimor T 8867、Catimor T 7963、Sarchimor T 5296 不胜枚举，咖啡进入"姆时代"，全球咖农纷纷抢种，蔚然成风。

然而，这类"姆咖啡"的产量虽然高于卡杜拉 30%，但因为产量过大，需要更多的肥料"补元气"，且植株寿命较短，不到 15 年就需要更新植株，不像传统品种铁比卡与波旁可产出数十年不衰。更糟的是，带"姆"字眼的改良品种，无一幸免皆带有不讨好的魔鬼尾韵，如草腥味、木质调、苦味重、涩感咬喉，不易卖得好价钱，遭到精品咖啡界和重视质量的咖农唾弃。这是以东帝汶杂交种为亲本的改良品种始料未及的负面发展。

解决之道是将"姆咖啡"再与阿拉比卡多代回交，增香提醇，逐渐洗去魔鬼尾韵，一直到 2000 年前后，才稍见起色。诸如中美洲的 CR95、伦皮拉（Lempira）、玛塞尔萨，巴西的 Obatã、卡蒂瓜（Catiguá），哥伦比亚的卡斯提优（Castillo）、Cenicafé 1，这些被誉为洗心革面的新生代"姆咖啡"已重新命名，看不到恶名昭彰的"-mor"字眼，风味与抗锈病能力也比老一代卡蒂姆或莎奇姆改善不少，目前已是巴西、哥伦比亚与中美洲的主力品种。

另外，20 世纪 40 年代在印度发现阿拉比卡与赖比瑞卡"不伦恋"的杂交咖啡，取名 S288，由于豆粒小、风味不佳，植物学家再以 S288 与阿拉比卡肯特杂交，第一代命名为 S795，抗锈病能力与风味均优，在印度和印度尼西亚很普遍，拉美则很少见。

"豆"红是非多：瑰夏命名之乱

在阿拉比卡大发现年代，佳音频传，继 1927 年发现东帝汶杂交种之后，1931 年"瑰夏"（Geisha）一词首度出现在当时的英国东非属地肯尼亚与坦桑尼亚的咖啡品种选拔文献中。"养在深闺人未识"的瑰夏在大发现时代默默无闻，然而在 73 年后的 2004 年，巴拿马翡翠庄园的瑰夏初吐惊世奇香，赢得"最佳巴拿马"（Best of Panama，简称 BOP）冠军后，"国色天香"的瑰夏声名大噪，成为各大生豆赛或咖啡师竞赛必备的夺冠利器。"豆"红是非多，全球的咖啡玩家开始质疑 Geisha 拼错字，多了一个字母"i"，因为谷歌地图只查得到 Gesha 或 Gecha。

有趣的是，Geisha 恰好和"艺伎"的英文相同，台湾早在 2005 年后惯称瑰夏为艺伎咖啡，但近年此译名常遭批评，因为埃塞俄比亚瑰夏的发音与艺伎无关。大陆的咖友对"艺伎"译名极为反感，坚持"瑰夏"最适切。究竟孰是孰非？不妨先从历史来考证到底有没有 Geisha 或 Geisha（Gesha）Mountain 这些词，即可水落石出。

在埃塞俄比亚历史上，Geisha（Gesha）这个词具有双重含义，代表埃塞俄比亚西南部的一个特定猎象区域，也代表在这特定区域内的咖啡族群。然而，今日咖啡玩家乃至专业人士不了解历史，将之曲解或窄化为单一的美味咖啡品种或某一个村落名称，以讹传讹，徒增不必要的困扰。

Gesha 或 Geisha 是指埃塞俄比亚卡法森林的邦加（Bonga）西南方向的山林，也就是马吉（Maji）北方 50 千米处的山林区瑰夏森林（Gesha Forest），今日谷歌地图在马吉以北的山林地标出 Gesha。19 世纪，斯瓦希里族（Swahili）的象牙商人和猎人在这片高原区猎捕大象，并以邻近基比什河（Kibish River）的马吉作为歇息整补地点（斯瓦希里语的马吉是"水源"的意思）。但近年很多咖友误以为 Gesha 或 Geisha 只是一处发现瑰夏咖啡的村落名称，这就大大曲解它在埃塞俄比亚历史上的意义了。

再来谈谈 Geisha 与 Gesha 之乱，早在 20 世纪 30 年代，英国在东非培育抗锈病咖啡品种的学术文献已统一使用 Geisha，但有趣的是 1881 年 3 月英国皇家地理学会（Royal Geographical Society）在伦敦出版的《东部赤道非洲地图》（*A Map of Eastern Equatorial Africa*），以及 1893 年在英国爱丁堡出版的《上努比亚与阿比西尼亚地图》（*Upper Nubia and Abyssinia*）[1]却在邦加的附近标出了瑰夏山（Gesha Mountain）的位置，这两部英国人编的古地图皆采用没有"i"的 Gesha，但不知何故 1930 年以后的学术文献犯了美丽错误，多打了"i"字母，将单元音 e 变成双元音 ei，一个无心之过，酿成今日的 Geisha vs Gesha 乱局。

我不认为这是什么天大错误，因为埃塞俄比亚至少有 70 种语言，南腔北调的拼音之乱不足为奇，以卡法森林为例，就有 Kafa、Kaffa、Kefa、Keffa、Kaficho、Kefficho 等多种拼法，而瑰夏山在埃塞俄比亚的拼音包括 Geiscia、Geisha、Gesha、Gēsha、Ghiscia、Ghescia 等，要统一拼音或译名，在这个语音复杂的国度比登天还难，不必为了一个"i"争得面红耳赤伤和气。

埃塞俄比亚确实有座瑰夏山，不仅上述两部古地图均标出位置，目前任职 CIRAD、曾于 2004—2006 年在埃塞俄比亚吉马农业研究中心（Jimma Agricultural Research Centre，简称 JARC）工作的法国植物学家让·皮埃尔·拉布伊斯（Jean Pierre Labouisse）花了多年研究心血，也将巴拿马瑰夏（Geisha in Panama）溯源到埃塞俄比亚的瑰夏山。此山就位于马吉北方 50—60 千米，海拔 1,830 米的山林中，经纬度为北纬 6°38'，东经 35°30'，也就是位于昔日卡法省的马吉区，但今日改制后，可能横跨卡法区与本奇马吉区（Bench Maji Zone）。

1　猫先生 aY 的咖啡之旅网页文章 Geisha or Gesha, Explore This Famous Variety from a Different Direction, 19th Century Old Ethiopia/Abyssinia Map, 提到几幅古地图均可找到 Gesha Mountain 的位置。这是旅美学人猫先生在美国国会图书馆查到的珍贵资料，特此感谢分享。

埃塞俄比亚不只语系、发音复杂，行政区也变来变去，为研究埃塞俄比亚咖啡增加了很多困难。

更有趣的是，埃塞俄比亚现行的行政区划地图中竟然有一个瑰夏县（Gesha Woreda），隶属南方各族州（Southern Nations, Nationalities, and People's Region，简称 SNNPR）的卡法区（Keffa Zone）；而这个瑰夏县就在瑰夏山附近，也在瑰夏的历史范围内。今日埃塞俄比亚官方文件皆用 Gesha，如果 Gesha Woreda 再译为艺伎县就很离谱，相信埃塞俄比亚人民也不会同意。

根据拉布伊斯的研究，英国文献误植 Geisha，可能与埃塞俄比亚西南部共有 3 个发音近似的村落有关，一个是位于卡法区的 Gesha，另一个是位于本奇马吉区的 Gesha，第三个是位于伊鲁巴柏区（Illubabor）的 Gecha。埃塞俄比亚官方的 Gesha 都是单元音而非双元音，孰是孰非应该很清楚了。

在此不得不坦承台湾惯称的"艺伎"确实不妥，因为英国人编的 19 世纪古地图是用 Gesha Mountain 而非 Geisha Mountain，如果译为"艺伎山"会很奇怪，而且此词在埃塞俄比亚诸多语言中也无"艺伎"之意，建议改用"瑰夏山"或"给夏山"，音译字总比有语意的字眼更安全。

瑰夏前传：踏出错误第一步

接下来我们追一追谁是笔误 Geisha 的始作俑者。早在 1840—1860 年，已有欧洲人从埃塞俄比亚北部采回咖啡果样本，但没人敢进入西南部凶险的卡法森林，直到 1897 年排外的卡法王国被埃塞俄比亚皇帝孟尼利克二世征服后，欧洲人开始涌入森林区探秘；20 世纪初，法德英已有植物学家进入卡法森林采集奇花异草的样本，但并未带回咖啡豆或咖啡叶样本，因此他们的口述："卡法森林随处可见野生咖啡！"其实仍无证据。

1922 年，咖啡史学家威廉·尤克斯（William Ukers，1873—1945）[1] 的经典

---

1 1901 年创办知名的《茶与咖啡贸易杂志》（Tea & Coffee Trade Journal）发行至今，已逾百年。

巨作《咖啡大观》(*All About Coffee*)写道:

> 据说阿比西尼亚的西南部有一大片人迹罕至的森林，熟透的咖啡果落满地，原住民俯拾可得。林间的咖啡树多到数不清，不费吹灰之力即可拾得无尽的供给！

迟至 1929 年后，欧洲人才踏入卡法森林和瑰夏山采集咖啡种子。英国为取缔盗猎大象和买卖黑奴，在马吉设立领事馆，理查德·惠利（Richard Whalley）上校出任领事，而瑰夏地区恰好是惠利上校的管辖区，从此开启瑰夏咖啡的前传。

当时英国已在其属地肯尼亚种咖啡，1929 年起，英国位于埃塞俄比亚哈拉尔、马吉的领事馆开始采集当地咖啡种子。1931 年，马吉领事馆寄出首批瑰夏种子给肯尼亚的英国种植场，以进一步选拔抗锈病品种，但究竟是谁采的种子已不可考，有可能是从马吉的市场购买的栽培品种。几年后，肯尼亚种植场的咖啡育种工作初具成效，惠利上校又接获肯尼亚的英国农业部部长指令，对方要他再采集 10 磅的野生咖啡种子。

1936 年 2 月，惠利上校完成任务，并写信给亚的斯亚贝巴的英国公使："我原先以为本地区最棒的咖啡 Geisha 是栽培品种，但万万没想到它竟然是野生咖啡，就长在古老雨林的树荫下。但我们跋涉入林时已接近咖啡的尾季，在林区采集 3 天只采收到 2— 3 磅咖啡种子，离 10 磅目标还有段差距，于是找来当地的提莎纳族（Tishana），给他们些礼物和钱，两天后族人为我采得更多咖啡果，才得以完成任务。"

惠利上校在信中已用 Geisha 字眼，而不是古地图上的 Gesha，此后所有的育种文献均沿用此词，他应该是美丽错误的始作俑者。埃塞俄比亚咖啡农都知道瑰夏山出好咖啡，但惠利上校并不是农艺专业人士，竟然将瑰夏山采集的咖啡种子全部置入一袋，并标上"Geisha"，寄回肯尼亚的英国大使馆。最要命的是他并未对种子分门别类，采自不同株的种子理应分开入袋，并注明咖啡树的性状与采集地点，以免弄混品种；埃塞俄比亚咖啡品种浩繁，惠利上校将种子悉数混在一起，里面可能包括数个甚至数十个品种，却全部标上"Geisha"。而肯尼亚种植场又对这些"Geisha"进行育苗、选拔，甚至杂交，因此瑰夏从一开始即踏出错误一步，已非单一品种了。70多年后瑰夏声名大噪，再回头追溯它的血缘，已千头万绪难梳理。

巴拿马瑰夏源自 VC 496

1931年与1936年，肯尼亚的英国农业单位收到惠利上校等人寄来的瑰夏种子，先种在埃尔贡山东侧的基塔莱（Kitale）农业中心，进一步选拔出 Geisha 1、Geisha 9、Geisha 10、Geisha 11、Geisha 12等品系，并分赠种子给坦桑尼亚位于乞力马扎罗山的莱安穆古研究站（Lyamungu Research Station）进一步选拔与杂交。第二次世界大战爆发后英国在东非的咖啡育种工作几乎停摆，直到战后才恢复。瑰夏对某些锈病有抵抗力，但产果量、豆形与风味不佳，有必要与其他品种杂交，育出更佳的品种。英国保存至今详载当年育种情况的文献《东非栽种、输入与选拔的咖啡品种清单》（Inventory of the Coffee Varieties and Selections Imported：Into and Growing within East-Africa）里，有位驻肯尼亚的英国植物学家 T. W. D. 布洛尔（T. W. D. Blore）写道：

> 约莫1931年，从埃塞俄比亚西南部输入首批种子，该地区年降雨量1,270—1,778毫米，海拔1,524—1,966米。瑰夏的主侧枝长而下垂，分枝很多，叶片小而窄，顶叶铜褐色。

在该文献中，另一位植物学家 F. 米勒（F. Millor）发表了至关重要的评语：

> 瑰夏不是高产量品种，豆子（长且薄）也不是理想的形态，咖啡的风味不佳，但对锈病有抵抗力，可用来杂交改良品种。

这两段评语很重要，尤其是"顶叶铜褐色""咖啡的风味不佳"，这两句描述对照 2004 年后红透半边天的巴拿马瑰夏特征"绿顶尖身、橘香蜜味花韵浓",判若两个不同品种,耐人玩味!

坦桑尼亚的莱安穆古研究站从培育的瑰夏植株中,选拔出 VC 496 至 VC 500 共 5 个瑰夏品系(其中以编号 VC 496 的抗锈病表现最佳,成为该中心的首席"种马")并分赠其他品系给乌干达、马拉维、印度、印度尼西亚和葡萄牙锈病研究中心。马拉维又从一棵不同于 VC 496 的瑰夏母株中,选拔出对枯萎镰刀菌以及炭疽病有抵抗力的瑰夏,取名为瑰夏 56(亦称马拉维瑰夏),恰好用来防治马拉维当时最严重的枯萎病,但此品种对锈病几无抵抗力。

1953 年,哥斯达黎加知名的热带农业研究与高等教育中心(CATIE)收到莱安穆古研究站寄来的 VC 496,供中美洲培育抗锈病品种。然而 CATIE 又将 VC 496 重新编码为瑰夏 T 2722,这就是半世纪以后巴拿马绿顶瑰夏打遍天下无敌手的美味品系的最后编号。

接下来几年,CATIE 陆续收到刚果、坦桑尼亚、波多黎各、葡萄牙、巴西和哥伦比亚寄来的不同品系瑰夏,成为拉丁美洲最大的瑰夏种质中心。1963 年任职巴拿马农业部的唐·帕基·弗朗西斯科·塞拉钦(Don Pachi Francisco Serracin)从 CATIE 引进瑰夏 T 2722,并分赠给巴拿马波奎特(Boquete)咖啡产区的咖农,但因产量只有波旁变种卡杜拉的 1/3—2/3,甚至只有 20 世纪 70 年代盛行的"姆咖啡"的一半,而且瑰夏 T 2722 枝条遇强风易折断,遭到咖农弃种,被打入冷宫韬光养晦,直到 2004 年瑰夏夺得"最佳巴拿马"桂冠,小咸鱼人翻身打遍天下无敌手,成为历来战功与身价最高的咖啡。

早在半个世纪前,已有专家认为瑰夏性状多变,还不够格成为一个品种。1965 年,英国植物学家布洛尔在《肯尼亚的阿拉比卡选拔与基因改良》(Arabica Coffee Selection and Genetic Improvement in Kenya)文献中写道:

> 瑰夏是一个遗传实体而不是一个品种;有很多性状不同的咖啡树都叫瑰夏,它们的唯一共同点是源自埃塞俄比亚的瑰夏山。

凡事先求有再求好，当年惠利上校外行人干内行事的无心之过，还好并未持续下去，否则埃塞俄比亚是阿拉比卡原乡的事实，恐无真相大白之日。深入野生咖啡林采集咖啡种子的专业工作很快转由植物学家接手。

咖啡原乡大探险

尽管 20 世纪 50 年代有愈来愈多的报告指出埃塞俄比亚才是阿拉比卡真正的原产地，然而，"'快乐的阿拉伯（也门）'是阿拉比卡原生地"这一说法早已深植人心，甚至许多研究员也深信不疑。1954—1956 年，法国裔的海地植物学家皮埃尔·西尔万（Pierre Sylvain）在联合国粮食及农业组织（FAO）的资助下，前往埃塞俄比亚和也门研究咖啡生态并采集咖啡样本和种子。面对着疾病和猛兽的威胁，采集了数百个咖啡种子的西尔万对埃塞俄比亚野生咖啡果实、叶片、种子的形状、颜色、大小，以及树体高矮等丰富性状惊叹不已，埃塞俄比亚西南山林的野生咖啡多样性远远超越铁比卡与波旁的格局。

他在 1958 年出版的《埃塞俄比亚咖啡——它对世界咖啡问题的重要性》（*Ethiopian Coffee—Its Significance to World Coffee Problems*）中写道：

> 最近的研究似乎证实，埃塞俄比亚绝对应该被视为阿拉比卡咖啡的故乡。良好的自然条件使该国成为非洲这类咖啡的主要出口国，并可能成为世界重要产地之一。"野生"咖啡彼此之间有如此巨大的遗传变异，是目前改良阿拉比卡的最佳种质来源。我们已发现一些野生咖啡树对锈病真菌具有抗性或免疫力。

当时的西尔万虽无法提出埃塞俄比亚是阿拉比卡原乡的科学证据，但他反过来细数了也门绝非阿拉比卡原产地的原因：

> 也门的年降雨量不足以支撑阿拉比卡以及咖啡森林的生态环境；野生咖啡需要森林的庇护与遮阴，但也门却不见森林，甚至历

史上亦不曾有森林存在的记录；也门的土质也不对，这里的咖啡形态远不如埃塞俄比亚丰盛多元；也门至今仍无野生咖啡存在的可信证据。

西尔万的论述对咖啡产业产生了重大影响，科学界开始接受埃塞俄比亚是阿拉比卡原乡的看法。1961 年，美国植物病理学家弗雷德里克·迈尔（Frederick Meyer）奉美国国际开发署（USAID）之命前往埃塞俄比亚，花了 4 个月时间在西南部的卡法和伊鲁巴柏采集野生咖啡种子和样本。20 世纪 60 年代，欧美咖啡消费量大增，咖啡生豆一跃成为世界最重要的农作物，当时咖啡豆的交易量甚至高于大豆和小麦，但产官学界却对咖啡不甚了解，连原产地在哪儿都争论不休。

1960 年，FAO 首次举办"咖啡生产与保护会议"（Conference on Coffee Production and Protection），巴西咖啡遗传学家卡洛斯·阿纳尔多·克鲁格（Carlos Arnaldo Krug）提议成立一个国际机制探索阿拉比卡原乡埃塞俄比亚的野生咖啡，并进行全球范围的咖啡种质采集行动，增进科学界对咖啡的了解以造福全球咖啡产业。FAO 通过此提议，并指派迈尔为领队。在埃塞俄比亚政府的同意协助下，1964 年 11 月起，他率领英国、美国、法国、葡萄牙、巴西和埃塞俄比亚的植物学家、昆虫学家、育种专家、基因学家，花了 92 天探索并采集卡法与伊鲁巴柏约 40 个不同地点的咖啡种质，包括野生咖啡林、半森林咖啡园、田园咖啡园和种植场，共采集 621 份咖啡种质。1964—1965 年，FAO 采集的埃塞俄比亚西南部野生咖啡种质皆以 E-xxx 的编码区别之，譬如 E-300、E-089 等。这是近代规模最大、影响最深远的野生咖啡探索行动。

另外，1966 年，法国的海外科学技术研究办公室（ORSTOM，今为 Institut de Recherche pour le Développement，简称 IRD，发展研究所）也组织了一个专家小组，深入埃塞俄比亚西南部调研，共采集 70 份野生咖啡种质，并以 ET-xx 编码命名，譬如 ET-1、ET-47 等。FAO 与 ORSTOM 将所采集的珍贵野生咖啡种质以及无性繁殖复制的克隆苗分赠埃塞俄比亚、喀麦隆、肯尼亚、坦桑尼亚、科特迪瓦、马达加斯加、哥斯达黎加、巴西、哥伦比亚、印度和印度尼西亚等 11

个咖啡产地的研究机构[1]进行境外保育，影响了往后数十年，甚至到21世纪的今日，对各产地改良咖啡品种仍有重大贡献。

然而，1967年埃塞俄比亚的JARC成立后，改行"肥水不流外人田"政策。1970年以后，埃塞俄比亚为了保护本国咖啡农权益，不再准许其他国家的研究员入境采集种质，并严禁携带或盗取咖啡种子出境。JARC仿效FAO与ORSTOM的做法，培养自己的专业人员深入大裂谷东西两侧的产地或野生咖啡林，采集抗锈病、抗炭疽病品种，知名的74110、74158、74112等数十个抗病品种都是20世纪70年代由JARC发现的，经选拔择其优，释出给埃塞俄比亚咖啡农种植，但这些优异种质一直留在埃塞俄比亚不准输出，咖啡产地的竞争关系不难理解。

咖啡物种的探索没有终点

世人对咖啡物种的认知迟至20世纪60年代以后，植物学家上山入林采集种质，才有显著进展。根据《茜草科咖啡属注释分类目录》[An Annotated Taxonomic Conspectus of the Genus *Coffea*（Rubiaceae）]，1830年代以前学界发现并定出学名的咖啡物种只有6个，包括阿拉比卡（1753）、茅利提安娜（*Coffea mauritiana*，1785）、桑盖巴利亚（*Coffea zanguebariae*，1790）、蕾丝摩莎

1　1964—1966年FAO与ORSTOM深入埃塞俄比亚西南部山林，合计采集691份野生阿拉比卡种质分赠以下11个植物研究机构：

　　① 埃塞俄比亚吉马农业研究中心（JARC）；

　　② 哥斯达黎加热带农业研究与高等教育中心（CATIE）；

　　③ 哥伦比亚国家咖啡研究中心（Centro Nacional de Investigaciones de Café，简称Cenicafé）；

　　④ 巴西坎皮纳斯农业研究所（Instituto Agronômico de Campinas，简称IAC）；

　　⑤ 科特迪瓦国家农业研究中心（Centre National de Recherche Agronomique，简称CNRA）；

　　⑥ 喀麦隆农业研究与发展研究所（Institut de Recherche Agricole pour le Développement，简称IRAD）；

　　⑦ 肯尼亚咖啡研究基金会（Coffee Research Foundation，简称CRF）；

　　⑧ 坦桑尼亚农业研究所（Tanzanian Agricultural Research Organization，简称TARO）；

　　⑨ 马达加斯加国家应用研究发展中心（Centre National de Recherche Appliquée au Développement，简称FOFIFA）；

　　⑩ 印度中央咖啡研究所（Central Coffee Research Institute，简称CCRI）；

　　⑪ 印度尼西亚咖啡与可可研究所（Indonesian Coffee and Cocoa Research Institute，简称ICCRI）。

（1790）、马可卡帕（*Coffea macrocarpa*，1834）、史坦诺菲雅（1834）。玩家耳熟能详的赖比瑞卡与罗布斯塔，分别迟至1876年与1897年才定出学名。

直到1901年，定出学名的咖啡也不过才36种，1929年定出学名的咖啡有50种，但2005年剧增到103种，2021年学界确定的咖啡物种有130种，其中有些是无咖啡因的特异物种。全球究竟有多少咖啡物种？没人知道。每隔几年就会有新发现。这要归功于20世纪60年代后植物学家不遗余力的探索，这些种质目前仍在研究分析中。

譬如1983年在喀麦隆采集到的种质，直到2008年才被证实是无咖啡因的二倍体新物种，学名为查理耶瑞安纳（*Coffea charrieriana*），可用来培育天然的低咖啡因物种。另外，20世纪80年代在喀麦隆和刚果采集到的物种，2009年植物学家证实是咖啡属罕见的自交亲合的二倍体咖啡，学名安东奈伊，它和二倍体的尤金诺伊狄丝，以及四倍体的阿拉比卡是近亲，相关育种与研究仍在进行中。

表2-1是1960—1989年专家赴埃塞俄比亚、肯尼亚、坦桑尼亚、马达加斯加、中非、刚果、喀麦隆、科特迪瓦、几内亚、也门采集咖啡种的收获。

表2-1　阿拉比卡第二波浪潮主要种质采集行动收获表

年份	国家	机构	采集种质数
1964—1965	埃塞俄比亚	FAO	621
1966	埃塞俄比亚	ORSTOM	70
1960—1974	马达加斯加	MNHN、CIRAD、ORSTOM	超出3,000
1975	中非	ORSTOM	超出1,200
1975—1987	科特迪瓦	ORSTOM	超出2,000
1977	肯尼亚	ORSTOM	1,511
1982	坦桑尼亚	ORSTOM	817
1983	喀麦隆	ORSTOM、IBPGR	1,359
1985	刚果	ORSTOM、IBPGR	1,080

年份	国家	机构	采集种质数
1987	几内亚	CIRAD、ORSTOM	74
1989	也门	IBPGR	22

注：法国国家自然历史博物馆（MNHN），国际植物遗传资源委员会（IBPGR）。

（＊数据来源：Coffee Genetic Resources）

近年气候变化加剧、非洲产地滥伐森林已危及野生咖啡族群生机，因此采集野生咖啡种质，以及境内与境外保育工作尤显重要。巴西与埃塞俄比亚专家联合执笔，于2020年发表的《阿拉比卡遗传多样性》（Genetic Diversity of *Coffea arabica*）指出，目前全球各大研究机构收集的咖啡种质以阿拉比卡最多，多达11,415份，其次依序为罗布斯塔625份，赖比瑞卡94份，尤金诺伊狄丝81份，另有其他上百个咖啡物种共7,756份。这前四大咖啡物种在2012年以后阿拉比卡第四波浪潮的大改造工程中扮演重要角色。阿拉比卡只有提高基因多样性，体质强化了，才有本钱面对极端气候的挑战。

然而，在阿拉比卡迈入第四波浪潮之前，还有一段为期9年、虽短暂却极重要的第三波阿拉比卡浪潮，巧妙衔接第二与第四浪潮。

阿拉比卡第三波浪潮 2004 迄今
水果炸弹时代：美味品种崛起

阿拉比卡第二波浪潮始于1927年东帝汶杂交种的发现，止于2004年巴拿马瑰夏初吐惊世奇香，在这长达70多年的第二波岁月里，阿拉比卡产业独尊高产量与高抗病的品种，尤其是20世纪70年代后，以带有罗豆抗病基因的东帝汶杂交种为"种马"，再与阿拉比卡交染的卡蒂姆和莎奇姆抗病高产品种大量出笼，咖啡产业进入重量不重质的"姆时代"。有趣的是，"姆时代"适逢咖啡时尚最不重视质量的第一波速溶咖啡时代（20世纪40—60年代）与第二波重度烘焙时代（20世纪60—90年代），草腥味、木质调、涩口的"姆咖啡"，宜以深焙去除碍口的恶味。此时期不论铁比卡、波旁还是"姆咖啡"，一律烘到二爆甚至二爆尾，豆表油滋滋才出炉，甘苦浑厚的巧克力韵蔚然成风，酸口的浅焙咖啡几无市场。

"姆咖啡"退烧，酸甜花果韵引领新美学

虽然瑰夏早在1931—1936年已被发现，但生不逢时，在速溶与重焙大行其道的"乱世"，难吐芬芳。直到20世纪90年代至千禧年前后，美国一群小资咖啡馆为了抗衡星巴克，转攻强敌星巴克不擅长的浅中焙、拉花、杯测、手冲、虹吸等滤泡式咖啡，以区隔市场。果然歪打正着，酸香水果调的咖啡一炮而红，引领第三波浅中焙咖啡时尚。

巴拿马瑰夏的千香万味就在浅中焙盛行的第三波得以发抒。因此第三波咖啡时尚恰好与阿拉比卡第三波浪潮重叠，双双迈入水果炸弹的第三波。特色是花韵、橘香、柠檬、水蜜桃、菠萝、苹果、荔枝、杧果、百香果等缤纷水果的酸甜震，取代第二波甘苦、烟熏、坚果、低酸的巧克力调，成为鉴赏精品咖啡的新美学。

就第三波咖啡时尚而言，是浅焙取代第二波的重焙；但就第三波阿拉比卡浪潮来说，是酸甜花果韵的"水果炸弹"品种，取代第二波"魔鬼尾韵"的"姆咖啡"！

在阿拉比卡第一波与第二波浪潮期间，咖啡品种的风味辨识度极低，喝不出铁比卡与波旁系统的差异；直到2004年巴拿马瑰夏初吐奇香，世人首次喝到不像咖啡却似水果茶的咖啡，即使门外汉也能轻易辨识出水果炸弹瑰夏与铁比卡、波旁或"姆咖啡"的云泥之别。

巴拿马瑰夏是数百年来第一个让咖啡族清晰体验到水果炸弹在口腔开花喷香的奇异品种，身价屡创新高，从2004年BOP夺冠的翡翠庄园瑰夏每磅生豆的21美元（当年第2名的非瑰夏品种每磅2.53美元），飙升到2020年BOP冠军索菲亚庄园（Finca Sophia）瑰夏的每磅1,300.5美元，16年来升幅超过60倍，再贵也有人买。牙买加的铁比卡蓝山人气顿失，若和巴拿马瑰夏相比，蓝山犹如失势的"跛脚鸭"。

为何瑰夏大器晚成?

瑰夏是咖啡史上最具传奇色彩的基因族群,埃塞俄比亚西南部卡法森林的邦加至马吉以北 50 千米处的野生咖啡,都有可能被称为埃塞俄比亚瑰夏族群,它绝非单一品种。20 世纪 30 年代因身怀抗锈病基因,在埃塞俄比亚瑰夏山被发掘,并移植到当时的英国属地肯尼亚和坦桑尼亚进一步选拔与杂交的瑰夏,只是瑰夏族群之中的一部分而已。当时文献指出瑰夏的饮品风味不佳、产量低未获咖农青睐,那为何沉潜 70 多年后,竟一跃成为全球公认最美味、身价最高的咖啡?我认为至少有以下三大主要原因:

(一)基因不尽相同: 20 世纪 30 年代发现的瑰夏,其基因与 2004 年声名大噪的巴拿马瑰夏已不尽相同。从文献中可知,20 世纪 30 年代采集的瑰夏种子经过肯尼亚、坦桑尼亚育种中心的"改造",1953 年漂洋过海到哥斯达黎加的 CATIE,1963 年引入巴拿马,又过了 40 年才一吐惊世奇香,在这漫长的 70 多年里,瑰夏族群之间或与其他非瑰夏品种发生基因交流的概率远高于守身如玉的可能。

有趣的是,近年中国台湾从巴拿马引进的瑰夏,性状不一,品种纯度频遭质疑,于是寄瑰夏检体到 WCR 鉴定品种,至少鉴定出以下 7 个不同品系:

(1)埃塞俄比亚地方种;

(2)非常近似瑰夏 T2722(但不完全吻合);

(3)瑰夏与波旁杂交(高株);

(4)瑰夏与中美洲品种杂交(矮株);

(5)马拉维瑰夏(瑰夏 56);

(6)非瑰夏;

(7)东非 KP 与 SL 系列老品种杂交。

目前杯测结果,以绿顶高株长节间的性状——诸如(1)、(2)、(3)——风味较佳,喝得出瑰夏韵,其余风味不佳,最差的是矮株瑰夏。

为何台湾的瑰夏种植场除了有近似巴拿马美味的瑰夏 T2722,还有埃塞俄比亚地方种,更充斥多种杂交瑰夏,甚至东非老品种都藏身其中?经与熟悉基因领域的专家讨论,有以下几个原因:

（1）种子来源已混入其他品种；

（2）台湾的瑰夏种植场未做好品种区隔；

（3）瑰夏是未纯化的埃塞俄比亚地方种，有可能发生"返祖"（Regression）的自然分化现象。

（二）伯乐识千里马：出自瑰夏山的野生咖啡，尽管在遗传、性状与风味上不尽相同，但历史上皆称 Geisha。在发现瑰夏 70 年后，巴拿马翡翠庄园的少庄主丹尼尔·彼得森（Daniel Peterson）成为首位辨识出美味瑰夏的"伯乐"。

1996 年，翡翠庄园听说附近的哈拉米约（Jaramillo）有座庄园的咖啡带有淡淡的橘韵，于是买下它并入翡翠庄园。丹尼尔很喜欢哈拉米约咖啡迷人的柑橘柠檬味，这与中美洲咖啡大不相同。但园内有许多咖啡品种，究竟是哪个品种如此迷人？他便杯测各区域不同性状的咖啡，结果发现种在 1,500—1,800 米最高海拔充当防风树、瘦高叶稀长节间，且产果稀少的不知名咖啡树是橘香蜜味与花韵的来源。有趣的是 1,400 米以下的低海拔区也有此品种，但风味平淡无奇、苦味重。丹尼尔因而发现此品种必须种在 1,400 米以上的秘密。但他不知道富有酸香花果韵的咖啡在市场上有无竞争力，于是报名参加 2004 年 BOP 大赛，结果出乎意料地惊艳了全球精品咖啡界。

当时无人知晓这是什么品种，彼得森家族多方查访专家与调阅档案，才揭露这就是 1963 年唐·帕基从 CATIE 引进的抗锈病品种瑰夏 T2722，由于每个开花芽结相距 7 厘米以上，属于长节间的低产品种，被前任庄主贬到防风林为其他短节间的高产品种挡强风。

"世有伯乐，然后有千里马"，试想如果没有丹尼尔知香辨味和锲而不舍的探索精神，瑰夏恐怕还"养在深山无人识"，全球精品咖啡将无今日风华。

（三）瓜熟蒂落，"时尚"造英雄：哥斯达黎加的 CATIE 是中美洲最大的咖啡种质研究中心，为何 1953 年引进瑰夏之一的 VC496 之后，该中心那么多专家竟然无人辨识出这是个美味品种？我常思考此问题，后来查了一下 CATIE 位于图里亚尔瓦（Turrialba）的种植场海拔只有 600 米左右，这么低的海拔是无法孕育出迷人的瑰夏韵的，难怪久遭 CATIE 忽视。移入图里亚尔瓦保育的咖啡均冠上该地第一个字母 T 再加上编码，这就是瑰夏 T2722 的由来。

另外，如果今日咖啡时尚仍滞留在第二波重焙低酸浑厚的甘苦韵，瑰夏恐无出头日。巧合的是，千禧年后掀起酸香花果韵的第三波浅中焙革命，崇尚咖啡的酸甜水果调，橘香蜜味花韵浓的巴拿马瑰夏顺势而起，成为第三波咖啡美学的标杆。瑰夏从 20 世纪 30 年代的风味不佳、50 年代移至 CATIE 保育，到 60 年代被弃置充当防风林，迟至 2004 年才被追捧上天。它的传奇故事告诉我们：人间美事，需时酝酿，机遇未到，强求不得。

瑰夏爆红效应：点燃品种履历革命

瑰夏 T2722 史诗级爆红，对精品咖啡的影响既深且广。记得瑰夏成名之前的 20 世纪 80—90 年代，即使是高档精品咖啡，其履历顶多只交代产地与庄园名称，譬如当时最红的牙买加蓝山、夏威夷柯纳或肯尼亚主力品种，包装袋上能标明产地和庄园名称就不错了，遑论冷门的品种名。当时很多老咖啡人还不知道蓝山和柯纳是铁比卡品种，也不知肯尼亚主力品种为 SL28 和 SL34。因为当时精品界不认为品种与风味会有关联，只要不是"姆咖啡"或罗豆，所有的阿拉比卡喝起来都一样，尤其是在重焙的年代，更难彰显咖啡品种细腻的地域之味。

直到 2004 年瑰夏 T2722 风靡全球后，精品界才开始重视品种与风味的关系以及营销的加分价值，从而掀起精品咖啡履历革命，包装袋上除了写明品种、产地、庄园名称、海拔、烘焙程度，甚至连烘焙师的名字也出现，大幅提升鉴赏的乐趣。短短几年内，玩家对瑰夏、卡杜阿伊（Catuaí）、卡杜卡伊（Catucaí）、卡杜拉、帕卡马拉（Pacamara）、黄波旁（Yellow Bourbon）、SL28、SL34、Chiroso 等品种如数家珍，品种成了玩家必修的学分。

甚至连品种浩繁的埃塞俄比亚，近年也不再以"古优品种"的笼统字眼一笔带过，而是以更精确的品种名称 74110、74158、754、库鲁美（Kurume）、乌许乌许（Wush Wush）等彰显品种的价值。

结合精品豆竞赛与在线标售活动的 CoE，自 1999 年创立至今，在业界享有崇高声誉，但这么大规模的赛事，却没有一个基因鉴定机构为赛豆品种"验明正身"，这二十余年来出过不少纰漏。最近的一次发生在 2019 年秘鲁 CoE 冠军豆的品种栏，最初标示为马歇尔（Marshell），但世上压根儿没有此一品种，庄主只好加注"波旁变种"，引起议论。事后主办单位为了彰显公信力，寄样本给基因检测机构验明正身，结果竟然是"姆咖啡"CR95，让大家跌破眼镜。

经多次品种争议后，2021年2月CoE宣布与两家国际知名的农作物基因鉴定公司奥利坦（Oritain）与RD2 Vision签约，为每年打入决赛的庄园咖啡鉴定血缘与品种族谱，保障买家权益。品种魅力已成为阿拉比卡第三波浪潮必要的营销元素，也为玩家增添不少品啜乐趣。这一切要归功于瑰夏史诗级的爆红效应。

阿拉比卡第四波浪潮 2012 迄今

大改造时代：强化体质抵御气候变化

视咖啡如水果、酸甜花果韵渐层愈清晰愈是好咖啡，这样的第三波咖啡美学持续影响近年间的咖啡时尚。然而，迈入千禧年，产官学界更重视全球变暖对咖啡产业的影响，2010年以来，气候变化将威胁阿拉比卡命脉的研究报告愈来愈多。2012年非营利的世界咖啡研究组织应运而生，以"培育、种植、保护并增加新锐品种供应量，改善咖啡农生计"为宗旨，已协同CIRAD、CATIE、哥斯达黎加咖啡工业公司（Instituto del Café de Costa Rica，简称ICAFE）、GENICAFÉ、洪都拉斯咖啡协会（IHCAFÉ）、萨尔瓦多咖啡推广基金会（PROCAFÉ）、危地马拉全国咖啡协会（ANACAFÉ）等知名咖啡研究机构和咖啡产地，联手改造阿拉比卡体质以因应气候变化的挑战。2012年以后，咖啡育种的难度与格局更大，除了要善用F1的优势，还要以二倍体种间杂交造出新世代的四倍体咖啡物种，即对气候变化更有耐受度且兼具第二波高产量高抗病与第三波水果炸弹的新品种，以降低极端气候的威胁。

改造"孤儿"作物，化解双重危机

国际咖啡组织2017年气候变化的研究指出，如果全球变暖持续下去，到2050年，中美洲适合种咖啡的地区将减少48%，巴西将锐减60%，东南亚将剧减70%，势必重创全球咖啡市场。另外，WCR 的研究更指出，随着世界人口增长与咖啡年均消费量 2% 的增幅，到了 2050 年全球咖啡产量必须再增加一倍才足够供应世界所需。换言之，21 世纪结束前，咖啡产业将面临产地减少一半而产量必须比现在至少再增一倍的双重危机！

早在十多年前，蒂莫西·席林博士已预见气候变化将危及咖啡产业，在他的奔走疾呼下，2012 年创立了整合全球咖啡育种工作的划时代机构 WCR，他担任执行长，未雨绸缪为咖啡产业培育抗逆境、高产量、抗病力强与风味好的更有竞争力的阿拉比卡。"咖啡是孤儿作物，在穷困国家种植却在富有国家消费。穷国没有资源培育更强的新品种，而富国也没必要研究咖啡。目前全世界只有 40 位咖啡育种专家，相较于玉米、小麦和稻米有上万名育种学家，人数少得可怜。长此以往，咖啡产业将熬不过气候变化的威胁。"席林这番话惊醒各大咖啡产地。玉米、大豆等作物是由富裕的美国进行企业化生产的，早年即投入庞大资源培育耐旱、抗病、高产量的超级品种，今日更有能力因应极端气候的挑战；然而，全球有 80% 以上的咖啡生产者是经济弱势的小农，买不起昂贵新品种，为他们开发品种并无立即的市场回馈，咖啡向来是育种科技的冷门作物，进度严重落后。

更糟的是各自为政的旧思维。历史上，咖啡产地为了自己的竞争力，对于基因与新品种的研究无不讳莫如深，关起门来搞。然而，阿拉比卡进化时间很短，基因多样性极低。巴西咖啡产量占全球 40%，但咖啡基因专家估计巴西的栽培品种中有高达 97.55% 源自铁比卡或波旁系统。

纽约的自然资源遗传学公司（Nature Source Genetics）与 WCR 合作，对 CATIE 保育的种质、1964—1965 年 FAO 从埃塞俄比亚卡法森林采集的 600 多份野生咖啡种质，以及 ORSTOM 采集的也门种质和各产地的栽培品种等 781 份阿拉比卡种质进行了基因多样性分析，2014 年发表的报告指出，阿拉比卡的遗传相似率高达 98.8%，相较于大豆、玉米、小麦等农作物的 70%—80%，阿拉比卡的基因多样性远低于科学家的预料。换言之，一般农作物有高达 20%—30% 的遗传多样性，而阿拉比卡只有 1.2%，其中 95% 集中在埃塞俄比亚的野生咖啡。因此，野生咖啡是未来改造阿拉比卡体质的重要资源。WCR 从上述 20 世纪 60

年代采集的野生阿拉比卡种质中筛选出 100 份基因多样性最高的优势种质，作为 21 世纪打造新品种的核心种质库。

21 世纪面临更严峻的全球变暖与病虫害挑战，独善其身的旧模式已行不通，唯有携手合作、资源共享，才可能事半功倍。在国际各大农业研究机构、咖啡贸易商与各产地的赞助下，2012 年催生了 WCR。目前 WCR 已结合 CIRAD 等 67 个研究机构、27 国、咖啡贸易巨擘伊卡姆农工商有限公司（ECOM Agroindustrial Corp. Ltd.，简称 ECOM），以及星巴克、唐恩都乐（Dunkin' Donuts）、UCC、Key Coffee、皮爷咖啡、Keurig Green Mountain、拉瓦萨、意利咖啡、Smucker's 等国际咖啡企业的力量，为 21 世纪培育更能适应逆境的美味、高产、抗病的新品种。

WCR 掀起阿拉比卡第四波进化热潮

虽然埃塞俄比亚至今仍不肯开放境内的野生咖啡资源供欧美研究机构使用，但 WCR 整合各机构善用 20 世纪 60 年代 FAO 与 ORSTOM 在埃塞俄比亚采集的种质来培育优势品种，已初见成效。

在全球精品咖啡市场年营收高达 800 多亿美元的今日，为咖农开发买得起的超强品种，时机已成熟。因此，我界定 2012 年 WCR 的诞生为阿拉比卡第四波浪潮之始。WCR 的格局、挑战与贡献，未来将远远超过国际精品咖啡协会、咖啡质量学会等推广咖啡教育并制定评鉴标准的机构。

协助咖啡产业抵御气候变化，必须从源头也就是从咖啡树的优化做起，唯有咖农都种下强健、高产、美味、更能适应逆境的咖啡树，生计获得保障，才可能带动整个产业链的繁荣。阿拉比卡先天上多样性不足，已无力面对极端气候的威胁，需借助人类科技力量强化体质。

"重造阿拉比卡"（Recreating Arabica Coffee）是席林博士 2012 年以来大力推动的育种计划，我归纳出三大主轴：（1）打造 F1 战队，（2）扩大二倍体杂交造出新世代阿拉比卡，（3）培育 21 世纪新锐阿拉布斯塔（Arabusta）。依序详述如下。

明日咖啡之一
F1 战队（种内杂交）：四倍体 × 四倍体

中南美洲和亚洲的阿拉比卡多半是铁比卡或波旁近亲繁殖的后代，数百年来陷入基因瓶颈困境。在植物的育种中，同一物种内两个亲本的遗传距离愈远，其子嗣会愈有活力，表现为产量、抗病力、对高温低温与干旱的调适能力，甚至风味都明显优于两个亲本，这就是杂交优势。但最大缺点是杂交优势仅限于 F1，如以 F1 的种子繁衍 F2，基因重组后将现出亲本显性与隐性的不同性状；换言之，F2 会出现"杂牌军"，包括高株、矮株、绿顶、褐顶、长节间、短节间、低产、体弱、调适力差等亲本原有的不佳性状都会表现出来，只有少数仍保有 F1 的优势性状。如果要保持 F1 的优势就必须在实验室以无性繁殖大量复制 F1 克隆苗，不能用种子繁殖，因此克隆苗的价格比种子贵一至两倍。

数十年前 F1 已大量运用在大豆、玉米、小麦、水果等作物的育种上，但咖啡迟至近 10 年才开始风行。亲本主要来自：（1）20 世纪 60 年代 FAO、ORSTOM 在卡法森林采集的野生阿拉比卡，（2）"姆咖啡"，（3）中南美栽培品种卡杜拉、薇拉莎奇（Villa Sarchi）这三大遗传甚远的族群。最有名的 F1 当属 2010 年释出给少数咖农试种，2017 年即以 90.5 的高分夺下尼加拉瓜 CoE 大赛亚军而声名大噪的"中美洲"（Centroamericano，亦称 H1）。

H1 早在 1991 年即开始育种选拔，经过多产地、不同环境的试种，通过严格考评绩优，是目前能够供应克隆苗的新锐 F1，由两个遗传距离甚远的品种杂交，亲本为：

汝媚苏丹（Rume Sudan）× 莎奇姆（Sarchimor）T 5296

F1

="中美洲"（Centroamericano）=H1=2017 年、2018 年尼加拉瓜 CoE 亚军

汝媚苏丹是大发现时代的 1941 年，英国植物学家在埃塞俄比亚与苏丹交界的博马高原采集到的野生咖啡、对锈病有抵抗力，对炭疽病有耐受度，更重要的是风味极佳，但缺点是产果量低。而莎奇姆 T5296 是 CATIE 于 20 世纪 80 年代从"姆咖啡"族群中选拔出来的品系，对锈病有抵抗力，对炭疽病有耐受度，产果量高，但缺点是风味不佳。

20 世纪 90 年代法国 CIRAD 与哥斯达黎加 CATIE 合作，着手培育 F1，选定遗传距离甚远的汝媚苏丹与莎奇姆 T5296 为亲本，当时的育种目标是抗病、高产和美味，经多年试种与竞赛，已达到全部预定目的。H1 的产量比两个亲本以及中美洲最常见的波旁变种卡杜拉还高出 20%—50%，是典型的高产高抗病又美味的"三好"F1。未料还多了一个抗低温的"红利"，2017 年 2 月老挝试种 H1，遇到寒流降霜，其他传统品种的叶片和果实冻伤发黑，损失惨重，只有 H1 和另外两个评估中的 F1 熬过霜害毫发无伤。

培育 F1 的流程极为烦琐费时，先由育种人员耐心地以人工授粉完成杂交，开花结果产出的 F1，还需经过多年观察与淘汰，选拔出最具优势的植株，再取其一小块叶片，置入胶状的营养液进行体细胞胚胎培养，十多个月即可生成胚胎并长出根茎叶的幼苗，这就是保有 F1 优势性状的克隆苗，是耗时费工的传统育种方法，绝非基因改良咖啡。CIRAD 从 20 世纪 90 年代开始培育 H1，迟至 2010 年才释出克隆苗，应急供咖农栽种，抵御极端气候。但 H1 后代的基因型会分离，如用其种子繁衍将出现"杂牌军"，因此育种机构目前一方面供应克隆苗，另一方面仍持续对 H1 的后代进行纯化，至少要选拔到 F7 或 F8，或有可能育出纯种的 H1。选拔一代要花 4 年，因此至少要 30 年才可能育出纯种的 H1，但也未必和无性繁殖的 F1 同样出色，因此有杂交优势的 F1，仍以克隆苗为主流，避免使用种子。

除了 H1 外，WCR 整合 CIRAD、ECOM、CATIE 等机构目前已释出的 6 支埃塞俄比亚野生咖啡与"姆咖啡"或卡杜拉、薇拉莎奇杂交的 F1，分别命名为 Starmaya、Nayarita、Mundo Maya、Milenio、Evaluna，还有鲁依鲁 11（Ruiru 11）（20 世纪 80 年代肯尼亚培育的老 F1），其中最特殊的是 Starmaya，运用雄性不育传统育种技术，是目前唯一可用种子繁殖的 F1，其余皆为克隆苗。另外还有

2支F1是以野生咖啡与中南美洲传统品种杂交，虽美味但抗病力较差，取名为Casiopea、H3。以上8支F1，可向WCR洽购克隆苗，每株0.75美元，比一般品种贵0.5美元，Starmaya则以种子供应。

去年H1又传出佳音，2020年出版的《基因与环境对阿拉比卡产量与质量的交互作用：新世代F1的表现优于美洲栽培品种》（G×E Interactions on Yield and Quality in *Coffea arabica*: New F1 Hybrids Outperform American Cultivars）指出，F1中的H1、Starmaya，其生豆所含的柠檬烯（limonene）与三甲基丁酸（3-methylbutanoic acid）明显高于中美洲栽种最广的卡杜拉，这两个挥发性成分是目前公认高质量生豆必备的芳香物。而卡杜拉所含的2-异丁基-3-甲氧基吡嗪（2-isobutyl-3-methoxypyrazine）又比F1高出两倍，此成分有马铃薯土腥味，是公认的缺陷风味。

2015—2020年，WCR野生阿拉比卡、"姆咖啡"、卡杜拉（或薇拉莎奇）三大遗传甚远的族群完成75种杂交，从中选出46支F1分别在中美洲、亚洲和非洲不同环境和海拔试种，第一次收获表现佳的F1还不能算数，必须持续追踪4个产季，连续4年在风味、产量、抗病、抗逆境、花期与成熟期的一致性上绩优才能通过严格考评。

其中有几支F1，采用破天荒的三面向"配方"，令人垂涎三尺。母本为抗逆境、抗病、高产与美味的"中美洲"，即H1（汝媚苏丹 × 莎奇姆T5296）以及风味不输瑰夏的H3（卡杜拉 × E-531），父本为知名的美味品种瑰夏与ET-47，配对成以下4组：

"中美洲"× 瑰夏
H3 × 瑰夏
"中美洲"×ET-47
H3×ET-47

WCR预计2025年将释出首批在拉美、亚洲和非洲异地试种绩优的各款F1供咖农选择。未来20年内WCR将持续开发更多具有特异功能的F1。这几年

F1 及进化版的杂交咖啡频频挺进 CoE 优胜榜，普及度已见成效，可以预料 F1 在往后数十年的咖啡市场将扮演重要角色，亦可能掀起风云，玩家们准备好了吗？

明日咖啡之二

多样性高的二倍体杂交品种（种间杂交）：
二倍体 × 二倍体

（一）新世代阿拉比卡：尤金诺伊狄丝群 × 罗布斯塔群
new *C. arabica = C. eugenioides* groups×*C. robusta* groups

　　F1 的多样性虽然高于一般阿拉比卡，但阿拉比卡的遗传相似度高达 98.8%，基因多样性只有 1.2%，远不及咖啡属内的上百个二倍体物种。换言之，种内杂交造出的 F1 遗传多样性，仍远低于异种间的二倍体杂交造出的四倍体咖啡物种。

　　如前文所述，阿拉比卡是 1 万至 2 万年前，由尤金诺伊狄丝与罗布斯塔两个二倍体咖啡，单次的基因交流事件而诞生的四倍体咖啡，进化时间极短，先天注定多样性不足，人类不必期待自然界会发生第二次尤金诺伊狄丝与罗布斯塔杂交成功、造出有生育力的四倍体新世代阿拉比卡。2015 年以来，席林博士的团队利用科技力量，筛选尤金诺伊狄丝与罗布斯塔旗下多样性最丰富的数个品种，进行多次杂交再选拔其中表现最优秀的品系，试图重建一支遗传多样性丰富的新阿拉比卡战队。这有别于 1 万年前两物种仅有一次的自然杂交而造出多样性极低的阿拉比卡。今日分子生物学的科技可协助造出多样性更丰富的四倍体新世代阿拉比卡，席林博士雄心勃勃的造物计划可能要费时数十年才可能成功。

　　这项造物工程并非侵入性植入其他物种基因的基因改良咖啡，而是以科技与传统育种相互配合。不同种杂交的后代通常不能生育，因为欠缺可配对的同源染色体，但在实验室可用秋水仙素增加一倍亲本的同源染色体，减数分裂就可能继续进行并产生可育的配子。二倍体尤金诺伊狄丝与二倍体罗布斯塔利用此方式相互杂交，即可造出新世代四倍体阿拉比卡，且其多样性远高于今日的老阿拉比卡，更有本钱应对 21 世纪日渐恶化的极端气候。但重造阿拉比卡急不得，育种与选拔工程至少耗时 20 年，值得期待。

（二）赖金诺伊狄丝 = 赖比瑞卡 × 尤金诺伊狄丝

至今自然界只发生过一次尤金诺伊狄丝与罗布斯塔杂交造出阿拉比卡的奇迹，可见若无人为干预，二倍体的种间（跨种）杂交，成功造出四倍体新物种的概率有多低。可喜的是 20 世纪 60 年代印度已发现尤金诺伊狄丝与另一个二倍体赖比瑞卡成功杂交造出的可生育的四倍体赖金诺伊狄丝（*C. ligenioides*）：

C. ligenioides（4n=4x=44）

= *C. liberica*（2n=2x=22）× *C. eugenioides*（2n=2x=22）

这是一大发现，如何善用天赐的四倍体新咖啡物种？各机构至今仍在研究其可能的用途。2004 年，印度中央咖啡研究所（CCRI）的文献《赖金诺伊狄丝：阿拉比卡咖啡育种的新基因来源》（Ligenioides: A Source of New Genes for Arabica Coffee Breeding），以及 2018 年的《阿拉比卡的耐久抗锈病力》（Durable Rust Resistance in Arabica Coffee）报告指出，20 世纪 60 年代的印度发现二倍体赖比瑞卡（AA）与二倍体尤金诺伊狄丝（BB），正常形成的配子 A 与 B，杂交为不育的二倍体咖啡（AB），但在极罕见的偶然情况下，此二倍体 AB 的枝条发生多倍体化芽条变异，即某一个枝条突变成四倍体 AABB，并且顺利开花结出种子，而产生许多有生育力的 AABB 的新个体，取名为赖金诺伊狄丝，这是继阿拉比卡之后，另一个为自己找出路的造物奇迹！

数据显示，赖金诺伊狄丝具有耐旱、抗锈病、抗炭疽病、抗咖啡灭字脊虎天牛（*Coffee White Stem Borer*）的特性，更厉害是风味近似阿拉比卡，但缺点是豆粒较小，此缺憾已通过与"姆咖啡"杂交得到解决。近年全球咖啡锈病的真菌不断进化，造成原本对锈病有耐受度的某些"姆咖啡"、瑰夏，甚至若干罗布斯塔也失去抗锈病力，而赖金诺伊狄丝的抗锈病力尚未被真菌攻陷，又是四倍体咖啡，能够轻易和阿拉比卡杂交，并将其耐旱抗锈病的超能力导入阿拉比卡，是21世纪绝佳的"种马"。

（三）蕾丝布斯塔＝蕾丝摩莎 × 罗布斯塔

另外，1989 年印度育出四倍体的蕾丝布斯塔（Racemusta），亲本为二倍体蕾丝摩莎和二倍体罗布斯塔：

C. racemusta（4n=4x=44）
=*C. racemosa*（2n=2x=22）×*C. robusta*（2n=2x=22）

2005 年，印度发表的《关于蕾丝摩莎与罗布斯塔杂交种某些关键特征的研究》(A Study of *Coffea racemosa* × *Coffea canephora* var. *robusta* Hybrids in Relation to Certain Critically Important Characters）指出蕾丝布斯塔的优点如下：

（1）罗布斯塔开花至果熟需要的时间长达 301—315 天，而杂交的蕾丝布斯塔只需 160—170 天。

（2）罗豆咖啡因高达 1.5%—3.8%，蕾丝摩莎只有 0.38%，杂交品种蕾丝布斯塔为 1.47%，低于罗豆，符合近年对较低咖啡因的需求。

（3）罗豆的锈病率为 30%，蕾丝摩莎为 0%，杂交品种蕾丝布斯塔的锈病率9%，亦低于罗豆。

（4）蕾丝摩莎每株产豆量 0.05—0.5 千克，罗豆 7.43—15.31 千克，杂交品种蕾丝布斯塔 0.05—1.8 千克，产果量低是最大缺点。

整体而言，蕾丝布斯塔对锈病的抵抗力强、咖啡因低于罗豆是最大优点。蕾丝布斯塔和阿拉比卡同为四倍体，可相互杂交，提高阿拉比卡的多样性。

明日咖啡之三
新锐阿拉布斯塔（种间杂交）：四倍体 × 四倍体

20 世纪 20 年代，东帝汶发现的阿拉比卡与罗豆天然杂交造出的四倍体东帝汶杂交种，这是早期的称呼，其实就是阿拉布斯塔。西非的科特迪瓦最先创造此用语；20 世纪 60 年代，科特迪瓦总统菲利克斯·乌弗埃 – 博瓦尼（Felix Houphouet-Boigny）嫌罗豆太苦涩，要求研究员另外培育较温和又可种在较低海拔的咖啡，以取代罗布斯塔。育种人员于是以阿拉比卡和罗布斯塔杂交，并取名为阿拉布斯塔。风味虽优于罗豆，但直到今日阿拉布斯塔仍无法取代科特迪瓦的罗豆，因为其产量低、枝条易折断，咖农接受度不高。

引发咖啡锈病的真菌不断进化，近年已发现以东帝汶杂交种为亲本的若干"姆咖啡"、阿拉布斯塔，甚至有些罗豆也染上锈病，但 WCR 仍看好阿拉布斯塔的潜力，已和法国 CIRAD、CATIE 合作培育抗病力、耐旱力与风味更优的新世代阿拉布斯塔。

做法是先诱使一株罗布斯塔增加两套染色体形成特殊的四倍体罗布斯塔，取名为 *C. canephora* T3751，并以之为母本，再和一株雄性不育且风味佳的埃塞俄比亚／苏丹野生咖啡杂交，选拔其中表现优秀的植株，再和阿拉比卡回交，再选拔 2—3 代，即可造出 21 世纪的新锐阿拉布斯塔。

C. arabusta（4n=4x=44）

= *C. arabica*（4n=4x=44）× *C. canephora* T3751（4n=4x=44）

另外还有一支不同"配方"的新锐阿拉布斯塔仍在田间测试选拔中。父本为进化版的纯种美味"姆咖啡"玛塞尔萨（Marsellesa），母本为 *C. canephora* T3751，WCR 预计 5 年后可释出 1—2 支抗锈病、高产又美味的新世代阿拉布斯塔。

C. arabusta（4n=4x=44）

= *C. marsellesa*（4n=4x=44）× *C. canephora* T3751（4n=4x=44）

21 世纪为了抵御气候变化与病虫害，善用咖啡属多样性更丰富的二倍体咖啡，将是不可逆的新趋势。我们不必期望造出的新四倍体咖啡物种的风味媲美瑰夏。瑰夏虽美味，但体质娇弱、不耐高温、枝条脆弱，且近年已失去对锈病的耐受度。如何强化阿拉比卡因应极端气候的体质乃当务之急，凡事先求有再求好，循序渐进，才是王道。

F1、新世代阿拉比卡、赖金诺伊狄丝、阿拉布斯塔等玩家不熟悉的明日咖啡，在不久的将来可望延续老阿拉比卡的"香火"，成为咖啡馆的新宠！

二倍体咖啡大翻身

喝惯了阿拉比卡的玩家，多半不屑风味较粗糙的二倍体咖啡，诸如罗豆、赖比瑞卡，但切莫少喝多怪，快快收起鄙视的眼神。阿拉比卡的母本尤金诺伊狄丝，2015 年至今已多次登上国际咖啡师大赛的舞台并赢得大奖。

尤金诺伊狄丝打败瑰夏，摘得大奖！

2015 年，美国冲煮好手莎拉·简·安德森（Sara Jean Anderson）破天荒舍弃瑰夏，改用二倍体的尤金诺伊狄丝出战，竟然打进高手如云、瑰夏满天飞的世界咖啡冲煮大赛总决赛，并赢得第四名，缔造二倍体咖啡进入国际咖啡大赛扬眉吐气的元年。接着，2020 年澳大利亚知名咖啡师休·凯利（Hugh Kelly）也以二倍体的尤金诺伊狄丝以及赖比瑞卡为赛豆，赢得澳大利亚精品咖啡协会主办的咖啡师大赛（ASCA Australian Vitasoy Barista Championship）冠军。可惜的是，2020 年世界咖啡师大赛因疫情严峻而停办，凯利无缘乘胜追击，为二倍体咖啡再下一城。

凯利表示，他在哥伦比亚完美庄园（Café Inmacaluda）的杯测台上首次喝到尤金诺伊狄丝，觉得味谱奇特，近似甜菊，但略带坚果调且无酸，喝起来不像一般咖啡，同台杯测师的评分差异颇大，有人给 80 分，也有人给 94 分高分。他看好尤金诺伊狄丝的味谱潜力，调整后制发酵与烘焙参数，将水果韵与甜感极大化，并以降温方式萃取浓缩咖啡，增加此品种的酸质。卡布奇诺则以赖比瑞卡独有的榴莲与奶酪香气来应战，果然出奇制胜，这两支非阿拉比卡的二倍体咖啡为他摘得澳大利亚咖啡师大赛桂冠，为二倍体咖啡争了口气。

赖比瑞卡的普及度不高，仅盛行于西非和东南亚的菲律宾、马来西亚、印度尼西亚。我喝过好几次，风味奇特，好坏味谱兼而有之，有不差的水果韵也有不讨好的臊味，好恶由人。至于尤金诺伊狄丝我已朝思暮想多年，却无缘一亲芳泽。

令人味界大开的尤金诺伊狄丝

机会来了，2019 年 12 月我应邀出席西安国际咖啡文化节，有幸认识一位远嫁美国的西安杯测师云飞，和她聊到尤金诺伊狄丝。她不久前参访哥伦比亚的完美庄园，杯测尤金诺伊狄丝大感惊艳，于是买下当季所有产量，在上海美国学校附近她经营的咖啡馆贩卖。我回台湾后，收到云飞寄来的尤金诺伊狄丝生豆与熟豆各 100 克，一圆宿梦。

独乐乐不如众乐乐，我联络正瀚生技咖啡研究中心的杯测师与研究员一起杯测与手冲尤金诺伊狄丝。甜感是主韵，甜味比阿拉比卡丰富细致，不仅有焦糖香气，甜味谱近似棉花软糖、甜菊、红枣、黑糖、微甜玄米茶、荔枝、布丁；另外还有罗勒、茶香、薄荷、陈皮梅、饼干味，且黏稠与滑顺感佳；降温后浮现轻柔酸，几乎无苦味。尤金诺伊狄丝是喝起来不像咖啡的咖啡，酸质轻柔，不像阿拉比卡的醋酸或柠檬酸那么带劲，很适合不爱酸味的咖啡族。

我也将尤金诺伊狄丝的生豆送交正瀚生技的实验室检测相关化学成分。它的咖啡因约占干物的 0.44%—0.6%，平均值 0.5%，不到阿拉比卡的一半，称得上半低因咖啡。近年发现尤金诺伊狄丝与其他二倍体咖啡杂交的四倍体后代，风味均有显著改善，尤金诺伊狄丝似乎成为改进其他二倍体粗糙味谱的"种马"。2021 年 WBC 前三名好手均以尤金诺伊狄丝出战而赢得大奖，震撼了咖啡江湖。

表2-2　阿拉比卡与其他二倍体野生咖啡成分比较

地区	种名	咖啡因	蔗糖	葫芦巴碱	果熟期长达（月）
东非与北非	*C. arabica*	1.2%	9.32%	1.13%	7—8
中非与东非	*C. eugenioides*	0.5%	7.70%	1.33%	9
西非、中非与北非	*C. canephora*	2.5%	6.10%	0.82%	8—11
西非与中非	*C. liberica*	1.5%	8.28%	0.67%	12—13
东非	*C. racemosa*	1%	6.44%	1.02%	2
中南非	*C. kapakata*	1%	7.51%	1.77%	9
中非	*C. congensis*	2.06%	6.06%	1.06%	10—12
西非	*C. stenophylla*	2%	7.50%	1.09%	9—10
东非	*C. pocsii*	1.27%	10.10%	1.45%	不详
马达加斯加	*C. leroyi*	0.02%	不详	不详	2—3
马达加斯加	*C. perrieri*	0	不详	不详	2—3
印度	*C. bengalensis*	0	不详	不详	不详

注：咖啡因、蔗糖、葫芦巴碱三列表示此三种成分在干物中所占比重的平均值。

（＊数据来源：① Trigonelline and Sucrose Diversity in Wild *Coffea* Species；② Caffeine-free Species in the Genus *Coffea*）

　　表2-2是阿拉比卡与其他二倍体咖啡所含蔗糖、咖啡因与葫芦巴碱的比较。过去半个世纪以来，人们普遍认为蔗糖与葫芦巴碱的含量与咖啡的香气正相关，但近年发现没那么简单，目前已知第三波水果炸弹的主要成分为柠檬烯、草莓酮、三甲基丁酸、酯、醛类。表2-2东非 *C. pocsii* 所含的蔗糖与葫芦巴碱最高，但至今仍无商业用途，足见光凭蔗糖与葫芦巴碱含量的高低是不够的。

　　未来有市场性的二倍体咖啡并不多，包括尤金诺伊狄丝、罗布斯塔、刚果咖啡、赖比瑞卡、史坦诺菲雅、蕾丝摩莎，除了罗豆与赖比瑞卡产果量高于阿拉比卡，其余产量皆低，尤金诺伊狄丝风味潜力最大，但每株产豆量只有200—300克，只有阿拉比卡主干品种铁比卡的三分之一，这是推广上最大的障碍。至于咖啡物种的咖啡因含量，由东非往西非方向逐渐增加，这是挺有趣的现象。东非外海的马达加斯加的咖啡物种几乎零咖啡因，但苦味很重，尚无市场。这20年来，欧美日专家试图用马达加斯加的咖啡物种与阿拉比卡杂交，打造低咖啡因阿拉比卡，却失败了，至今尚未传出好消息。

尤金诺伊狄丝抗果小蠹，后势看俏

近十年来，果小蠹随着全球变暖的脚步开始侵袭高海拔地区，在21世纪有可能取代锈病成为阿拉比卡的最大天敌。以台湾为例，锈病并非主要病虫害，只要植株营养够、田园管理得当，抵抗力强的植株往往会不药而愈，因此宝岛罕见抗锈病的"姆咖啡"，这是产地中很奇特的现象。为祸台湾咖啡园最烈的是钻进果子产卵、防不胜防的果小蠹，对此各产地至今仍束手无策。

可喜的是，近年传出初步好消息。巴西巴拉那农业研究所（Instituto Agronòmico do Paraná，简称 IAPAR）2004年着手研究各咖啡物种对果小蠹的抗性，于2010年发表的论文《咖啡基因型对果小蠹的抗性》（Coffee Berry Borer Resistance in Coffee Genotypes）指出，中南部非洲的 C. kapakata、印度的 C. bengalensis、东非的尤金诺伊狄丝，以及与尤金诺伊狄丝杂交的基因型，遭到果小蠹侵袭的比例很低，在4%以下，远低于赖比瑞卡的25.33%，以及阿拉比卡与罗豆的55.83%，就统计学来看有重大意义；C. kapakata 与尤金诺伊狄丝的果皮蜡质含有某种化学成分，阻止果小蠹靠近，但是如果取出其种子，果小蠹就会钻入食之。至于 C. bengalensis，果小蠹不侵入也不食其种子，可能与零咖啡因有关，但目前还不能确定其防虫机制。

该报告建议尤金诺伊狄丝、C. kapakata、C. bengalensis 可以和阿拉比卡、罗豆等具有商业价值的物种杂交，引入抵抗果小蠹的基因，今日的分子生物学技术能够辨识这类基因，而 C. bengalensis 抗果小蠹的基因可能不同于尤金诺伊狄丝与 C. kapakata。

另外，埃塞俄比亚西南山林近年趋暖升温，也传出果小蠹灾情，尤其是在海拔较低的贝贝卡地区最严重，中高海拔地区较轻微。埃塞俄比亚已开始研究是否有野生或地方品种对果小蠹有抗性，结果发现有些品种，尤其是对炭疽病有抗性的品种，遭果小蠹侵袭的概率相对较低，相关研究还在进行中。

2015 年以来，尤金诺伊狄丝数度登上国际咖啡大赛舞台并赢得大奖，加上身怀抵抗果小蠹的基因，阿拉比卡的母亲后势看好，未来将有大用。

野生咖啡的灭绝危机

全球 130 个咖啡物种，至今只有阿拉比卡、罗布斯塔和赖比瑞卡有商业规模的栽种，但其余 127 个物种有许多具有抗旱抗病、低咖啡因以及好风味的奇异基因，有助于品种改良并强化阿拉比卡体质以因应不断恶化的极端气候。然而，各咖啡产地为了增产不惜开垦森林为咖啡田，这就是埃塞俄比亚、巴西虽面临气候变化的天灾但年产量仍不减反增的主因。森林滥伐对非洲咖啡产地的后果尤为严重，不但砍掉了珍贵林木，更伐掉了野生咖啡的基因和命脉。

森林滥伐：埃塞俄比亚林地锐减，只占 15.7%

16 世纪埃塞俄比亚全境覆盖茂密森林的面积高达 40%，但到了 19 世纪末，降到 30%。据 FAO《2020 年全球森林资源评估报告》（Global Forest Resources Assessment 2020），埃塞俄比亚目前的森林面积只占全国面积的 15.7%。这半世纪究竟有多少珍稀的野生阿拉比卡基因随着滥伐而减少，实在难以估计。

目前任职英国皇家植物园的科学家艾伦·P. 戴维斯（Aaron P. Davis）领导的专家小组，根据《世界自然保护联盟濒危物种红色名录》（IUCN Red List Of Threatened Species）的评定标准，对分布于非洲大陆，印度洋上的马达加斯加岛、科摩罗群岛（Comoros）、马斯克林群岛（Mascarenes），以及印度、东南亚和澳大利亚已知的 124 个野生咖啡物种进行田野调查与分析，于 2019 年发表《野生咖啡物种高灭绝风险及其对咖啡产业可持续性的影响》（High Extinction Risk for Wild Coffee Species and Implications for Coffee Sector Sustainability）。结论是：124 个野生咖啡物种，其中高达约 60% 即 75 个咖啡物种有绝种危机，35 个物种尚无绝种之虞，14 个物种数据不足，无法判断。

该报告指出，面临人类滥垦森林以及气候变化的双重压力，阿拉比卡、史坦诺菲雅、安东奈伊、查理耶瑞安纳、*C. kivuensis*、蕾洛伊等 75 个咖啡物种面临绝种威胁。尚无绝种危机的物种有罗布斯塔、赖比瑞卡、刚果咖啡、尤金诺伊狄丝等 35 个物种。数据不全的物种包括 *C. affinis*、*C. carrissoi* 等 14 个野生咖啡物种。

其中，西非有 11 个咖啡物种濒临绝种，东非有 14 个，南非有 1 个，马达加斯加和印度洋岛屿有 46 个、亚洲有 3 个（请参见表 2-3）。

表 2-3　各区域濒临灭绝的咖啡物种数

区域	濒临灭绝的咖啡物种数
几内亚	1
塞拉利昂	1
利比里亚	1
科特迪瓦	1
加纳	1
多哥	1
贝宁	1
喀麦隆	7
刚果	1
苏丹	2
南苏丹	2
埃塞俄比亚	2
刚果民主共和国	2
肯尼亚	2
乌干达	1
坦桑尼亚	12
马拉维	1
莫桑比克	3

区域	濒临灭绝的咖啡物种数
津巴布韦	3
南非	1
马达加斯加	43
科摩罗	1
毛里求斯	3
留尼汪（法）	1
印度	2
斯里兰卡	1
印度尼西亚	1
菲律宾	1
巴布亚新几内亚	1
澳大利亚	1

完成阿拉比卡改造大业，咖啡可持续飘香

在西非、中非、印度与马达加斯加的濒危咖啡物种中，有些是半低因、零咖啡因、耐旱或抗病的物种，可用来与三大商业咖啡杂交，改善基因表现。如果任由野生的多元基因灭绝，咖啡界抵抗气候变化并培育杂交优势新品种的武器就愈来愈少，将严重影响咖啡产业健全的发展与未来。

目前全球有 18 个植物种质银行，其中只有哥斯达黎加的 CATIE 签下《粮食和农业植物遗传资源国际条约》(International Treaty on Plant Genetic Resources for Food and Agriculture)，有义务提供咖啡种质给育种学家使用，其余 17 个种质银行搜集了许多 CATIE 没有的珍贵咖啡种质，但至今尚未签署此条约，因此有许多种质无法开放，殊为可惜。

如何保育野生咖啡种质并扩大使用范围，完成 21 世纪阿拉比卡改造大业，以期能降低极端气候对咖啡产业的威胁，让咖啡族玩香弄味的闲情逸致有可能延续到下个世纪，这将是第四波咖啡浪潮最重大的课题！

第三章

谁是老大：
也门 vs 埃塞俄比亚

也门是全球唯一在国徽上缀以咖啡红果的国家，

图中可见老鹰胸前的咖啡红果子和绿叶，下方还有

公元前 8 世纪马里卜大坝（Marib Dam）遗址和蓝色水纹图案。

据我所知这是全世界绝无仅有的高调以咖啡装饰国徽的国家，

足以彰显咖啡国粹的重要性。

也门也曾经和埃塞俄比亚角逐咖啡原产地威名，

多年来宣称咖啡品种的浩繁度不亚于埃塞俄比亚。

然而，2020 年 3 月发表的重要科研报告

《阿拉比卡遗传变异度极低》却推翻了也门的说法。

科学证据说话，基因庞杂度排名

近半世纪以来，咖啡界与学术界的共识是：埃塞俄比亚是阿拉比卡基因多样性的演化中心，而也门则因地理位置优越，一跃成为阿拉比卡旗下两大主干品种铁比卡与波旁开枝散叶到全世界的桥头堡。上述研究报告从基因多样性与遗传距离的科学角度，再度印证阿拉比卡是从埃塞俄比亚西南部山林扩散到埃塞俄比亚东部哈拉尔古城，再越过红海抵达也门的史实，也门只是阿拉比卡向全球扩散的"供货"中心。

该基因研究始于2014年，由WCR偕同法国CIRAD和也门萨纳大学科学家以基因分型测序（GBS）[1]分析萨纳大学搜集自也门各产区的88份种质，以及哥斯达黎加CATIE保存的648份阿拉比卡种质，其中大部分是20世纪60与70年代采集自埃塞俄比亚的野生咖啡。这两个旧世界有合计736份阿拉比卡种质，由国际专家进行基因图谱研究。

结论是埃塞俄比亚咖啡的多样性远远超过以下四大阿拉比卡族群：1. 也门族群；2. 中南美洲铁比卡与波旁族群；3. 东非铁比卡与波旁老族群；4. 印度铁比卡与波旁老族群。而且也门咖啡的多样性与东非、印度、中南美铁比卡、波旁以及埃塞俄比亚若干地方品种重叠。这是因为15世纪埃塞俄比亚传进也门的咖啡多样性，只占埃塞俄比亚总体多样性的一小部分，而也门咖啡再扩散到印度、印度尼西亚和中南美，因阿拉比卡的自交，使得基因多样性不断狭窄化。

这表示以上族群的基因庞杂度依序为：**埃塞俄比业野生咖啡＞埃塞俄比亚地方种＞也门族群＞印度、东非与中南美铁比卡与波旁族群**。过去认为传统阿拉比卡有两大族群：埃塞俄比亚野生阿拉比卡，以及从埃塞俄比亚传到也门，再扩散至全世界广泛栽种的铁比卡与波旁。然而，上述最新研究报告根据基因形态异同，又将此两大族群进一步细分为三大族群：

1　基因分型测序（GBS）可分析鉴定单核苷酸多态性（SNP）标记。GBS生成的SNP比许多其他类型的标记［例如简单重复序列（SSR）标记］更密集，从某种意义上讲，包含更多信息。因此，GBS通常是遗传多样性研究和种群结构研究的金标准。

1. 也门-哈拉尔族群（Yemen-Harar），这包括全球绝大多数栽培品种以及数百年前在也门驯化、适合全日照无遮阴的品种。

2. 源自埃塞俄比亚西南部卡法森林的吉马-邦加（Jimma-Bonga）一带野生咖啡和田园栽培系统的族群。

3. 源自埃塞俄比亚卡法森林以西，鲜为人知的歇卡森林（Sheka Forest，请参见第九章图 9-2 野生咖啡分离族群，其基因形态不同于卡法森林的吉马－邦加族群。

但该报告的科学家指出，可能还存在第四个族群，位于东非大裂谷埃塞俄比亚部分东侧的哈伦纳森林（Harenna Forest，请参见第九章图 9-2），但因族群寥落、样本太少，尚不足以验证此论点。

也门的咖啡品种独特吗？

参与这项研究案的 WCR 也在其官网发表专文《也门咖啡：它的遗传多样性如何？》（Yemeni Coffee：How Genetically Diverse Is It?），并以三大要义总结之：

1. 根据本研究的遗传分析，证实也门是个二级扩散中心的历史认知。 换言之，阿拉比卡源自埃塞俄比亚并通过也门传播到全球。用科学术语来说，也门咖啡是埃塞俄比亚阿拉比卡的次群体。

2. 将本研究的也门咖啡样品与全球主要栽培品种比对后，并未发现独特的、未开发的遗传多样性。 这证实了本研究的也门咖啡，其多样性与全世界栽培品种重叠。

3. 我们发现也门咖啡族群的遗传多样性仍远低于研究中的埃塞俄比亚咖啡。

迄今为止，埃塞俄比亚种质的多样性与独特性都是最高的，这是也门和世界主要栽培品种欠缺的。尽管如此，本研究的作者们发现，阿拉比卡的基因多样性整体而言是所有主要农作物中最低的。这是因为阿拉比卡是一两万年前由两个不同的二倍体咖啡只经一次杂交而诞生的，是较晚演化的物种。

可以这么说，当今全世界栽种的阿拉比卡，除了20世纪中期以后培育、染有罗布斯塔或赖比瑞卡基因的抗锈病杂交系列，诸如卡蒂姆、莎奇姆、S288、S795或F1系列，其余阿拉比卡的遗传多样性皆源自上述三大族群：1.也门-哈拉尔族群；2.埃塞俄比亚卡法森林的吉马-邦加野生咖啡；3.埃塞俄比亚歇卡森林野生咖啡。

埃塞俄比亚野生咖啡族群的抗锈病、抗炭疽病与美味基因尚未被埃塞俄比亚以外的产地充分利用，被视为各国未来培育F1的基因宝库，但前提是必须先获得埃塞俄比亚出口许可才可行。近半世纪，埃塞俄比亚为了保护珍稀的野生咖啡基因以及维护埃塞俄比亚咖啡农权益，已严禁野生咖啡种质出口，更不准他国研究人员入境采集咖啡种质。目前国际各机构基因研究所需的样本只能向哥斯达黎加的CATIE调用，但样本有限，只有20世纪50—70年代在埃塞俄比亚采集到的数百份野生咖啡种质，不足以反映埃塞俄比亚咖啡基因多样性的全貌。

创新高价，"也门之母"惊动万教

有趣的是，国际咖啡基因专家联手执笔的2020年研究报告《阿拉比卡遗传变异度极低》发表11个月后，竟遭到另一份也门咖啡基因研究报告挑战。

专营也门精品咖啡贸易、总部设在伦敦的基玛公司（Qima）于2020年8月隆重宣布："我们与国际知名咖啡基因学家克里斯托夫·蒙塔尼翁（Christophe Montagnon）的农业顾问公司RD2 Vision合作多年的研究，在也门发现了全新的阿拉比卡基因族群，这是过去未知的咖啡遗传族群，也是也门独有的品种，故取名为'也门之母'（Yemenia）。这项重大发现不但为全球咖啡基因增加了多样性，而且新族群在风味上也有超凡表现。这是继18—20世纪咖啡界发现铁比卡、波旁族群以及SL系列以来最重大的发现，将颠覆咖啡界对咖啡遗传学的认知。这项研究资料已提交国际科学刊物《遗传资源与作物进化》（Genetic Resources and Crop Evolution）审核，静待发表。"基玛在声明中指出，600多年前阿拉比卡从埃塞俄比亚的茂密森林传入干燥、多山的也门后，通过驯化、物竞天择与基因演变，逐渐适应高温与干燥的新环境，并进化出不同于埃塞俄比亚原祖的基因。数百年后的今日，基玛和RD2 Vision以决心和资源进行多年研究，得以发现因多年动乱与地理险阻而深藏不露的也门之母。

基玛甚至在官网宣告："这是也门历来规模最大的咖啡基因研究，涵盖也门2.5万平方千米的咖啡产区，并分析来自埃塞俄比亚种质、世界栽培品种以及基玛培育的也门族群，总共137份种质，发现阿拉比卡除了埃塞俄比亚野生族群、铁比卡与波旁、SL34、SL17这四大母体群，还有第五大母群，那就是也门独有的也门之母。也门之母是个未经探索的基因资源，将来有可能为阿拉比卡注入新基因，打造新品种！"

成立于2016年的基玛，于2019年、2020年、2021年通过CoE平台办了3次也门精品豆在线拍卖会，2019年杯测分数92.5分的也门冠军豆以199.5美元/磅成交，竞标的33批精品豆平均成交价为33.16美元/磅，成绩斐然。2020年9月，基玛办了第二场别开生面的也门精品豆在线拍卖会，主打新发现的也门之母，20批竞标豆杯测分数前10名全是也门之母！而杯测分数第11—20名的拍卖豆除了也门之母，还包括2支SL28、2支SL34和1支铁比卡。冠军的也门之母以207.15美元/磅成交，创下也门豆历来最高身价。本次拍卖会凸显了也门之母、SL28、SL34和铁比卡都是也门的品种，让全球玩家刮目相看。

另外，2021年拍卖会，杯测前22名的赛豆中，第8名基因鉴定竟然是肯特，原来印度知名的抗锈病品种来自也门。

大论战：特异种还是更名上市？

由于基玛对阿拉比卡族群的解析不同于业界多年来的理解，因此引发了一些争议。在巴拿马与埃塞俄比亚投资瑰夏种植场的荷兰裔美国咖啡专家威廉·布特（Willem Boot）同年9月中旬率先发难，在"油管"（YouTube）视频对基玛的"也门之母论"发表为时3分钟的质疑，并怀疑也门之母只是将也门常见的美味品种乌代尼（Udaini）重新命名的把戏，而不是什么飞天钻地的特异品种！

几天后，基玛的创办人法里斯·谢巴尼（Faris Sheibani）不甘示弱，也通过视频回应布特的质疑，做出 16 分钟的辩护，这是多年难得一见的也门品种论战。

随后，WCR 在官网就此争议发表较为持平中肯的意见。WCR 指出，《阿拉比卡遗传变异度极低》的研究结果并不表示也门咖啡"不可能"比目前大多数的栽培品种保有更多的特殊性或新的多样性，因为所有样品不论来自也门还是埃塞俄比亚，其基因组的亚区域都有可能被遗漏或未探索到；另外任何研究不可能涵盖所有产区的每一株咖啡树。该研究的样品是萨纳大学从也门广泛产区采集而来的 88 份种质，自有其局限性，并不能代表整体，因此也门咖啡的多样性有可能超出该研究的样本。

至于也门咖啡是否有埃塞俄比亚种质未发现的变异，WCR 的回复是：从基因多样性与遗传距离来看，也门咖啡虽然很接近埃塞俄比亚，但已经明显和埃塞俄比亚分离，属于埃塞俄比亚咖啡的次群体。因为这 600 多年来，也门咖啡种植在温度更高、更干旱且无遮阴的恶劣环境，迥异于有茂密森林、较潮湿凉爽又有乔木挡太阳的埃塞俄比亚西南部山林，离乡背井的阿拉比卡为了生存，有可能在也门的逆境中随机突变，演化出更能适应干旱与全日照的基因。

然而，也门咖啡的基因是否更适合干旱高温环境，而埃塞俄比亚咖啡是否更适应农林间作的环境？这有待进一步研究来证实，如果答案是肯定的，这对气候变化日渐加剧的今日，就有重大意义。

2020 年，新冠肺炎肆虐全球，世界咖啡赛事因而停摆，但也门之母大论战却为咖啡界添增不少话题。阿拉比卡是以也门为踏板向全球扩散出去的，目前埃塞俄比亚之外，全球 98% 的栽培品种皆可溯源自也门，因此知名的 SL34、SL28、肯特、K7、Coorg、铁比卡与波旁全来自也门，这并不令人意外。较难理解的是，为何基玛的基因研究将阿拉比卡分为埃塞俄比亚野生族群、也门之母、SL34、SL17、铁比卡与波旁等五大母群？这恐怕要等到国际科学刊物《遗传资源与作物进化》核实基玛与 RD2 Vision 的研究报告后，将之公布，我们才可进一步了解。

应该会有人好奇，为何布特要抢先对也门之母论提出疑问？这不难理解，因为布特与穆赫塔尔·阿肯夏利（Mokhtar Alkhanshali）同为摩哈学院（Mokha Institute）创办人，2018—2020 年已办了 3 次摩哈港精品豆在线拍卖会，但品种栏皆为也门知名的地方品种乌代尼，因此布特质疑基玛拍卖会的明星品种也门之母可能是乌代尼改个名称而已。这两大也门精品豆拍卖会存有同业竞争关系。而也门裔的美国寻豆师阿肯夏利出生入死、潜入也门的猎豆传奇中译本《摩哈僧侣的咖啡炼金之旅》（*The Monk of Mokha*），台湾地区已于 2020 年 9 月出版。

历来规模最大！也门品种报告

布特与谢巴尼为也门之母大论战的 4 个多月后，即 2021 年 2 月 15 日，基玛声称历来规模最大的也门咖啡品种研究报告《揭示栽培阿拉比卡在主要驯化中心也门的独特遗传多样性》（Unveiling a Unique Genetic Diversity of Cultivated *Coffea arabica L.* in Its Main Domestication Center: Yemen）[1]，经机构审核通过终于公之于世，让世人进一步了解也门、埃塞俄比亚，以及散播全球的咖啡栽培品种三者间的关系（参见表 3-1）。

我细读后，发现本篇报告并不因基玛资助而失之偏颇，立论还算公允中肯有见地，摘录精要整理如下。

本研究以单核苷酸多态性分析 137 份阿拉比卡种质的基因，这些种质来自以下三大类：

表 3-1　阿拉比卡样本的主要遗传族群重新划分

三大类别样品份数	（一）埃塞俄比亚独有	（二）SL17	（三）也门SL34	（四）也门铁比卡与波旁	（五）新也门	合计
埃塞俄比亚种质	68	4	/	/	/	72
世界主要栽培品种	5	4	2	9	/	20

1　该研究报告合著作者：C. Montagnon、A. Mahyoub、W. Solano、F. Sheibani。

三大类别 样品份数	（一） 埃塞俄比亚 独有	（二） SL17	（三） 也门 SL34	（四） 也门铁比卡 与波旁	（五） 新也门	合计
也门基玛近年培育的 族群	/	/	8	13	24	45
合计	73	8	10	22	24	137

注：本研究鉴定出三大类别、五大遗传族群。

（＊资料来源：《揭示栽培阿拉比卡在主要驯化中心也门的独特遗传多样性》）

1. 埃塞俄比亚种质（Ethiopia Accessions）

共有 72 份，是 1964—1965 年联合国粮食及农业组织（FAO）、1966 年法国海外科学技术研究办公室（ORSTOM）的研究员在埃塞俄比亚人员陪同下深入埃塞俄比亚西部及西南部野生咖啡林采集而来（但未采集裂谷以东较干燥的哈拉吉产区）。

2. 世界主要栽培品种（Worldwide Cultivated Cultivars）

共 20 份，代表在埃塞俄比亚以外，全世界主要的栽培品种，包括铁比卡、波旁，还有东非、印度的老品种。经过证明，这些品种是从埃塞俄比亚传进也门，然后散播到各咖啡产地，但不包括基因渗染的卡蒂姆和莎奇姆。

3. 也门基玛近年培育的族群（Yemen Qima Breeding Populations）

来自基玛育种群的 45 个样本，由代表也门主要咖啡种植区的 45 棵咖啡树组成。

以上三大来源的 137 份种质经基因图谱鉴定后，其遗传又可归类为以下五大族群：

（一）埃塞俄比亚独有族群（Ethiopia Only）

这是一个主要族群，73 份埃塞俄比亚种质除了以下 5 个美味品种出现在世界主要栽培品种类别中，其余 68 个品种仅见于埃塞俄比亚。20 世纪，这 5 个埃塞俄比亚品种因缘际会由科学家或商人直接带离埃塞俄比亚，是少数未通过也门传播出去的优质品种：

（1）瑰夏 T2722：这是巴拿马瑰夏的品种编码，虽然可溯源自埃塞俄比亚瑰夏群，但瑰夏 T2722 与埃塞俄比亚西南部野生森林的瑰夏群的基因遗传距离不算近，因此我习惯上称巴拿马瑰夏为 Geisha 或用其品种编码，但埃塞俄比亚瑰夏群则改以 Gesha 来称呼，这样就不易混淆。近年有些不明就里的玩家，为了 Geisha 要不要更正为 Gesha 而起争执，我觉得这个争论意义不大，原因很简单——两者的基因与风味强度都明显有别，因此在写法上或命名上有必要做出区别。

（2）爪哇（Java）：最初是从阿比西尼亚（Abyssinia）即埃塞俄比亚的品种中选拔而出，先传到印度尼西亚，接着再传入喀麦隆和中美洲。

（3）Chiroso：这是埃塞俄比亚的地方种，但不知何故流落到哥伦比亚，以美味著称，植株短小结实，短节间，长身豆。在 2014 年与 2020 年赢得哥伦比亚 CoE 冠军，风味媲美瑰夏。当地咖农亦称 Caturra Chiroso。

（4）SL06：过去被误认为是 20 世纪初在东非选拔出来的品种，其血缘近似耐旱的肯特。但本研究发现 SL06 的基因不同于也门系统或肯特，但极近似埃塞俄比亚，故归入埃塞俄比亚独有，不知何故流落异域。

（5）Mibirizi T2702：这是卢旺达的美味品种，也是从埃塞俄比亚流出的美味品种，时间与路径至今不明。

以上 5 个流落他国的埃塞俄比亚品种，加上其余 68 个埃塞俄比亚独有品种，诸如 E-300、E-322、E-060、E-47、E-552、刚果瑰夏（Congo Geisha）等共73 个全归入埃塞俄比亚独有类别。

（二）埃塞俄比亚种质和世界栽培品种（以 SL17 为代表）

第二大族群由埃塞俄比亚种质和世界栽培品种组成，本组以 SL17 为首，其下遗传距离接近的还包括 SL14、K7、Mibirizi T3622，这些品种是 20 世纪前半叶东非选拔出来的抗旱品种。本组还包括遗传距离相近的 4 支埃塞俄比亚品种，诸如埃塞俄比亚瑰夏、E-03、E-22、E-148，也类归在 SL17 麾下。但在本研究的也门族群中并未发现上述 8 个品种，这违背了过去认为肯尼亚、坦桑尼亚或印度选拔出来的 SL 系列和 K 系列品种都是以也门引进的品种为本的认知。科学家认为本研究的也门族群竟然找不到以上品种，可能有两个原因：一是上述 SL 系列和 K 系列的母本确实存在于也门，但未被基玛搜集入库，要不然就是已在也门自然消失；二是这些品种并未通过也门而是直接从埃塞俄比亚传到东非各国。

（三）也门 SL 34 族群

本组以也门 SL 34 为首，包括遗传距离接近的 SL 09，但 SL 34 在各产地栽种的普及度远高于 SL 09。本组还包括基玛搜集的 8 支基因近似的也门品种，加起来共 10 支。SL 34 在台湾地区很普遍，和巴拿马瑰夏并列为台湾精品豆大赛的常胜将军，风味与产量优于铁比卡与波旁。SL 09 来源至今仍不清楚，只知道是也门传到东非后选拔出来的品种，但目前在各产地并不多见。有趣的是 2020 年秘鲁 CoE 大赛，SL 09 与瑰夏 T 2722 混合豆夺下冠军，另一 SL 09 拿下第十三名，一口气为 SL 09 争到很高的曝光率。然而，基玛的研究报告将 SL 09 归入也门的品种，这失之武断。有足够理由挑战它，此品种很可能在更早期已从埃塞俄比亚传入也门！

2019 年，台湾卓武山咖啡农场送一批样本到 WCR 鉴定品种，其中有一支被鉴定为 SL 09。这是在台湾首次出现的新品种，我很好奇，进一步追踪其来源。原来是岚山咖啡游启明总经理，几年前请驻埃塞俄比亚的大陆友人赴埃塞俄比亚西南部 Gesha Village 附近咖啡园涉险采集而来，过程有点紧张，所以量并不多。游总将取自埃塞俄比亚原产地的咖啡种子送给卓武山栽种。这支身份不详的咖啡长成后，卓武山将咖啡叶片寄往 WCR 验明正身，基因鉴定结果竟然是 SL 09，对比表示 SL 09 并非也门独有，埃塞俄比亚也有此品种，对此我不觉得意外，万本归宗乃理所当然。同理，若武断地说 SL 28 与 SL 34 是源自也门的品种，也将面临很大挑战。

（四）也门铁比卡与波旁族群

这组包括铁比卡、波旁、SL 28、肯特、KP-263、KP-532、Bronze 009、Coorg、小摩卡（Moka）等 9 个流通世界的栽培品种，以及 13 个基玛培育的品种，总共 22 个遗传近似的品种。铁比卡与波旁是 18 世纪最先从也门开枝散叶到亚洲和拉丁美洲的两大主干品种；铁比卡经由也门与印度扩散出去，而波旁经由也门和波旁岛（今称留尼汪岛）传播各地。

有趣的是，肯尼亚知名的美味品种 SL28，其基因指纹竟然和印度老品种 Coorg 相同。17 世纪印度僧侣巴巴布丹从也门摩哈港盗走 7 颗咖啡种子，并种在印度西南部卡纳塔克邦的奇克马加卢尔，从而开启印度咖啡种植业，而 Coorg 和肯特两个品种都是从这批俗称"老奇克"（Old Chick）的古老品种中选拔出来的。因此肯尼亚的 SL28 可溯源自也门与印度。而 KP-263、KP-532 都是印度与东非选拔的抗旱品种，也与也门、印度有关。

最特殊的是小摩卡，豆粒圆而袖珍，酷似胡椒粒，是豆粒最小的阿拉比卡。小摩卡起源于突变，而不是一般的遗传背景，豆貌比也门摩卡更圆且小。

（五）新也门（也门之母）族群

最后一组是也门独有的族群，本研究搜集的 45 份也门种质中，有 24 份的基因图谱并未出现在埃塞俄比亚与世界栽培品种一组中，故归类为新也门，即基玛宣称的也门之母，研究人员认为这可能是也门独有的咖啡基因。

不过，本研究的科学家很客观地指出，这不表示 24 份新也门的基因肯定不存在于埃塞俄比亚和世界栽培的品种中，有以下几个原因造就了新也门：（1）这 24 份种质根本没离开也门，未曾传播到世界各地，（2）也有可能在传播路径上消失了，（3）这 24 份种质的祖先早已存在于埃塞俄比亚，但因森林滥伐而绝迹了，（4）远祖可能仍存在于埃塞俄比亚，但种质未被本研究或埃塞俄比亚搜集到。因为本研究分析的埃塞俄比亚种质以西南部与西部为主，并未包括裂谷以东的哈拉吉地区，如果进一步与埃塞俄比亚裂谷以东的咖啡基因悉数比对过，还找不到近似的遗传，那么也门因高温干旱而进化出独有新品种的假设才能成立。

也门咖啡基因的最新研究报告，我归纳出以下结论：

咖啡基因的庞杂度依序为埃塞俄比亚品种 > 也门品种 > 世界栽培品种。埃塞俄比亚野生咖啡的一小部分基因传入也门，经过了物竞天择与人择的驯化，此过程称为"作物的起源"（origin of crop）；经驯化筛选出更能适应高温干燥少雨的也门极端环境的品种，形成地方种（landrace），此过程称为"地方种起源"

（origin of landrace），但地方种仍有性状不一的纯度问题；也门地方种传播到世界各地，再经过精明咖农的选拔，培育出性状稳定的纯种栽培品种（cultivars），此过程称为"栽培品种的起源"（origin of cultivars）。

也门咖啡恰好处于野生咖啡与栽培品种之间，经基因分析，也门的咖啡基因已经和埃塞俄比亚野生咖啡、世界栽培品种有所不同。

数百年来，也门咖啡经过全球最极端的咖啡生长环境淬炼，有可能进化出比埃塞俄比亚更抗旱、耐高温的特殊基因，有助于未来培育新品种抵御气候变化。然而，也门咖啡是否比埃塞俄比亚裂谷以东干旱的哈拉尔咖啡更耐旱，尚需进一步研究，因为哈拉尔一带的咖啡种质并不在本研究样本内。

本研究只分析埃塞俄比亚裂谷以西的 72 份种质，未包括裂谷以东的种质，因此 24 支也门之母是否为独有基因，以及 SL 28、SL 34、SL 09、肯特、Coorg 等是否为也门进化出来的独有品种，而且与埃塞俄比亚无关，目前尚难有定论，有待日后扩大埃塞俄比亚全境种质分析，才能确定。

万本归宗，早在 15 世纪埃塞俄比亚咖啡已传入也门，也门只是阿拉比卡传播到全球的中继站，若要武断地说某品种源自也门，是有风险的。同理，该报告说 SL 28、SL 34、SL 09、肯特、Coorg 也是也门品种，这失之武断，未来会面临很大挑战。

埃塞俄比亚的咖啡基因多样性虽然比也门宽广多元，但两者的基因特征已明显分离。15 世纪，埃塞俄比亚传入也门的咖啡多样性只占埃塞俄比亚总体多样性的一小部分。然而，埃塞俄比亚咖啡移植到也门更干燥高温的新环境，在物竞天择或人为选拔的淘汰下，发生基因重组或变异，为全日照也门族群的基因注入新内容。因此，也门咖啡在抗旱与耐高温方面的表现有可能优于惯于遮阴环境的埃塞俄比亚野生咖啡，但这需进一步科学研究来验证。

第四章

精锐品种面面观 （上）：
旧世界——埃塞俄比亚

就咖啡基因庞杂度、产量和品种开发能力而言，埃塞俄比亚、巴西、哥伦比亚和印度是最重要的四国。全球咖啡品种可分为埃塞俄比亚的旧世界与非埃塞俄比亚的新世界两大阵营；埃塞俄比亚是阿拉比卡演化中心，基因庞杂度居冠，风华独具，从林内的野生咖啡或当地驯化的地方种中即可选拔出抗病、耐旱、高产又美味的品种，无须浸染咖啡属其他二倍体的抗病基因。

反观拉美和亚洲的新世界产地，1970 年以前所种植的不是铁比卡就是波旁，遭遇基因瓶颈，必须引进二倍体的抗病基因提高抵抗力。巴西、哥伦比亚迟至 1970—1980 年开始与葡萄牙锈病研究中心合作，以东帝汶杂交种培育出一系列不同于一般阿拉比卡遗传的"姆咖啡"；而印度稍早于 20 世纪 40 年代即培育出浸染赖比瑞卡抗锈病基因的阿拉比卡 S 795。

埃塞俄比亚与非埃塞俄比亚两大阵营的咖啡品种壁垒分明，味谱各殊。基本上埃塞俄比亚品种的豆粒玲珑尖瘦，咖啡因较低，且柑橘韵、花果调优于豆粒肥厚的非埃塞俄比亚阵营。

无价瑰宝：地方种

地方种是上帝赐予埃塞俄比亚独有的咖啡资源。埃塞俄比亚目前栽种的咖啡全是千百年来从西部或西南部森林卡法、雅郁（Yayu）、歇科（Sheko）、杰拉（Gera）、歇卡、马吉，以及东南部森林哈伦纳、巴雷（Bale）、马加达（Magada）移植出来的（请参见第九章图 9-2）。山林间的野生咖啡，其基因庞杂度极高且彼此的性状、遗传都不同，咖啡农将之移植到各地栽种，经过岁月的驯化与选拔，已适应当地水土，有一定程度的一致性，称为地方种，但这些地方种并非纯系，多半不符品种定义，因此不宜称为"地方品种"。除非特定的植株继续纯化，至少经过 7—8 世代的选拔、纯化而成为性状与遗传稳定、可供辨识的族群，才可称为栽培品种。

埃塞俄比亚地方种的基因座充斥着未纯化的异质结合（基因座的基因不同型），但因经过长时间驯化，其一致性已高于林内的野生咖啡。整体而言，地方种充斥着遗传各异的族群，切勿理解为单一的品种（variety）。

就性状一致性与纯度而言，栽培品种＞地方种＞野生咖啡；就遗传多样性而言，恰好相反，栽培品种＜地方种＜野生咖啡。

而埃塞俄比亚这些世世代代传承的地方种，性状与遗传极为庞杂，难以分类辨识，近百年来欧美咖啡界一言以蔽之，称为古优族群（Heirlooms）[1]，此词暗指埃塞俄比亚咖啡浑然天成，世代传承不需要严谨的选拔与改良。

两大咖啡族群：古优 vs 摩登

野生咖啡、地方种、栽培品种三者的关系，可以这么理解：野生咖啡经咖农取种移植到各地不同水土栽种，成为地方种（业界俗称"古优族群"），但遗传与性状庞杂，不符合品种定义。地方种再经数十至数百年的本地驯化与选拔，成为

---

1 Heirlooms 也多被直译为"传家宝"。——编者注

性状与遗传稳定的栽培品种，即纯系咖啡，也就是现代品种。

诸如埃塞俄比亚西南部的贝蝶莎（Bedessa）与瑰夏族群（Gesha Groups），以及东南部有名的库鲁美、沃丽秀（Wolishao）、狄加（Dega）因性状与遗传不一致，都是地方种，而非纯系的栽培品种。地方种的遗传多样性甚丰，以美味见称，但产量低于栽培品种，抗病力则强弱有别。地方种主要指埃塞俄比亚与也门的咖啡，因为两个旧世界的演化时间较久，族群的遗传庞杂。而拉美和亚洲新世界产地的咖啡遗传多样性太低，演化时间太短，不宜冠上地方种称谓，新世界以栽培品种或现代品种为主。

然而对今日的埃塞俄比亚而言，"古优族群"的说法已落伍，无法体现今日埃塞俄比亚咖啡品种现代化的实况。曾任职吉马农业研究中心（JARC）、《埃塞俄比亚咖啡品种指南》（A Reference Guide to Ethiopian Coffee Varieties）的作者盖图·贝克莱（Getu Bekele）2019年来台，并在正瀚咖啡研究中心办了一场讲座，我有幸向他请教，进一步了解埃塞俄比亚咖啡品种现况。

20世纪60年代，FAO与ORSTOM获准进入埃塞俄比亚西南部的卡法与伊鲁巴柏的咖啡森林采集珍贵种质，并分赠全球11个研究机构，协助改进新世界咖啡的体质。1967年JARC成立后，埃塞俄比亚才开始深入研究上天赐予的野生咖啡，此后不再准许他国研究员入境采集咖啡种质，以保障埃塞俄比亚咖农权益。20世纪90年代至今，巴西从20世纪60年代FAO、ORSTOM采集的埃塞俄比亚种质培育出3支半低因咖啡品种；另外，移植到巴拿马的瑰夏身价近年连创新高；还有流落拉美的埃塞俄比亚品种Chiroso近年频频打进CoE优胜榜，广受追捧……但埃塞俄比亚咖农并未从中获得任何好处，除非各产地能和埃塞俄比亚谈妥"分红"，否则埃塞俄比亚不可能再开放"国宝"出境成就他国。

埃塞俄比亚咖啡的现代之星

也是自1967年JARC成立后，埃塞俄比亚咖啡不再守旧，也不再执着于古优，致力品种现代化，免得被他国培育的明日咖啡超车。今日埃塞俄比亚咖啡品种可分为两大类别：（A）地方种（传统的古优族群）；（B）JARC与其附属的阿瓦达农业研究中心（Awada Agricultural Research Center，简称 AARC）协力开发的现代纯系栽培品种，这批现代品种共有 40 支，分为五大群体。

埃塞俄比亚咖啡从古优迈向摩登，过程有点复杂，架构图剖析如图 4-1：

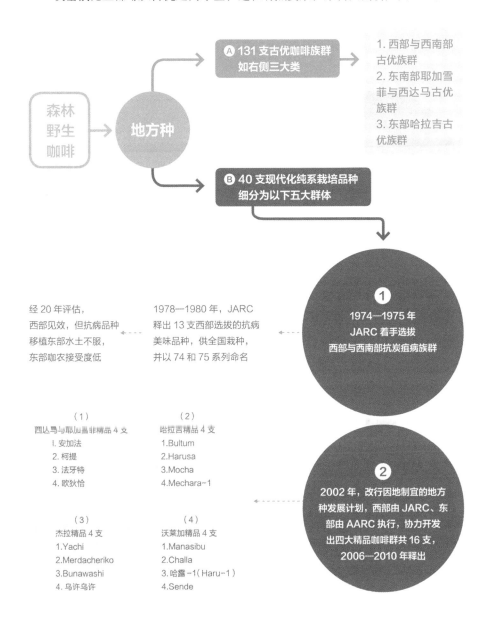

图4-1

图 4-1 的上半部分（A）为传统的古优族群，至少有 131 支，也就是未纯化的地方种，分布在：1. 西部与西南部山林的古优族群；2. 东南部耶加雪菲［耶加雪菲为盖德奥（Gedeo）区下辖小镇，此处以此指代盖德奥区］与西达马的古优族群；3. 东部哈拉吉耐旱的古优族群。但地方种浩繁，本表无法——列出。

下半部分（B）是埃塞俄比亚从 1978 年至今，已释出五大群体共 40 支现代

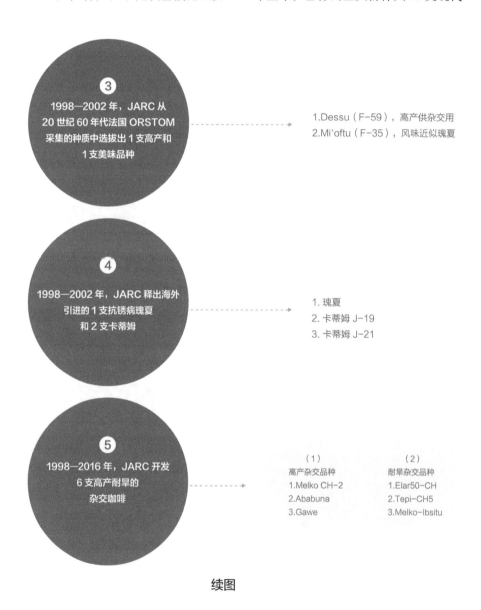

③
1998—2002 年，JARC 从20 世纪 60 年代法国 ORSTOM采集的种质中选拔出 1 支高产和1 支美味品种

　　1.Dessu（F-59），高产供杂交用
　　2.Mi'oftu（F-35），风味近似瑰夏

④
1998—2002 年，JARC 释出海外引进的 1 支抗锈病瑰夏和 2 支卡蒂姆

　　1. 瑰夏
　　2. 卡蒂姆 J-19
　　3. 卡蒂姆 J-21

⑤
1998—2016 年，JARC 开发6 支高产耐旱的杂交咖啡

（1）　　　　　（2）
高产杂交品种　　耐旱杂交品种
1.Melko CH-2　　1.Elar50-CH
2.Ababuna　　　2.Tepi-CH5
3.Gawe　　　　3.Melko-Ibsitu

续图

化的纯系品种，也就是地方种经过纯化成为的性状一致的现代化品种。本表依释出年代顺序一一列出。

（A）古优族群：独特又感性的命名法

1967 年 JARC 创立前，埃塞俄比亚咖啡品种主要由咖农从咖啡森林取种，"土法炼钢"、优胜劣汰，驯化成适合当地水土的地方种，再依照该咖啡树的形态神似当地某些植物，或咖啡的气味、果实的颜色、发现地或人名来归类命名，政府对此并未干涉或介入，也未进行基因鉴定，因此同名的地方种，充其量只是性状相似，遗传未必相同，这在苦无科技协助的时代无可厚非。

埃塞俄比亚农政当局 1989—1994 年对地方种展开普查，发现全国至少有 131 个喊得出名号的地方种，其中 76 个在裂谷以西的吉马、伊鲁巴柏、沃莱加（Wellega）、甘贝拉（Gambela）、阿索萨（Asosa）；33 个在裂谷东南部的耶加雪菲、西达马、古吉产区；还有 22 个在东部哈拉吉产区。

埃塞俄比亚的地方种可分为东南部地方种、西部与西南部地方种、东部地方种，至少有 131 个地方种。

1. 东南部：耶加雪菲、西达马和古吉产区的地方种

本区地方种主要来自裂谷以东的哈伦纳、巴雷森林，以及古吉西部的马加达森林。数百年来西达马、古吉和耶加雪菲产区的品种多半借用其他树种的名称来命名，本区最有名的三大地方种：库鲁美、沃丽秀、狄加均取自当地树种的名字。

库鲁美

库鲁美是本区一种树的名称，果粒、叶片小但产量丰，因此本地区咖农约定俗成将类似的性状诸如树体精实、果粒玲珑、叶片窄小、顶叶为绿色的咖啡树取名为库鲁美，富有柑橘与花果韵，对炭疽病有抵抗力。

沃丽秀

这是本区一种大果粒、年产量不一致的树种名，咖农于是将树体高大开放、果粒肥大、顶叶为铜褐色的咖啡树归类为沃丽秀。

狄加

本区有一种名为狄加的生火柴木，燃烧时散发焦糖甜香，咖农就将树高一般、果粒中等且咖啡豆烘焙时会飘出甜香的较高海拔咖啡归类为狄加。

以上 3 类咖啡在东南部西达马、盖德奥（耶加雪菲）和古吉区最盛行。然而，归类为同名的地方种不表示遗传或基因相同，此乃埃塞俄比亚民间数百年来"感性超过理性"的独有命名法。

2. 西部与西南部：吉马、伊鲁巴柏、沃莱加、甘贝拉、阿索萨有 76 个地方种，命名更为复杂，除了借用植物名称外，还依据咖啡果实的色泽、气味、发现地、人名以及农艺特性来取名，譬如：

乔歇（Choche）

乔歇是吉马区戈玛县（Gomma）的一个村名，据称是发现咖啡提神妙用的牧羊童卡狄的出生地，出自本地的咖啡群皆称乔歇。

萨铎（Sardo Buna）

埃塞俄比亚称咖啡为 Buna，而萨铎是本区俗称的一种草名，学名为 *Cynodon dactylon L.*，生长快，对干旱和贫瘠土地的耐受度极高，因此具有此特性的咖啡族群均以萨铎命名。

贝蝶莎（Bedessa）

本区有一种健壮果树，果子暗红色可食用，名为贝蝶莎，因此暗红色咖啡果子的咖啡族群都可能被称为贝蝶莎。

3. 东部：哈拉吉产区的地方种

东部干燥的哈拉吉过去称为哈拉吉省，后来改为东哈拉吉区与西哈拉吉区，后者产量大于前者，咖啡几乎全为日晒处理法，业界惯称本区咖啡为哈拉尔咖啡。哈拉吉是埃塞俄比亚最早有人工咖啡田的地区，也门咖啡是由哈拉吉传入的，两地咖啡的基因型可能较为接近。哈拉吉近年因气候变化，更为干旱少雨，咖农纷纷改种更耐旱又可提神的卡特树（Khat），因此咖啡产量愈来愈少，台湾年青一代咖啡人对哈拉尔咖啡较为陌生。本区地方种的命名也很感性、有趣。

卡拉阿咖啡（Buna Qalaa）

埃塞俄比亚奥罗莫族（Oromo）每逢婴儿诞生、婚礼,或庆典都会办一场咖啡飨宴，在焙炒咖啡时加入奶油提香增醇，并称之为卡拉阿咖啡，本地区有一种咖啡最适合这种炒法，故以此为名。此类型咖啡的顶叶为铜褐色，对炭疽病有抵抗力。

戈玛（Gomma）

埃塞俄比亚西南部吉马区的戈玛县是牧羊童卡狄的家乡，源自本县的咖啡以县为名。戈玛的顶叶为铜褐色、抗炭疽病、产量高，是少数从西南部引入干燥的哈拉吉而能成功驯化的咖啡。从西南部移植到哈拉吉的族群多半水土不服，以失败告终。

辛培（Simbre）

哈拉吉的农民称鹰嘴豆为"辛培"，而本区有一种果实、豆粒和叶片都很小的咖啡，就以鹰嘴豆命名。辛培抗炭疽病、产量高又耐旱，很适合雨少的哈拉吉。

目前埃塞俄比亚咖农叫得出名字的地方种咖啡有100多支，均以上述不科学的方式命名，性状类似即归为同一品种，但遗传未必相同，也不是纯系，因此有必要选拔、纯化为遗传与性状稳定的现代化栽培品种，此乃历史之必然。

精锐武器：五大现代化纯系品种

（B）品种现代化，跌跌撞撞

埃塞俄比亚贵为阿拉比卡演化中心，生态、地貌与咖啡基因庞杂，然而，埃塞俄比亚每公顷咖啡平均产量多年来徘徊在600—800千克，远低于巴西动辄的2—3吨。单位产量低下的原因包括小农甚少施肥、习于有机栽种、缺乏资金添购先进生产和加工设备，更重要的原因是大量采用未纯化、遗传不稳定、良莠不齐的地方种，致使产量与抗病力不佳，严重拖累整体产能。

千百年来，埃塞俄比亚小农对于地方咖啡族群的辨识与命名，感性高于理性。直到 JARC 成立，政府力量介入对各产区的地方种进行更严谨的选拔、纯化、优胜劣汰与基因鉴定，遗传确定的纯系品种即以编号称之，不再用植物、颜色、气味或地名等笼统字眼命名。

炭疽病向来是埃塞俄比亚咖啡的最大病害，但一味喷洒农药并非治本良方，长远之计是找出怀有抗炭疽病基因的地方种，再优化为栽培品种，这是埃塞俄比亚得天独厚的资源，以下将详细介绍。

JARC 与其附属中心建构的现代化纯系品种分为五大类：1. 抗炭疽病系列共13 支；2. 美味精品群 16 支；3.ORSTOM 高产美味品种 2 支；4. 引进国外抗锈病瑰夏与卡蒂姆 3 支；5. 高产耐旱杂交品种 6 支。这五大类的 40 支现代化纯系品种（请参见图 4-1）极为重要，是埃塞俄比亚迎战全球变暖的精锐部队，简介如下。

1. 抗炭疽病：74 与 75 系列共 13 支

炭疽病在 1970 年后迅速蔓延至埃塞俄比亚各产区。东非大裂谷埃塞俄比亚部分以西的森林是阿拉比卡演化中心，基因庞杂度最高，1974—1975 年 JARC 锁定西南部和西部共 19 个地点，采集 600 多株咖啡树的种子，由专家以科技鉴定并在田间试种，找出抗炭疽病、高产又美味的品种，并从森林区的毕夏利村（Bishari）、杰拉县（Gera Woreda）、瓦西村（Washi）、乌许乌许森林的数百株咖啡中选拔出 13 株抗炭疽病母树。1978 年，JARC 陆续释出 13 支抗炭疽病的新锐品种，供全国咖农栽种，使之与 20 世纪 70—80 年代拉丁美洲与亚洲盛行的"姆咖啡"一较长短。这 13 支抗病、耐旱、高产又美味的奇葩品种，都是在 1974—1975 年间开始选拔的，因此品种名均以 74 或 75 开头，是埃塞俄比亚数百年来首批推出的现代纯系品种。这批现代新品种分别选拔自：

伊鲁巴柏区，梅图县（Metu Woreda）的毕夏利村

从中选拔出 74110、74140、74165、74158、74112、74148，6 支抗炭疽病又美味的品种，其中的 74110、74158 是 2020 年埃塞俄比亚首届 CoE 大赛打进前28 名优胜榜最多的品种，74 系列一战成名。但因水土的适应问题，只有 74110、74112、74165 具有全国普及性，其余以西部栽种为主。

74110 与 74112 的树株形态短小精实、叶片果子与豆粒较小、绿顶短节间、高产量，素以橘韵花果调闻名，是典型的抗病高产水果炸弹。两品种是当今埃塞俄比亚种植最广的现代品种，也普见于东南部。近年有专家指出，74110、74112、74158、74148 的性状与农艺特性，近似东南部的地方种库鲁美，现代品种与地方种仍存在若干灰色带。

吉马区，杰拉县

从中选拔出 741、75227 两品种。741 是 1978 年 JARC 最先释出的抗炭疽病品种，故冠上编号"1"；它对各种炭疽病皆有抵抗力，是目前所知抗炭疽病最强的品种，但移植出杰拉县，易水土不服。741 具有优异的抗炭疽病、耐旱基因，目前主要用于杂交。而 75227 是在 1975 年选拔出的抗炭疽病品种，以树体高大、阔叶、大果见称。

卡法区，金波县（Gimbo Woreda），瓦西村

从中选拔出 744、7440、7454、7487 四大品种。距离卡法区行政中心邦加不远的瓦西村有一座小型种植场，在那里发现了 99 株抗炭疽病母树，1974 年 JARC 筛选出以上 4 个品种，744 以树株高大开放见称，是全国普及度最高的品种之一。另外，中等树高的 7440，近年研究发现其咖啡因含量低于一般抗炭疽病品种，可供培育低咖啡因品种用。

卡法区，金波县，乌许乌许森林

从中选拔出 754 这一抗炭疽病品种。1975 年，JARC 从乌许乌许森林 25 株抗炭疽病母树中筛选出 754，主供西南部栽种。但请留意 754 与 2002 年 JARC 重新检视这 25 株母树又筛选出的、归入美味精品族群的知名品种乌许乌许，是不同品种，也就是 754 ≠ 乌许乌许。

图 4-2 是 JARC 统计的 1979—2010 这 32 年来改良的现代品种需求量排行榜，前 10 名依序为 74110、74112、741、74140、74158、75227、74148、744、7440、74165。有趣的是榜单内惊现两支葡萄牙锈病研究中心提供的卡蒂姆，需求量吊车尾，可见埃塞俄比亚咖农对新世界的"姆咖啡"兴致缺缺。另外，榜内有支瑰夏，排在倒数第 5 名，人气远不如 74、75 系列。

直到 2020 年纯系新品种的需求量仍以 74110 和 74112 居冠，这与两品种较能适应不同水土有关，其余品种地域性较强。JARC 是埃塞俄比亚唯一获得授权

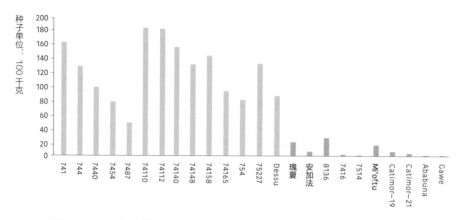

图 4-2　32 年来埃塞俄比亚 74、75 系列与改良品种需求量排行榜

（＊资料来源：JARC、Taye Kufa、Ashenafi Ayani、Alemseged Yilma）

生产有认证纯系咖啡种子的机构，但产能有限，虽然 1979—2019 年这 40 年来已产出 341.821 吨优化的纯系种子与上百万株纯系幼苗，却仍供不应求，其中 74110、74112 的需求量仍大于供给量 3—9 倍。

这批现代咖啡 45% 供应伊鲁巴柏区，35% 供吉马区，6% 供大型种植场，3.27% 供卡法区，5.12% 供沃莱加区，1.72% 供西施瓦区（Shewa），几乎集中在西半壁。这与 74、75 系列全出自西半壁，颇能适应西部水土，但到了东半壁却容易水土不服，尤其在抗病力方面的表现远不如种植在西半壁有关。

裂谷以东和以西的地域情结

埃塞俄比亚咖啡族群具有强烈的地方色彩：裂谷以西主要为森林或半森林种植系统；裂谷以东的西达马、盖德奥、古吉以田园系统为主；东部哈拉吉以无遮阴系统为主，品种的地域性很强，移植到不熟悉的水土环境，很容易丧失原本的优良性状。

JARC 在 1974—1975 年大力选拔西半壁的地方种，试图以西半壁的 13 支奇葩（74、75 系列）解决全国的炭疽病问题，但经过 20 年的评估并不算成功，因为忽略了东非大裂谷埃塞俄比亚部分东西两半壁的雨季形态、水土环境、种植系统、土质与光照的不同，一旦移出熟悉的原产地，其优良性状与抗病力多半会变调。更糟的是裂谷东侧的精品产区诸如盖德奥、西达马、古吉和哈拉吉的咖农经常抱怨西半壁的品种移植到东半壁，会"污染"东部的地域之味，抗病力也不如本地品种，因此接受度不高。20世纪70—80年代，JARC大力推广全国通用现代品种的策略只在西半壁见效，但在东半壁因水土与地域情结，终告失败。

农政当局经此教训，不再独钟西半壁的地方种，20世纪80—90年代加码选拔东西两半壁抗病、高产与美味的地方种。2002年推出因地制宜的"地方种发展计划"（Local Coffee Landrace Development Program，简称LCLDP），聚焦"在地咖啡在地用"，以各产区的地方种为本，从中选拔适合在地生态环境的纯系品种，即可避免跨区移植导致水土不服的反效果。东部大城市阿瓦萨（Awassa）以南30千米处的阿瓦达农业研究中心（AARC）协助JARC，选拔东半壁的咖啡品种，落实品种在地化政策。本计划获得瑞士政府专款资助。

结合本地咖啡族群的基因形态、水土环境、气候、种植系统与生态，形成特有的地域之味，此乃LCLDP的要义，也就是：

地域之味（Terroir）＝多样基因型（Diverse Genotypes）× 多样生态农业（Diverse Agroecology）

AARC与JARC本着LCLDP开发地域之味的理念，锁定东半壁的西达马、耶加雪菲、古吉、哈拉吉，以及西半壁的利姆（Limmu）、沃莱加的田园系统，从小农咖啡园的地方种中选拔出杯测分数高且对炭疽病与锈病有耐受度的品种，并且重新检视20世纪70—80年代全国采集的种质，筛滤出漏网之鱼，供当地咖农栽种。2006年至今，LCLDP为东西两半壁共释出16支优化的纯系栽培品种，并归类为美味精品族群，此精品族群仍在发展扩充中，至关重要，将为埃塞俄比亚咖啡未来的价值打下基石。

2. 新希望：美味精品族群（Specialty Group）

LCLDP对东西半壁品种一视同仁，位于东半壁的阿瓦达、梅恰拉（Mechara）

的农业研究中心负责裂谷以东的精品族群选拔工作，而西半壁则由吉马、阿加罗（Agaro）、哈露（Haru）、杰拉、铁比（Tepi）的农业中心专责筛选精品族群。在 LCLDP 的推动下，至今已释出 4 大美味精品族群，包括东半壁的西达马与耶加雪菲精品族群 4 支、哈拉吉精品族群 4 支，以及西半壁的杰拉精品族群 4 支、沃莱加精品族群 4 支，总共 16 支精品，简介如下。

（1）西达马与耶加雪菲精品族群，不输 74、75 系列。JARC 与其附属单位 AARC 至今已在东南部的盖德奥、西达马、博勒纳（Borena）采集 580 份种质，从中选拔出 4 支抗病又美味、主攻高端精品市场的纯系新品种：

安加法（Angafa），品种编号 1377

2006 年，AARC 最先在本地区释出的精品品种，故以"安加法"命名，奥罗莫语指"第一"，很受本区咖农欢迎，又是本地品种，对炭疽病、锈病的抵抗力与产量均优于早先从西部引来的 74 与 75 系列。但近年在盖德奥的高海拔产区发现本品种也染上轻微的炭疽病，咖农种植意愿不如西达马产区。

欧狄恰（Odicha），品种编号 974

2010 年，AARC 释出的美味抗病品种，欧狄恰的西达马语意是"承先启后"，暗指这是第二支释出的精品。特色是产果量不输 74、75 系列且大小年的差异不明显，对炭疽病抵抗力中等，对锈病和萎凋病抵抗力强，并带有耶加雪菲和西达马典型花果韵。

法牙特（Fayate），品种编号 971

这是 2010 年 AARC 释出的美味抗病品种，适合 1,740—1,850 米的中高海拔地区栽种，尤其适合耶加雪菲一带的产区，对炭疽病、萎凋病和锈病有抵抗力，是罕见的"三抗品种"。法牙特的西达马语指"健壮"，由于是本地品种，因此在产量、抗病与风味上的表现，均不亚于西部的 74 与 75 系列。

柯提（Koti），品种编号 85257

这也是 AARC 于 2010 年释出的美味抗病新品种，因在西达马的柯提村发现而得名。植株较为精实，适合密集栽种，豆粒圆而小，顶叶为铜褐色，产量大小年并不明显。

东南部这 4 支现代栽培品种的产量较之本地的地方种和西部的 74、75 系列，以及卡蒂姆，可有胜算？几年前哈瓦萨农业研究中心（Hawassa Agriculture Research Center，简称HARC）在西达马较干旱的狄拉（Dilla）、哈拉巴（Halaba）、洛卡阿巴雅（Loka Abaya）进行田间试种，于2020年发表的报告《埃塞俄比亚南部低湿度的威胁区咖啡品种表现评估》（Evaluation of the Performance of Coffee Varieties under Low Moisture Stressed Areas of Southern Ethiopia）指出，最耐旱且高产的是从葡萄牙CIFC引入的卡蒂姆J-19，其次依序为安加法、柯提、74112、欧狄恰、法牙特、地方种（图4-3）。基因浸染卡蒂姆的产量表现最佳不令人意外，本地优化的栽培品种安加法、柯提的表现均优于西部引进的74112，产量表现最差的是未优化的地方种。

另外，攸关质量好坏的密度（每100粒生豆重量），最高的是安加法，其次依序为柯提＞欧狄恰＞74112＞法牙特＞卡蒂姆＞地方种。报告指出，选拔的本地栽培品种表现优于跨区移植的栽培品种，印证LCLDP的可行性。

JARC与AARC为西达马与耶加雪菲产区释出的4支现代新品种，比74和75系列晚了二三十年，因此知名度较低，但据研究报告以及本地咖农反映，这4支优化的栽培品种，在风味、抗病力与耐旱力的表现，较西部移植过来的品种有过之而无不及，预计不久的将来，埃塞俄比亚CoE优胜榜单上将看得到这批东南部的生力军。

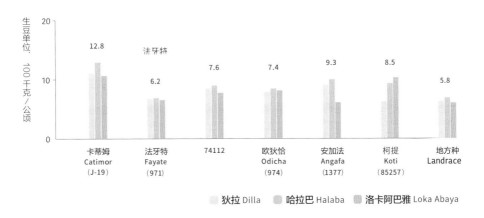

图 4-3 现代品种产量高于地方种

（＊资料来源：HARC、Tesfaye Tadesse Tefera、Bizuayehu Tesfaye、Girma Abera）

咖啡品种乌许乌许的育苗场。

（图片来源：联杰咖啡）

乌许乌许植株近照。

（图片来源：联杰咖啡）

另外，AARC 和 JARC 合作为干旱的东部开发出以下品种。

（2）哈拉吉精品族群。共4支新品种：Mechara–1、Mocha、Harusa、Bultum。这4支 2010 年释出的哈拉吉精品咖啡皆为抗炭疽病高产又美味的纯系品种，适合种在 1,200—1,750 米的低海拔与中海拔区，顶叶全是铜褐色。请留意其中的 Mocha，读音近似全球豆粒最袖珍的 Mokka，却是不同的品种。后者是巴西从也门族群发现的变种。

JARC 和其附属机构也为西部和西南部开发出两大精品族群。

（3）杰拉精品族群。共4支纯系新品种，分别为：乌许乌许、Bunawashi、Merdacheriko、Yachi。值得留意的是乌许乌许，这是 1975 年 JARC 选拔抗炭疽病品种时在卡法区金波县的乌许乌许森林采集的抗炭疽病品种之一，当时并未获选出线，但 2002 年改行 LCLDP 政策，发现乌许乌许风味极优且对炭疽病亦有耐受度，是当年的"漏网之鱼"，已于 2006 年释出，供本区 1,700—2,100 米高海拔区种植，主攻精品市场。

（4）沃莱加精品族群。共4支纯系新品种：Challa、Manasibu、哈露–1、Sende。本区分为克兰–沃莱加（Kelam Welega）、东沃莱加（East Welega）、西沃莱加（West Welega）3区（请参见第九章图 9-5），其中以西沃莱加的咖啡最富水果韵。在 LCLDP 政策的指导下，JARC 的附属研究中心在本区又采集数百份种质，从中选拔出以上4支抗炭疽病又富有水果韵的极品。其中的哈露–1 以研究中心的地点命名，"1"代表该中心选拔的头号品种。哈露–1 与 Challa 均适

第四波精品咖啡学

合 1,750—2,100 米高海拔栽种，而 Sende、Manasibu 适合 1,200—1,750 米的中低海拔。

上述四大精品族群共 16 支新品种，多半在 2006—2010 年释出。 另外，东南部产区还有 12 支精品正在田间测试验证，西半壁亦有多支在考评中。 在 LCLDP 政策的推动下，埃塞俄比亚的咖啡精品族群正在建构扩大，不久的将来势必释出更多奇葩。 咖啡是多年生植物，需种植 4—6 年以后才会有稳定产量和较佳的风味，美味精品族群的新品种目前知名度虽远不如"老大哥"74 与 75 系列，但假以时日，应有青出于蓝而胜于蓝的表现，值得咖啡迷期待。

3.ORSTOM 系列：选拔 2 支高产美味品种 Dessu（F–59）、Mi'oftu（F–35）

1966 年 ORSTOM 在卡法与伊鲁巴柏采集的 70 支野生咖啡种质，亦准备了一份供 JARC 保育。1998 年 JARC 从中选拔出产量奇高的 Dessu（F–59）。Dessu 在奥罗莫语意指"高产量"，而 F 代表法国采集系列，59 是指 ORSTOM 采集系列的原始编码 ET–59，这种命名法很有可溯性。 此品种的缺点是抗炭疽病的能力不强，且分布于 1,750 米的中高海拔，不宜种在 1,200 米低海拔容易染上炭疽病的地区，因此限制了普及度。 目前主供杂交用，由于产量大，主要扮演母本角色。

另一支 2002 年释出的品种 Mi'oftu（F–35）也挺有趣。 奥罗莫语 Mi'oftu 是"甜蜜"的意思，而 35 指 ORSTOM 采集系列的原始编码 ET–35。 这支美味品种近年颇受重视，因为采集地点恰好是马吉与邦加之间瑰夏出没的山林小镇米赞特费里（Mizan Tuferi），目前虽然还没有证据显示此品种与瑰夏有密切的遗传关系，但它迷人的花果韵已受到精品界青睐，缺点是抗炭疽病力不够强。

我好奇的是为何近年 WCR 相中 ORSTOM 系列中的 ET–1、ET–6、ET–26、ET–41 与 ET–47 作为培育明日咖啡 F1 的父本，但这 5 支美味品种却没被 JARC 看中，可能各家口味与需求不同吧。 值得留意的是野生咖啡多半产量低，杂交配对时不宜做母本，一般做父本为多。

4.抗锈病品种卡蒂姆与瑰夏：卡蒂姆 J–19、卡蒂姆 J–21、瑰夏

锈病并不是埃塞俄比亚咖啡主要病害，但 1,000—1,400 米的低海拔区仍

ET-47 植株近照。（图片来源：联杰咖啡）

受威胁，JARC 在 1998—2002 年从国内外的抗锈病品种中，选拔出 2 支国外的"姆咖啡"、1 支瑰夏，主要供西南部铁比、贝贝卡产区防治锈病。有趣的是"雀屏中选"的抗锈病品种皆来自海外。

1997 年，JARC 从葡萄牙 CIFC 引进 10 支不同品系的"姆咖啡"，经田间试种与评估，将 2 支抗锈病力最强的分别以卡蒂姆 J-19、卡蒂姆 J-21 命名，但咖农栽种意愿不高。

另外，JARC 在选拔抗锈病品种时，发现一支从印度，另一支从 CIFC 重返埃塞俄比亚的瑰夏抗锈病力最突出，这两支瑰夏是 20 世纪 30—40 年代肯尼亚与坦桑尼亚从埃塞俄比亚瑰夏族群选出并分赠各国研究与保育的。JARC 经过多年评估，2002 年释出 CIFC 瑰夏供低海拔产区栽种。值得留意的是，埃塞俄比亚释出 CIFC 瑰夏的时间早于巴拿马瑰夏 2004 年在 BOP 一战成名。

但如前所述，瑰夏千百种，性状与风味各异，埃塞俄比亚 2002 年释出的 CIFC 抗锈病瑰夏，经基因研究，虽近似巴拿马瑰夏但已不尽相同，只能说是瑰夏群的一员，但不表示是一颗水果炸弹。

5. 高产耐旱的杂交品种 6 支：Ababuna、Melko CH-2、Gawe、Elar 50-CH、Melko-Ibsitu、Tepi-CH5

1998—2016 年 JARC 释出上述 6 支 F1，前 3 支 Ababuna、Melko CH-2、

Gawe 为高产的现代杂交品种，后 3 支 Elar 50–CH、Melko–Ibsitu、Tepi–CH 5 为耐旱的现代杂交品种。这 6 支杂交品种的亲本皆为纯系埃塞俄比亚品种，并未浸染其他二倍体基因，这是埃塞俄比亚引以为傲的资源。这 6 支主要供应西南部 1,000—1,750 米的中低海拔栽种，协助埃塞俄比亚开发西南部潜在的咖啡产能。

由于 F 1 的下一代 F 2 无法保有优良性状，因此 F 2 植株的种子主要当作生豆贩卖，不宜用来种植，以免打乱优良杂交品种的遗传。

Ababuna = 741（抗炭疽病）× Dessu（高产）

Melko CH–2 = 7395（抗炭疽病）× Dessu（高产）

Gawe = 74110（抗炭疽病）× Dessu（高产）

1978—2018 年，JARC 协同其附属机构释出上述五大类的优化栽培品种共 40 支，严格来说 37 支来自埃塞俄比亚本土，另外 3 支（卡蒂姆 J–19、卡蒂姆 J–21、CIFC 瑰夏）来自海外。埃塞俄比亚目前至少有 131 支叫得出名的地方种，在 LCLDP 的推动下，经过选拔与纯化，未来还会有更多的地方种升格为栽培品种。埃塞俄比亚古优咖啡现代化，方兴未艾！

低咖啡因族群值得开发！

埃塞俄比亚是阿拉比卡演化中心，这里究竟有多少品种？瑞士植物学家预估有 3,000 多个品种，但埃塞俄比亚专家认为不止，应该超过 10,000 个品种，JARC 保育的种质多达 5,000 份，而埃塞俄比亚生物多样性研究院（Ethiopian Biodiversity Institute，简称 EBI）保育的咖啡种质多达 6,000 份，然而两机构保育的种原有无重叠，颇有争议，此问题至今仍无共识。

有趣的是，南非自由州大学（University of Free State）植物科学系的研究报告《咖啡的杯品与咖啡因含量和咖啡豆物理特征的关系》指出，埃塞俄比亚各种基因型的咖啡因含量介于 0.62%—1.82%，而杯测分数却与咖啡因含量明显成反比，即咖啡因含量较低的品种，杯测分数多半高于咖啡因含量较高的品种，因此埃塞俄比亚咖啡因含量低的族群很值得开发。

　　豆粒大小不一，是"玩"埃塞俄比亚豆最大的困扰，以未纯化的地方种库鲁美为例，"环肥燕瘦"皆有，虽然库鲁美在地方上的归类，属于短小精实形态，但一致性就不如已纯化的小巧玲珑的74158。不过，我也买过一些已纯化的品种如74110等，一致性也很差，大小不一，尖长短圆参差不齐。这可能跟小农为赶搭纯系品种热潮，随便挂个品种名应付了事，或未落实不同品种分开种的规范有关。不过，也可能是各植物光照度或地域不同而造成豆貌差异化。埃塞俄比亚咖啡品种如同多变的地名、译名和地貌，有太多不可测的变量，但风味却依旧迷人，令人爱恨交加。

纯系的74158豆貌的一致性较高。（图片来源：陈玺文）

未纯化的地方种库鲁美熟豆，"环肥燕瘦"皆有。

　　　　　　　　　　　　　　　　　　　第四波精品咖啡学

第五章

精锐品种面面观（下）：
新世界

在旧世界埃塞俄比亚、也门以外的产地，

迟至 1700 年，甚至 20 世纪初才开始种阿拉比卡，

如中南美洲、亚洲和非洲的肯尼亚、坦桑尼亚、卢旺达等，可称为

"新世界"。

据 WCR 研究，90% 的阿拉比卡遗传多样性"锁"在旧世界，

而新世界即使包括 20 世纪 60 年代 FAO、

ORSTOM 赴埃塞俄比亚采集并分赠 11 国做境外保育的 691 份野生

咖啡种质在内，新世界阿拉比卡的多样性也只占 10%。

新世界早年所种的阿拉比卡不是铁比卡就是波旁，

为突破基因瓶颈，20 世纪 70 年代推出浸染罗布斯塔的"姆咖啡"；

2010 年后，为因应全球变暖，育出 F1 或其他二倍体的种间杂交。

虽然新世界的咖啡基因先天不足，但借助科技与众多产地之力，

阿拉比卡的产量占到全球 95% 以上，

旧世界阿拉比卡仅占 4.5%。

新世界以栽培品种、变种、杂交或旧世界流出的少数地方种为主。

品种和栽培品种的定义

在介绍各产地主要咖啡品种前，有必要先了解品种的定义，以及阿拉比卡在遗传上的十大属性，这有助于了解各品种的亲缘关系。

生物分类的七大层级由高而低为界、门、纲、目、科、属、种（物种，Species）；而如第一章提到的，咖啡属至今已知有 130 个物种，如阿拉比卡、坎尼佛拉、赖比瑞卡、尤金诺伊狄丝等，都是咖啡属等级相同的咖啡物种。而阿拉比卡是 130 个物种中唯一的四倍体（4 套染色体），其余物种皆为两套染色体的二倍体。

物种是一个集合名词，各物种底下还有许多性状不同的族群，以阿拉比卡为例，有高株、矮株、长节间、短节间、黄果皮、红果皮、粉红果皮、尖身豆、圆身豆、窄叶、阔叶、味谱特征、侧枝仰角、叶缘波浪状、产量、耐旱与抗病力等不同性状。以不同性状加以归类可供辨识的最小群体单位称为品种（Variety）。换言之，物种底下有明确性状供辨认，且遗传稳定的族群谓之品种。

国际植物新品种保护联盟（UPOV）对品种有严格定义，必须符合以下三大标准才能称为品种：

1. 一致性：植株具有某些与众不同的性状，带有这些性状的植株看起来都一样。

2. 辨识度：可根据独有的几个性状辨识出来，有别于其他品种。

3. 稳定性：此族群的遗传稳定，下一代必须保有与母树相同的性状。下一代性状若出现变异，则不能称为品种。

瑰夏可以被称为一个"品种"吗？

举个最常见的实例，帕卡马拉（Pacamara）是由波旁变种矮株帕卡斯（Pacas）与铁比卡变种高株马拉戈吉佩（Maragogype）杂交而来，是异质结合（杂种），其后代性状不稳定，常出现高矮株、顶叶绿色或褐色不一的现象，族群的变异度约 20%—30%，不能称为品种，必须经过至少 7—8 世代的有效选拔，才可纯化为性状与遗传一致的品种。另外，瑰夏族群更为复杂，包括埃塞俄比亚瑰夏群

　　　　　　　　　　　　　　　　第四波精品咖啡学

体、刚果瑰夏（Congo Geisha T 2917）、马拉维瑰夏（Malawi Geisha T 56）、巴拿马瑰夏（Geisha T 2722）、瑰夏 T 3722，这些瑰夏的性状与遗传都不同，瑰夏是否符合品种定义，颇有争议。

品种与栽培品种也有不同，品种指千百年来自然演化成为性状相同、遗传稳定的族群，如铁比卡、红波旁。而栽培品种指咖农种植多年，因人为选拔、驯化或突变，衍生出独有性状且遗传稳定的品种，譬如黄波旁、橘波旁、卡杜拉、帕卡斯、马拉戈吉佩、SL 28、SL 34 等。目前拉丁美洲、亚洲、肯尼亚、坦桑尼亚除了铁比卡与红波旁，多半为栽培品种，包括突变和杂交。

甚至还有一派学者认为栽培品种是指人工培育但尚未纯化的群体，不能以种子繁衍以免出现性状歧异，必须以嫁接、扦插、组织培养等无性繁殖，才能维持子代保有与母树相同的性状，诸如瑰夏、帕卡马拉、F1 等未纯化的群体均属栽培品种，唯有以种子繁衍仍能保有相同性状的群体，才够格称为品种。因此，栽培品种的界定，至今仍无定论。

（图片来源：联杰咖啡）

阿拉比卡遗传上的十大属性

埃塞俄比亚与非埃塞俄比亚两大阵营的咖啡遗传属性可分为以下十大类，地方种是埃塞俄比亚独有的，新世界则以下列的 2—10 类为主：

1. 埃塞俄比亚地方种

地方种的基因多样性庞杂，接近原始族群，这是埃塞俄比亚独有的基因资源。

地方种由咖农入野生咖啡林取种，移植到自家田园，经长时间驯化已适应当地水土，但基因座仍充斥着异质结合，并非纯系。埃塞俄比亚的瑰夏群是典型的地方种，性状与遗传不尽相同，不符合品种定义。但地方种如果经过有效率的选拔，使基因座的异质基因成为同质，即可升格为纯系的栽培品种。1970 年以前埃塞俄比亚尚未对地方种进行有效的选拔，因此境内只有野生咖啡与地方种两大类，1978 年以后，JARC 陆续释出纯系的现代品种。地方种基本上是埃塞俄比亚独有的，但近年也门也开始使用此名称，至于新世界的咖啡，因多样性太贫乏，不宜冠上地方种之名。

2. 铁比卡族群或铁比卡变种

指中南美洲、印度或东非的铁比卡族群或铁比卡变种。铁比卡是阿拉比卡旗下的标杆品种，诸多品种的比较均以之为准；同时它也是新世界的第一主干品种，族群包括：

铁比卡、马拉戈吉佩、科纳（Kona）、蓝山、帕奇（Pache）、诗地加兰（Sidikalang）。

圣拉蒙（San Ramon）、Villalobos（矮株）、黄博图卡图（Yellow Botucatu）、SL 34。

3. 波旁族群或波旁变种

指中南美洲、印度或东非的波旁族群或波旁变种。波旁是新世界的第二主干品种，族群包括：

波旁、黄色波旁、卡杜拉、帕卡斯、尖身波旁。

Mokka、Tekisic、薇拉莎奇、SL 28、K 7、N 39、肯特、Jackson。

4. 波旁与铁比卡杂交种

新世界（Mundo Novo）、卡杜阿伊、Acaiá、帕卡马拉、马拉卡杜拉（Maracaturra）。

5. 基因浸染——阿拉布斯塔

指阿拉比卡与罗布斯塔杂交，首见于 1917 年东帝汶的阿拉比卡（铁比卡）与罗布斯塔自然杂交，也就是东帝汶杂交种，印度尼西亚俗称 Tim Tim。20 世纪 60 年代科特迪瓦为改善罗豆风味，以罗布斯塔和阿拉比卡杂交，并首创阿拉布斯塔的品种名称，染色体 44 条，性状类似阿拉比卡却染有罗豆基因，包括：

东帝汶杂交种、阿拉布斯塔、伊卡图。

6. 基因浸染——卡蒂姆

指卡杜拉与东帝汶杂交种（CIFC 832/1）杂交的卡蒂姆系列，带有罗布斯塔基因，染色体 44 条，性状类似阿拉比卡，包括：

卡蒂姆 CIFC 7963、CR 95、卡蒂瓜、塔比（Tabi）、IHCAFE 90、Ateng、卡斯提优。

7. 基因浸染——莎奇姆

指薇拉莎奇与东帝汶杂交种（CIFC 832/2）杂交的莎奇姆系列，带有罗布斯塔基因，染色体 44 条，性状类似阿拉比卡，包括：

莎奇姆 T 5296、玛塞尔萨、Tupi、帕拉伊内马（Parainema）、IAPAR 59。

8. 基因浸染——二倍体杂交

指赖比瑞卡、尤金诺伊狄丝、罗布斯塔或蕾丝摩莎等二倍体种间杂交，造出近似阿拉比卡的四倍体咖啡。目前虽不多见且尚未量产上市，但 WCR、印度与巴西已研究多年，不排除未来面市的可能，是值得期待的明日咖啡，包括：

赖金诺伊狄丝、蕾丝布斯塔（请参见第二章《阿拉比卡的四大浪潮：品种体质大改造》)。

9.F1 浸染"姆咖啡"基因

指埃塞俄比亚野生咖啡或地方种再与遗传距离遥远的"姆咖啡"杂交，如知名的"中美洲"（H1）即属此类，曾多次打进 CoE 优胜榜单。

10.F1 未浸染姆咖啡基因

指遗传距离遥远的埃塞俄比亚野生咖啡或地方种与中南美矮株品种卡杜拉杂交，但并未与"姆咖啡"杂交，风味佳但抗病力较差，如 H3 即为此类，也打进 CoE 优胜榜单。另外，WCR 目前在三大洲试种评估、尚未命名的瑰夏与 H3 杂交的新品种，亦属此类。

新世界的咖啡品种又分为：（1）埃塞俄比亚流出的地方种；（2）F1 新锐品种；（3）巴西品种；（4）哥伦比亚品种；（5）肯尼亚品种；（6）印度尼西亚品种；（7）其他产地品种。以下会依序论述。

埃塞俄比亚流出的地方种

百年来埃塞俄比亚到底流出了多少珍稀的地方种，实难估计，从历史记录可整理出以下的流出事件：

1928 年荷兰植物学家 P. J. S. 克拉默（P. J. S. Cramer，1879—1952）在埃塞俄比亚西南部选拔的长身豆阿比西尼亚，带回印度尼西亚种在爪哇岛，然后引进喀麦隆和中美洲，取名为爪哇，对锈病和炭疽病有中等耐受度。业界过去误认爪哇为铁比卡，近年基因鉴定确认为埃塞俄比亚地方种而非铁比卡。

1931—1936 年肯尼亚、坦桑尼亚选拔英国驻埃塞俄比亚公使采集来的瑰夏群。

1941 年，英国植物学家 A. S. 托马斯（A. S. Thomas）从埃塞俄比亚与苏丹交界的博马高原带回野生咖啡，知名的美味抗病品种汝媚苏丹源自此行。

20 世纪 50 年代法国植物学家让·勒热纳（Jean Lejeune）在埃塞俄比亚西南部的米赞特费里采集种质，选拔出 USDA 762 并种在东爪哇。USDA 762 的采集地虽在瑰夏产区，但两者的风味与基因不同。

20 世纪 50 年代法国植物学家皮埃尔·西尔万从埃塞俄比亚地方种中选拔出阿加罗（Agaro）、Tafari Kela 和 Cioccie。

1964—1965 年，FAO 在埃塞俄比亚西部与西南部采集 621 份种质，并以 E 系列编码。

1966 年，ORSTOM 在埃塞俄比亚西部与西南部采集 70 份种质，并以 ET 系列编码。

这还没完，近十年制霸国际咖啡师大赛或 CoE、身份未明的咖啡品种，后来经基因鉴定竟然染有埃塞俄比亚地方种的基因，诸如希爪、Chiroso 和粉红波旁等。这些奇名怪姓的品种，可能是中南美育种机构以铁比卡或波旁同埃塞俄比亚流出的瑰夏或地方种杂交的结晶。

战功彪炳，染有埃塞俄比亚地方种基因的怪咖

Chiroso——埃塞俄比亚地方种

2014 年哥伦比亚 CoE 冠军豆出自安蒂奥基亚省（Antioquia）的乌拉欧（Urrao），评审的风味描述为瑰夏韵、柑橘、橘皮、橘花、茉莉花、蜜桃……行家一看就知是瑰夏，但品种标示却是与上述风味不相称的卡杜拉，令人不解。虽然冠军咖啡的树体短小精实、产果量大，性状接近卡杜拉，但叶片窄小卷曲且豆身较长，又不像卡杜拉阔叶与圆身豆的性状，引发议论。庄主卡门·锡西利亚（Carmen Cecilia）后将之更名为 Caturra Chiroso，他猜测是卡杜拉的新变种。Caturra Chiroso 就这样糊里糊涂沿用了几年。2019 年农业顾问公司 RD2 Vision 的基因鉴定证实这并非卡杜拉，而是埃塞俄比亚的地方种，并将卡门庄主之前命名中的 Caturra 拿掉，仅保留 Chiroso 一词，西班牙语是"参差不齐"之意。

2020 年哥伦比亚 CoE 大赛，Chiroso 又击败一票瑰夏夺冠。2021 年 Chiroso 获得第十五和十六名，名气不坠。埃塞俄比亚的地方种 Chiroso 是从哪个渠道进入哥伦比亚的，不得而知，目前只知道哥伦比亚的 Chiroso 全集中在乌拉欧产区。

Chiroso 究竟是不是源自埃塞俄比亚，是东半壁还是西半壁的地方种？目前

仍无从验证。埃塞俄比亚虽然已有 131 个叫得出名的地方种，但在埃塞俄比亚咖啡基因锁国的政策下，流落新世界的地方种仍苦无明确的指纹供比对，目前仅知 Chiroso 基因型源自埃塞俄比亚地方种，却无法和埃塞俄比亚 131 支有名字的地方种比对指纹，进而确定其名称，只好暂用 Chiroso 为名。

另外，近年哥伦比亚声名大噪的粉红波旁，也有类似情况，2021 年基因鉴定确认其为埃塞俄比亚地方种，本章后文介绍哥伦比亚品种时会再提及。

希爪——遭到污染的瑰夏（Contaminated Gesha）或埃塞俄比亚地方种

2019 年韩国女咖啡师全珠妍（Jooyeon Jeon）以哥伦比亚棕榈树与大嘴鸟庄园的奇异品种希爪（Sidra，西班牙语，指苹果酒、苹果汁），摘得世界咖啡师大赛桂冠，声名鹊起。希爪是早年雀巢公司在厄瓜多尔北部皮钦查省（Pichincha）一座咖啡育种中心的实验品种，该中心以埃塞俄比亚地方种与当地铁比卡或波旁杂交，培育 F1，后来业务停摆，遗下不少杂交品种，可能因此流落田间。之前厄瓜多尔咖农以为希爪由铁比卡与波旁杂交而来，但近年 WCR 基因鉴定，推翻此臆测，希爪其实更接近埃塞俄比亚地方种，难怪甜感与花韵近似西达马或瑰夏。

台南护理专科学校护理科基础医学组副教授兼咖啡玩家邵长平博士，擅长分子生物学领域，2021 年 5 月邵博士鉴定希爪的基因型，有两个有趣的新发现。

希爪尖身豆： 基因型接近遭到污染的瑰夏或被污染的埃塞俄比亚地方种，但无铁比卡基因，此结果很接近 WCR 的鉴定。虽然是被污染的瑰夏或地方种，但其美味基因未消失，仍具有瑰夏韵。

希爪圆身豆： 从基因型判断应该是铁比卡与瑰夏杂交的短身豆。

玩希爪豆常发现尖身与圆身两种豆形，邵博士一并检验，竟然发现希爪圆身豆与尖身豆有不同的血缘。

Typica Mejorado——波旁与埃塞俄比亚地方种杂交

这支怪咖是灰姑娘变天鹅的经典。西班牙语里 Mejorado 指"改善"，Typica Mejorado 是铁比卡改良版之意。本品种与希爪皆为雀巢早年在厄瓜多尔咖啡育种中心的杰作。Typica Mejorado 的名字看来平淡无奇，厄瓜多尔咖农以为其为铁比卡与波旁杂交而来，一直未加以重视，直到 2021 年厄瓜多尔首届 CoE 结果揭晓，23 支 87 分以上的优胜豆中 Typica Mejorado 占了 10 支，更不可思议的是前十名中本品种包办了第一、三、四、七、十名，而希爪则拿下第二、五、六、八名，反观名气更响亮的瑰夏却被排挤到第九名。此役 Typica Mejorado 声名大噪，它丰美的柑橘韵、花果调、酸甜震远超出铁比卡或波旁的味谱格局，WCR 的基因鉴定出炉，是波旁与埃塞俄比亚地方种杂交出的奇葩。Typica Mejorado、希爪等身怀埃塞俄比亚地方种基因的怪咖，被视为巴拿马瑰夏接班人。

之前，邵博士也拿到少数样本，初步鉴定结果可能是埃塞俄比亚地方种染到 SL 28 或卡杜阿伊，2022 年 4 月欧舍咖啡又给邵博士 2021 年厄瓜多尔 CoE 优胜豆的样本，预计将得出更精准的结论。

Bernardina——埃塞俄比亚地方种

2019 年萨尔瓦多 CoE 的第三名为希望庄园（Finca La Esperanza）的怪异品种 Bernardina，是 1999 年 CoE 举办以来首次出现的品种，连专家也没听过。经意大利实验室基因鉴定竟然含有埃塞俄比亚两个地方种的基因，70% 是瑰夏、30% 近似吉马北边的地方种阿加罗。这有可能是庄园内的瑰夏与阿加罗"不伦恋"的杰作。但园内虽种有埃塞俄比亚不知名的地方种，却没有瑰夏，故此品种从何而来，众说纷纭。

该庄园种有帕卡马拉、埃塞俄比亚古优品种、小摩卡、黄波旁、橙波旁（Orange Bourbon）、帕卡斯等。庄园经理鲁佩托·柏纳狄诺·梅尔凯（Ruperto Bernadino Merche）最早发现园内有 5 株不知名的品种，性状迥异于中美洲咖啡，但味谱近似瑰夏。2019 年希望庄园首次以这支怪咖参赛，并以庄园经理的名字为该品种命名，未料赢得大奖。有趣的是，这 5 株血缘奇特的品种已超过 50 岁，可能是 20 世纪 60 年代 FAO 或 ORSTOM 从埃塞俄比亚采集来的种质流落他乡事件。哥斯达黎加的 CATIE 境外保育这些埃塞俄比亚种质，不妨寄样本请该机构鉴定，或可水落石出。

ET-47——埃塞俄比亚地方种

这是 1966 年 ORSTOM 赴埃塞俄比亚西部森林采集的咖啡种质，编号 47，味谱优雅，2016 年被 WCR 相中选为 F1 的"种马"之一，用来改善杂交咖啡的风味。中国台湾地区近年从哥斯达黎加进口少量 ET-47 生豆，我有幸鉴赏过，味谱有草本气息但不是碍口的草腥，且莓果酸质柔和收敛，不同于埃塞俄比亚惯有的花果韵与明亮调，最特殊的是油脂与黏稠感较高，近似高档的曼特宁，喝起来不像出自埃塞俄比亚的品种。

SL06——埃塞俄比亚地方种

极少见的 SL06 仅出现在 1956 年肯尼亚咖啡管理局的品种目录中，目录提及 SL06 是从印度抗旱品种肯特中选拔出的单株，而印度咖啡源自也门。有趣的是此后 SL06 几乎销声匿迹。然而 2021 年出版的《揭示栽培阿拉比卡在主要驯化中心也门的独特遗传多样性》指出，经基因鉴定发现 SL06 是埃塞俄比亚地方种，基因型迥异于也门。因此，肯尼亚 1956 年的记录有误，育种人员可能贴错标签了，也门并无 SL06，SL06 也与肯特的血缘无关，要不然新世界应该很容易找到 SL06。此报告确认 SL06 并非新世界品种而是埃塞俄比亚地方种，可能通过地下渠道进入肯尼亚并编码为 SL06，1956 年品种目录将其误植为肯特的血缘。

瑰夏——埃塞俄比亚地方种

毋庸置疑，瑰夏是名气最大的埃塞俄比亚地方种，但并非纯系品种而是基因庞杂度很高的群体，性状多元，包括绿顶、褐顶、尖身、圆身、长节间、短节间，以及风味优劣有别等。严格来说，瑰夏族群并不符合一致、辨识度高与稳定的品种定义。WCR 咖啡基因分型报告指出，埃塞俄比亚地方种是异质体不能称为品种，除非这些地方种经过数代选拔，纯化为性状与遗传一致的同质体，才符合品种定义。其中巴拿马瑰夏就是埃塞俄比亚地方种经 20 世纪 60 年代—21 世纪初约半个世纪的栽培与选育，纯化为同质体的案例，目前已有一部分符合品种定义。

但这不表示各庄园种植的巴拿马瑰夏全是同质体，因为各庄园纯化进度差异颇大，巴拿马瑰夏至少有绿顶与褐顶两种性状，如果已纯化为高株的绿顶长节间风味佳的性状，且遗传稳定，即符合品种定义。如果庄园内的瑰夏仍然是高矮株、长短节间、绿褐顶叶杂陈，表示其仍是地方种的异质体或被中美洲矮株品种卡杜拉、卡杜阿伊污染的瑰夏，并不符品种定义。

2014 年发表的《巴拿马与埃塞俄比亚瑰夏咖啡的遗传特征研究》（Genetic Characterization of *Coffea arabica* 'Geisha' from Panama and Ethiopia）指出，巴拿马瑰夏虽源自埃塞俄比亚，且巴拿马瑰夏与埃塞俄比亚瑰夏的遗传相似度高，但彼此的基因已有 4% 变异度。换言之，两者已是性状与遗传不尽相同的咖啡。20 世纪 30 年代至今，研究机构仍沿用当年英国驻埃塞俄比亚公使笔误的写法 Geisha，而不用埃塞俄比亚惯用的写法 Gesha。笔者在此冒昧提议，巴拿马瑰夏不妨用 Geisha 代表，而埃塞俄比亚瑰夏以 Gesha 称之，拼法不同亦可显示两者不同的产地、互异的基因与风味。

基因鉴定揪出更多埃塞俄比亚地方种

近年消费市场对咖啡品种的兴趣高涨，基因鉴定风潮日炽，稀奇古怪的品种 Chiroso、希爪、Typica Mejorado、粉红波旁、Bernardina 都是通过基因鉴定而现形。2021 年 CoE 开始为优胜豆"验明正身"，揪出埃塞俄比亚地方种的事件未来只会更多，尤其是拉丁美洲小规模栽种、产量少、风味优的不知名品种，可能都源自埃塞俄比亚。这表示新世界还有不少品种并未通过也门，而是由近代的寻豆师、咖啡师、观光客或商人从埃塞俄比亚"偷渡"出境的，这丰富了新世界的咖啡基因。埃塞俄比亚当局防不胜防！

F1：21 世纪咖啡新宠

21 世纪极端气候频率大增、病虫害加剧、产区渐减，但精品豆需求量大增，咖啡产业为了减灾，已着手培育强悍的 F1。最早的 F1 可追溯到 1985 年肯尼亚释出的鲁依鲁 11，但 20 世纪 70—80 年代并未掀起风潮，直到 90 年代后，惊觉全球变暖对咖啡产业的冲击，研究机构开始选育对极端气候更有调适力、抗病力更强、产量高又美味的 F1。CATIE 的咖啡基因学家威廉·索拉诺（William Solano）说："我百分之百相信咖啡的大未来取决于 F1 的成功！"

F1 不同于一般杂交咖啡，必须精选遗传距离很远的亲本才可能育出有杂交优势的 F1。300 来种新世界阿拉比卡多半是铁比卡与波旁近亲繁殖，已遭遇基因瓶颈，难以因应气候变化的挑战。在研究员的努力下，截至 2021 年 5 月全球已有鲁依鲁 11、Starmaya、Nayarita、Mundo Maya、Milenio、Evaluna、Casiopea、H3、"中美洲"（H1）等 9 支珍贵的 F1。它们的血缘如表 5-1：

表 5-1　21 世纪咖啡新宠 F1 亲本表

1	Evaluna = ET-06 × Naryelis（卡蒂姆）——CIRAD、ECOM 育种
2	"中美洲" = 萨奇姆 T5296 × 汝媚苏丹——CIRAD、CATIE、ICAFE、IHCAFÉ、PROCAFE、ANACAFÉ 育种
3	Starmaya = 玛塞尔萨 × 埃塞俄比亚 / 苏丹自然突变种——CIRAD、ECOM 育种
4	Mundo Maya = ET-1 × 莎奇姆 T5296——CIRAD、ECOM 育种
5	Milenio = 汝媚苏丹 × 莎奇姆 T5296——CIRAD、CATIE、ICAFE、IHCAFÉ、PROCAFE、ANACAFÉ 育种
6	Casiopea =ET-41× 卡杜拉（未浸染"姆咖啡"）——CIRAD、CATIE、ICAFE、IHCAFÉ、PROCAFE、ANACAFÉ 育种
7	H3= E-531 × 卡杜拉（未浸染"姆咖啡"——CIRAD、CATIE、ICAFE、IHCAFÉ、PROCAFE、ANACAFÉ 育种
8	Nayarita = ET-26 × Naryelis（卡蒂姆）——CIRAD、ECOM 育种
9	鲁依鲁 11 =（汝媚苏丹、SL28、SL34、N39、东帝汶杂交种）× 卡蒂姆——肯尼亚鲁依鲁咖啡研究中心育种

注："ET-xx"与"E-xxx"分别是 CATIE 境外保育 FAO 与 ORSTOM 在 20 世纪 60 年代采集的埃塞俄比亚野生咖啡种质的编码。
（＊数据来源：WCR、CATIE）

F1 虽然拥有一般杂交咖啡所欠缺的杂交优势，但也有缺点，其种子 F2 的基因已重组，性状与农艺表现会劣于 F1，也就是出现性状分离，而失去 F1 具有的优势，因此一般是用 F1 来种植生产，其种子 F2 当作生豆贩卖，不宜用来繁殖，以免影响园里的品种纯度。基本上 F1 是以无性繁殖来培育的，诸如嫁接、扦插、组织培养，以维持其优势的性状与农艺表现。

巴西：开发新品种的"老大哥"

巴西是全球最大咖啡产国，90% 的栽培品种出自坎皮纳斯农业研究所（IAC）。目前新世界栽种最多的卡杜拉、卡杜阿伊、卡蒂姆等高产量品种均与 IAC 的研发有关。IAC 对杂交、基因与环境交互作用的长期研究，以及收藏甚丰的咖啡种质，奠定了巴西在开发新品种方面的"老大哥"地位。巴西已有 130 个栽培品种完成国内注册，近 10 年释出了 30 多个品种供咖农种植，以提高对极端气候的耐受度和产量。其中以 Arara、卡杜卡伊（Catucaí）新品种家族前景最看好。

近年巴西也以瑰夏角逐 CoE，但截至 2021 年，瑰夏仅拿下巴西 2018 年去皮日晒组一次冠军，多年来频频败在卡杜阿伊、卡杜卡伊、卡蒂瓜、Arara 等高产品种手下。为何瑰夏制霸拉丁美洲各大 CoE 赛事，唯独在巴西吃瘪？这与水土有关吗？委实耐人玩味。从 20 世纪 30 年代至今，巴西发现的变种或开发的重要品种如下：

马拉戈吉佩——褐顶、高株——铁比卡变种

1870 年巴西巴伊亚州（Bahia）东部马拉戈吉佩（Maragogype）发现的铁比卡变种，植株高人、长节间、大叶、大果、豆粒肥硕、风味佳，但产果量很低，俗称象豆。从它衍生的杂交品种包括帕卡马拉、马拉卡杜拉，均是美味品种。在此一并详述。

1. 帕卡马拉——帕卡斯 × 马拉戈吉佩，矮株

帕卡马拉虽然不是巴西开发的品种，但亲本源自巴西象豆，系 1950 年萨尔瓦多咖啡研究所（ISIC）以波旁矮株变种帕卡斯与巴西象豆杂交而来，研究所以两品种前 4 个字母组合成新品种名称"Pacamara"。ISIC 当年虽也进行纯化的选育工程，但因内战未完成选育，帕卡马拉至今仍是遗传不稳定的非纯系，顶叶有褐与绿，植株有高有矮，但产量稍高于亲本的象豆，风味优雅，是萨尔瓦多、危

地马拉和尼加拉瓜 CoE 优胜榜常客。

2. 马拉卡杜拉——马拉戈吉佩 × 卡杜拉，矮株

1976 年尼加拉瓜农技研究所（INTA）以巴西象豆与卡杜拉杂交，着眼于卡杜拉产量大于帕卡斯的特性，期望造出产量高于帕卡马拉的新品种，结果符合 INTA 预期，马拉卡杜拉不但保有帕卡马拉的好风味，产量也更高。然而，尼加拉瓜至今仍未完成马拉卡杜拉的选育工程，其并非纯系。本品种近年挺进尼加拉瓜、萨尔瓦多、危地马拉 CoE 频率很高。就产量而言，马拉卡杜拉＞帕卡马拉＞象豆，风味则不相上下，三者的风味与水土、后制关系更大。

卡杜拉——绿顶、矮株——波旁变种

卡杜拉是 20 世纪明星品种，各品种产量的衡量均以卡杜拉为基准。1915—1918 年米纳斯吉拉斯州（Minas Geris）和圣埃斯皮里图州（Espirito Santo）交界处的种植场最早发现波旁变种矮株，并以南美洲原住民的瓜拉尼语（Guarani）里的卡杜拉（Caturra，意指矮小）来命名。此品种低矮、次生枝紧密的特性，极适合高密度的全日照栽种。20 世纪 30 年代 IAC 进行选拔，但卡杜拉产量大，如施肥不够易透支枯萎，不太适合巴西水土，当局并未推广。然而，卡杜拉却很适合中美洲水土，其高产量与抗病力优于铁比卡与波旁，1950 年后成为巴西以外各产地主力品种，"姆咖啡"亦以卡杜拉为亲本。今日拉丁美洲 CoE 仍常见卡杜拉打进优胜榜。台湾地区亦有少量栽种，但风味不如铁比卡与 SL34。

新世界——绿顶或褐顶——波旁 × 苏门答腊铁比卡

葡语"Mundo Novo"意指"新世界"，是 1943 年 IAC 在圣保罗州（Sao Paulo）发现的苏门答腊铁比卡与巴西波旁自然杂交品种，植株高大健壮，产量比波旁高出 30%。1953 年 IAC 完成选拔释出，1977 年 IAC 又进行一系列选拔，释出不同品系的新世界，至今仍是巴西主力品种之一，在拉丁美洲普及率高。

Acaiá——近似新世界

20 世纪 70 年代，IAC 从新世界（Mondo Novo）中选拔出的大果品种，

在其他国家容易水土不服，很少见，曾多次出现在巴西 CoE 优胜名单中。

卡杜阿伊——绿顶——卡杜拉 × 新世界

卡杜阿伊（Catuaí）的瓜拉尼语意指"很棒"，是 1949 年 IAC 育出的杂交杰作，矮株健壮高产，适合高密度与全日照栽种，侧枝与主干的角度很小，树顶端少见次生枝，伞状树形。IAC 已培育出十几个卡杜阿伊品系，诸如黄皮 Catuaí Amarelo IAC 100、红皮 Catuaí Vermelho IAC 144 等，最高产量可达 9.3 吨／公顷。巴西 50% 的咖啡产量出自本品种，是首席品种。另一强项是果实耐强风不易落果，很受咖农欢迎，但豆粒较圆小。卡杜阿伊和卡杜拉皆有红皮与黄皮系列，一般认为红皮风味较佳。商业与精品皆有，高海拔卡杜阿伊常出现在 CoE 优胜榜中。

黄波旁——绿顶——红波旁 × 黄博图卡图

巴西在 19 世纪 50 年代已成为世界最大咖啡产国，铁比卡是当时拉丁美洲唯一的品种，巴西为了提高产量，1860 年从留尼汪岛（波旁岛）引进产量高于铁比卡的波旁。19 世纪 70 年代波旁取代铁比卡成为巴西主力品种。

1871 年圣保罗州的博图卡图（Botucatu）发现黄果皮的铁比卡变种，并以发现地为名。1930 年圣保罗州发现黄波旁，IAC 前往研究，发现是红波旁（Red Bourbon）与黄博图卡图杂交而成，产量高于红波旁、铁比卡、黄博图卡图，经选拔后，20 世纪 50 年代释出几个黄波旁品系供咖农栽种，但不如新世界受欢迎。直到 21 世纪初第三波精品咖啡浪潮席卷全球，黄波旁以风味优雅渐受欢迎。但相较于卡杜拉、卡杜阿伊、新世界，黄波旁产量仍偏低。台湾地区也种有黄波旁，但浮豆较多，风味不如 SL 34。

Topázio——绿顶——新世界 × 红卡杜阿伊，再回交卡杜阿伊

20 世纪 60—70 年代 IAC 开发的杂交品种，性状与味谱近似卡杜阿伊，以高产量见称。2020 年获得巴西 CoE 的第二十二名，表现不俗。

伊卡图——罗布斯塔 × 红波旁，再回交新世界

伊卡图是 IAC 于 20 世纪 90 年代释出的种间杂交品种，先以药剂让罗布斯塔染色体倍增，成为四倍体，再与红波旁杂交，后代再和新世界回交，减轻罗豆的不雅风味，是高产抗锈病品种，风味不差。

卡杜卡伊——卡杜阿伊 × 伊卡图

卡杜卡伊是 20 世纪 80 年代在米纳斯吉拉斯州发现的卡杜阿伊与伊卡图的天然杂交品种，由巴西咖啡研究所（Instituto Brasileiro do Café，简称 IBC）选拔出多个红皮与黄皮品系，均浸染罗豆基因，产量、抗病力与风味优。2017 年 Catuaí Açu 与 "姆咖啡" IAPAR 59 混合豆以 93.6 分赢得巴西 CoE 冠军；2020 年同家族的卡杜卡伊 785–15 又拿下巴西 CoE 冠军，是近年巴西很红的新品种，前景看好。反观巴西瑰夏近两年只排到第十三和三十名，甚至输给巴西的"姆咖啡"卡蒂瓜 MG2。瑰夏迟迟未能拿下冠军，这跟巴西特殊的水土与栽种方式有关，优质的美味基因还需风土（Terrior）配合才行。本品种共有 13 个品系，包括卡杜卡伊 785–15、Catucaí Amarelo 2SL、Catucaíam 等。

Guará——卡杜阿伊 × 伊卡图

在卡杜卡伊家族持续选拔期间发现的矮株、强健、高产、抗病、耐热的品系，且对修整枝干有极佳的回馈，可供低海拔高温地区种植。虽属于卡杜卡伊家族，但性状特殊，另以 Guará 命名，以区别之。

Acauã Novo——新世界 IAC 388–17 × 莎奇姆 IAC 1668

这是在 20 世纪 70 年代—21 世纪第二个十年持续进化的新品种，早在 1975 年 IBC 以新世界和莎奇姆杂交，育出抗锈病的 Acauã，20 世纪 90 年代持续选拔并释出 Acauã Novo，到了 2014 年释出第六代抗锈病、耐旱、抗根线虫的优化版 Acauã Novo。2020 年 Acauã Novo 赢得 CoE 第二十名，是巴西因应全球变暖的新锐品种之一。

Obatã——（东帝汶杂交种 832/2 × 薇拉莎奇 CIFC 971/10）× 卡杜阿伊

这是 2000 年 IAC 释出的二向品种，亲本庞杂，包括薇拉莎奇、东帝汶杂交种和卡杜阿伊。葡萄牙 CIFC 以薇拉莎奇 CIFC 971/10 与东帝汶杂交种 832/2 杂交，育出 F1（H361/4），即莎奇姆。1971 年 IAC 引进 hybrid（H361/4）的 F2 试种，产量奇高很有开发潜力，持续选拔数世代，未料又和园区内对照组的红皮卡杜阿伊自然杂交，取名 Obatã IAC 1669-20，抗病耐旱与风味表现优于 hybrid（H361/4），持续选拔 Obatã IAC 1669-20，于 1999 年完成国家品种登记，2000 年释出供商业化栽种。Obatã 是晚熟品种，拉丁美洲 CoE 优胜榜的常客。

Arara——Obatã × 黄卡杜阿伊

1988 年，Obatã IAC 1669-20 还在试种选拔，尚未释出，南部巴拉那州的农艺学家弗朗西斯科·巴尔博萨·利马（Francisco Barbosa Lima）发现园内有几棵黄皮矮株的咖啡迥异于其他高株红皮咖啡，当时以为是新世界与黄卡杜阿伊或黄伊卡图的自然杂交种，持续观察几年，发现这些矮株黄皮咖啡高产耐旱，抗病力强且风味优，遇风雨不易落果，基因鉴定竟然是 Obatã 与黄卡杜阿伊杂交品种，于是隔离分区种植并进行多代选拔，历经 15 年，Fundação Procafé 于 2012 年释出。2019 年赢得巴西 CoE 第十六名，名气不胫而走。同年，米纳斯吉拉斯州塞尔唐济纽（Sertãozinho）庄园的去皮日晒 Arara，以 92.5 分的高分夺下巴西精品咖啡协会（BSCA）生豆赛冠军，掀起咖农抢种热潮，是因应气候变化的新锐美味品种。它的美味应该与晚熟有关。

卡蒂瓜 MG3——黄卡杜阿伊 IAC 86 × 东帝汶杂交种 UFV 440-10

20 世纪 80 年代米纳斯吉拉斯州两个研究机构以黄卡杜阿伊 IAC 86 和东帝汶杂交种 UFV 440-10 杂交，选拔第四代释出卡蒂瓜 MG1 与卡蒂瓜 MG2，继续选拔到第六代释出卡蒂瓜 MG3，MG 是米纳斯吉拉斯州的缩写，卡蒂瓜（Catiguá）是该品种的选拔地点。本品种赢得 2020 年巴西 CoE 第六名，国际评审平均杯测分数 88.88 分，高于第十三名瑰夏的 88.44 分。卡蒂瓜 MG2 和卡蒂瓜 MG3 是农艺学家大力推荐米纳斯吉拉斯州栽种的美味抗病高产品种，进军高端精品市场。

Siriema AS 1——阿拉比卡 × 蕾丝摩莎

这是 2014 年释出的种间杂交奇异品种，对潜叶虫、锈病有强抵抗力，开发
时间长达 30 多年。最初于 20 世纪 70 年代 IAC 以蕾丝摩莎与牙买加蓝山的栽培
品种铁比卡杂交，再回交新世界，再和卡蒂姆 UFV 417 杂交，以提高抗锈病力。
后续选拔工作由 Fundação Procafé 接手，直到 F 7 成为同质结合的纯系栽培品种，
风味佳，可用种子繁殖。

应对全球变暖，巴西已有对策？

全球变暖的诸多研究报告均对巴西发出警示，称 21 世纪结束以前巴西将丧
失 60% 咖啡可耕地，但巴西却嗤之以鼻。其实，巴西早有准备，坚信科技能胜
天，半世纪来不遗余力开发并释出抗病耐旱高产品种来减灾。巴西与 WCR 培育
新品种的配方有所不同：巴西为了提高产能，似乎放弃了低产、需遮阴的埃塞俄
比亚地方种，改而钻研卡莽姆、莎奇姆和二倍体的特异基因；但 WCR 似乎更多
元，除了浸染卡莽姆、莎奇姆和二倍体的基因，也很器重埃塞俄比亚地方种的美
味基因。玩家经常埋怨巴西咖啡低酸、呆板、木质调，喝起来乏味无趣，这失
之偏颇。巴西仍有不少水果炸弹级的高端精品豆，值得挖宝。

Fundação Procafé 推荐巴西各地咖农栽种的耐旱抗病高产且风味佳的新品
种有：高温区可种植 Arara、Acauã Novo 和 Guará；冷凉区可种 Arara、Catucaí
Amarelo 2SL。巴西对全球变暖的极端气候已早有因应之道。

哥伦比亚：埃塞俄比亚地方种"霸凌"抗锈病品种

哥伦比亚培育新品种的能力仅次于巴西。1927 年哥伦比亚为了向全球推广
本国咖啡，创立强而有力的哥伦比亚国家咖啡生产者协会（Federación Nacional
de Cafeteros de Colombia，简称 FNC），1938 年 FNC 成立国家咖啡研究中心

（Cenicafé）专责开发高产、抗病、逆境耐受度高与风味佳的新品种，改善咖农生计。截至 2021 年哥伦比亚 85% 的咖啡是抗锈病新品种，远高于 2009 年的 35%。抗锈病品种助哥伦比亚躲过 2011—2012 年中南美洲锈病疫情，然而哥伦比亚引以为傲的抗锈病品种却在 2021 年 CoE 大赛惨遭埃塞俄比亚地方种"霸凌"。

卡杜拉是巴西发现的波旁变种，但因水土问题巴西并未推广。有趣的是，20 世纪 50 年代被哥伦比亚引进后如鱼得水，产量高风味不差，逐渐取代铁比卡与波旁，成了 20 世纪后半叶哥伦比亚的主力品种。但卡杜拉和传统品种一样很容易染锈病。为战胜锈病，Cenicafé 1982—2020 年依序释出以下 4 系列："哥伦比亚"（Colombia）、塔比（Tabi）、卡斯提优、Cenicafé 1。

"哥伦比亚"——卡杜拉 × 东帝汶杂交种 CIFC 1343

20 世纪 60 年代 Cenicafé 开始研究 CIFC 的东帝汶杂交种品系 CIFC 1343，并与卡杜拉杂交，培育哥伦比亚版的"姆咖啡"，经过 5 代选拔，于 1982 年释出适合哥伦比亚水土的卡蒂姆，并以国名"哥伦比亚"（Colombia）命名，但其味谱带有"姆咖啡"惯有的草腥与苦涩，迭遭精品圈批评，认为风味不如卡杜拉和铁比卡。但这也不尽然，21 世纪初至今，挺进 CoE 优胜榜的"哥伦比亚"所在多有。基因固然重要，但环境与管理的交互作用往往甚于基因的遗传，也就是田间管理（Management）与环境（Environment）的相乘效果大于遗传（Genetics），即 M × E > G；高海拔且注重田间管理与后制的"哥伦比亚"常有艳惊四座、杯测 85 分以上的好味谱。

塔比——（铁比卡 × 波旁）× 东帝汶杂交种 CIFC 1343

Cenicafé 大力开发抗锈病品种的同时，不忘提升抗病品种的风味。一般认为铁比卡与波旁的风味优于卡杜拉，2002 年 Cenicafé 释出身怀铁比卡、波旁与东帝汶杂交种基因的新品种，不但抗锈病更有传统品种的好风味，塔比（Tabi）是哥伦比亚原住民古安比诺（Guambiano）的方言，意指"很棒"，2020 年与2021 年都打进 CoE 优胜榜。

卡斯提优——"哥伦比亚" × 卡杜拉，共 7 个品系

引发锈病的真菌不断进化出更多品系，咖啡的抗锈病力每隔一二十年就被攻克，Cenicafé 必须未雨绸缪，在"哥伦比亚"、塔比抗锈病力被攻克前，超前部署，开发出下一代抗锈病品种。耗时 23 年，以"哥伦比亚"回交卡杜拉，再选拔 5 代，于 2005 年释出的"哥伦比亚"优化版卡斯提优抗病力更强、产量更高，但染有"姆咖啡"血缘，掀起不小风波。咖农对于 FNC 要求尽快以卡斯提优替换卡杜拉、"哥伦比亚"、塔比踌躇不前，担心风味不如老品种。

卡斯提优的风味真的不如卡杜拉吗？2015 年，WCR、SCAA 和堪萨斯大学为此办了一场别开生面的感官评鉴，以同庄园同海拔同处理法的卡斯提优与卡杜拉进行杯测，结果同为 83 分，不分高下。杯测师的总讲评认为，在哥伦比亚咖啡的 36 味中，卡斯提优有 27 味的强度甚于卡杜拉，包括悦口的焦糖、深色水果、可可等，但碍口的风味有劲酸、石油、涩感等。而卡杜拉有 9 味的强度高于卡斯提优，如悦口的整体甜感、黑巧克力、花韵等，但碍口风味包括土腥、青豆味等。

在 FNC 的倡导推动下，卡斯提优目前已成为哥伦比亚主力品种，高占全国植株的 45%，除了抗锈病，对炭疽病亦有抵抗力，Cenicafé 为哥伦比亚不同水土、气候与海拔开发出 7 支卡斯提优品系：

1.Castillo El Rosario，适合安蒂奥基亚省、里萨拉尔达省（Risaralda）、卡尔达斯省（Caldas）3 省；

2.Castillo Paraguaicito，适合昆迪奥省（Quindío）、考卡山谷省（Valle de Cauca）2 省；

3.Castillo Naranjal，适合卡尔达斯省、昆迪奥省、里萨拉尔达省 3 省；

4.Castillo La Trinidad，适合托利马省（Tolima）省；

5.Castillo Pueblo Bello，适合塞萨尔省（Departamento del Cesar）、瓜希拉省（La Guajira）、北桑坦德省（Norte de Santander）3 省；

6.Castillo Santa Bárbara，适合昆迪纳马卡省（Cundinamarca）、博亚卡省（Boyacá）2 省；

7.Castillo El Tambo，适合纳里尼奥省（Departamento del Nariño）、考卡省（Cauca）、乌伊拉省（Huila）、考卡山谷省、托利马省 5 省。

Cenicafé 1——卡杜拉 × 东帝汶杂交种 CIFC 1343，多代选拔

这是 FNC 于 2016 年释出的最新品种，Cenicafé 经过 20 年的选拔，从卡杜拉与东帝汶杂交种 CIFC 1343 杂交的最初 116 个品系中，严选出表现最佳的 8 个优秀品系，并纯化为性状与遗传稳定的纯系品种 Cenicafé 1。经过 4 个产季的统计，每株 Cenicafé 1 平均生产 17.6 千克浆果，约 5 千克生豆，产量接近高产的卡斯提优，但 Cenicafé 1 生豆更肥硕，卖相更好、售价更高，84.3% 的生豆为最高级的 18 目（Supremo-18），而卡斯提优与"哥伦比亚"为 18 目的比例分别为 79.3% 与 54.1%。

Cenicafé 1 的树高近似矮小精实的卡杜拉，约 140 厘米，适合哥伦比亚各地水土，全日照栽种每公顷可达 10,000 株，遮阴法栽种每公顷可达 5,000—7,000 株，抗锈病与抗炭疽病力优于卡斯提优，风味亦佳，若管理、后制得宜，有 84 分以上的实力，被归类为高端市场的新锐品种。Cenicafé 1 刚问世，预料近年将在 CoE 优胜榜掀起风云，让我们拭目以待。

粉红波旁——埃塞俄比亚地方种，顶叶淡褐色

中南美的栽培品种粉红波旁是红波旁与黄波旁杂交的结晶，但粉红色是隐性基因，遇到红色或黄色的显性基因就会被遮掩无法显现，粉红波旁必须与红波旁与黄波旁分开种，才可能产出美丽的粉红果。然而，近 5 年大红大紫的哥伦比亚粉红波旁基因与味谱却和之前所认知的粉红波旁大不相同，法国专精咖啡遗传分析的 RD2 Vision 公司与台南护理专科学校的邵长平博士的鉴定报告均指出，哥伦比亚粉红波旁带有埃塞俄比亚地方种基因，邵博士的染色体分型（请参见图 5-1）更是进一步确认哥伦比亚粉红波旁细分为四大类，堪称全球最详尽的分析。

这种近年在哥伦比亚大出风头的粉红波旁，2020 年有 2 支，2021 年有 6 支打进哥伦比亚 CoE 优胜榜。从 2021 年起，CoE 为提高公信力，聘请法国 RD2 Vision 为入榜赛豆鉴定基因，结果发现外来和尚会念经，在打进优胜榜的 23 支赛豆中，埃塞俄比亚地方种有 16 支，占比高达 69.6%（请参见图 5-2），又比 2020 年的 37.5% 高出一大截，哥伦比亚引以为傲的抗病高产品种惨遭染有埃塞俄比亚地方种基因的怪咖痛宰。多年来身份未明的粉红波旁终于在这届赛事验

明正身，竟然身怀埃塞俄比亚地方种的基因，难怪豆貌与风味神似耶加雪菲或瑰夏，粉红波旁的威名不胫而走。

它具有浓郁柑橘酸质、花韵与尖身貌，迥异于一般短圆的波旁，但树貌与产量又像波旁，且果实呈粉红或粉橘色，因而哥伦比亚咖农索性为其取名"粉红波旁"（Bourbon Rosado），西班牙语"Rosado"意指粉红色。但也有咖农认为这应该不是波旁反而更像瑰夏，因为波旁对锈病几无抵抗力，而这种自 2017 年以来频频打进哥伦比亚 CoE 优胜榜的尖长身粉红波旁，却对锈病有耐受度。如果它并非拉美传统的栽培品种，那么它究竟是从何渠道进入哥伦比亚的？这值得好好考证。

哥伦比亚的粉红波旁发迹于乌伊拉省南部的圣安道夫（San Adolfo）、帕莱斯蒂纳（Palestina）、圣奥古斯丁（San Agustín）、皮塔利托（Pitalito）、阿塞韦多（Acevedo）等 5 个城镇的庄园。根据圣安道夫镇白山庄园（Finca Monteblanco）罗德里戈庄主的说法，早在 20 世纪 50—80 年代，FNC 下属研究单位 Cenicafé 在圣安道夫、帕莱斯蒂纳的实验农场种了数百个品种，其中有些来自肯尼亚与埃塞俄比亚，80 年代哥伦比亚咖啡闹锈病，他的祖父在圣安道夫买回一些苗商称之为"橘子树"（Naranjo）的抗锈病品种试栽，今日乌伊拉省南部盛行的粉红波旁可能源自当年从实验农场流出的种子。

2002 年罗德里戈在当地的教育训练课程中学会杯测，开始对庄园里性状特殊的品种产生兴趣，他发现粉橘果皮的粉红波旁风味更像瑰夏而不像一般波旁。之前粉红波旁都和"哥伦比亚"、卡杜拉、卡斯提优混种在一起，但粉红波旁的果实吃起来最香甜，杯测成绩最高，抗锈病力亦佳。2014 年他开始将粉红波旁分开种植，并分赠稀有的种子给附近的庄园。光是 2019—2021 年短短 3 年，乌伊拉省南部的粉红波旁至少有 10 支打进 CoE 优胜榜，声名大噪！

然而，粉红波旁的遗传可能远比 RD2 Vision 的鉴定结果更为复杂。2020 年台南护理专科学校教师、擅长生物化学的邵长平博士和我聊到咖啡品种的鉴定问题，校方支持他为台湾咖农做点事，我便开出有一大串咖啡品种的名单，建议他向哥斯达黎加热带农业研究与高等教育中心（CATIE）、WCR 等咖啡研究机构购买纯系的样本供基因指纹比对。邵博士积极投入这桩事业，在短短两年内建立了纯系咖啡指纹库与分析软件，开始为咖农或进口商分析各品种的遗传。2021年粉红波旁在台湾掀起热潮，我请哥伦比亚 Caravela Coffee 驻台北的亚洲办事处寄些粉红波旁生豆给邵博士检测染色体分型，邵博士又从溯源咖啡、欧舍咖啡取得一些粉红波旁生豆，总共以 19 个样本进行染色体分型的检测。

粉红波旁是近年很红的品种。波旁的顶端嫩叶多半为绿色，但粉红波旁的顶叶为淡褐色，果子为粉红或粉橘色，基因鉴定为埃塞俄比亚地方种，而非波旁的遗传。玩家心里要有个底，粉红波旁是咖农的命名，CoE 至今仍沿用此名，但不表示它是波旁系。（图片来源：哥伦比亚 Caravela Coffee）

邵博士解谜！
粉红波旁染色体分型鉴定报告

2022 年结果出炉，这 19 支粉红波旁样本的血缘并不单纯，根据邵博士的染色体分型报告，细分为以下四大类：

（一）铁比卡 × 埃塞俄比亚地方种——Bourbon Rosado（EL）

19 支受测样品有 7 支归属此类，带有铁比卡与埃塞俄比亚地方种或瑰夏的基因。有趣的是这 7 支并无波旁染色体，如果能正名为粉红铁比卡（Typica Rosado）会更贴切。这 7 支在染色体分型图的编号分别为 TS-04、TS-05、TS-51、TS-58、TS-89、TS-95、TS-82。这组有可能是 Cenicafé 实验农场铁比卡与埃塞俄比亚地方种或瑰夏发生"不伦恋"的结晶。

在邻接法（NJ）分析图中，上述 7 个样本未和特定族群邻近。染色体的演变路径接近铁比卡参考群（KS-03）外侧，两者相比差在第 5、8 对染色体，第 5 对信号特征与埃塞俄比亚地方种——74 系列的地方种相同，但第 8 对染色体信号特征来自瑰夏，要不就是第 8 对染色体信号特征与埃塞俄比亚地方种相同。血

缘为铁比卡 × 埃塞俄比亚地方种可归类为埃塞俄比亚地方种或瑰夏与铁比卡杂交种。邵博士特别将此组标注为 Bourbon Rosado（EL），EL 是埃塞俄比亚地方种的缩写，表示 19 支样本中此组的遗传最接近埃塞俄比亚地方种。

（二）波旁 × 埃塞俄比亚地方种——Bourbon Rosado（Bourbon×EL）

此组是波旁与埃塞俄比亚地方种或瑰夏的杂交种，19 支样本中有 8 支属于此类，有以下 8 种染色体分型，可称为染有埃塞俄比亚地方种基因的粉红波旁，但此组邵博士并未标上埃塞俄比亚地方种的缩写 EL。

（1）编号 US-69：在 NJ 分析图中该样本和埃塞俄比亚地方种邻近。染色体的演变路径位于波旁参考群（BS-05）最外侧。两者相比，差在第 1、3、5、8 对染色体，其中第 8 对染色体信号特征组合有可能来自埃塞俄比亚地方种或瑰夏，推测为波旁 × 埃塞俄比亚地方种。

（2）编号 US-22：在 NJ 分析图中该样本没有和特定族群邻近。染色体的演变路径显示位置在波旁参考群（BS-05）旁，两者相比，差在第 5 对染色体，信号特征可能来自埃塞俄比亚地方种 （埃塞俄比亚 CoE 样本）推测为波旁 × 埃塞俄比亚地方种。

（3）编号 TS-80：在 NJ 分析图中该样本与埃塞俄比亚地方种邻近。染色体的演变路径显示在波旁参考群（BS-05）外围，落在埃塞俄比亚地方种区域，两者相比，差在第 8 对染色体，信号特征来自埃塞俄比亚地方种。推测为波旁 × 埃塞俄比亚地方种。

（4）编号 TS-73：在 NJ 分析图中该样本落在波旁区的外侧，没有和特定族群邻近。染色体的演变路径位于波旁参考群外侧。两者相比，差别在第 3、11 对染色体，其中第 11 对染色体有可能来自埃塞俄比亚地方种。推测为波旁 × 埃塞俄比亚地方种。

（5）编号 TS-66：在 NJ 分析图中该样本和埃塞俄比亚地方种邻近。染色体的演变路径位于波旁参考群（BS-05）最外侧。两者相比，差在第 3、5、8 对染色体，其中第 8 对染色体信号特征组合有可能来自埃塞俄比亚地方种或瑰夏，推测为波旁 × 埃塞俄比亚地方种。

（6）编号 TS-39：在 NJ 分析图中该样本没有和特定族群邻近。染色体的演变路径显示位于波旁参考群（BS-05）旁，两者相比，差在第 5 对染色体，信号特征可能是来自埃塞俄比亚地方种。推测为波旁 × 埃塞俄比亚地方种。

（7）编号 TS-33：在 NJ 分析图中该样本和埃塞俄比亚地方种邻近。染色体的演变路径位于波旁参考群（BS-05）最外侧。两者相比，差在第 1、3、5、8 对染色体，其中第 8 对染色体信号特征组合可能来自埃塞俄比亚地方种。推测为波旁 × 埃塞俄比亚地方种。

（8）**编号 TS-79**：在 NJ 分析图中该样本落在波旁区的外侧，没有和特定族群邻近。染色体的演变路径位于波旁参考群外侧。两者相比，差别在第 3、8 对染色体，其中第 8 对染色体信号特征与埃塞俄比亚地方种（74 系列）相同。推测为波旁 × 埃塞俄比亚地方种。

（三）波旁或波旁 × 铁比卡

19 支样本中有 3 支并无埃塞俄比亚地方种或瑰夏的染色体，其中一支为波旁，另两支为波旁与铁比卡杂交种。这组应该是中南美的一般栽培品种，或是波旁果皮基因自然变异的结果，碰巧也被归类成粉红波旁，而不是带有埃塞俄比亚地方种基因的粉红波旁。

（1）**编号 TS-37**：在 NJ 分析图中位置与染色体的演变路径均与也门波旁（PCA）样本（VS-51）一致，推测为波旁。

（2）**编号 TS-44**：虽来自粉红波旁搜集样本，但并非粉红波旁，在 NJ 分析图中位置与染色体的演变路径均显示为铁比卡 × 波旁卡杜阿伊，带有铁比卡与波旁染色体。推测为铁比卡 × 波旁。

（3）**编号 TS-50**：在 NJ 分析图中该样本没有和特定族群邻近。染色体的演变路径位于铁比卡 × 波旁卡杜阿伊参考群旁。两者相比，差在第 3 对染色体，信号特征组合可能为自然演变。根据染色体演变路径分析位置判断，推测为铁比卡 × 波旁。

（四）无法判断，暂定为 Bourbon Rosado

19 支样本中有 1 支无法判断，验出来和其他样本没有关联，染色体演变路径的位置又在外侧，只有两种可能——一是原始的品种，二是经过杂交产生的新的染色体组合，但目前无法确认是混入了什么，收样时对方声称是粉红波旁，因此暂列为粉红波旁。

编号 US-70：在 NJ 分析图中没有和特定族群邻近。染色体的演变路径位于波旁参考群（BS-05）最外侧。两者相比，差在第 1、2、3、8 对染色体，但无法做出明确判断，根据收样的标注，暂定为粉红波旁。

Cenicafé 是哥伦比亚权威的咖啡品种选育机构，刻意以铁比卡或波旁与埃塞

俄比亚地方种杂交培育新品种是可以理解的，粉红波旁究竟从何而来，有待 FNC
给个说法才可水落石出。但粉红波旁的血缘在染色体分型的"照妖镜"下现出原形。
从邵博士的染色体分型报告可看出，有些染有铁比卡基因的粉红波旁反而更接近
埃塞俄比亚地方种。

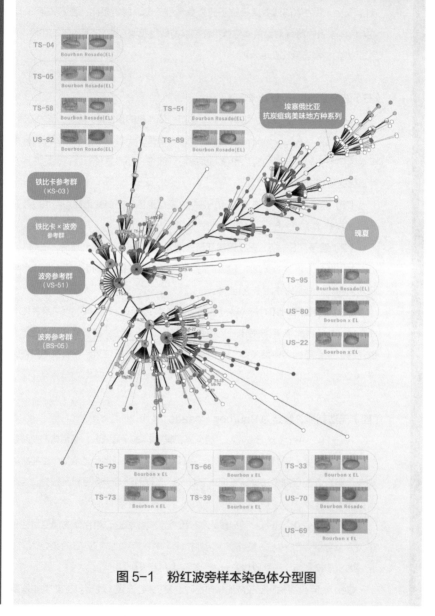

图 5-1　粉红波旁样本染色体分型图

注：19 支粉红波旁样本染色体分型图显示 TS-04、TS-05、TS-51、TS-58、TS-89、TS-95、TS-82 这 7 支样本染色体的演变路径均在铁比卡参考群（KS-03）的右侧或上方，最接近瑰夏与埃塞俄比亚地方种参考群，可能是最有耶加雪菲或瑰夏风味的粉红波旁，豆形偏尖长。而 US-69、US-22、TS-80、TS-73、TS-66、TS-39、TS-33、TS-79 这 8 支样本染色体的演变路径均在波旁参考群（BS-05）、（VS-51）等附近，可能是波旁与埃塞俄比亚地方种或瑰夏的杂交种。另外，TS-37、TS-44、TS-50 这 3 支样本的染色体演变路径均在铁比卡参考群 KS-03 与波旁参考群（VS-51）的中间，显示这 3 支可能是波旁与铁比卡的杂交种。最后一支 US-70 的染色体演变路径位于波旁参考群（BS-05）最外侧，但有 4 对染色体无法判断，暂定为粉红波旁。

（＊数据来源：邵长平博士，《粉红波旁染色体分型报告》）

"辣椒"——刚果瑰夏 × 埃塞俄比亚地方种瑰夏

2020 年哥伦比亚乌伊拉省皮塔利托镇的咖农何塞·赫尔曼·萨拉萨尔（Jose Herman Salazar）以粉红波旁出战 CoE，赢得第十七名；2021 年，他改以另一支声称果子有浓郁红辣椒辛香的怪咖出赛，并以辣椒波旁（Aji Bourbon）命名，更上一层楼夺得第六名。几个月后 RD2 Vision 的基因鉴定出炉，确认这是支罕见的埃塞俄比亚地方种，连 CATIE 珍藏的种质库里也找不到此品种，但确定不是波旁，CoE 官网于是删掉 Bourbon 字眼，仅保留 Aji 一词。2022 年 3 月，邵博士告诉我"辣椒"的染色体分型报告出来了，居然是刚果瑰夏与埃塞俄比亚地方种瑰夏的杂交种。

邵博士说"辣椒"是令人印象深刻的样本："'辣椒'的染色体信号很独特，与我目前数据库中来自 CATIE 的刚果瑰夏有很多染色体类似的地方，但'辣椒'与刚果瑰夏不一样的染色体却可以在埃塞俄比亚地方种瑰夏中找到，因此'辣椒'很可能是刚果瑰夏与埃塞俄比亚地方种瑰夏的杂交种。更有趣的是，刚果瑰夏的信号都很一致，应该是纯化后再释出的纯系瑰夏，它不同于异质体、未经纯化，甚至杂交的埃塞俄比亚地方种瑰夏和巴拿马瑰夏 2722，它们的染色体常有变异度。将未纯化的瑰夏拿来栽种，这简直是个大灾难。"

2022 年 3 月，哥伦比亚 Caravela Coffee 台北办事处邀我出席杯测会，鉴赏何塞的 CoE 优胜咖啡粉红波旁和"辣椒"，两品种的生豆较小且尖瘦，如不说明还以为是埃塞俄比亚的耶加雪菲、西达马或古吉。粉红波旁的柑橘酸质与花韵细致神似瑰夏，且风味强度高于"辣椒"，杯测主持人说这可能跟"辣椒"

缺货、熟豆是 3 月前烘焙至今，以致风味强度有些衰减有关。但"辣椒"的 Espresso 却令人惊艳，丰厚的酸甜震水果调、黑糖香气余韵绵长，风味比尖酸的巴拿马瑰夏更平衡。

读懂 2021 年哥伦比亚 CoE 优胜赛豆品种分类图

2021 年，CoE 公布的年哥伦比亚优胜赛豆品种分类与占比图，误植波旁与粉红波旁的数据。我重新核实，编制为图 5-2。

2021 年哥伦比亚 CoE 优胜榜赛豆共有 23 支，瑰夏入榜最多，共有 7 支，占比 30.4%，其次是粉红波旁 6 支占 26.1%，波旁 4 支占 17.4%，Chiroso2 支占 8.7%，"辣椒"1 支占 4.3%，卡杜拉支占 4.3%，卡斯提优 1 支占 4.3%，塔比 1 支占 4.3%。

其中的瑰夏、粉红波旁、Chiroso、"辣椒"归类为埃塞俄比亚地方种，占比高达 69.6%；波旁和卡杜拉为传统阿拉比卡，占比 21.7%；卡斯提优和塔比为"姆咖啡"，占比 8.6%。

新世界品种不敌埃塞俄比亚地方种？

近年基因鉴定揪出一些非典型命名的怪咖品种，竟然源自埃塞俄比亚地方种，其独有的花果韵在精品圈挺吃香，吸引愈来愈多的庄园抢种。以哥伦比亚 CoE 优胜榜为例，2020 年冠军品种为 Chiroso、亚军和季军品种为瑰夏，前三名全是埃塞俄比亚地方种。2021 年外来和尚会念经现象更明显，前八名依序为：1. 瑰夏；2. 瑰夏；3. 卡斯提优；4. 瑰夏；5. 粉红波旁；6. "辣椒"；7. 粉红波旁；8. 粉红波旁。埃塞俄比亚地方种就占了 7 名。所幸哥伦比亚耗时 20 多年培育的基因浸染品种卡斯提优虽未能夺冠，却打败前二十三名优胜榜内另外 5 支瑰夏而赢得第三名，多少争回一点颜面。

"辣椒"的生豆。

哥伦比亚为了因应气候变化而培育的新品种皆带有东帝汶杂交种 CIFC1343 的基因,卡斯提优虽然是"姆咖啡"的一员,迭遭精品圈质疑,但出身低不表示不能赢。经实战证明,改良版的"姆咖啡"已今非昔比,如果田间管理与后制精湛,亦可克服美味基因的不足,与瑰夏争香竞醇。别忘了 Management × Environment > Genetics,也就是 M×E > G 的硬道理!

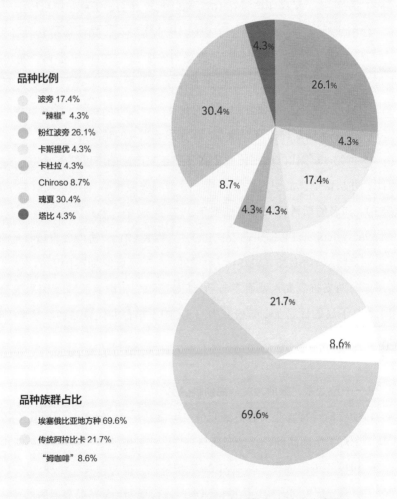

品种比例
- 波旁 17.4%
- "辣椒" 4.3%
- 粉红波旁 26.1%
- 卡斯提优 4.3%
- 卡杜拉 4.3%
- Chiroso 8.7%
- 瑰夏 30.4%
- 塔比 4.3%

品种族群占比
- 埃塞俄比亚地方种 69.6%
- 传统阿拉比卡 21.7%
- "姆咖啡" 8.6%

图 5-2 哥伦比亚 2021 年 CoE 优胜赛豆品种分类图

注:因百分比四舍五入至小数点后一位,故出现比例相加后不为 1 的情况。

(＊资料来源:核实 CoE 官网数据,本书重新编制)

肯尼亚：单品巴蒂安难觅

肯尼亚是阿拉比卡故乡埃塞俄比亚的邻国，但迟至20世纪初被英国殖民后，才开始发展咖啡产业，1960年后肯尼亚从英国人手中取回咖啡园经营权，英国人已为肯尼亚咖啡产业打下雄厚基石，20世纪80年代肯尼亚咖啡跃为精品界"模范生"，最高年产量在10万吨以上。然而，千禧年以后因土地开发政策、合作社延付咖农款项、全球变暖、病虫害频袭，咖农被迫转种其他作物，肯尼亚咖啡产业开始走下坡路。据美国农业部（USDA）资料，2020—2021年肯尼亚只产4.2万吨生豆已比20世纪全盛时期少了一半。肯尼亚咖啡产量只占全球0.5%，虽然远逊于巴西和哥伦比亚，但肯尼亚的"美味双雄"SL28、SL34以及其抗病品种的开发能力，深深影响当今的精品界。

19世纪80年代，法国传教士在肯尼亚东南岸的蒙巴萨（Mombasa）成立教团，并从留尼汪岛引进波旁咖啡，分赠咖农栽种。英国殖民时期（1920—1963），知名的斯科特农业实验室于1922年成立，今并入肯尼亚农业研究所（Kenya Agricultural Research Institute，简称KARI），协助咖农培育抗病品种，肯尼亚美味双雄SL28、SL34与耐旱的K7就是此时期英国人的杰作。至于肯尼亚另两支抗病高产品种鲁依鲁11与巴蒂安，则是脱离英国属地身份后，由KARI下属的肯尼亚咖啡研究中心（CRI）培育的优异品种，是肯尼亚人的骄傲。

SL28——波旁系，绿顶为主，褐顶较少见

1931年斯科特农业实验室研究员在坦桑尼亚东北部的蒙杜利县（Monduli）发现一个耐旱抗病品种，并带回斯科特农业实验室试栽，抗旱性获得证实，于1935—1939年进行选拔，编号SL28表现最优，拨交咖农广泛种植，其明亮的劲酸、甜感与莓果韵建构迷人的酸甜震，风行至今，是精品界老牌的美味品种。但缺点是易染上锈病与炭疽病。

20世纪30年代斯科特农业实验室的科学家鉴定了40多种不同类型的咖啡树，并以SL编号区分，这些都是选育出来的品种，严格来说并非杂交种，虽然

有些是嫁接或异花授粉遗传的后代。SL28 与 SL34 至今仍是肯尼亚不可取代的高海拔主力品种。

SL34——铁比卡系，暗褐顶

SL34 是斯科特农业实验室 1935—1939 年从内罗毕西北部罗瑞修庄园（Loresho Estate）的一棵咖啡树后代选育出的美味品种。SL34 果实、豆粒与产量均大于 SL28。斯科特农业实验室选育出的品种一直被视为波旁系，但近年 WCR 鉴定基因推翻此看法，SL34 的遗传更接近铁比卡而非波旁系。早年嘉义农业试验分所已释出供台湾咖农种植，但并无确切的品种名称，一直误以为是铁比卡，直到近年才被鉴定出是 SL34。在瑰夏引进前，SL34 几乎包办了台湾生豆赛冠军荣衔。

K7——波旁系，顶叶浅褐色，适合中低海拔

这是斯科特农业实验室从肯尼亚西部穆厚罗伊（Muhorohi）的一座庄园所种的法国教团引进波旁系选拔 5 代，于 1936 年释出的优良品种，对锈病和炭疽病有耐受度。至今仍是肯尼亚针对中低海拔的高产抗病品种。SL28、SL34、K7 是英国殖民时期培育的品种。以下两个品种则是殖民期结束后，肯尼亚人自主开发的品种。

鲁依鲁 11——汝媚苏丹、SL28、N39、K7（父本）× 卡蒂姆（母本），矮株

20 世纪 60 年代，肯尼亚暴发严重炭疽病，又无法取得埃塞俄比亚抗炭疽病品种，70 年代肯尼亚鲁依鲁（Ruiru）咖啡研究中心着手培育抗病品种，采复合品种策略，父本为抗炭疽病兼美味的汝媚苏丹、K7，以及美味兼耐旱的波旁系 SL28 和 N39；母本为抗锈病的"姆咖啡"（包括卡蒂姆 129 等）。经十多年杂交与选育，1985 年释出鲁依鲁 11，是咖啡界最早具有杂交优势的 F1。虽然高产抗病力强，但缺点是根系较浅，不易吸收养分，影响风味与抗旱力。近年肯尼亚植物学家将鲁依鲁 11（接穗）的叶子嫁接到 SL28（砧木）上，提升鲁依鲁 11 吸收养分的能力也提高杯品分数，同时弥补 SL28 抗病力弱与低产的缺点。

巴蒂安 —— 复合品种，含汝媚苏丹、SL28、SL34、N39、K7与卡蒂姆血缘

肯尼亚咖啡研究中心记取鲁依鲁11的缺点，再接再厉以鲁依鲁11与SL28和SL34回交，于2010年释出升级版的鲁依鲁11，并以肯尼亚最高峰巴蒂安（Batian）命名。对炭疽病有抗性，对锈病有耐受度，不需要施药，每年种植成本比SL系列低30%。巴蒂安高大健壮，外貌更像SL28，不像矮株的鲁依鲁11。巴蒂安果实与豆粒大于SL系列与鲁依鲁11，且试种期间每公顷产量3.5吨，条件配合有5吨／公顷的潜力。

WCR将巴蒂安移植到卢旺达试种，2019年咖农反映此品种在照顾管理上比其他品种省事，尤其在抵抗病虫害方面，这是巴蒂安首次在肯尼亚以外的产地获得正面反馈。

巴蒂安风味不输SL28和SL34。早在2012年友人拿到生豆样品，我有幸参与杯测，有清甜的蔗香、柑橘酸质、浓郁莓果韵，辨识度很高，同台杯测师都认为强过SL系列。然而10年后的今天，市面上仍买不到巴蒂安生豆，原因有二：一是肯尼亚咖啡的生产者主要是小农，植株不多且各品种混合栽种，而各大处理厂为节省成本，凑足一定的量才开机运作，即使咖农交来的是经过挑选的单一品种，但如果量太少，处理厂经常混合其他品种一起处理，因此消费市场买到的几乎全是SL28、SL34、巴蒂安的混合豆或SL28、SL34、K7、鲁依鲁11、巴蒂安五大品种总汇，很难买到单品的巴蒂安。混合处理的情况在肯尼亚咖啡产量每况愈下的今日更为严重。二是肯尼亚咖啡研究中心无力提供足够的巴蒂安种子供咖农种植，品种转换进度缓慢，短期内恐不易喝到单品的巴蒂安。

肯尼亚咖啡富含磷酸？遭美国化学家驳斥

业界普遍认为肯尼亚老牌美味品种SL28、SL34迷人的亮酸来自磷酸，此说法源自1997年咖啡化学家约瑟夫·里韦拉（Joseph Rivera）发表的《肯尼亚SL28与其他栽培品种有机酸分析》。该论文指出，高质量SL28所含的磷酸高于低质量鲁依鲁11，肯尼亚SL品种富含磷酸是风味有别于其他栽培品种的关键。此后磷酸（无机酸）一直被视为肯尼亚SL品种迷人酸质的重要成分。

然而，1999 年美国化学家 M. J. 格里芬（M. J. Griffin）与 D. N. 布劳克（D. N. Blauch）发表了《咖啡中磷酸盐浓度与感知到的酸度的检测》驳斥里韦拉的论点。该研究指出，咖啡的酸度和磷酸盐的浓度成反比，即高酸度咖啡的磷酸盐浓度会低于低酸度咖啡。两位科学家以相同烘焙度、萃取率检测各产地咖啡的磷酸盐浓度与感知到的酸度的关系，结果发现：酸质明亮的肯尼亚咖啡，其磷酸盐浓度介于每升 81.1—88.8mg，明显低于酸质较不明亮的印度尼西亚黄金曼特宁（88.1—91.4mg／L）、爪哇陈年豆（118.7—120.2mg／L）、印度罗豆 127.4—132.9mg／L）。换言之，业界公认的低酸度曼特宁、陈年豆和罗豆，其磷酸盐浓度均高于酸质明亮的肯尼亚咖啡。咖啡含有千百种化学成分，肯尼亚咖啡的亮酸应该不是一种成分造就的。

印度尼西亚：系统复杂，世界之最

1696—1999 年荷兰人从印度移植铁比卡到爪哇，开启印度尼西亚咖啡产业，20 世纪 20—50 年代，欧美植物学家从埃塞俄比亚引入以下 3 个品种：

1. 爪哇／阿比西尼亚——长身豆，埃塞俄比亚地方种

1928 年植物学家 P. J. S. 卡拉默在埃塞俄比亚选育的品种被引进印度尼西亚并以阿比西尼亚（Abyssinia）为名，豆身两头尖尖，中间肥硕，褐顶，对锈病与炭疽病有中等耐受度。20 世纪 50 年代再被引进喀麦隆，改以爪哇为名。过去业界不知这段历史，误以为爪哇是铁比卡系统，近年基因鉴定，确认爪哇是埃塞俄比亚地方种。本品种风味优，对病虫害有不错的耐受度，近年也被引进中美洲。而铁比卡对锈病和炭疽病毫无耐受度。

2.USDA762——埃塞俄比亚地方种

20 世纪 50 年代法国植物学家让·勒热纳在埃塞俄比亚西南部米赞特费里采集种质并进行选育，其中一支有中等抗病力的品种经美国农业部编码为 USDA 762 并被引入印度尼西亚，20 世纪后半叶在印度尼西亚颇为流行，尤其爪哇一带。由于原生地接近瑰夏的发迹地，近年有些印度尼西亚咖农将 USDA 762

充当瑰夏来卖。然而，此品种风味一般，远逊瑰夏。21世纪初印度尼西亚盛行抗病力更强的卡蒂姆，USDA762不复昔日盛况。

3.Rambung / 诗地加兰——铁比卡

1928年卡拉默引进的阿比西尼亚系列之一，近似铁比卡，20世纪盛行于亚齐与苏门答腊，但对锈病与炭疽病无抵抗力，已逐渐被其他有抗性的品种取代。

以上3类早年引进的阿比西尼亚系，在印度尼西亚已式微，取而代之的是以下名称怪异的抗病品种：

S795——肯特 × S288（阿拉比卡 × 赖比瑞卡）

这是20世纪70年代从印度引进的抗病品种，血缘很特殊，是由波旁系的肯特与身怀赖比瑞卡与阿拉比卡遗传的S288杂交而来，体质强悍，今日仍广见于印度尼西亚，尤其在巴厘岛、托拉贾（Toraja）产区，亦称Jember；风味普通且低酸，适合中低海拔，不需要太多管理，最大缺点是产果量低。

Tim Tim——盖优 1 / 东帝汶杂交种

这就是1917年东帝汶发现的铁比卡与罗豆杂交的四倍体阿拉比卡，欧美惯称东帝汶杂交种，但印度尼西亚却称之为Tim Tim，取自印度尼西亚语东帝汶（Timor Timur）的简称，于20世纪70年代引进亚齐、苏门答腊，颇适应当地水土，果粒硕大，豆身尖长，卖相颇佳。Tim Tim黏稠度高、甜感不差，但有股土腥味且低酸。1979年被引进亚齐并选育出有名的盖优（Gayo）1。有趣的是Tim Tim被引进巴厘岛经多年栽种后，当地人改称为Kopyol。Tim Tim与盖优1和Kopyol是相同品种吗，或已有变异？有待基因鉴定来确认。

Ateng Super / Ateng Jaluk / P88——"姆咖啡"系列

Ateng在印度尼西亚泛指矮株的"姆咖啡"，此用语有两种说法：（1）矮株高产"姆咖啡"最早在中亚齐（Aceh Tengah）发现，Ateng即为中亚齐的简称；

（2）取自印度尼西亚侏儒谐星的名字 Ateng。Ateng 至今有数十个品系，包括 Ateng Jaluk、Ateng Pucuk、Ateng Super 等，其中 Ateng Super 以豆粒肥硕闻名，故以 Super 名之。而这群令人眼花的 Ateng 品系，遗传都相同吗？没人敢保证。但可确定的是，印度尼西亚"姆咖啡"风味都不差，这可能与水土有关。P88 则是荷兰人从哥伦比亚引进的"姆咖啡"。

Sigarar Utang——Tim Tim × 波旁或铁比卡

Sigarar Utang 是世界上最有趣的品种。印度尼西亚北苏门答腊多巴湖沿岸巴塔克族（Batak）语里，Sigarar Utang 意指"迅速偿债"。1988 年多巴湖南岸林东（Lintong）地区的咖啡园发现一种咖啡，种植两年即硕果累累，风味极优，生豆可快速出清偿还欠款，因而得名。这座庄园种有 Tim Tim、铁比卡与波旁，庄主认为可能是 Tim Tim 与铁比卡或波旁的杂交种。2005 年印度尼西亚农业部批准"迅速偿债"品种在全国广泛种植，虽然普及率很高但其亲本至今仍未确定。

安东萨里——"哥伦比亚" × 卡杜拉 × 东帝汶杂交种

印度尼西亚咖啡与可可研究所（ICCRI）以"哥伦比亚"、卡杜拉、东帝汶杂交种杂交育出的品种，并由 ICCRI 位于爪哇的安东萨里（Andongsari）研究站释出，因而得名。每公顷最高可产 2.5 吨生豆，在爪哇与苏门答腊很受欢迎。这支高产抗病又美味的"姆咖啡"，是 ICCRI 至今释出供咖农栽种最成功的品种。

Kartika = 卡杜阿伊

这怪异的品种名称是印度尼西亚语 Kopi Arabika Tipe Katai（矮株型阿拉比卡）的缩写，其实就是巴西短小的卡杜阿伊。任何品种一进印度尼西亚多半会被本土化成印度尼西亚以外的咖啡族看不懂的名字。高产量的巴西卡杜阿伊于 1987 年被引进印度尼西亚并大受欢迎，随后咖农发现此品种需要大量施肥才能维持高产与质量，会增加成本，加上印度尼西亚锈病严重，目前仅有少量栽种。

Cobra = 哥伦比亚 + 巴西

我第一次看到印度尼西亚的 Cobra 品种名，以为与眼镜蛇有关系，想太多了。原来此品种来自哥伦比亚（Colombia）与巴西（Brazil），故以两国的缩写来命名。以东爪哇栽种最多，此地咖农说此品种耐旱抗病且风味佳，但究竟是两国哪些品种的杂交种，目前还不清楚。亲本不明的品种在印度尼西亚很常见。

Rasuna——卡蒂姆 × 铁比卡

数十年前苏门答腊发现的卡蒂姆与铁比卡杂交品种。"姆咖啡"产量高，但种植十来年就必须更新，而铁比卡产量虽低却可维持数十年的产果生机，两者杂交的后代即可享有高产长寿的特性。虽然不是新品种但在苏门答腊颇常见。

Longberry——亲本不明

豆身比巴拿马瑰夏更为瘦长，最早见于苏门答腊北部的亚齐，2006 年印度尼西亚知名的瓦哈纳庄园（Wahana Estate）引进到多巴湖附近栽种。此品种产果量低，易染锈病，种植 7 年后才结果，据说花果韵不输瑰夏，但我喝过一次，风味一般，略带木质调。印度尼西亚咖农怀疑此品种与埃塞俄比亚哈拉尔长身豆有亲缘关系，但至今尚无确切的基因鉴定报告，亲本仍不明。

印度尼西亚申办首届 CoE，复杂品种有解方

长久以来印度尼西亚咖农惯于将各品种大杂烩一起种，常见 Tim Tim、Ateng、S 795、USDA 762、安东萨里、Sigarar Utang、诗地加兰等数个品种共聚同地块，后制也一起处理。咖农的说法是混合种植可分散风险，此理念迥异于拉美。印度尼西亚品种已够复杂，又惯于混合种植，乱上加乱。中国台湾地区之前也这么做，近 10 年才分区种植，分开处理。

2019 年印度尼西亚原本要举办首届 CoE，但因经费问题而取消，延至 2021 年 11 月，印度尼西亚才完成第一届 CoE，虽有助于提高印度尼西亚精品豆的知名度，但是首届印度尼西亚 CoE 品种栏仍是印度尼西亚惯用的写法，诸如

Ateng、盖优 1、Sigara Utang、P88、安东萨里、Kartika、Cobra 等一般咖啡人很陌生且不习惯的品种名。

首届赛事共有 26 支印度尼西亚精品在 87 分以上，2022 年 1 月 27 日进行在线拍卖，冠军出自亚齐的蜜处理 Ateng、盖优 1、P88 混合豆，皆与"姆咖啡"有亲缘关系。西爪哇（Jawa Barat，亦称 West Java）是最大赢家，有 9 支精品进榜，其次是亚齐，有 6 支进榜。

期盼印度尼西亚血缘复杂的品种未来可通过 CoE 的品种鉴定机制理出个头绪，在品种命名上亦可接轨国际，取代本土的命名。若印度尼西亚经过 CoE 洗礼，顺势引入更先进的品种与种植管理系统，对玩家将是一大佳音。

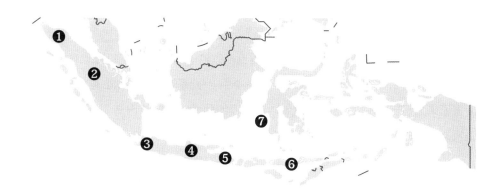

1	**亚齐 ACEH**	3	**西爪哇 WEST JAVA**	Wardoyo 87.72
	Dilen Ali Gogo 89.28		Ita Rosita 89.04	
	Roberto Bagus Syahputra 88.89		Yudi 88.58	5 **巴厘岛 BALI**
	Drs Hamdan 88.46		Ahmad Vansyu 88.30	I Wayan Parum 87.69
	Sabarwin 87.71		Muhammad Irwan 87.88	
	Zakiah 87.21		Saeful Hadi 87.76	6 **东努沙登加拉省 NTT**
	Dasimah Hakim 87.21		Gravfarm 87.62	Marselina Walu 87.16
			Enung Sumartini 87.62	
2	**占碑省 JAMBI**		Setra Yuhana 87.53	7 **南苏拉威西 SOUTH SULAWESI**
	Triyono 88.49		Santoso 87.22	Daeng Halim 88.25
	Mukhlis M 87.1			Daeng Balengkang 88.14
		4	**东爪哇 EAST JAVA**	Samuel Karundeng 88.05
			Dandy Darmawan 88.75	Indo Pole 87.68
			Dinul Haq Sabyli 88.15	

图 5-3　印度尼西亚 2021 年 CoE 优胜咖农分数与产地分布图

注：本书插图系原文插图。

其他产地重要品种

洪都拉斯新品种

帕拉伊内马——莎奇姆 T5296（经数代选育，绿顶，豆形两头尖尖，中间肥硕，酸质明亮）

帕拉伊内马（Parainema）是洪都拉斯 2010 年释出的改良版"姆咖啡"，一洗卡蒂姆、莎奇姆魔鬼尾韵的污名，并夺下 2015 年、2017 年洪都拉斯 CoE 冠军，是近年中美洲 CoE 优胜榜的常客。

2015 年，洪都拉斯 CoE 冠军品种闹出了张冠李戴的笑话。早在 2010 年 Los Yoyos 庄园获洪都拉斯咖啡研究协会（IHCAFÉ）赠送抗病新品种"帕卡马拉"，几年后买家前来欣赏该庄园的"帕卡怪胎"，但其豆形两头尖尖，中间肥硕，不像帕卡马拉，反而更像瑰夏，且柠檬酸质也不像帕卡马拉。庄主很得意自家怪胎豆的风味，于是参加 2015 年 CoE，竟然夺冠。此事惊动 IHCAFÉ 赶来检验，发现原来是当年的笔误，将赠给 Los Yoyos 庄园的种子帕拉伊内马（Parainema）误植为帕卡马拉（Pacamara），这两词容易看错误写。

帕拉伊内马是 IHCAFÉ 和 CATIE 合作，对莎奇姆 T5296 进行多年选育的成果，而莎奇姆前身是东帝汶杂交种 CIFC 832/2 与薇拉莎奇杂交的 hybrid 361（H 361），即俗称的莎奇姆，20 世纪 70 年代 CATIE 引进后另编 莎奇姆 T5296 为品种代号，帕拉伊内马是从这支"姆咖啡"经多代选育得出的抗病美味高产品种。

帕拉伊内马是西班牙语复合词，para = against、nema = nematodes，帕拉伊内马即抵抗根线虫之义，是罕见的多抗品种，对根线虫、炭疽病有抵抗力，对锈病有耐受度，花果味谱丰富，是喝起来不像"姆咖啡"的"姆咖啡"。

IHCAFÉ90——东帝汶杂交种 832/1 × 卡杜拉

20 世纪 90 年代 IHCAFÉ 释出的抗病品种，但近年传出抗锈病力已被真菌攻破，风味亦不如帕拉伊内马。另外，IHCAFE 早年选育的另一支"姆咖啡"伦皮拉也面临"破功"窘境，失去价值。

帕拉伊内马是近年的常胜品种，豆身两头尖尖，中间肥硕。

危地马拉新品种

Anacafé 14——（**东帝汶杂交种 832/1 × 卡杜拉 × 帕卡马拉**），**绿顶矮株**

　　1981 年，危地马拉东南部奇基穆拉省（Chiquimula）的东方美丽花朵庄园（Bellas Flores de Oriente Estate）种了卡蒂姆和帕卡马拉，1984 年庄主发现两品种"不伦恋"的杂交咖啡，采下第一代种子分赠友人，并自力选拔。ANACAFÉ 的研究员发觉此新品种有抗锈病耐旱力，进一步进行专业选拔，2014 年释出供咖农种植。Anacafé 14 果子与豆粒近似硕大的帕卡马拉，但并非纯系，不宜用种子繁殖。近年频见帕卡马拉打进危地马拉 CoE，暂未见 Anacafé 14 打进优胜榜。

尼加拉瓜新品种

玛塞尔萨——莎奇姆选育 7 代，纯系品种，绿顶

亲本为莎奇姆（东帝汶杂交种 832/2 × 薇拉莎奇 CIFC 971/10），由尼加拉瓜与 ECOM、CIRAD 合作，子代从 20 世纪 90 年代开始自交，选育到第 7 代，耗时 25 年才育出纯系的玛塞尔萨，抗锈病，对炭疽病有耐受度，可用种子繁殖。豆粒肥硕，酸质明亮，但仍有些许"姆咖啡"的涩感。2018 年、2019 年曾打进墨西哥 CoE 优胜榜，是尼加拉瓜近年育出的新品种。

哥斯达黎加神秘品种

圣罗克——肯尼亚 SL 28 变种，淡褐色顶叶

2018 年以来，哥斯达黎加 CoE 榜单常出现一个罕见的品种圣罗克，经向当地咖农求证，原来是肯尼亚 SL 28 的变种，最早出现在哥斯达黎加中部的圣罗克（San Roque），故以之命名，味谱近似 SL 28。

结语：基因鉴定、种子认证，刻不容缓

21 世纪咖啡产业面临全球变暖、病虫害加剧、产地减少、精品豆需求大增的多方面严峻挑战，咖农能否取得有认证的抗逆境、抗病、高产又美味的新锐品种，将是咖啡产业能否可持续飘香的关键。据 WCR 统计，未来 5 年全球有 40% 以上的老迈咖啡树需汰换更新，提升产能。然而，目前有认证、具公信力的苗圃或苗商寥寥可数，无法提供足够的基因纯正、有活力的种子或幼苗，供咖农栽种以降低风险。

2020 年 WCR、CATIE、CIRAD 联署发表的研究报告《DNA 指纹鉴定阿拉比卡品种及其对咖啡产业的重大意义》（Authentication of *Coffea arabica*

Varieties through DNA Fingerprinting and Its Significance for the Coffee Sector）指出，近年从组织化、系统化研究机构释出的新品种，其具有遗传一致性的比例远高于未经机构系统化研究的品种或未经认证的苗商、庄园所释出的品种。

基因鉴定，完全吻合巴拿马瑰夏只占 39%

该研究指出，近年全球咖农抢种巴拿马瑰夏（瑰夏 T2722），但 WCR 收到的 88 件申请鉴定巴拿马瑰夏样本中，"完全吻合"（exactly match）其遗传的只占 39%；而遗传"很接近巴拿马瑰夏"（closely related to Geisha Panama）的占 24%；非瑰夏遗传的样本达 37%。换言之，不完全吻合巴拿马瑰夏遗传的送验样本多达 61%。然而，这不表示非纯系的巴拿马瑰夏风味一定不好，只要调控风味的基因未消失，仍有可能发展出瑰夏韵。

专家认为 39% 送验样本的遗传"完全吻合"巴拿马瑰夏，此比例太低，但亦有专家认为，在欠缺认证的渠道下取得巴拿马瑰夏的种子，此比例算高了，各家有不同解读。

台湾地区尚未被验出与巴拿马瑰夏完全吻合的样本

据我手边资料，台湾几家庄园的瑰夏送验结果，有些是"很接近巴拿马瑰夏"，也有些是"被污染瑰夏"，更有不少被归类为埃塞俄比亚地方种，以及中美洲波旁或东非品种。截至 2021 年 4 月，台湾送验样本尚未出现与巴拿马瑰夏"完全吻合"的案例。

反观 WCR 收到的 299 件尼加拉瓜与 ECOM、CIRAD 合作培育并由认证苗商释出的新品种玛塞尔萨的鉴定结果，遗传一致性高达 91%，不吻合只占 9%！此品种是由咖啡贸易巨擘与法国研究机构合作开发的，且苗商的育苗作业经过认证与严格规范，才能保有如此高的遗传一致性。

阿拉比卡异花授粉的能耐不容小觑

为何鉴定结果非纯系巴拿马瑰夏的比例那么高，超出六成？主要原因是目前各地所种巴拿马瑰夏都是从巴拿马各庄园购入的，而各庄园种有许多品种，即使分区种植，亦可能通过风或昆虫杂交。虽然自花授粉是阿拉比卡的天性，但异花授粉比例仍达 10%—15%。埃塞俄比亚森林内的阿拉比卡异花授粉比例更高达 50%。在一个种植 1,111 株咖啡树的 1 公顷地块，在开花季节研究员竟然在 42

米外发现此地块的咖啡花粉，阿拉比卡异花授粉的能力不容小觑。

人为因素也可能造成意外的杂交，比如品种标示错误、购入未经认证的种子、种子在庄园端已遭污染等。上述报告举了一个实例说明杂交优势现象很容易造成严重的基因消失后果。譬如一座庄园种有瑰夏与波旁两个品种，瑰夏被波旁污染的比例低于 10%。庄主采收瑰夏的种子，移至新地块种植，虽然其中只有少数几颗是波旁与瑰夏杂交的 F1，其余全是瑰夏自交的种子，但咖啡树成长后，F1 健壮与高产量的抢眼性状，很可能使不察的庄主挑选这几株 F1 性状具优势的种子，即 F2 再播种到另一个瑰夏地块，结果造成遗传变异更大的杂交瑰夏群。原本想种纯系巴拿马瑰夏的美意，竟演变成杂交瑰夏喧宾夺主的恶果，巴拿马瑰夏有可能逐年消失。

种子认证、基因鉴定，攸关产业大未来

为确保咖农买到遗传性状一致、具有活力的种子或幼苗，近年 WCR 大力推动优良苗商认证制。如果庄园或苗商的育种方式经考核与基因鉴定皆符合标准，即可获得认证，以保障咖农买到的是基因纯净、无病、有活力的种子或幼苗，降低栽种风险。这对基因纯度要求极高的新锐品种 F1 尤为重要。种子、幼苗认证制是方兴未艾的新趋势，这也是因应气候变化、提升咖啡产能刻不容缓的良策。

咖啡产业对种子质量的要求愈来愈高，2012 年以前，在国际植物新品种保护联盟（UPOV）登记注册接受保护的咖啡品种不到 20 个，但 2012 年以后大幅攀升，总数激增到 2018 年的 60 个（请参见图 5-4），据 2022 年最新资料已增至 111 支，这表示 2012 年 WCR 成立以后，创新品种大增，各界对种子基因纯净度的意识高涨，而 UPOV 恰好提供了一个完善的新品种数据库，对育种家的权益也是一大保障。但相较于其他植物，咖啡品种申请保护的案例仍很少，光是西瓜已有多达 700 个品种注册受到保护。咖啡生豆每年出口额已突破 300 亿美元，但图表显示 1999 年以前，并无咖啡品种注册接受 UPOV 保护，这表示咖啡产业对创新品种的态度颇为消极，直到 2012 年才开始重视，相信未来还会持续跃增。

21 世纪咖啡产业面临极端气候、病虫害、可耕田锐减、精品豆需求大增的多方面挑战。可喜的是新锐 F1 品种以及美味的埃塞俄比亚地方种开始盛行，但必须确保咖农拿到的是基因纯净的品种，因此种子认证制与基因鉴定是必要的把关利器，这攸关咖啡产业的大未来，不可不慎重！

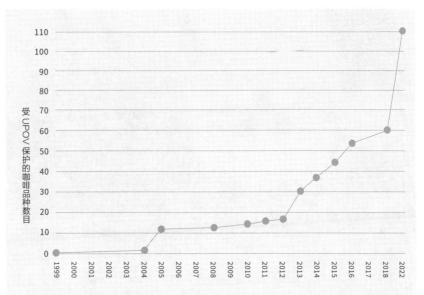

图 5-4　受国际植物新品种保护联盟保护的咖啡新品种数增长表

（＊资料来源：UPOV）

变动中的
咖啡产地

气候变化、豆价波动危机接踵而来，
产地多样性与可持续性备受威胁，经典咖啡产区正香消玉殒！

第六章

板块位移：重新认识
消长中的咖啡产地

第二次世界大战结束迄今的半个多世纪，

是精品咖啡飘香勃发的黄金岁月。

在非洲、拉丁美洲、加勒比海诸岛以及亚洲日趋多元的产地，

咖啡争香斗醇，好不缤纷。但令人忧心的是，全球变暖逐年严重，

平均温度上升，雨量失调，病虫害肆虐，更糟的是，

美国纽约的洲际交易所（Intercontinental Exchange，简称 ICE）

阿拉比卡期货价格（Coffee C Futures）、

国际咖啡组织综合指标（ICO 综合指标）以及农场交货平均价

（Average Farm-Gate Price）走跌多年（2016—2020），

多数咖农入不敷出，难以为继。咖啡产地的多样性与可持续性，

正面临气候变化与豆价巨幅波动的双重夹击，

长此以往，轻则拉低咖啡质量，重则导致产地消失。

这些都是第四波浪潮亟须解决的重大问题。

我们先从 300 多年来咖啡产地的起伏与消长谈起，

纵深了解产地的脆弱与变动。

咖啡产地的消长兴衰

阿拉比卡发源于埃塞俄比亚西南部与肯尼亚、苏丹交界的内陆高原区，14世纪以前经由战争、奴隶或战俘，埃塞俄比亚咖啡种子越过红海传进阿拉伯半岛西南端的也门。公元1600年以后，欧洲海权强国西班牙、葡萄牙、荷兰、法国和英国在也门发现富有商机的咖啡，凭地利之便，也门一跃成为全球唯一的咖啡出口国，垄断咖啡贸易几百年。公元1700年以后，欧洲列强为了打破也门的独卖局面，遂将阿拉比卡移植到波旁岛（今留尼汪岛）、锡兰（今斯里兰卡）、印度、印度尼西亚爪哇岛、加勒比海诸岛和位于拉丁美洲的殖民地。埃塞俄比亚虽为阿拉比卡原产地，但深藏于东非内陆高原，交通不便凶险多，迟至公元1800年以后，埃塞俄比亚才开始出口咖啡谋求利益。

公元1500—1700年，亚洲大部分地区、加勒比海和拉丁美洲尚无咖啡树，直到1720年以后，欧洲海权强国为了商业利益，大规模在各自的殖民地抢种阿拉比卡咖啡树，咖啡才开始有了不同风土与产地的多样性，产量大增，这也促进了咖啡普及化与产销正常化。然而，1720年以后的也门咖啡产量仍低，价位亦高，逐渐被物美价廉、新近崛起的留尼汪岛、斯里兰卡、印度、爪哇、古巴、牙买加、巴哈马、海地、多米尼加、波多黎各、马提尼克、瓜德罗普、圭亚那、苏里南、巴西、哥伦比亚、危地马拉、哥斯达黎加、萨尔瓦多、尼加拉瓜等产地的新世界咖啡取而代之。

就阿拉比卡而言，发源地埃塞俄比亚与紧邻非洲的也门，两产地可归类为非洲系统，属于咖啡的旧世界；而亚洲除也门外其他产地、加勒比海诸岛和拉丁美洲等新兴产地，可归类为咖啡的新世界。新世界崛起乃历史之必然。

18世纪中叶至19世纪中叶，加勒比海咖啡独霸全球

新旧世界咖啡产量的消长，在18世纪后半叶越发明显。工业革命之后，欧洲机械化工厂的大量劳工为了多赚一些工资而延长工时，养成喝咖啡提神的习惯，欧洲咖啡市场需求大增。法国、英国、荷兰、西班牙和葡萄牙为了提高加

勒比海咖啡产量，从非洲引进黑奴到殖民地协助甘蔗与咖啡的栽种和采收。1788年西班牙殖民地圣多明各（今多米尼加首府）供应了全球约50%的咖啡，加勒比海咖啡名噪一时。

1830年加勒比海诸小岛的咖啡产量仍高占全球的约40%，1750—1830年间，加勒比海诸岛取代也门，一跃成为全球阿拉比卡最大产地，但其咖啡全由压榨黑奴的非人道方式种植。拉丁美洲紧追其后，产量也占了30%以上，亚洲（除也门外其他产地）排第三，占了20%以上。1500—1700年不可一世的旧世界也门咖啡，到了1750年以后，逐渐失去竞争力而衰落；等进入19世纪，非洲咖啡市场占有率跌幅更大，以1830年为例，非洲咖啡的全球市场占有率剧跌到只剩约2%（请参见图6-1）。

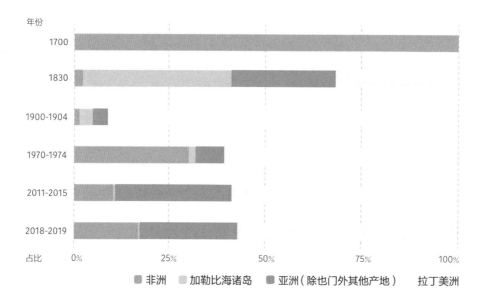

图6-1　18世纪迄今，咖啡主要产地产量占比变动表

注：此处的非洲数据收录了也门的咖啡产量，亚洲数据则不包括也门咖啡。

（＊资料来源：WCR、ICO）

19世纪中叶以后，亚洲咖啡产地暴发叶锈病，1867年斯里兰卡的阿拉比卡首度传出叶锈病，接着蔓延到印度、爪哇、苏门答腊，亚洲咖啡产量锐减长达数十年。荷兰与法国从非洲引进抗锈病的罗布斯塔，为印度尼西亚与印度的咖啡园减灾，而英国殖民地斯里兰卡则舍弃咖啡改种茶叶，此乃今日印度尼西亚与印度仍以罗布斯塔为主要咖啡作物，而斯里兰卡转型为茶叶产国，英国因而从酗咖啡转为茶饮的主要历史原因。

20 世纪拉丁美洲崛起，称雄至今

再回头看看称霸 18 世纪中叶至 19 世纪中叶的加勒比海产地，进入 20 世纪后，因面积小、咖啡种植成本高，失去出口竞争力，产量占比跌破 5%，一蹶不振。而 20 世纪前半段，亚洲和非洲产量持续萎缩，全球占比加起来都不到10%，1900—1904 年非洲产量重跌至只占全球约 1%。

20 世纪初期，锈病尚未扩散到拉丁美洲，拉丁美洲的咖啡，尤其是 1890 年以后的巴西咖啡，产量剧增且成本低，接棒成为咖啡市场的霸主；1900—1904年拉丁美洲咖啡产量高占全球约九成。然而，好景不长，1970 年巴西、哥伦比亚相继暴发锈病，拉丁美洲产量从之前的约 90% 占比，重跌了 30% 以上，但仍然是全球咖啡市场占有率的龙头。

有趣的是，非洲咖啡在这段时期逐渐复苏，养在深闺人未识、身怀抗锈病基因的埃塞俄比亚野生阿拉比卡逆势发功，并未受疫情太大影响，反而扩大出口，另外科特迪瓦、安哥拉、乌干达等地的罗布斯塔大军增产抢市，让 20 世纪 70年代非洲咖啡的全球占比剧增到约 30%，但此时期的亚洲（除也门外其他产地）与加勒比海持续萎靡不振。

21 世纪越南罗布斯塔崛起

21 世纪越南咖啡崛起，拉抬亚洲咖啡的全球市场占有率。越南迟至 1857 年才由法国人引进咖啡，一路跌跌撞撞，咖啡种植业发展不甚顺利，又因 1961—1975 年的越战而停摆。直到 1986 年越南效法中国改革开放政策，允许私人创办企业，才为咖啡种植业打了强心针，主攻抗锈病的罗布斯塔咖啡产业。从1990—1991 年产季起，越南咖啡产量开始激增，从 78,600 吨，跃增到 2018—

2019 年产季的 1,870,440 吨，不到 30 年剧增 22 倍多，其中 96% 以上是罗布斯塔。越南罗豆产量高占全球 40% 以上，是世界最大的罗布斯塔产国，也是仅次于巴西的第二大咖啡产国。

近 10 年来越南、印度尼西亚与印度逐渐增产，让亚洲咖啡的全球占比挤下非洲，成为仅次于拉丁美洲的第二大产地。我根据国际咖啡组织资料，算出 2018—2019 年产季拉丁美洲产出阿豆与罗豆约 10,281.1 万袋咖啡（约 617 万吨），全球占比 60.14% 居冠；亚洲（除也门外其他产地）产出约 4,819.1 万袋咖啡（约 289 万吨），占全球 28.19% 居次；非洲产出约 1,901.9 万袋咖啡（约 114 万吨），占全球 11.13% 排第三；加勒比海诸岛产出约 92.6 万袋咖啡（约 5.5 万吨），占全球 0.54% 垫底。近年全球四大主力产地的总产量排名，依序为拉丁美洲、亚洲（除也门外其他产地）、非洲、加勒比海，此排序短期内不致有变动。

从图 6-1 可看出，300 多年来，非洲、亚洲、加勒比海与拉丁美洲产地的消长与兴衰，其中加勒比海与非洲的变动较大，而拉丁美洲与亚洲相对持稳。原因很复杂，但不外乎咖啡出口竞争力、产地政局稳定性、土地开发政策、豆价、生产成本、作物替代性、机会成本与气候因素的交互作用。

产量跌幅最大的加勒比海诸岛，对 50 岁以上的老咖友是个温馨又浪漫的产地，牙买加蓝山、波多黎各尤科精选（Yauco Selecto）、古巴、海地、多米尼加等海岛咖啡，20 多年前产量较大，市面上很容易买到，但加勒比海诸岛位于大西洋的飓风带上，近年气候异变，风灾频袭，重创各岛的咖啡种植业，昔日荣景难再现。1750—1850 年，加勒比海咖啡展露风华，称霸全球，而今繁华落尽，沦为边缘产地，令人不胜唏嘘。

也门与哈拉尔，韶华将尽

旧世界也门咖啡是盛年难再的典型。埃塞俄比亚虽然是阿拉比卡发源地，但最早商业化栽种咖啡并将咖啡调制成提神饮料的，却是也门的苏菲派。也门国徽上的咖啡红果与绿叶，也在提醒国民莫忘故有的咖啡国粹。

也门咖啡也是我 30 年前首次尝到的惊艳地域之味，是高辨识度的产地咖啡；

犹记1990—2000年间，也门咖啡虽然价昂货稀，但中国台湾还是买得到挺棒的也门豆，酒气、亮酸、莓果、巧克力风味与甜感非常迷人，美国星巴克也不定时贩卖伊斯梅利（Ismaili）、马塔里（Matari）、萨纳尼（Sanani）、Hirazi等经典也门日晒咖啡。然而，最近十多年也门咖啡几乎绝迹，2019年好友黄介吴邀我鉴赏将近20年没喝到的也门古早味马塔里，我欣喜满怀，但一入口，满嘴麻布袋与纸板味，呆板无趣，失望透了。也门咖啡质量走衰，应与政局不稳、气候大变、干燥少雨、良田改种利润更高的卡特树有关，嚼食卡特叶可提神并有麻醉效果，在也门和埃塞俄比亚有广阔市场。数十年前也门咖啡年产量还有上万吨，但2019年、2020年连续两个产季年产量不到6,000吨，产量有逐年下滑的趋势。

也门近年深陷也门冲突泥潭，增加了咖啡的产销成本，咖农纷纷转种更耐旱、一年多收的卡特树。而且也门咖啡主销沙特阿拉伯，以小豆蔻、肉桂和糖沸煮成浓烈的阿拉伯咖啡，对生豆质量要求并不高，这使得昔日味谱干净丰富的经典也门日晒豆愈来愈罕见。可喜的是，在也门还是找得到精湛处理的稀有美味日晒豆，2017年旅美的也门寻豆师穆赫塔尔·阿肯夏利精选批次获美国Coffee Review 97分最高分评价。2019年，阿肯夏利冒着生命危险从也门带出的精选批次在CoE在线拍卖平台的协助下进行标售，杯测分数最高的92.5分微批次，以199.05美元/磅被中国玩家买走。

为了延续经典也门咖啡的命脉，2020年7月，阿肯夏利与CQI前任执行长大卫·罗奇（David Roche）、布特咖啡创办人威廉·布特，以及国际发展专家苏珊·科宁（Susan Corning），联手成立非营利的摩哈学院，募资协助也门咖农采用新农法，添购新设备，提升咖啡产量与质量。"振兴也门精品咖啡，催化也门和平与稳定"是该组织的宗旨。阿肯夏利为了复兴也门咖啡的百年美誉，出生入死进出也门寻觅精品豆的事迹，被美国作家戴夫·埃格斯（Dave Eggers）写成脍炙人口的《摩卡僧侣的咖啡炼金之旅》。也门咖啡能否挺过激烈内战、气候变化与卡特叶的三面夹击？还在未定之天。

埃塞俄比亚东部经典的长身豆产区哈拉尔，也面临相同情况。20世纪80—90年代驰名世界的"马标哈拉尔"（Harar Horse）是老咖友怀念至今的古早味，由于干燥少雨，至今仍采日晒法，价位偏高。哈拉尔好坏参半的蓝莓、草莓、豆蔻、丁香、葡萄、巧克力、酒气与土腥味，时而令人惊艳狂喜，时而令人失望至极，质量起伏是其特色。约莫在 2000 年，在欧美贸易商的协助下，马标哈拉尔成为埃塞俄比亚诸多产区中最先采用高架棚晾晒咖啡果的品种，以提升干净度与花果韵，效果极佳。几年后高架棚日晒技术才从哈拉尔传到西达马和耶加雪菲产区，造就日晒西达马与耶加雪菲青出于蓝的好风味，从而排挤了价位更高的哈拉尔日晒，这是哈拉尔产区逐渐式微的原因之一。

表 6-1　卡特叶与咖啡豆在埃塞俄比亚首都亚的斯亚贝巴的市价比较

单位：美元／千克

年份	2016—2017	2017—2018	2018—2019	2019—2020
咖啡豆	3	3.5	3.3	4
卡特叶	8	8.4	8.5	9

注：埃塞俄比亚为了增加咖啡出口，内销咖啡价格比外销贵。

（＊数据来源：美国农业部）

打造马标哈拉尔的埃塞俄比亚传奇咖啡人穆罕默德·阿卜杜拉希·奥格萨德伊（Mohamed Abdullahi Ogsadey）2006 年病逝，马标走入历史。他的外甥拉希德·阿卜杜拉希（Rashid Abdullahi）接手后，更改商标为皇后市（Queen City），名气与口碑大不如马标。哈拉尔产区的陨落虽然与耶加雪菲、西达马和古吉日晒的崛起有关，但关键因素在于哈拉尔产区干燥少雨，平均气温逐年攀升，愈来愈不易种出好咖啡，许多咖农改种耐旱、利润高的卡特树谋生。最新研究报告预估，哈拉尔产区将在 2050 年以前陨落消失，这是气候变化的问题，将在第八章详述。

咖啡产地实力消长排行榜

1990 年迄今，30 多年来，全球哪些产地向荣走强，哪些向弱走衰？根据 ICO 与 USDA 近 30 年的统计资料，我整理出市面上常见 19 个产地的咖啡产量消长数据（表6-2），再据以绘制成产量走势图（图6-2），方便比较主要产国近30年产量变动的趋势。

表6-2的产地"10年平均产量"系根据ICO与USDA对各产地每年产量的统计资料，核算出的1991—2000年、2001—2010年、2011—2020年这3个10年的平均产量。表中的"30年增减幅"是比较各产地1991—2000年与2011—2020年这30年来产量的增减幅度百分比，如果增幅超出100%，"产量趋势"为劲扬，即该产地30年来向荣走强，小于100%为小涨；如果跌幅超出30%，"产量趋势"为大跌，即该产地30年来向弱走衰，小于30%为小跌。

30年内产量增幅最大的前六名产地依序为：越南增幅468.4%、洪都拉斯增幅172.3%、秘鲁增幅156.2%、尼加拉瓜增幅154.3%、埃塞俄比亚增幅136.2%、巴西增幅100.7%。跌幅最大的前六名依序为：萨尔瓦多跌幅64.3%、牙买加跌幅45.6%、泰国跌幅44.5%、肯尼亚跌幅43.0%、巴拿马跌幅42.1%、哥斯达黎加跌幅39.6%。

前六大咖啡产地为：巴西、越南、哥伦比亚、印度尼西亚、埃塞俄比亚、洪都拉斯。其中只有哥伦比亚近年产量较之20世纪90年代仍小跌4.8%，至今尚未突破1991—1992年产季逾100万吨的高峰，但哥伦比亚从2015—2016年产季已开始回升，产量突破80万吨，向100万吨迈进，主因是2008年以来耗时费工的新一代抗锈病品种已替换完成，加上地理位置优越，并未受到全球变暖太大影响。

图6-2咖啡产地产量走势图，是依据表6-2数据绘制的，最抢眼的是巴西和越南产量，一飞冲天，睥睨地表上被打趴的"小不点"产地。

表6-2 主要产地产量消长表

10年平均产量 单位：吨

产地	1991—2000	2001—2010	2011—2020	30年增减	产量趋势
巴西	1,650,558	2,369,550	3,312,336	100.7%	劲扬
越南	282,744	930,390	1,607,106	468.4%	劲扬
哥伦比亚	767,304	660,276	730,110	-4.8%	小跌

产地	1991—2000	2001—2010	2011—2020	30 年增减	产量趋势
印度尼西亚	407,292	479,412	648,186	59.1%	小涨
埃塞俄比亚	178,380	294,222	421,344	136.2%	劲扬
洪都拉斯	128,850	186,600	350,868	172.3%	劲扬
印度	216,054	276,294	329,148	52.3%	小涨
秘鲁	97,176	189,870	249,000	156.2%	劲扬
乌干达	168,684	176,694	239,016	41.7%	小涨
墨西哥	289,296	256,242	214,494	−25.9%	小跌
危地马拉	247,008	236,028	217,740	−11.8%	小跌
尼加拉瓜	51,558	86,826	131,124	154.3%	劲扬
哥斯达黎加	154,644	111,624	93,402	−39.6%	大跌
萨尔瓦多	145,692	83,514	51,948	−64.3%	大跌
肯尼亚	82,644	45,936	47,088	−43.0%	大跌
泰国	74,148	53,136	41,133	−44.5%	大跌
安哥拉	20,814	18,870	15,833	−23.9%	小跌
巴拿马	11,940	9,264	6,913	−42.1%	大跌
牙买加	2,268	1,884	1,233	−45.6%	大跌

注: 30 年产量增幅超出 100%, 产量趋势为劲扬, 增幅低于 100% 为小涨; 跌幅超出 30% 为大跌, 跌幅小于 30% 为小跌。
(* 资料来源: 依据 ICO、USDA 资料, 核算编表)

产量过度集中于五大国，不利产地多样性

　　18 世纪以来，四大产地的消长兴衰不断。然而，千禧年后，强者更强，弱者更弱，咖啡产量过度集中于少数几国的情况愈来愈严重。2018—2019 年产季全球生产约 17,093.7 万袋咖啡，产量首度突破 1,000 万吨大关，达到约 10,256,220 吨，创下历史新高。不过，这耀眼的产量主要是巴西（全球产量占比 36.81%）、越南（18.23%）、哥伦比亚（8.1%）、印度尼西亚（5.5%）、埃塞

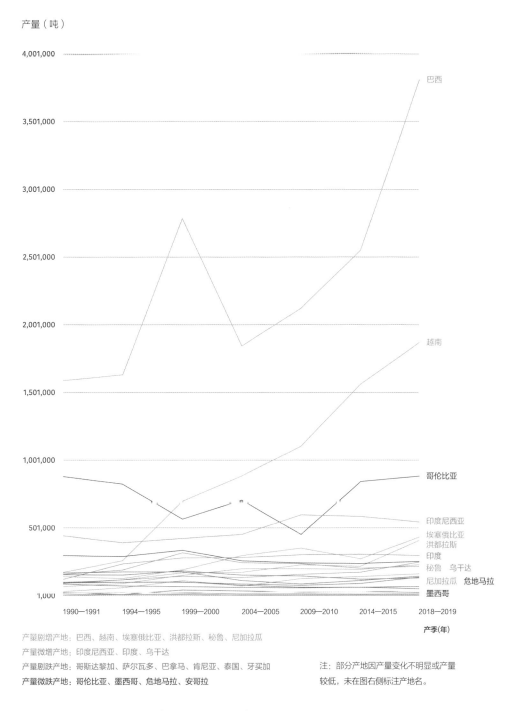

产量（吨）

4,001,000 ....

巴西

3,501,000

3,001,000

2,501,000

2,001,000

越南

1,501,000

1,001,000

哥伦比亚

印度尼西亚
埃塞俄比亚
洪都拉斯
501,000

印度

秘鲁　乌干达

尼加拉瓜　危地马拉

1,000

墨西哥

1990—1991　　1994—1995　　1999—2000　　2004—2005　　2009—2010　　2014—2015　　2018—2019

产季(年)

产量剧增产地：巴西、越南、埃塞俄比亚、洪都拉斯、秘鲁、尼加拉瓜

产量微增产地：印度尼西亚、印度、乌干达

产量剧跌产地：哥斯达黎加、萨尔瓦多、巴拿马、肯尼亚、泰国、牙买加

注：部分产地因产量变化不明显或产量

产量微跌产地：哥伦比亚、墨西哥、危地马拉、安哥拉　　　　　　　较低，未在图右侧标注产地名。

图 6-2　19 个咖啡产地产季产量曲线比较图 1990—1991 至 2018—2019

俄比亚（4.5%）五国的贡献，这前五大咖啡产地合计产量高占全球 73.14%。而剩下的 26.86% 产量由其他 60 多个"小不点"产地挤出，其中有很多产地的产量逐年下滑：也门、肯尼亚、萨尔瓦多、哥斯达黎加和加勒比海诸岛等咖啡族喜爱的产地，正面临不可逆的窘境。

产量过度集中于五大产地，一旦其中之一政局不稳、病虫害暴发、干旱缺雨，甚至风调雨顺大丰收，都会严重影响全球咖啡的正常供给，造成豆价大波动。咖啡强国可能挺得过豆价起伏，但竞争力弱的小产地，恐面临被淘汰的命运。精品咖啡贵在产地、风味与故事的多样性，任一产地陨落都将是精品咖啡发展史的一大悲剧，亦非业界所乐见。

然而，千禧年后的挑战更为严峻，全球咖啡产地正面临两大煎熬——豆价大幅波动与全球变暖加剧的夹击，这将戕害咖啡产地的多样性与可持续性。

第七章

豆价波动的
毁灭性危机

精品咖啡迷开怀畅饮每磅数十美元

甚至上百美元的"卓越杯"（CoE）或"最佳巴拿马"（BOP）竞标豆，

创业募资平台数万台币的玩家级电动烘豆机、

磨豆机和萃取器材热卖，咖啡市场看似一片荣景；

但很难想象，

2016 年以来纽约阿拉比卡期货以及 ICO 综合指标的生豆价格，

每磅最低已跌到 1 美元（100 美分）左右，甚至下探到 0.9 美元，

创下 15 年来最低纪录。

全球愈来愈多咖农的生产成本已高于卖生豆的收入，

每日生活费低于世界银行国际贫困线非人道的 2.15 美元。

据美国哥伦比亚大学地球研究所（Earth Institute）资料，

2016—2018 年尼加拉瓜、喀麦隆有高达 40% 以上的咖农，

坦桑尼亚、塞拉利昂、哥斯达黎加有 20% 以上咖农，

每日生活费低于 2.15 美元。

商业级生豆价格长期低迷已严重影响咖农基本生计，

并危及产地的可持续经营。

豆价"跌跌不休"，不知何时到底。ICO 综合指标 2015 年 3 月跌破 10 年平均价 137.24 美分／磅，2018 年以后跌幅加大，2019 年 7 月更跌逾 10 年平均线幅度高达 30% 以上（请参见图 7-1）。2020 年 2 月新冠肺炎暴发，各大城市被迫封城，生豆出口不顺，全球缺豆潮曾使豆价短暂扬升到 100—130 美分／磅。但巴西 2020 年产季大丰收，消息一出，豆价再度挫跌。2020 年 6 月 16 日纽约阿拉比卡期货跌至 94 美分／磅，2020 年 11 月，咖啡期货仍徘徊于 94—130 美分／磅的 10 年平均线以下的低档区。

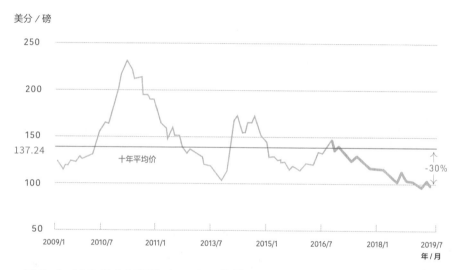

图 7-1　ICO 综合指标跌破 10 年平均价 137.24 美分／磅的幅度超过 30%

（ ＊ 资料来源：ICO ）

咖啡价格三大系统
期货价、现货价和竞赛豆在线拍卖价

1. 国际期货价

指纽约阿拉比卡期货，以及伦敦罗布斯塔期货价。咖啡期货价是一般商业级咖啡的定价基准。阿拉比卡在纽约的洲际交易所（ICE）交易，也就是俗称的 C

Market、C-Price 或 Coffee C Futures。目前有 20 个产地咖啡在 C Market 交易。商业级（交易级）水洗阿拉比卡的质量标准有一定规范，不得有老豆恶味与日晒豆的酒酵味；350 克受检生豆，哥伦比亚水洗豆一级瑕疵豆不得超过 10 颗，其他水洗豆的一级瑕疵豆不得超过 15 颗。

C Market 对商业级咖啡有一套鉴味与定价机制，质量符合基本标准的生豆以盘价交易，质量超目标的生豆即可获得溢价交易；一般溢价幅度每袋 60 千克可获溢价 20—40 美元，如果是精品级生豆每袋 60 千克可溢价 50—100 美元。譬如当日盘价每磅 110 美分，而经评鉴认可的精品级生豆每袋 60 千克溢价 100 美元，表示每磅可获得 75.76 美分溢价，即每磅以 185.76 美分交易。质量如不符标准则以折价交易。咖啡期货最低交易单位 37,500 磅，即一货柜 17 吨。主供配方豆、浓缩液、速溶咖啡或即饮市场等高用量市场，亦有些精品级生豆在此交易。罗豆则在伦敦交易。

2. 国际现货价

ICO 综合指标：指国际咖啡组织为哥伦比亚水洗（Colombia Milds）、其他水洗（Other Milds）、巴西日晒（Brazilian Naturals）、罗布斯塔（Robustas）在主要市场的码头报价制定的加权平均价。但 1989 年后，此一指标仅供追踪或研究用。商业豆仍以纽约阿拉比卡及伦敦罗布斯塔期货价为基准。

国家现货市场价：即农场交货价，买家以产地币值的报价，直接给付咖农。包括直接贸易、公平贸易、公平贸易有机、雨林联盟、可持续好咖啡（UTZ）、4C、Nespresso AAA、星巴克"咖啡和种植者公平规范"（C. A. F. E. Practices）等，经国际企业认证的庄园均采用此模式。一般会参考期货盘价再往上溢价某个百分比或数十美分，对咖农较有保障。

3. 拍卖竞标价

杯测分数 85 分以上（2016 年后改为 86 分以上）的竞赛豆，通过在线拍卖平台，供买家竞标，价格无上限，一般以 3.5—5.5 美元／磅起标。CoE、BOP、Gesha Village 或各庄园自家拍卖会均属此类。

低豆价不只是人道问题！

过往豆价长期走低，微薄收入难以养家，致使危地马拉、萨尔瓦多、墨西哥、洪都拉斯的许多咖农弃守田园，伺机非法移民美国，为国际社会制造问题；据美国海关及边境保卫局资料，非法入境美国的最大单一来源是危地马拉，2018年10月至2019年5月，已有21.1万名危地马拉农民在美墨边界被逮捕（请参见图7-2）。而引发危地马拉移民潮的主要原因之一是国际豆价持续走跌，从2015年的220美分跌到2019年最低的86美分，跌幅逾60%。危地马拉咖农戏称偷渡美国是为无法经营的咖啡园"注资"，等赚够钱或豆价回稳后，再回国重拾旧业。

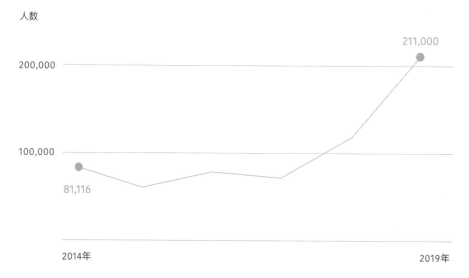

图 7-2　豆价破底迫使危地马拉咖农涌入美国找机会

注：2018 年 10 月至 2019 年 5 月已有 211,000 名危地马拉偷渡客在美墨边境被捕。
（＊数据来源：美国海关及边境保卫局）

而哥伦比亚、玻利维亚因豆价跌破成本，被迫改种古柯树的咖农增多，制造社会问题、徒增扫毒负担。很多被遗弃的咖啡园无人管理，任其荒芜，为邻近苦撑的咖啡田带来更难防治的锈病、炭疽病与果小蠹等病虫害问题。咖农是精品咖啡的基石，如果咖农无法为市场种出饱含前驱芳香物的精品豆，少了优质原料，那么即便世界冠军烘豆师或咖啡师也成就不了一杯好咖啡。全球变暖如同温水煮青蛙慢慢折磨咖农，而跌破生产成本的豆价则无日无夜紧逼全球 2,500 万余咖农家庭。如果不早日解决低豆价危机，不需要等到 2050 年气候变化摧毁大部分良田，精品咖啡的多样性与可持续性可能早已崩溃不存了。

全球咖啡产业链的总营收额超过 2,000 亿美元[1]，咖啡农只能获得其中的 6%—10%。豆价走低，影响全球上亿以咖啡为生的人口，其中更有 80% 是小农。2019 年 4 月，代表拉丁美洲、加勒比海诸岛和公平贸易的咖农组织"小型生产者标志"（Small Producers' symbol，简称 SPP）在美国波士顿集会，数百名咖农高喊着："每磅 0.9 美元，活不下去，我们要 1.4 美元。小农成全了咖啡企业，却成就不了自己，我们不愿长期被压榨，继续亏损下去！"

另外，SPP 的有机咖啡农也联合发表一则《对国际咖啡市场正义的谴责与认知》声明。声明中指出，每磅生豆只卖 0.9 美元对咖农是不人道的，有机咖啡每磅 1.4 美元根本不敷成本，至少要 2.2 美元以维持全家生计，咖啡产地才可能可持续发展下去。**"在纽约阿拉比卡期货市场下单的人，都是全球变暖的帮凶；饥饿不是选项，被迫迁居的难民潮不是选项，全球变暖毁灭地球也不是选项，每百磅 220 美元的有机咖啡，可为更美好的世界开启大门！"**

2019 年 9 月，世界第三大咖啡产地哥伦比亚有数百名咖农齐聚波哥大的星巴克示威，咖农代表向国际媒体诉苦："2014 年 C Market 每磅 2.4 美元，而今跌到 1 美元，此价格对多数哥伦比亚咖农只能勉强打平生产成本，无余裕投资生产设备、买肥料或支付子女教育费。我身上的衣服还是亲戚买给我穿的。"

哥伦比亚还打算跳过 C Market，另外建立新的定价机制，试图联合各产地成立类似石油输出国组织（OPEC）的卡特尔来调控咖啡价格，并以此机构为豆

---

1 据《无形资产在咖啡价值链中的强力角色》（The Powerful Role of Intangibles in the Coffee Value Chain）论文估计，2015 年全球咖啡产业总营收额 2,000 亿美元，而各产地生豆出口总额 200 亿美元，只占全球咖啡产业总营收额的十分之一。但全球咖啡产业总营收额 2,000 亿美元仍有低估之嫌，这与咖啡产业取样的宽窄有关。据美国国家咖啡协会（National Coffee Association）估计，光是美国咖啡产业 2015 年的总营收已高达 2,252 亿美元。

价设定 2 美元 / 磅的底线，定出各产地遵循的出口配额，控制供给量，让产豆国对豆价有更大影响力，保障咖农收益。

哥伦比亚咖农并不孤单。2019 年 9 月 25 日，洪都拉斯总统胡安·奥兰多·埃尔南德斯（Juan Orlando Hernandez）在联合国第 74 届大会上，就豆价问题发表演讲："我国在这两年豆价剧跌中，损失了 4 亿美元。请问消费大国的咖啡企业，你们支付咖农的价格公平吗？豆价波动与极端气候的双重打击，已迫使成千上万农民离乡背井，伺机偷渡美国寻找机会。"

产豆国的怒吼：ICO 已失去功能

豆价波动严重影响咖啡产业的健康发展，ICO 于 2018 年与 2019 年召集全球 80 名专家和 2,000 位咖啡产业人士，在肯尼亚内罗毕、纽约联合国总部、罗马和布鲁塞尔研讨生豆价格过低的诸多原因与解决之道。国际社会开始正视此问题的复杂性与公平性。2019 年 3 月，世界咖啡生产者论坛在内罗毕召开，会后由哥伦比亚国家咖啡生产者协会（FNC）、巴西精品咖啡协会（BSCA）、非洲精品咖啡协会（AFCA）、中美洲咖啡种植技术发展和现代化区域合作计划（Promecafe）、非洲罗布斯塔协会（ACRM）、越南咖啡和可可协会（VICOFA）和国际精品咖啡协会联署发表《世界咖啡生产者论坛协调小组宣言》：

> 长久以来，各界对可持续议题只聚焦在环境与社会层面，而忽视生产者在经济上的可持续性。纽约咖啡期货合同是一揽子相同质量阿拉比卡的定价基准，然而数十年来，业界普遍认为期货价格已不够支付咖啡农的生产成本，原因很多，包括对冲基金的投机行为，他们根本不了解也不关心咖农的生计……咖啡产地和产业链参与者认为期货合同并不是公平正义的咖啡定价机制，如果坐视咖农贫穷化，产业链的消费端将无咖啡可买，无咖啡可喝……在咖农生计恶化成人道危机之事中，期货市场的洲际交易所绝不能置身事外……

2020 年 7 月，危地马拉启动激活退出国际咖啡组织（ICO）的程序，以抗议该组织未能稳定国际咖啡价格。危地马拉全国咖啡协会主席里卡多·阿雷纳斯（Ricardo Arenas）说："ICO 已失去功能，需要重整！"洪都拉斯咖啡研究协会则抨击："低豆价已伤害咖农多年，ICO 不但瞎了还装聋作哑，我们正考虑退出或调整与 ICO 的关系。"此风波是否扩大，值得关注，幸好各产地并不因新冠肺炎疫情未见好转而停止为咖农争取权益。

出口国惨赔，进口国大赚

根据 ICO 统计，1990—2019 年全球咖啡产量已从约 9,323 万袋（约 5,593,800 吨）暴增到约 17,093.7 万袋（约 10,256,220 吨），30 年来增幅高达 83.3%。而 2015 年以后，咖啡产地的生豆出口总值已超过 200 亿美元。德国的 Statista 数据库公司统计，2019 年全世界咖啡产业的总营收高达 4310 亿美元。相较于上游产地 200 多亿美元的生豆出口额，高达 4,100 多亿美元的超额价值是由下游咖啡进口地的烘焙厂、咖啡馆、包装厂、加工厂、渠道商和品牌价值共同创造的，构成"上游瘦下游肥"的畸形产业链。

近 30 年来全球咖啡产业大幅增长，消费的成长动力主要来自中国、俄罗斯等新兴经济体，以及巴西、印度尼西亚、越南等主要咖啡产地跃增的咖啡消费量。而欧美日咖啡消费大国尽管人均消费量已达 4 千克的高水平，但受到精品咖啡市场创新、便利度提升与新风味的激励，胶囊咖啡、冷萃咖啡、即饮咖啡、新品种以及新处理法问世，拉动高价值的精品咖啡持续成长。全球喝咖啡人口逐年增长，咖啡消费量每年平均以稳健的 2.2% 增长，咖啡的体量愈来愈大，看似雨露均沾，实则不然。

咖啡产业链的所有参与者在收益分享、风险承担、资源取得、气候变化上的承受度和对豆价走低的耐受度大不相同。最上游栽种咖啡的农友往往是风险最高、收益最低也最弱势的一群人，而咖啡进口国经常是创造高利润的最大赢家。

每磅生豆的生产成本究竟多少？这是个不易精算的复杂问题，各国环境与成本结构不同，难有统一标准。但业界初步的共识是，中美洲阿拉比卡产地打平成本的价格在 1.2—1.5 美元 / 磅的区间。至于巴西和越南，因生产效率高，成本低很多。如果纽约阿拉比卡期货价跌到 1.2 美元 / 磅以下，很多咖农就会出现亏损，影响全家生计，从而无力购买肥料、农药或引进抗病品种，进而造成病虫害失控，咖啡质量下滑，产量锐减，农友不堪长年亏损放弃咖啡改种其他作物，甚至铤而走险非法偷渡美国，这是个恶性循环，重创了产地多样性与可持续性。

豆价问题的元凶

数十年前有一派经济学家认为，适合种咖啡的土地有限，而且全球咖啡人口逐年增长，带动需求增加，咖啡势必供不应求，因此豆价逐渐走高将会是个常态。然而，近 30 年来的咖啡价格却反常走跌，跌破专家眼镜。为何全球咖啡消费市场如此畅旺，豆价仍长期低迷不振？原因如下：

豆价波动元凶之一：国际咖啡协定崩解

第二次世界大战后，美苏进入冷战时期，美国担心拉丁美洲与非洲产地因豆价太低不利民生经济，而投入苏联阵营怀抱。1962 年美国主导欧美日消费国与咖啡生产地达成咖啡出口配额协议，并签署《国际咖啡协定》（International Coffee Agreement，简称 ICA），由产地与消费地协力稳定豆价，造福咖农，以免产地被"赤化"。此一控价机制由 ICO 执行，一旦咖啡期货价跌破 ICO 制定的下限价，就紧缩各产地的出口配额，减少咖啡在国际市场的供给量，来拉抬豆价；如果期货价涨破 ICO 制定的上限价，就松绑各地的出口配额，增加供给量以平抑豆价。此制度运作了 30 年，咖啡产地对豆价有更大的调控力，有助豆价维持在较高的区间，虽然增加了咖农的收益，但欧美日消费国就需容忍较高昂的豆价。这在美苏冷战时期有其必要性。

然而，1982 年美国精品咖啡协会成立后，欧美对水洗阿拉比卡的需求大增，因此要求 ICA 缩减巴西和非洲罗布斯塔的出口配额，以增加中美洲和哥伦比亚阿拉比卡的配额，这一要求引起巴西和非洲罗豆产地的不满。巴西咖啡产量有

30% 来自罗豆，1989 年巴西为了维持原有的咖啡市场占有率，悍然退出行之多年的 ICA 配额机制，并宣称："巴西是高效率产地，没有 ICA 配额的调控，照样能存活下去！" 1989 年，实行了将近 30 年的 ICA 破产，咖啡出口配额制度瓦解，各产地为了扩大全球市场占有率，竞相增产抢市，成为往后数十年豆价走低的导火线，但好处是欧美日消费大国享受到更廉价的咖啡豆。

1989 年，ICA 配额制度崩解后，咖啡市场步入低豆价时代，30 年来折腾无数咖农。1962—1989 年间强力执行的出口配额制，ICO 综合指标的平均价接近 3.9 美元（请参见图 7-3 左上绿线），但对比 1989 年出口配额制破局后，豆价失去调控机制，1990 年后，平均价跌破 1.5 美元（请参见图 7-3 右下绿线），即配额制崩解后的这些年，国际咖啡价比协议崩解前剧跌 61.5%。

这也难怪哥伦比亚有意协调各产地成立咖啡卡特尔，执行类似 1962—1989 年间的出口配额制，并设定豆价的上下限以及库存机制，使豆价不因大小年、天灾、病虫害、丰收或歉收而大幅波动，确保咖啡农的收益。但此稳价机制若没有欧美日消费国配合，恐窒碍难行，目前虽在倡议，但预料欧美日重回昔日高昂豆价的意愿不高。

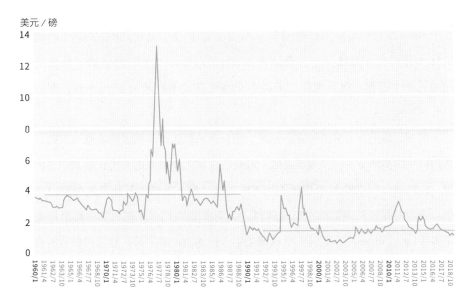

美元／磅

图 7-3　国际咖啡协定配额制崩解前与崩解后的阿拉比卡期货价走势

（＊数据来源：世界银行经美国消费者物价指数调整后的阿拉比卡价格走势）

豆价波动元凶之二：巴西与越南大增产

1989 年 ICA 配额制度崩解后，巴西与越南如脱缰野马大幅增产，是助跌豆价的祸首。数据会说话，根据研究报告《确保咖啡生产的经济可行性与可持续性》(Ensuring Economic Viability and Sustainability of Coffee Production)，1995 年巴西加上越南的产量仅占全球产量的 21%，但到了 2017 年，巴西、越南已合占全球产量的 46%。更令人惊讶的是 1995—2017 年的 22 年间，全球咖啡增产 370 万吨，其中高达 83% 是由巴西和越南贡献的。

该研究报告 2019 年出版，引用的是 1995—2017 年稍旧的资料。我改用 1990—2019 年产季较新的资料来算，30 年来全球增产了 466 万吨生豆，其中高达 84.3% 是由巴西和越南贡献的[1]。这表示全球咖啡产量过度集中在巴西、越南两大产豆巨头的趋势愈来愈严重，两巨头之一歉收或丰收，都会加剧咖啡市场的波动。30 年来越南产量增加 2200% 以上，令人咋舌，巴西也增产了 100% 以上。以每公顷单位产量论，越南增长了 100%，巴西增长了 40%。

虽然越南产量增幅最大，但阿拉比卡产量仍少，只占越南总产量的 3.5%，其余 96% 以上全是罗豆，越南罗豆高占全球罗豆产量的 40% 左右。越南阿拉比卡年产仅 6 万吨，约占全球阿拉比卡的 1%，因此影响全球咖啡价格的能力远逊于巴西；巴西阿拉比卡高占全球阿拉比卡产量的 40% 左右，罗豆占 25%—30%。

巴西、越南咖啡多半种在平原区，擅长集约化生产，机械化灌溉与采收，并选用抗病的高产量品种，成本远低于坡陡谷深需人工采收的哥伦比亚和中美洲产地。C Market 与 ICO 综合指标跌到 100 美分 / 磅，不同于其他产地咖农赔本卖豆，巴西与越南的多数咖农仍可获利。尤其是巴西巴伊亚州西部的路易斯爱德华多 (Luís Eduardo)，其高效率机械化生产技术为世界之最，是巴西咖啡所有产

1　根据 ICO 各产地历年产量资料核算。相关数据如下：1990 年全球产量 5,593,800 吨，2019 年全球产量 10,256,220 吨；1990 年越南产量 78,600 吨，2019 年越南产量 1,870,440 吨；1990 年巴西产量 1,637,160 吨，2019 年巴西产量 3,775,500 吨。

区的"获利王"。

巴西有两大操作法宝独步全球：一是咖啡田弹性休耕或启用；二是巴西货币雷亚尔贬值。这两大撒手锏，助巴西调控产量与豆价无往不利！

全球阿拉比卡种植地可分为"巴西田"与"世界其他咖啡田"两大部分。"巴西田"广达 2.7 万平方千米（270 万公顷），包括非机械化低产量的种植场以及全机械化高产量的种植场，二者相辅相成。因此巴西因应价格波动，保有最大的供给弹性。当巴西预见国际豆价步入低迷期，即可暂时闲置或封闭产量低、成本高的非机械化咖啡田，全面改以高效率、高收益的机械化咖啡田生产，提升价格竞争力。若预估未来豆价大涨，巴西即可启封效率较低的非机械化咖啡田，配合机械化咖啡田全力增产，拉高全球市场占有率。每当国际豆价回升，巴西可迅速增产的能力使得高豆价不易长久维持，也苦了其他产地。

巴西咖农可分为 3 种：耕地小于 5 公顷为小农，占咖农总人数的 75%；耕地大于 10 公顷为中农；耕地超过 100 公顷为大农。中农与大农贡献的咖啡产量高占巴西的 62%，另外中农和大农多拥有高效率的机械化科技咖啡田，每公顷平均产量逾 3 吨，最高甚至超过 8 吨，数倍于哥伦比亚或哥斯达黎加。根据荷兰合作银行估计，巴西咖啡的生产成本至少比拉美其他产地低 30%。

巴西以外的"世界其他咖啡田"不论在好行情还是坏行情时期，都很难和"巴西田"弹性的投产能力相抗衡。因为其他产地的阿拉比卡耕地有限，多半位于陡坡或山麓，无法机械化生产，碰到好行情，已无多余土地投入生产，只能提高单位产量或提升质量来增加利润，但这不是临时抱佛脚办得到的。一旦遇到低豆价时期，这些产地并无封闭低效率咖啡田的机制，只好坐视咖农长期亏损。

另外，这 30 年来巴西货币雷亚尔的走势和豆价呈强烈正相关，雷亚尔贬值则国际豆价走低，雷亚尔升值则豆价走高。雷亚尔走疲多年，也是造成豆价走跌的元凶之一。雷亚尔对美元贬值，使得以美元计价的咖啡更为便宜，刺激国际消费量，也激励巴西咖农增产，提高出口量与全球供给量，进而拉低豆价。国际豆价何时止跌仍需要看雷亚尔的"脸色"。

豆价和疫病

过去 30 多年，中南美洲叶锈病的暴发时间都发生在豆价走低之后。这绝非巧合，有明显因果关系。原因不难理解，每当豆价步入低迷期，咖农获利减少甚至赔钱，就会缩减田间管理的开支，采取少施肥、少用药、少雇工、少修剪枝干等防治措施，如果当局纾困措施实施太慢，很容易引爆疫情。

图 7-4 展示了 1984—2013 年锈病与豆价的关系，哥伦比亚在 1987—1988年、哥斯达黎加在 1989—1990 年、尼加拉瓜在 1995—1996 年、萨尔瓦多在2002—2003 年、中美洲在 2012—2013 年暴发疫情，这些疫情都发生在豆价探底阶段。另外，2008—2011 年豆价开始攀升，哥伦比亚却暴发严重锈病，原因出在持续反常降雨，农药价格大涨，咖农买不起。由此可见，咖农经济活力的强弱攸关病虫害的防治效果。

值得留意的是，20 世纪 70 年代巴西暴发严重锈病以后，巴西就很少再传出严重疫情，主因是 1980 年以后巴西培育出许多高产量、高抗病力的杂交品种，锈病对巴西咖啡的危害程度相对较轻，别的产地闹锈病，巴西却发豆荒财，全力增产补足其他产地的减产缺口，巴西依然获利不败。

新冠肺炎、天灾来袭，生豆短缺

咖啡豆供过于求，豆价从 2016 年走空 5 年，多数产地已赔本数年，并将矛头指向巴西货币雷亚尔贬值政策，从 2012 年 1 雷亚尔兑 0.524 美元贬到 2022 年最低的 0.175 美元以提高出口竞争力与全球市场占有率。巴西数十年来大量培育高产量高抗病力的新品种，短期内不必奢望巴西减产，除非遇到天灾等不可抗力。中美洲诸多产地的期待，竟成为事实；2020 年新冠肺炎肆虐全球，接着2021 年巴西又遭到 90 年来最严重天灾，全球咖啡产销出现罕见的紧缩与脱序，豆价应声飙涨，咖啡市场终于迎来久违的牛市。

美元／磅

图 7-4　豆价波动与锈病的关系：锈病均发生在低豆价时期

（ ＊数据来源：① ICO；② The Coffee Rust Crises in Colombia and Central American（2008-2014）：Impacts, Plausible Causes and Proposed Solutions）

2021—2022 年全球短缺 18 万吨生豆

2020 年 2 月新冠肺炎疫情席卷全球，各国的封城政策持续数月，严重影响咖啡馆生意，虽然熟豆、挂耳或胶囊咖啡等可买回家自己泡的产品业绩上扬，但毕竟封城会导致多数人收入减少，不少专家估算全球咖啡消费量将因此锐减，又会加重豆价跌势。2020 年纽约期货每磅低回于 94—129 美分之间。祸不单行，拉尼娜现象发威，巴西 2021 年 1—3 月的夏天本是重要雨季，却闹严重旱灾；接着 7、8 月冬季，阿拉比卡主产区米纳斯吉拉斯州又遭逢数十年不遇的霜害，全球最大咖啡产地一年内竟发生两大天灾！因而预警 2022 年全球咖啡供应量吃紧，纽约阿拉比卡期货从 2021 年 3 月起涨，挥别熊市，2022 年 2 月涨到最高的每磅 258.53 美分，涨幅高达约 175%。然而各产地咖农的成本随着工资、肥料价格、运费上涨而大幅增加，期货虽大涨，但他们的获利未必增加。

2022 年 3 月国际咖啡组织报告指出，2021 年 10 月至 2022 年 9 月产销季，全球将短缺 312.8 万袋（187,680 吨）咖啡生豆，因为 2021 年巴西天灾减产拉低 2022 年全球咖啡供给量，估计只有 16,717 万袋，同一产销季的全球咖啡消费量预计高达 17,029.8 万袋，也就是 2022 年全球咖啡将短缺 312.8 万袋。这是自 2010 年以来，全球首度出现咖啡供小于求（请参见表 7-1）！

表 7-1　2017—2021 年产销季全球咖啡供需余额表

单位：万袋

产销季	2017	2018	2019	2020	2021	增减百分比 2020—2021
产量	16,780.6	17,019.5	16,890.2	17,083.0	16,717.0	-2.1%
阿拉比卡	9,812.8	9,985.5	9,701.4	10,115.7	9,397.0	-7.1%
罗布斯塔	6,967.8	7,034.0	7,188.9	6,967.4	7,320.0	5.1%
消费量	16,000.7	16,673.0	16,299.8	16,486.5	17,029.8	3.3%
出口国	4,858.6	4,942.3	4,937.0	4,996.7	5,032.2	0.7%
进口国	11,142.1	11,730.7	11,362.9	11,489.8	11,997.5	4.4%
余额	779.9	346.5	590.4	596.5	-312.8	

注：① 2021 年产销季指 2021 年 10 月采收后制结束，出口销售至 2022 年 9 月的时间段。②本表内所有数字均四舍五入至小数点后一位。

（＊数据来源：ICO 2022 年 3 月全球供需余额报告）

关于 2022 年 3 月 ICO 的研究报告，巴西 2021 年连遭两大天灾而拉低全球咖啡供应量并不令人惊讶，最大亮点是 2021—2022 年世界咖啡消费量增长 3.3%，因而出现十多年来罕见的咖啡供小于求，这可能跟欧美逐渐步出疫情困境、报复性消费有关。

豆价波动的解药

谷贱伤农，米贵伤民，咖啡价格问题基本上是供需问题。产量剧增，超出需求，豆价下跌苦了咖农；产量锐减，供不应求，豆价扬升，乐了咖农，苦了消费大众。然而，若豆价长期跌破多数咖农的成本价 1.2 美元／磅，会迫使竞争力较弱的产地放弃咖啡，改种其他作物，如坐视不管任其恶化，咖啡产量终将集中在少数几个竞争力超强的产地，致使产地多样性消失，地域之味与质量朝向单一化发展，产地不再缤纷多彩，这绝非精品咖啡界所乐见的。

各消费地与产地，能否依据生豆质量与成本，定出一个合理价格带，让咖农乐于可持续经营下去且消费者又愿意买单？这是个复杂又迫切的议题，数十年来仍无解法，但有几个方向可供思考。

弃商业豆，改种高档精品豆？

既然多年来商业级生豆供过于求，C Market 跌破咖农生产成本，那为何不全力生产价格无上限、杯测 86 分以上的高档精品豆，脱离商业豆的泥淖呢？这是个不切实际的想法，因为竞赛版高档精品豆制程繁复、成本高、产量极稀，不超过各国生豆产量的 0.03%！

国际咖啡价格分为期货价、现货价与拍卖价三大系统，期货市场的商业级生豆质量普通，价位最低，却是各大烘焙厂配方豆必备的基本原料，诸如哥伦比亚特级（Colombian Supremo）、危地马拉的高山咖啡（Guatemala SHB）、巴西山度士（Brazil Santos）等，皆属此等级，产地将商业级生豆混合在一起，麻布袋上不会标明生产的庄园名称。

另一个比商业级高一等的，是主打公平贸易、可持续生产、环境友善等国际认证的咖啡，以及未通过期货市场，直接到产地猎豆与咖农交涉买豆事宜的咖啡。这类生豆品质较佳，多半是 80—84 分的精品级，标有生产履历，每磅价格会参考 C Market 盘价，再往上溢价某个百分比，或每磅再多加 5 美分至 2 美元不等，视质量、产量与双方议价情况而定。

以星巴克为例，各庄园的生产方式如果取得星巴克"咖啡与种植者公平规范"的认证，诸如劳工雇佣、水土保持、质量等要项符合规范，星巴克将以每磅生豆高于 C Market 30 美分的溢价采购。另外，2011 年以来，公平贸易采购危地马拉咖啡的最低价格为 1.6 美元 / 磅，均高于 C Market。

再来看看哥伦比亚知名的精品豆贸易兼猎豆公司 Caravela Coffee 的做法。咖农送来的带壳豆经脱壳、烘焙与杯测，分数在 83 分以上，溢价 C Market 50 美分以上收购，杯测分数愈高，采购价就愈高；83 分以下则不予收购。一般而言，该公司向咖农收购的价格会比期货价高出 2—3 倍，让苦心栽种精品豆的农民获得应得利润。

然而，像 Caravela Coffee 这类咖农友善型的公司毕竟不多。C Market 如果长期跌破 1 美元 / 磅，一般精品豆的价格也会因溢价基准被拉低，从而压缩咖农利润，甚至咖农赔钱亦有可能。最有保障的是竞赛优胜豆的拍卖会，它不受期货价波动的影响，竞标价无上限。

高档精品豆的价格如同绝缘体，不但未受 C Market 影响，还迭创新高。2018 年哥斯达黎加 CoE 42 支优胜豆在线竞标，夺冠的蜜处理瑰夏以 300.09 美元 / 磅成交。此纪录截至 2021 年还未被 CoE 各国赛豆的成交价打破。该年入榜的哥斯达黎加前 36 名优胜豆拍卖加权平均价为 21.69 美元 / 磅，创下 CoE 1999—2019 年的最高价。

2020 年 6 月埃塞俄比亚首届 CoE，冠军西达马日晒豆在线拍卖价 185.1 美元 / 磅虽未创下 CoE 最高价，但前 28 名竞标豆的加权平均价 28 美元 / 磅，以及拍卖总金额 1,348,690 美元，双双创下 CoE 历史新高纪录。

BOP 瑰夏组优胜豆的在线竞标更是高价迭出，从 2004 年翡翠庄园瑰夏初吐芬芳创下的 21 美元 / 磅，到 2019 年艾利达庄园（Elida Estate）的厌氧慢干日晒（Natural Anaerobic Slow Dry，简称 Natura ASD）瑰夏每磅飙至 1,029 美元，到 2020 年索菲亚庄园的水洗瑰夏每磅 1,300.5 美元，再创新高。相较于一般商业豆频频跌破每磅 1 美元，高档精品豆与一般商业豆的价差可逾千百倍。

一般大宗商业咖啡豆喝不出区别，辨识度不高，哪一国生产并无差异。然而，CoE 与 BOP 竞赛豆有着打破陈规的销售模式。经过初赛、复赛并在决赛胜出、荣登在线竞标的优胜豆，其杯测分数至少 86 分，干净度、酸甜震、花果韵、丰厚度、咖啡体[1]与甜感鲜明悦口，不同于一般呆板、平淡、苦口的商业豆。竞标豆物以稀为贵，很容易吸引大批买家参与竞标，再贵也有人买单。

然而，高阶精品咖啡千挑万选的制程极为费工。我细算过，2020年首届埃塞俄比亚 CoE 标售的前 28 名 86 分以上的优胜豆总共只有 22 吨，约占埃塞俄比亚 2019—2020 年总产量的 0.005%；而 2018 年哥斯达黎加 86 分以上的 CoE 竞标优胜豆总共才 12.6 吨，约占总产量的 0.013%。可以这么说，杯测 86 分以上，精心栽种、后制与筛选的竞赛版精品豆，产量不超过各产地总产量的 0.03%，是万中选一为比赛而产的，无法大规模生产。

重点是高阶精品豆的产制成本远高于商业豆，且产量极少，因此行情低迷时庄园所卖出的中阶与高阶精品豆赚到的钱往往不足以弥补产量最大的商业豆的亏损。去商业化、提高一般精品豆占比以拉高收益是个方向，但不计成本全力生产 86 分以上的高阶精品豆并不实际。提高商业豆、一般精品豆的质量以及庄园知名度，以增加农场交货的议价空间，是个不错的方向。

精算各产地成本，避免穷者更穷

这两年 ICO 与咖啡产业人士频频会商，检讨现行商业豆定价与销售模式对咖农是否公平。虽然 CoE 与 BOP 模式确实可为咖农创造可观的利润与无价的商誉，但只有极少人得利，大部分咖农的收益仍与 C Market 盘价成正比。虽然期货市场为商业豆的价格定了标准与方法，但期货买空卖空，投机性高，跌破咖农的生产成本，也得认赔卖豆，这对产业链上弱势的咖农是个难以可持续经营的定价机制。

生产一磅咖啡的成本是多少，很多咖农还搞不清楚。咖啡产地的可持续性始于了解生产成本与影响成本的诸多变因，掌握这一切，可持续生产才有可能性！

近年不少专家提出新主张，聘请精算师，评估固定与变动成本，算出各产国、各产区新产季的生产成本，定出各产区每磅的下限价，一旦期货价跌破各

1　即咖啡的 body，指咖啡的醇厚度。——编者注

产区的下限价，仍以下限价成交，以保障咖农的基本收益与产地的多样性与可持续性。

由于各产区成本结构不同，精算咖农的生产成本极为复杂。ICO 几年前已着手精算 2015—2016 年产季哥伦比亚、洪都拉斯、哥斯达黎加商业豆的成本价。结论如下：

哥伦比亚农场交货价如果达到 1.65 美元／磅，75% 咖农可打平生产成本；
洪都拉斯农场交货价如果达到 0.93 美元／磅，75% 咖农可打平生产成本；
哥斯达黎加农场交货价如果达到 1.43 美元／磅，75% 咖农可打平生产成本。

然而，该产季这三国的实际农场交货平均价如下：

哥伦比亚 1.19 美元／磅；
洪都拉斯 0.88 美元／磅；
哥斯达黎加 1.25 美元／磅。

数字会说话，这三个拉丁美洲重要咖啡产国在 2015—2016 年产季的农场交货平均价无法让 75% 的咖农获利，这表示大多数咖农是赔本卖豆。

另外，2019 年哥伦比亚的 Caravela Coffee 为哥伦比亚、厄瓜多尔、秘鲁、危地马拉、尼加拉瓜、萨尔瓦多等六国的小农，设定了"拥有 3 公顷咖啡田，每公顷植株 4,500— 5,500 棵，每公顷年产 25—30 袋 60 千克每袋的带壳豆，每年有 15% 田地休耕"的栽种条件，依据行政管理费、采收劳工费、专职劳工费、肥料农药费、设施费、水电费、休耕费、货币升值或贬值等要项，精算出这六国 2019 年生产一磅带壳豆的成本，对照该年期货市场每磅价格，发现只有尼加拉瓜有可能获利，其余五国的小农都是赔本卖豆（请参见表 7–2 与利润率的演算）。

2019 年，C Market 徘徊在 91.85—129.7 美分／磅区间，由于豆价每日在变，我们姑且以均价 110 美分／磅作为售价，方便计算利润率。

表 7-2　2019 年中南美六国每磅带壳豆生产成本

单位：美元／磅

国家 费用	哥伦比亚	厄瓜多尔	尼加拉瓜	秘鲁	危地马拉	萨尔瓦多
行政管理费	0.42	0.7	0.24	0.41	0.51	0.44
采收劳工费	0.43	0.65	0.31	0.50	0.41	0.40
专职劳工费	0.07	0.16	0.11	0.11	0.17	0.02
肥料农药费	0.20	0.32	0.20	0.21	0.22	0.28
设施费	0.06	0.06	0.18	0.03	0.06	0.08
休耕费	0.01	0.02	0.02	0.02	0.03	0.06
总和	1.19	1.91	1.06	1.28	1.40	1.28

（＊数据来源：Caravela Coffee）

利润率 ＝[（销售收入－生产成本）÷ 生产成本]×100%

销售收入 110 美分／磅

哥伦比亚生产成本 119 美分／磅

厄瓜多尔生产成本 191 美分／磅

尼加拉瓜生产成本 106 美分／磅

秘鲁生产成本 128 美分／磅

危地马拉生产成本 140 美分／磅

萨尔瓦多生产成本 128 美分／磅

哥伦比亚利润率 ＝[（110-119）÷ 119]×100%＝-7.56%

厄瓜多尔利润率 ＝[（110-191）÷ 191]×100%＝-42.41%

尼加拉瓜利润率 ＝[（110-106）÷ 106]×100%＝3.77%

秘鲁利润率 ＝[（110-128）÷ 128]×100%＝-14.06%

危地马拉利润率 ＝[（110-140）÷ 140]×100%＝-21.43%

萨尔瓦多利润率 ＝[（110-128）÷ 128]×100%＝-14.06%

如果每磅生豆的生产成本高于售价，所算出的利润率为负，就表示赔钱卖豆，以上六国只有尼加拉瓜的利润率为正，因为尼加拉瓜的行政管理费与专职劳工费较低。

虽然尼加拉瓜的利润率 3.77%，并不赔本，但 Caravela Coffee 的研究指出，小农的利润率至少要达 30% 才有余裕支付养家的基本开销，诸如子女教育费、健康保障费和足够的食物开销；如果利润率低于 30%，咖啡种植业很难可持续经营下去。

至于农场交货的中阶精品豆，情况也好不到哪儿去，如前所述，2011 年以来公平贸易给付危地马拉生豆价为 1.6 美元／磅，但这是支付给危地马拉的出口公司的，咖农实际上只拿到 1.2 美元／磅。危地马拉全国咖啡协会（ANACAFÉ）精算出的危地马拉咖农平均每磅生豆 1.93 美元的成本，也比 Caravela Coffee 算出的 1.4 美元高出 53 美分，这是因为 Caravela Coffee 采样标准较窄，仅以拥有 3 公顷咖啡田的条件来算，而 ANACAFÉ 则将 3 公顷以下的小农也算进去，耕地愈小成本就愈高。

另外，危地马拉庄园通过星巴克"咖啡与种植者公平规范"认证，星巴克每磅以高于 C Market 盘价 30 美分收购，但豆价多年来低回于 100 美分上下，即使星巴克每磅以 1.3 美元采购，仍低于 Caravela Coffee 以及 ANACAFÉ 精算出的危地马拉小农生产成本 1.4 美元／磅和 1.93 美元／磅，这表示星巴克与公平贸易为德不卒，危地马拉咖农仍然赔本卖豆。

显然数十年来，商业豆和中阶精品豆依据 C Market 来定价或溢价，无法解决咖啡农的生计问题，已动摇咖啡产业健康发展的根基，"瘦"了上游出口国，却"肥"了下游进口国。豆价步入空头，如何为各产地精算成本，并制定高于生产成本的下限价？改革 C Market 不合理的定价方式确实迫切，能否顺利推行目前还有待回答，但此一新趋势，消费地有必要了解。

请巨人掏腰包？成立全球咖啡基金

2016—2020 年，各项生产成本皆涨，肥料价格涨逾 20%，但豆价却持续低迷，这表示赚到钱的咖农并不多。ICO 研究报告指出，2019 年哥伦比亚高达 53%、洪都拉斯和哥斯达黎加 25% 的咖农出现亏损。然而，产业链末端的咖啡烘焙厂、咖啡馆和各大零售渠道却勃发兴旺。咖啡龙头雀巢这几年为咖啡农捐输不少，但要彻底解决低豆价问题，光靠雀巢是不够的。

美国哥伦比亚大学地球研究所经济学家杰弗里·大卫·萨克斯（Jeffrey David Sachs）在 ICO 研讨会上，建议每年向雀巢、JAB、星巴克、拉瓦萨、意利咖啡、UCC 等国际咖啡企业筹募 25 亿美元，设立全球咖啡基金——这大约是全球咖啡产业一年总营收额 2,500 亿美元的 1%，并不为过——用来保持咖农可持续经营的活力，稳住产业链的上游，只有这样下游消费端才能可持续飘香。全球咖啡基金的用途包括：

1. 接济穷困咖农度过低价危机。

2. 开发可行的保险方案和救灾方案，助咖农从极端气候的损失中尽早恢复生产。

3. 改善基础设施、水资源、子女教育与健康保障。训练咖农采用科学为辅的智能农法，降低全球变暖造成的损失并增加收益。

欧美日咖企就全球咖啡基金达成高度共识，这不是施舍，而是为了产业可持续咖企必须与咖农共同承担气候变化以及低豆价风险。过去由咖农一肩扛起栽种咖啡的所有凶险的产业结构已不合时宜。

跨国合作、多重身份，新世代咖农走出活路

调控各产地产量的国际咖啡协定于 1989 年崩解后，咖啡供过于求，豆价跌多涨少，但美国咖啡馆并未因此降价回馈消费者，一杯拿铁 3 美元，咖农大约只拿到 6%—10%，即 10～30 美分，生活清苦。很多成功偷渡到美国的危地马拉咖农看到美国咖啡馆中居高不下的售价，百思不解为何豆价惨跌多年，而一杯拿铁还要 3 美元这么贵？主要原因是咖啡豆在咖啡馆的成本结构中占比非常小，远不及租金、人事和水电等开销，因此 C Market 的涨跌对咖啡馆的成本影响不算大，一杯咖啡要卖到三四美元，才能分摊逐年高涨的租金和人事等大额开支。

为了协助农友可持续经营，1997 年国际公平贸易标签组织在德国波恩成立，确保咖啡、可可、香蕉、棉花等大宗商品生产者的基本收入。咖农的生产方式、生豆质量若通过该组织认证，每磅咖啡生豆就以高于 C Market 5 美分以上的价格收购，这确实帮了不少农友。

然而，公平贸易的收购价仍以 C Market 为基准，而非咖农的生产成本，因此 C Market 如果跌破小农生产成本，小农仍可能赔本卖豆。况且咖农在加入公平贸易组织前，还需支付一系列认证规费，这笔费用大型庄园尚可支付，但对小农则是一笔大开销，致使小农无法进入公平贸易系统。

近十年来，愈来愈多的咖农摆脱 C Market 和公平贸易系统的框架，自力救济，成功创造价值与利润。印度尼西亚、越南、泰国、埃塞俄比亚、哥伦比亚、危地马拉和肯尼亚的咖啡园附近、都市区或观光胜地，都出现了新型咖啡馆或连锁店，咖农身兼烘豆师、咖啡师、后制师、寻豆师、杯测师多重身份，堪称"五师一体"，直接面对消费市场。这些新型咖啡馆或连锁店多半采取前店后厂一条龙作业的经营方式，咖啡鲜果采收后，送进门店后端的厂房进行后制与烘焙，并在前店的咖啡馆贩卖，价格是期货或公平贸易价的 4—5 倍以上；或在庄园内先处理好自家的咖啡果，将各种发酵法的生豆送到自营咖啡馆烘焙，利润数倍于将咖啡果卖给盘商。

新生代咖农热衷吸收新知，并考取各项咖啡技能证照，与欧美精品咖啡时尚接轨。这批"五师一体"的新生代咖农，将自家咖啡豆视为新鲜蔬果而非耐久、无辨识度的大宗商品，摆脱了期货市场的束缚，创造了可观的价值。

中南美产地的咖农和埃塞俄比亚咖农甚至携手合作直接抢攻美国消费市场，以排除中间商的剥削获取更高的利润。他们在美国开咖啡馆和烘焙厂，生豆由产地直送，自己的利润自己赚，2006 年开业的 Pachamama Coffee 是个典范，在加州开了 3 家咖啡馆和 1 座烘焙厂，咖农身兼股东和经营者，向消费者讲述产地故事，利润由咖农共同分享，不必再看期货市场脸色。

小而美的台湾模式

台湾咖啡种在北纬 22°—25° 的山坡地，是世界少有的高纬度海岛豆，根据嘉义农业试验分所资料，2018、2019 年台湾地区咖啡产量分别为 1,018.52 吨与 1,011.897 吨，连续两年突破 1,000 吨大关，已比日占高峰期增加 10 倍。但相较其他咖啡产地，台湾咖啡豆产量仍很低，甚至不及云南咖啡产量的 1/130，而台湾咖啡豆生产成本高出中南美产地 5 倍以上。然而，宝岛咖啡自产自销，主攻内销市场，未涉足凶险多多的外销市场，因此不受制于 C Market 的波动，多年来台湾咖农不曾上街抗议豆价太低，羡煞许多咖农。台湾咖啡豆每千克行情多年来维持在 1,000—3,000 元新台币 / 千克，如果是瑰夏品种，每千克售价高到 3,500—5,000 元新台币，台湾是全球少数能够自外于 C Market 震荡的幸福产地。

据 ICO 统计各国和地区生豆进口量，中国台湾地区 2020—2021 年产季进口了 43,500 吨生豆，光是生豆的人均消费量已达 1.89 千克了，这还不包括进口的熟豆、咖啡粉和浓缩液的消费量。记得 5 年前中国台湾地区的咖啡人均消费量才 1.3—1.5 千克，5 年来又增长不少。相较美国与日本的咖啡人均消费量 4 千克，中国台湾地区咖啡市场还有很大的成长空间。

宝岛咖啡的产量只有进口生豆量的不到 1/40，咖农百年来自我进化成长。2009 年以来，台湾咖啡豆质量大幅提升，每年一度的本地精品咖啡评鉴、阿里山庄园咖啡精英交流赛以及媒合会，提升了宝岛咖啡知名度，带动消费热潮。2014 年以来，台湾已诞生四位世界咖啡赛事冠军，堪称世界少有的咖啡乐土。

台湾各家庄园豆的成本结构不尽相同，大多数咖农的每千克成本落在 500—700 元新台币的区间，每磅熟豆价格至少在 1,000 元新台币以上，台湾赛常胜的知名庄园售价会更高。台湾咖啡价格高出其他地区数倍，过去许多消费者望而生畏，宁愿买物美价廉的进口咖啡。

但 2009 年阿里山李高明的铁比卡参加美国精品咖啡协会主办的"年度最佳咖啡"（Coty）竞赛，从全球 100 多个庄园中脱颖而出，赢得优胜榜第十一名，为宝岛豆争了口气，也"打脸"那些"媚进口"咖啡人。此后咖农更重视提升质量创造价值，尤其是新生代咖农，乐于挑战自己，考取杯测师、烘豆师、咖啡师和后制师证照，接轨国际，咖啡质量直追其他地区顶级精品豆。都会区的咖啡馆也常把台湾豆列入单品，虽然贵了点，但咖啡族接受度愈来愈高，竞赛常胜的庄园豆更是常年热销，产量有限，供不应求。

近年来台交流的国际知名咖啡人士，诸如特德·林格尔（Ted Lingle）、彼得·朱利亚诺（Peter Giuliano）、蒂姆·温德尔伯（Tim Wendelboe）[1]、苏纳利

---

1 2004 年，蒂姆赢得世界杯咖啡师大赛冠军，2005 年再夺世界杯测赛冠军荣衔，是北欧浅焙派代表人物之一。

尼·梅农（Sunalini Menon）、马里奥·费尔南德斯（Mario Fernández）等，对拥有 130 多年种咖啡历史、纬度高、海拔不高的台湾豆质量颇感惊艳，尤其是咖啡产地与都会消费区距离很近，有很大的观光、教学与消费优势，这是世界其他咖啡产地少有的优势，也为高成本的宝岛豆增加些许说服力。

2019 年 5 月，笔者发起的首届"两岸杯 30 强精品豆邀请赛"在正瀚生技风味物质研究中心盛大举行，台湾邹筑园、嵩岳咖啡园和卓武山咖啡农场的瑰夏囊括前五名，台湾咖农也见识到云南抗病、高产的杂交卡蒂姆拿到 85 分佳绩的强劲实力，堪称一场共赢共好共荣、相互学习的精彩赛事。

台湾赛常胜军——阿里山系的邹筑园、卓武山、青叶山庄、香香久溢、七彩琉璃、琥珀社、自在山林、他扶芽、鼎丰、优游吧斯玛翡，古坑乡嵩岳咖啡，南投县仁爱乡森悦高峰、国姓乡百胜村、向阳咖啡——采用将观光与咖啡教学结合起来的复合式经营方式，除了种咖啡外，也在庄园附近或市区开咖啡馆。新生代"五师一体"的台湾咖啡农愈来愈多，在此提醒都会区的咖啡专业人士和爱好者，前往庄园参观时，可别忘了向咖农多请教多学习，过去的时代一去不返矣。这 10 来年宝岛咖农困知勉行，进步神速，令人刮目相看。

但我们并不鼓励台湾咖农过度增产，理应维持小而美模式，持盈保泰，提升质量才是王道，过度开发与增产，不利水土保持，一旦产量剧增，供过于求，将坠入中南美咖农赔本卖豆的悲惨世界！

极端气候终结低豆价时代？

20 世纪 70 年代至今，50 余年来纽约阿拉比卡期货有两次涨破 300 美分，分别是 1977 年 3 月与 2011 年 4 月，主因皆与巴西产区遭到霜害或干旱侵袭有关。2021 年巴西阿拉比卡主产区米纳斯吉拉斯州 1—3 月的夏季先遭旱灾折磨，7—8 月冬季又遭反常的霜冻之灾，一个产季连遭冰火摧残，历来罕见。期货市场从 2021 年 3 月的 120 美分飙涨到 2022 年 1 月的 240 美分附近（图 7-5），一年内涨幅超过 100%，一举扭转阿拉比卡期货 2016 年 10 月以来长达 4 年多的熊市。

巴西官方的食品供应和统计机构国家商品供应公司（CONAB）对巴西 2021 年

咖啡产量的年度报告出炉，阿拉比卡共 3,142 万袋（1,885,200 吨），比 2020 年减产 35.5%；但罗豆主产区气候较稳定，产量又创新高，达到 1,629 万袋（977,400 吨），比上一季高出 13.8%，合计巴西 2021 年咖啡总产量达 4,771 万袋（2,862,600 吨），较上一季减产 24.4%。

2021 年全球咖啡价格强劲翻扬，低豆价危机暂告纾解，但极端气候的频率将随着全球变暖加剧而增加；巴西、越南、哥伦比亚、印度尼西亚、埃塞俄比亚、洪都拉斯等重要产地何时再遭厄尔尼诺或拉尼娜的极端气候肆虐，没人说得准。

咖啡树若未能提升对高低温与干旱的适应力，气候变化持续恶化下去，轻则影响咖啡质量，重则产量锐减，加上全球咖啡消费量每年平均增长 2.2%，很快就会扭转多年来咖啡供过于求的低豆价趋势。温室气体排放量持续增加，长期而言极端气候会逐年加剧，造成咖啡大幅减产，豆价大涨是迟早的事。

近 30 年来国际咖啡市场多半处于供过于求局面，咖啡期货大跌多于大涨；全球咖啡消费市场度过了 30 年物美价廉的黄金岁月，但在不久的将来，咖啡势必随着极端气候频仍而减产，并随着全球人口与消费量的持续增加而供不应求。咖啡从业人员与消费大众要有高豆价时代近在眼前的心理准备。

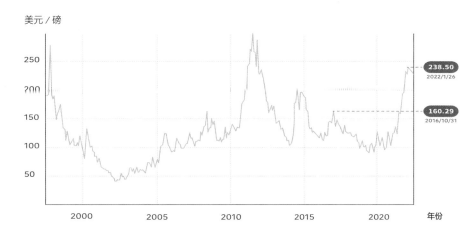

图 7-5　纽约阿拉比卡期货 25 年来走势图

注：本图为纽约阿拉比卡期货 1997 年 3 月—2022 年 1 月的走势图。豆价从 2016 年 10 月的高点盘跌达 4 年多，直至 2021 年才因巴西气候异常，连遭干旱与霜害侵袭，终结了 4 年多的空头。万一 2022、2023 两年巴西或重要咖啡产地又因气候变化而大减产，豆价有可能涨破 300 美分达历史新高。

第八章
全球变暖与产区挪移：
咖啡会消失吗？

前章提到 1990—2020 年的 30 年间，越南、巴西产量剧增，咖啡供过于求，C Market 每磅交易价格频频跌破咖啡的生产成本，咖农亏损多年，严重威胁产地多样性与可持续性。然而，更大的挑战还在后头，全球变暖持续恶化，2020—2050 年，即 30 年内气候变化将迫使咖啡产地大变动。巴西、越南将沦为气候变暖重灾区，产量锐减，由盛而衰，失去呼风唤雨能力；赤道附近的高海拔产地埃塞俄比亚、肯尼亚、卢旺达、布隆迪、哥伦比亚、厄瓜多尔、秘鲁、印度尼西亚、巴布亚新几内亚的灾情较轻，可望接棒成为阿拉比卡主要产区。非洲、亚洲、拉丁美洲、大洋洲在全球咖啡的产量占比，势必翻新重写。

切莫怀疑，改变正在发生，极端气候将重创全球咖啡产量与质量，供不应求终将成为常态。目前供过于求的情况，30 年后恐难再现，咖啡价格将翻转 1990—2020 年这 30 年来的疲软走势，趋坚喷发。未来全球咖啡的栽种地点与产量势必生变。沧海桑田，今日的赢家未来可能变输家，今日的输家未来可望成赢家。然而，如果咖啡产地的多样性与可持续性因气候变化而发生不可逆的变化，任何一个产地走衰或陨落，大家都是输家。所幸各产地已未雨绸缪，研究各项减灾与调适措施，以期减少天灾带来的损害。

温室效应、全球变暖与气候变化

　　在论述气候变化如何驱动阿拉比卡产地大变动之前，先解释温室效应、全球变暖、气候变化 3 个名词。温室效应是因，全球变暖与气候变化是果。温室效应是指太阳辐射的光线（热能）穿透大气层抵达地表，反射回外层空间时有部分热能被地球的温室气体二氧化碳、甲烷、一氧化氮和臭氧等困住，不易散失到大气层之外，地球因而产生加温的效应。好处是地球的气温因此不致太冷，有利万物繁衍，但如果工业或农业排放的二氧化碳等温室气体过多，困住太多的太阳热能，使得洋流和大气环流的平均温度逐年上升，就会引发气候变化，不利于动植物正常生长。换言之，先有温室效应造成全球变暖，进而引动气候变化。

　　工业革命后，地球的二氧化碳浓度至今已增加 40% 左右，目前至少是 80 万年来二氧化碳浓度最高的时候。世界气象组织指出，目前世界平均温度的对比是以 1850—1900 的年均温为基准，因为人类在这段时间才开始有可靠的设备来记录全球温度。世界气象组织的报告指出，2009—2018 年的 10 年间，全球平均温度较之 1850—1900 年上升 0.93℃，直逼警戒的 1.5℃（请参见图 8-1）。1950 年以后，地球年平均温度升高趋势更为明显，上升了 1℃ 左右，且情况持续恶化；2020 年 3 月地球表面与海平面的平均温度为 13.86℃，已比 20 世纪的平均温度 12.7℃ 高出 1.16℃。

　　世界愈来愈热，1950 年以前地球气温多半维持在平均温度以下，但 1950 年后频频高于平均温度，2000 年后增幅变大，已快升到平均温度以上 1.5℃ 的警戒温度。

　　另外，美国国家航空航天局（NASA）研究全球气候变化的戈达德太空研究所（the Goddard Institute for Space Studies，简称 GISS）指出，1951—1980 年地球表面平均温度为 14℃，而 2017 年地球表面平均温度升高到 14.9℃，增加了 0.9℃，渐进式的升温仍在持续。

　　联合国下属的政府间气候变化专门委员会（Intergovernmental Panel on Climate Change，简称 IPCC）根据对全球气候模式的推演，于 2014 年提出的研究报告指出，如果各国能及时执行减灾措施，严格管控废气排放量，21 世纪末地球表面平均温度可能再升高 0.3℃—1.7℃，有可能控制在 1.5℃ 的危险升幅内；如果

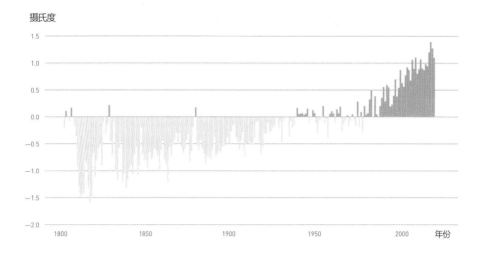

摄氏度

图 8-1 地球平均温度增幅变化

（＊数据来源：加利福尼亚大学伯克利分校）

坐视不管，21 世纪最坏情况下平均温度会上升 2.6℃—4.8℃，进而酿成不可测的巨灾。IPCC 预估，照目前的变暖趋势，到了 2050 年全球谷物将减产 10%—20%。此报告受到各国专家和研究机构普遍认同。

中国和美国的温室气体排放量高占全球 40%，然而美国前总统特朗普不相信全球变暖的事实及后果，拒绝配合废气排放量的管制，21 世纪结束以前，全球平均温度上升幅度很可能突破 1.5℃的红线，带来巨灾。

高温伤害咖啡

阿拉比卡是在埃塞俄比亚西南部，北纬 4°—9°、海拔 1,600—2,800 米，有林木遮阴的凉爽高地演化而成的。这片广袤森林的四季温度变化不大，年平均温度 18℃—22℃，年降雨量 1,600—2,000 毫米，每年冬季有个长达 2—4 个月的干季，且干季每月降雨量不到 40 毫米，干季过后春雨接踵而至，先干后湿的降雨模式有助于阿拉比卡花苞的成长与产果量的增加。阿拉比卡的物候（发芽、开花与结果等生理周期与季节气候的关系）千万年来在这块乐土上演化而成，因此相较于其他作物，阿拉比卡对高温和干湿季的节奏极为敏感，尤其在花期与果实成熟期。近 20 年来，非洲、亚洲和拉丁美洲的咖农经常抱怨干季和雨季乱了套，不是太长就是太短，要不就是没有干湿季之别，年平均温度上升，致使花期、果熟期零星散乱，落果严重。气候变化对咖啡物候的影响，有逐年恶化的趋势。

诸多科学文献对于适合阿拉比卡正常生长的温度论述有点出入。巴西坎皮纳斯农学研究所认为年平均温度超过 23℃将妨碍咖啡果子的正常发育与成熟，如果长时间暴露在 30℃高温环境，将抑制咖啡生长并造成枯黄叶或落叶。另外，联合国粮食及农业组织运用生态作物模型（Ecocrop Model）以不同变量探究阿拉比卡对温度的适应性，得到的结论是适合阿拉比卡生长的最理想温度在 14℃—28℃之间，极限温度为 10℃—30℃。而缺水也会影响阿拉比卡的生理活性，造成光合作用降低。高温对阿拉比卡的伤害大于干燥或缺水，最怕的是高温与干旱一起来袭，这正是目前各咖啡产地最大的挑战。

适者生存，赖比瑞卡表现佳

AIC 与 FAO 这两个机构的共识是，30℃是阿拉比卡正常生长的高温极限。这与我的田间体验颇为吻合。

记得 2019 年 3 月南投正瀚生技园区从百胜村和古坑移植 80 株阿拉比卡，包括瑰夏、铁比卡、红黄波旁、紫叶、SL34、卡杜拉、帕卡斯、薇拉莎奇，以及 3 株罗布斯塘和 4 株赖比瑞卡，移入后的头儿月树况甚好，但到了七八月酷暑，日温可达 35℃以上，园区海拔只有 10 米，而遮阴树移入时枝叶被修剪掉，无法发挥遮阳降温作用，园内阿拉比卡在南投平地的高温烘烤下，树势快速转衰，枯黄叶与落叶愈来愈多，即使补水保持土壤潮湿也无用，直到冬季降温，研究员补以生长调节剂，调整土质，夏天遮阴树的枝叶长妥，咖啡树势才逐渐好转。阿拉比卡在无遮阴的平地长时间暴露在 30℃以上的高温中会被抑制生长，花苞量减少，易产生枯黄叶或因茎部染菌而长瘤，即使驯化后逐渐习惯高温环境，结出的种子也会比高海拔地区生长的植株瘦小，且豆子的密度与重量偏低，风味平淡低酸，有不讨人喜欢的土腥和木质味。高温与闷热确实很伤害阿拉比卡的树势与咖啡豆的风味。

令人不解的是,园区内强壮的罗布斯塔也因持续 35℃ 左右高温而出现枯黄叶或落叶,跟阿拉比卡的树势同步转衰,颠覆我过去对罗布斯塔耐晒不怕高温的认知。有趣的是,赖比瑞卡表现最佳,挺过艳阳与高温的煎熬,树势明显优于阿拉比卡与罗布斯塔。此后我开始对罗布斯塔抗高温的能耐产生疑虑了。

海南岛也有类似情况,早先种植强悍的罗布斯塔、赖比瑞卡,近十多年又从云南引进带有罗布斯塔基因的卡蒂姆(罗布斯塔与阿拉比卡杂交),但海南岛近几年高温异常,卡蒂姆枯萎情况严重,已遭弃种了。我记得 2015 年参访海南岛福山镇的罗布斯塔咖啡园,正逢 6 月酷暑,中午温度高达 39℃,难怪咖啡园内只看得到赖比瑞卡和罗布斯塔,已不见阿拉比卡或卡蒂姆芳踪,这是适者生存的残酷结果。但海南岛的罗豆产量不高,年产量约 500 吨,还不够海南岛的自身需求,种在白沙陨石坑海拔 600 米的罗豆质量极优,不输印度尼西亚与巴西的精品罗豆。海南岛罗豆的单位产量偏低,可能跟高温有关。

罗布斯塔也怕高温

罗布斯塔原产于非洲赤道附近低地,即在刚果盆地以及乌干达维多利亚湖周边低地进行演化,最适合在平地至海拔 800 米以下、年降雨量 2,000—2,500 毫米、年平均温度 22℃—26℃ 的环境生长。罗布斯塔的根系相对较浅,需水较多,因此四季雨量的分布必须更为平均,且对低温的耐受度不如阿拉比卡。

其实,罗布斯塔并不如一般认知的那么强悍耐高温。业界数十年来认为罗豆最理想的生长温度为 22℃—30℃,这是根据刚果盆地的气温状况预估的,并无科学实证。

哥伦比亚知名的国际热带农业研究中心(Centro Internacional de Agricultura Tropical,简称 CIAT)、澳大利亚南昆士兰大学(University Of Southern Queensland)以及瑞士咖啡、可可、棉花贸易巨擘 ECOM 联手,在越南和印度尼西亚对 798 座罗布斯塔咖啡园就气温、降雨量与产量耗时 10 年的研究报告于 2020 年 3 月公布,一举推翻罗豆耐高温的神话,并将罗豆最理想的生长年平均温度下修到

20.5℃，也就是介于最低平均温度 16.2℃与最高年均温度 24.1℃之间。该研究发现，相较于种在年平均温度 20.5℃的环境，如果年平均温度升到 25.1℃，产果量会减少 50%！

该研究报告《不够强健：罗布斯塔产量对温度极敏感》（Not So Robust: Robusta Coffee Production is Highly Sensitive to Temperature）指出，罗豆最理想的年平均温度为 20.5℃，这比过去公认的最适宜温度 22℃—30℃低了 1.5℃—9.5℃；研究数据显示，年平均温如果比 20.5℃高出 1℃，罗豆的产量会减少 14%，这等同于每公顷少收 350—460 千克罗豆。过去业界显然高估了罗布斯塔对高温的耐受性。全球变暖日趋严重，罗豆可望取代阿拉比卡的假设是站不住脚的！

而联合国粮食及农业组织的生态作物模型也为罗布斯塔定出 20℃—30℃的理想温度，12℃—36℃的极限温度。综合 AIC、CIAT 与联合国粮食及农业组织的研究（请参见表 8-1）不难发现，罗布斯塔并不如一般认知的那么健壮，高温耐受性可能稍优于阿拉比卡，但对低温的耐受度不如阿拉比卡。在极端气候频仍、冷热异常的今日，罗布斯塔未必比阿拉比卡更具优势。

表 8-1　阿拉比卡与罗布斯塔的生长适宜温度表

	理想温度	极限温度	精品咖啡理想温度
阿拉比卡	14℃—28℃	10℃—30℃	18℃—22℃
罗布斯塔	10℃—24℃	12℃—36℃	20℃—26℃

（＊数据来源：CIAT、ECOM、FAO、南昆士兰大学）

2050 年会是阿拉比卡的大限吗？

目前咖啡产业仰赖的两大咖啡物种——阿拉比卡与罗布斯塔，均对高温极为敏感，不幸的是，未来 30 年全球高温干旱情况更为恶化，各大咖啡企业忧心忡忡。2017 年世界咖啡研究组织以及 CIAT 的研究报告指出，南北回归线之间的咖啡地带，到 2050 年将有高达 79% 的产地最热月份的平均温度会高达 30℃，另有 54% 的产地最热月份的平均温度将会超过 32℃，如此高温的环境将无法种出优质阿拉比卡（请参见表 8-2）。

表 8-2　面临反常高温与干燥影响的咖啡产区百分比

年份	2000—2017	2050
最热月份平均温度超过 30℃的产区	25%	79%
最热月份平均温度超过 32℃的产区	0%	54%
面临 5 个月干旱的产区	0%	18%

（＊数据来源：WCR、CIAT）

阿拉比卡对于气候极为敏感，最适合孕育精品咖啡的年平均温度为 18℃—22℃ 这一狭窄区间。然而，各产地最热月份的平均温度逐年升高，半数产地到了 2050 年，将不再适合精品咖啡种植业。研究指出，阿拉比卡理想的白天平均最高温度区间为 25℃—27℃，夜晚理想的平均最低温度区间为 12℃—14℃。但全球变暖，各产地白天经常出现极端的 32℃—38℃高温区间，如果土壤水分不足，阿拉比卡在异常高温下，只消数十小时即可能枯萎或夭折，即使残活下来，咖啡质量也不会好。年降雨量如果低于 1,200 毫米，必须有灌溉系统维生，最近 10 来年巴西和越南是靠灌溉设施硬撑起的产量，但偏偏水情一年比一年吃紧，令人忧心不已。

根据 2018 年 WCR 提出的气候变化对各产地咖啡田影响的报告，以及 ICO 2018—2019 年产季各产地咖啡产量数据，可归纳出巴西、越南、印度、洪都拉斯、尼加拉瓜、乌干达、萨尔瓦多和老挝合计咖啡产量高占全球 67.4%，令人忧心的是上述 8 国到了 2050 年，将因全球变暖而丧失 48%—73% 的咖啡田，沦为重灾区；而哥伦比亚、印度尼西亚、埃塞俄比亚、危地马拉、秘鲁和肯尼亚 6 国合计咖啡产量占全球 23.54%，届时也会因气候变化而损失 8%—39% 的咖啡田，灾情较轻（请参见表 8-3）。

10 年前已有国际科研机构以 21 种"大气环流模式"（GCM）以及"最大熵"（MaxEnt）物种分布软件对全球咖啡种植地适宜度进行分析。根据 2015 年

表 8-3　预估 2050 年主要产地因高温少雨丧失咖啡田的百分比

2018—2019 年产季 产地咖啡产量的全球占比		2050 年 预估咖啡田丧失比例
赞比亚	0.01%	85%
喀麦隆	0.16%	82%
萨尔瓦多	0.4%	73%
乌干达	2.75%	68%
尼加拉瓜	1.47%	64%
印度	3.1%	62%
巴西	36.81%	60%
古巴	0.07%	60%
洪都拉斯	4.2%	57%
老挝	0.3%	50%
越南	18.23%	48%
玻利维亚	0.05%	43%
印度尼西亚	5.5%	39%
哥斯达黎加	0.83%	38%
危地马拉	2.3%	30%
布隆迪	0.1%	20%
肯尼亚	0.5%	27%
厄瓜多尔	0.4%	27%
哥伦比亚	8.1%	23%
卢旺达	0.2%	23%
埃塞俄比亚	4.5%	22%
巴布亚新几内亚	0.5%	18%
秘鲁	2.5%	8%

（＊数据来源：① ICO 2018—2019 年产季统计表；② 2017 年 WCR ANNUAL REPORT）

发表的《气候变化对全球主要阿拉比卡产地适宜性的变动预估》(Projected Shifts in *Coffea arabica* Suitability among Major Global Producing Regions Due to Climate Change），如以悲观情境预估，全球有三分之一的产区到了 2050 年将丧失 40% 的气候适宜性，接近半数的产区将丧失 20%—40% 的气候适宜性，中低海拔产地将是主要受灾区。如以一般情境来预估，四分之一的产区到了 2050 年的气候适宜性将维持不变，但 27% 的产地将丧失 10%—20% 的适宜性，而 37% 的产地将丧失 20%—40% 的适宜性。如做最乐观的估计，目前 52% 的产地气候适宜性不变，但 34% 的产地将丧失 10%—40% 的适宜性，另有 6% 的高海拔产地将因升温而增加了适宜性。2050 年是悲观或乐观？全凭全球年平均温度的升幅以及咖啡田的地理位置而定。

气候变化下，全球没有真正赢家

温室气体造成全球变暖，进而影响气候的稳定，国际农业和生物科学中心（Centre for Agriculture and Biosciences International，简称 CABI）的彼得·帕克博士（Dr. Peter Paker）指出，如果 21 世纪末全球年平均温度升高 3℃，预估海拔较低的地区每年平均要将咖啡田往高处迁移 15 英尺（4.572 米），届时才可能种出质量不差的阿拉比卡。换言之，21 世纪初海拔 1,200 米的咖啡田，到 21 世纪末必须搬移到 1,700 米处，这还是较乐观的预测。这表示未来适合种咖啡的地点愈来愈稀有，作物间可耕地的争夺战将更为激烈！

不论阿拉比卡还是罗布斯塔都会受到气候变化的影响。年平均温度上升数十年后，某些咖啡田的适宜性将降低，甚至失去昔日的可耕性；且果小蠹、叶锈病、潜叶虫、炭疽病疫情都会随着升温而加剧；咖啡果子也因高温加速成熟，咖啡豆的密度与质量降低。要种出精品咖啡的难度与成本势必大增，严重影响咖啡产业链与你我喝咖啡的嗜好。

几乎没有一个产地能躲过全球变暖引发的高温、干旱、雨量脱序、病虫害，以及咖啡产量与质量下滑的冲击，未来相对惨赢的将是丧失咖啡田较少的产地，可耕咖啡田丧失 30% 以下的国家诸如秘鲁、巴布亚新几内亚、埃塞俄比亚、卢旺达、哥伦比亚、厄瓜多尔、肯尼亚与布隆迪（表 8–3），相对而言未来可能是"赢家"。而世界第一和第二大咖啡产国巴西、越南，合占全球 55.04% 产量，约 30 年后将因气候变化而失去目前呼风唤雨、左右咖啡价格的能力，兹事体大。

其实早在 10 年前，巴西、哥伦比亚、埃塞俄比亚、洪都拉斯、危地马拉、哥斯达黎加等重要产地已未雨绸缪，联合英、美、德的科研机构进行气候变化对咖啡产地影响的预估与减灾研究，初步结果陆续公布：基本上离赤道愈近，雨量充沛且保有较多高海拔山林的产地应变能力较强；但纬度较高且雨量和高海拔农地较少的产地，灾情较重。很不幸巴西与越南均属于后者灾情严重的产地。中美洲因台风频率大增，以及旱季延长，灾情不轻，预估损失的可耕咖啡田在 30% 以上。

各产地面对难以逆转的气候变化，如何调适与减灾成为重要课题。过去数十年来巴西与越南为了提高产量，采用无遮阴的全日照种植法，未来为了减灾有必要改采传统的遮阴栽种，产量会因此降低，却可为咖啡田降温、降低病虫害发生概率、提高土壤养分与保湿、保护水土资源与生态环境。专家也建议在叶片上施以石灰喷雾来反射太阳的热能，为叶片降温以免灼伤。另外，培育耐旱、抗病、高产又美味的 F1，协助全球咖农应对气候变暖危机，更是当务之急。

咖啡产地与产区将随着全球变暖加剧而调整，甚至大幅变动，未来 30 年，传统咖啡产地或玩家耳熟能详的传统产区恐将消失。各产地为了避祸并挽救咖啡产业，已着手开发新产区，数十年后的咖啡产地将不同于今日的阵容，改变正在发生！

尼加拉瓜染上锈病的咖啡叶背面满布橘黄色真菌。
（Viola Hofmann 摄影，图片来源：shutterstock）

第九章

变动中的咖啡产地
——非洲

咖啡属旗下 130 个物种中最具商业价值的三大咖啡种阿拉比卡、

罗布斯塔与赖比瑞卡，均发源于非洲。

阿拉比卡原生于东非埃塞俄比亚西南部高地；

罗布斯塔原产于中非刚果、乌干达；赖比瑞卡源于西非。

15—18 世纪，也门垄断全球阿拉比卡贸易，

但 1800 年以后，阿拉比卡麾下两大主干品种铁比卡与波旁被

移植到新世界的印度、印度尼西亚、加勒比海诸岛与拉丁美洲后，

产量剧增，价格低廉，打破非洲独卖局面。

虽然今日非洲咖啡产量只占全球的 12% 左右，

远不如拉丁美洲和亚洲，但非洲是咖啡原生地，

咖啡基因的多样性、花果韵强度与酸甜震滋味，

堪称世界之最，向来是咖啡玩家魂牵梦萦的产地。

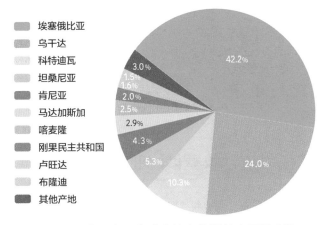

图例：
- 埃塞俄比亚
- 乌干达
- 科特迪瓦
- 坦桑尼亚
- 肯尼亚
- 马达加斯加
- 喀麦隆
- 刚果民主共和国
- 卢旺达
- 布隆迪
- 其他产地

图 9-1　非洲主要咖啡产地在非洲总产量的占比

注：图中百分比均四舍五入至小数点后一位。
（＊数据来源：根据 2011—2020 年非洲各产地 10 年平均产量核算）

埃塞俄比亚、乌干达是非洲咖啡两大主力产地，合占非洲 66.2% 的产量（请参见图 9-1）。独产古优阿拉比卡的埃塞俄比亚，产量从 1991—2000 年的 10 年平均量 178,380 吨，增长到 2011—2020 年的 10 年平均量 421,344 吨，劲扬 136.2%，是非洲咖啡产量与增长率的霸主。表面上，近 30 年埃塞俄比亚咖啡的扩产计划已开花结果，似乎未受气候变化影响，其实不然，埃塞俄比亚增产全依靠大幅增加咖啡种植面积来弥补因气候变化失去的咖啡田，才得以撑起今日亮眼的产量，传统咖啡产区因全球变暖正面临迁移与调适的压力。

肯尼亚和埃塞俄比亚是非洲精品咖啡"双星"，也是杯测师最爱的非洲味。但近 30 年来肯尼亚的产量与质量，呈巨幅下滑趋势，前景远逊于北邻的埃塞俄比亚。肯尼亚产量从 1991—2000 年的 10 年平均量 82,644 吨高峰，大跌到 2011—2020 年的 10 年平均量 47,088 吨，跌幅高达 43%。今日愈来愈不易喝到肯尼亚经典的剔透酸质、甘蔗甜香、莓果、乌梅汁与厚实余韵。咖啡价格走低、气候变化、土地开发政策变化、滥砍咖啡树等不利因素，大大折损肯尼亚咖啡的产量与风味，肯尼亚咖啡不复昔日壮容。

非洲第二大咖啡产国乌干达以罗豆为主，阿拉比卡只占四分之一，2015 年乌干达总统倡导"咖啡大跃进计划"，全力拼搏，产量计划从 20 多万吨跃增到

15 年后即 2030 年的 120 万吨，以取代埃塞俄比亚成为非洲第一大咖啡王国，此雄心壮志恐因气候变化而破灭。

气候问题已深深影响非洲各产地，为了减灾与可持续发展，传统咖啡产区的变动与调适势在必行。以下先从埃塞俄比亚谈起。

埃塞俄比亚篇

世界 60 多个咖啡产地，论地貌、品种、气候、种族、语言、拼写混乱程度、行政区变更频率、产地与行政区交错情况，以及种植系统的复杂性，埃塞俄比亚堪称全球之最。系统化介绍埃塞俄比亚产地并不容易，我们先从认识埃塞俄比亚 11 座野生咖啡林开始——若没有野生咖啡林就没有今日的阿拉比卡；接着再深谈埃塞俄比亚二十一大咖啡产地的位置与最新划分法；最后再剖析气候变化对各产地的影响——哪些产地情况不妙即将陨灭？哪些产地必须迁移与调适？埃塞俄比亚大裂谷以东的产地已开发殆尽，为了因应气候变化，开发裂谷以西产地尤其大西北的非传统产地，已是锐不可当的大势。

11 座野生咖啡林

从东北往西南斜切的埃塞俄比亚大裂谷（请参见图 9-2）是东非大裂谷的一部分，将埃塞俄比亚切割成两大板块，裂谷以西为非洲板块，裂谷以东为索马里板块。

裂谷东西两侧的气候与雨季形态截然不同。基本上，裂谷西部和西南部高地的原始森林雨量较丰沛，滋润 8 座野生咖啡林（请参见图 9-2），包括卡法生物圈保护区（Kaffa Biosphere Reserve）内的邦加森林、盖瓦塔 – 叶芭 [Gewata-Yeba，亦称波金达 – 叶芭（Boginda-Yeba）] 森林、歇卡行政区内的马夏森林（Masha，一般惯称歇卡森林）、吉马行政区内的贝列提 – 杰拉（Belete-Gera）森林、伊鲁巴柏行政区内的雅郁森林、本奇马吉行政区内的贝尔哈内 – 孔蒂尔（Berhane-kontir）森林和马吉森林。另外，最北边阿姆哈拉（Amhara）行政区

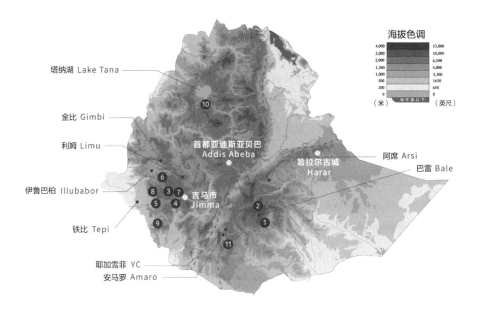

海拔色调

4,000   13,000
3,000   10,000
2,000   6,500
1,000   4,000
500   3,300
0   1650
              650
     海平面以下   0
（米）   （英尺）

塔纳湖 Lake Tana

金比 Gimbi

利姆 Limu

首都亚迪斯亚贝巴
Addis Abeba

哈拉尔古城
Harar

阿席 Arsi
巴雷 Bale

伊鲁巴柏 Illubabor

吉马市
Jimma

铁比 Tepi

耶加雪菲 YC
安马罗 Amaro

- - - 埃塞俄比亚大裂谷　　大都市

1　哈伦纳森林 Harenna
2　阿达巴－多多拉森林 Adaba-Dodola
3　波金达－叶芭森林 Boginda-Yeba（Kaffa）
4　邦加森林 Bonga（Kaffa）
5　贝尔哈内－孔蒂尔森林（歇科森林）Berhane-kontir（Sheko）

6　雅郁森林 Yayu（Illubarbor）
7　贝列提－杰拉森林 Belete-Gera
8　歇卡森林 sheka
9　马吉森林 Maji
10　塔纳湖南岸齐格半岛 Zege Peninsula
11　西古吉区的马加达森林 Magada

图 9-2　埃塞俄比亚大裂谷两侧的野生咖啡林

内埃塞俄比亚最大湖塔纳湖（Lake Tana）南边的齐格半岛森林也有零星野生咖啡，供当地修道院僧侣饮用。

埃塞俄比亚的古优阿拉比卡在西部这 8 座野生咖啡林韬光养晦与演进，基因多样性为世界之最，也奠定了埃塞俄比亚咖啡"千香万味"的底蕴。

裂谷以东的气候则较为干燥，有 3 座森林，包括巴雷行政区内的哈伦纳森林、阿达巴－多多拉（Adaba-Dodola）森林，以及西古吉（West Guji）产区的马加达野生咖啡林（图 9-2）。东部这 3 座野生咖啡林近年深受全球变暖影响，气候更为干燥少雨，危及林内的野生咖啡繁衍，这部分野生咖啡未来有可能迁往裂谷以西的咖啡林避祸。

卡法与歇卡森林，咖啡基因庞杂度世界之冠

埃塞俄比亚裂谷东西两侧共有 11 座大型野生咖啡林，近年基因鉴定结果发现，裂谷西南部的卡法生物圈保护区以及歇卡森林是埃塞俄比亚咖啡基因庞杂度最高的两大区，两地相距不远但咖啡基因形态截然不同。专家认为埃塞俄比亚的原生品种或地方品种均源自卡法与歇卡森林区，然后扩散到裂谷东南部的野生咖啡林，再经由哈拉尔古城传进也门；阿拉比卡从埃塞俄比亚西南部野生咖啡林开枝散叶到裂谷以东地区，再越过红海传播到也门、印度、印度尼西亚和拉丁美洲的轨迹极为明显。

2010—2017 年埃塞俄比亚已有 5 座森林被联合国教科文组织指定为生物圈保护区，其中 4 座与珍稀野生咖啡保育有关。生物圈保护区旨在倡导生物多样性保护与可持续利用相互调和的解决方案，是国际公认必须以科学方法支持生物多样性的区域。

1. 卡法生物圈保护区（Kaffa Biosphere Reserve）

本区特有近 5,000 个野生阿拉比卡物种，是全球阿拉比卡基因庞杂度最高的区。另外还有珍稀的象腿蕉品种（*Ensete ventricosum*）、苔麸（*Eragrostis tef*，又称埃塞俄比亚画眉草）等。区内包括邦加森林、波金达 – 叶芭森林。

保护区命名与指定日期：2010 年

面积：540,631.10 公顷

行政机关：西南州，卡法区

中心点经纬度：7° 22'14"N，36° 03'22"E

2. 雅郁咖啡森林生物圈保护区（Yayu Coffee Forest Biosphere Reserve）

本区是东非山林生物圈热点与国际重要赏鸟区，也是世界少数几个野生阿拉比卡原生地之一。

保护区命名与指定日期：2010 年

面积：167,021 公顷

行政机关：奥罗米亚州，伊鲁巴柏区

纬度：8° 0'42"N —8° 44'23"N

经度：35° 20'31"E—36° 18'20"E

3. 歇卡森林生物圈保护区（Sheka Forest Biosphere Reserve）

位于卡法森林西侧，但野生咖啡的基因形态完全不同，与卡法并列为阿拉比卡基因多样性最高的两大热点区。本区独有的植物达 55 种、鸟禽 10 种，另有 38 种花草濒临灭绝。

· 保护区命名与指定日期：2012 年

面积：238,750 公顷

行政机关：西南州，歇卡区

纬度：7° 6'24"N —7° 53'14"N

经度：35° 5'48"E —35° 44'11"E

4. 塔纳湖生物圈保护区（Lake Tana Biosphere Reserve）

塔纳湖是埃塞俄比亚最大的湖，拥有丰富的淡水渔业资源，有 67 个鱼种，其中 70% 属于本区独有，是蓝尼罗河发源地。南边的齐格半岛丛林密布，是埃塞俄比亚东正教圣地，有珍贵的原生阿拉比卡，产量不多，专供岛上东正教修士饮用。本区湿地多，有约 200 种鸟类，是国际重要赏鸟区，观光资源雄厚。

保护区命名与指定日期：2015 年

面积：695,885 公顷

行政机关：阿姆哈拉州

中心点经纬度：11° 54'29" N ，37° 20'40"E

5. 玛将生物圈保护区（Majang Biosphere Reserve）

位于埃塞俄比亚最西边的林地，极为分散脆弱。本区有 550 种高大植物、33 种哺乳动物、130 多种鸟禽，但并无野生阿拉比卡族群，近年开始发展咖啡产业以增加外汇收入。

保护区命名与指定日期：2017 年

面积：225,490 公顷

行政机关：甘贝拉州

中心点经纬度：7° 25'35"N，35° 07'50"E

四大种植系统

　　除了拥有上苍赐予的 11 座野生咖啡林厚礼，埃塞俄比亚还拥有举世无双的四大种植系统。一般咖啡产地以无遮阴全日照或传统遮阴两大种植系统为主，亦可视当地日照情况，混用两种模式。全日照有助于提高产量但不利于生态多样性，巴西、肯尼亚与越南是全日照的典型。而遮阴种植系统的产量虽较低，但有利于园区内的生态多样性。过去哥伦比亚、危地马拉、巴拿马皆采传统遮阴，但近数十年为了提高产量，改采全日照系统的咖啡园愈来愈多，此趋势令人忧心。全球变暖逐年加剧，传统遮阴种植系统会比全日照更能适应高温少雨的威胁。埃塞俄比亚基本上也是以遮阴、全日照或两者混用为主。全日照系统以东部哈拉尔、阿席等较干燥地区为主，其他地区则以遮阴或两者混用居多，但埃塞俄比亚咖啡种植系统分得更细且类型更多，包括：

1. 森林咖啡（Forest Coffee）

　　这是天然、不受人工雕凿的系统，是埃塞俄比亚独有的优势，咖农可直接入林采摘野生咖啡，但有严格的规定：不得砍伐、修剪与迁移林内植物；不得带咖啡种子入林栽种，必须维持原生状态；不得施肥或实行任何影响咖啡产量的管理行为；但准许开辟一条方便入林的道路。居住在野生咖啡林附近，诸如卡法、巴雷、歇卡、本奇马吉、吉马、沃莱加和伊鲁巴柏的咖农惯于使用此系统。野生咖啡的性状多半瘦高、侧枝较少。此系统的生态多样性与咖啡品种庞杂度，高居四大系统之冠，但产量最低，每公顷产量只有 200—250 千克，森林系统的产量只占埃塞俄比亚咖啡总产量的不到 5%。由于品种繁杂未经筛选与管理，看天灌溉的森林咖啡主攻商业级，但亦有少量符合精品级。

2. 半森林咖啡（Semi-Forest Coffee）

　　对森林系统进行人工干预，以提高咖啡产量，可使其转变为半森林咖啡系统，譬如移除密度过高的树木、除草、修剪不透光的树冠以增加光照、将某区密度太高的野生咖啡移到其他低密度区、引进其他咖啡品种、修剪咖啡树枝干等。卡法、巴雷、歇卡、本奇马吉、吉马、沃莱加、伊鲁巴柏的野生咖啡林某些区块经许可，以人工管理措施提高产量，即形成半森林系统。此系统生态多样性仅次于森林系统，但产量较高，每公顷达 300—400 千克。

农林间植咖啡（Agroforestry Coffee）

如果半森林咖啡系统人工化的强度提高，也就是在林区内除了种咖啡，另外还间植其他农作物，如象腿蕉、玉米、卡特树、杧果、菠萝或牛油果，可称其为农林间植系统，这是半森林系统的优化版，在埃塞俄比亚很普遍。

半森林咖啡系统的产量占埃塞俄比亚咖啡总产量 50%—55%。埃塞俄比亚咖啡研究机构的品种实验都在半森林种植场进行，咖啡质量优于森林咖啡。

3. 田园咖啡（Garden Coffee）

农民在自家的田园兼种咖啡，种植多元化的作物相比种植单一作物可降低风险并提高收入。此系统主要分布于裂谷以东，包括哈拉尔、古吉、西达马、耶加雪菲，裂谷以西相对较少，但吉马与沃莱加亦有田园系统。田园系统的面积较小，多半不到 1 公顷，全日照或遮阴皆有。但田间管理的强度高于前两种系统，单位产量较高，每公顷达 500—750 千克，生态多样性与品种庞杂度低于前两种系统。田园咖啡系统的产量占埃塞俄比亚咖啡总产量 30% 以上。

4. 大型种植场系统

主要是国营或私人企业经营。种植场的遮阴树、光照度、品种、施肥、栽种密度、病虫害防治与田间管理都经过专业评估，专人执行，每公顷产量 600—1,000 千克，高居四大系统之冠。种植场面积多半介于 50—500 公顷，但少数广达 1 万公顷。大型种植场主要分布于阿席、本奇马吉、吉马、甘贝拉、歇卡产区，目前最大的种植场位于本奇马吉的贝贝卡（Bebeka），占地 1 万公顷。本系统的品种多元性与生态多样性最低，产量约占埃塞俄比亚咖啡总产量的 10%，未来仍有增加的趋势。

厘清西达莫与西达马的历史纠葛

西达莫（Sidamo）是埃塞俄比亚经典咖啡产地，享誉全球咖啡界半个多世纪，然而千禧年后突然更名为西达马（Sidama），令老一代玩家很不习惯。到底出了什么大事非更名不可？

原来 1995 年以前埃塞俄比亚实行十三行省制，全国划分为十三个省，当时的西达莫省地域辽阔（图 9-3），今日知名的耶加雪菲、盖德奥区（Gedeo Zone）、古吉区、裂谷以西的沃拉伊塔区（Walayita Zone）均隶属西达莫省。但1995 年 8 月埃塞俄比亚新宪法生效，改国名为"埃塞俄比亚联邦民主共和国"，成为议会制国家，并废除过去的行省制，改为联邦制，昔日的十三省改为九大州，也就是将相同语言和种族的地区设立为自治州区，简称州（Region），有助于各州族人和睦相处并享有更大自治权。以西达莫省（Sidamo Province）为例，废省改州后昔日广阔的土地大部分被并入新设立的南方各族州，小部分并入奥罗米亚州以及索马里州（Somali Region）；原本辽阔的西达莫省被分割贬为西达马区（Sidama Zone，图 9-4），本区的西达马族高占总人口的 93.1%、奥罗莫族占 2.53%、阿姆哈拉族占 0.91%。重新划分看似合理，却埋下更大的隐患。

1995 年以前埃塞俄比亚十三行省制
的西达莫省地域辽阔。

图 9-3　西达莫省

1995 年以后埃塞俄比亚改为联邦制，设立
九大州，西达莫省改为以西达马族为主的
西达马区，隶属南方各族州。

图 9-4　西达马区

　　　　　　　　　　　　　　　　　　　　　　第四波精品咖啡学

分家大戏：西达马州与西南州诞生，共十一大州！

西达莫行政区缩水后，成为南方各族州下属的西达马区，多年来西达马族人不服，极力抗争脱离南方各族州。2019 年 11 月在埃塞俄比亚总理阿比·艾哈迈德（Abiy Ahmed）的同意下，西达马区举行公民投票，以压倒性票数通过脱离南方各族州，另外成立埃塞俄比亚第十个自治州，更名为西达马州（Sidama Region），享有财政、教育和安保等更高的自治权，以阿瓦萨为首府。2020 年 6 月，西达马区正式升格为西达马州，成为埃塞俄比亚第十个州。在埃塞俄比亚中南部新设立的西达马州面积比 1995 年以前的西达莫省小很多，因为损失了盖德奥、古吉、博勒纳与沃拉伊塔四区的广大土地（请参见图 9-5）。

半个多世纪来，盛产精品咖啡的西达莫，历尽沧桑，从领土极广的西达莫省，被贬为南方各族州的一个辖区，最后总算争回权益，升格为一个州，但面积却遭腰斩，成为埃塞俄比亚倒数第二的小州，只比哈拉尔州大。

然而，分家大戏未歇，2021 年 11 月南方各族州下属六个区卡法、歇卡、本奇马吉、北奥莫（West Omo）、Konta、Dawro 经公投成功脱离南方各族州，成为第十一个州——西南埃塞俄比亚人民州（South West Ethiopia Peoples' Region，简称西南州）。

埃塞俄比亚共有八十多个族裔，前七大民族依序为奥罗莫族（古称盖拉族）、阿姆哈拉族（Amhara）、索马里族、提格雷族（Tigrayan）、西达马族、古拉吉族（Gurage）、沃拉伊塔族。据埃塞俄比亚最新的行政区划分，其共有十一大州，新制基本上以种族和语言来划分州区，以减少不同族群间的争端，立意良善。

埃塞俄比亚十一大州中从事咖啡生产的包括：奥罗米亚州、南方各族州、西达马州、西南州、甘贝拉州、阿姆哈拉州、本尚古勒－古马兹州（Benishangul-Gumuz Region）、提格雷州（Tigray Region），以及面积最小的哈拉尔州。另两个州阿法尔州（Afar）、索马里州则不产咖啡。

根据埃塞俄比亚新制，咖啡主力产地集中在奥罗米亚州、南方各族州、西达马州、西南州，传统产地均在此四州。值得留意的是，东部经典的哈拉尔咖啡产地，已归入奥罗米亚州的东哈拉吉区与西哈拉吉区，哈拉尔古城周边干燥的咖啡田虽有少量产出，但已并入面积狭小的哈拉尔州。至于大裂谷西北侧的阿姆哈拉州与本尚古勒－古马兹州则因纬度较高，气候较干凉，并非传统产区，过去虽然也有微量产出但产量极不稳定，甚至间隔一两年才有一次收成。然而，世事多变，这两个州近年受益于全球变暖，有些地区咖啡适宜性提高，持续向好中。

1　奥罗米亚州 Oromia Region
2　南方各族州 SNNPR Region
3　西达马州 Sidama Region
4　西南州 South West Ethiopia Peoples' Region
5　甘贝拉州 Gambela Region
6　阿姆哈拉州 Amhara Region

7　本尚古勒－古马兹州 Benishangul-Gumuz Region
8　提格雷州 Tigray Region
9　哈拉尔州 Harari Region
10　阿法尔州 Afar Region
11　索马里州 Somali Region

图 9-5　埃塞俄比亚十一大州（Region）与各州的区（Zone）

轻松看懂复杂的四级制

精品咖啡贵在溯源履历，埃塞俄比亚高档精品豆除了标示海拔、品种，还会载明五大要项 Region、Zone、Woreda、Kebele、Station，方便消费者追溯其源。埃塞俄比亚精品豆履历是依照行政区四级制标示的，四级制的位阶从上而下分为：

1. 州（Region）： 一般以该州最大的族裔名称命名，如前述十一大州。

2. 区（Zone）： 州的下级单位，譬如奥罗米亚州下属有二十区，南方各族州下属有十一区。

3. 县、郡或自治市（Woreda）： 区的下级单位。

4. 乡、镇、村或农民社区（Kebele）： 县、郡或自治市的下级单位。

5. 处理厂（Station）： 设在某乡、镇、村、农场或某农民合作社内。

举一例说明，数月前我喝到一支出自西南部歇卡森林的核弹级水果炸弹，属于半森林种植系统，溯源履历为：（1）西南州（South West Ethiopia Peoples' Region）；（2）歇卡区（Sheka Zone）；（3）马夏县（Masha Woreda）；（4）卡沃村（Kawo Kebele）；（5）卡沃卡米娜咖啡农场（Kawo Kamina）。说清楚点，这支精品豆出自西南州歇卡区的半森林咖啡种植系统马夏县卡沃村的卡沃卡米娜农场。

西达马升级，产地大变动，两届 CoE 接连称霸

很多玩家以为西达马咖啡产地分布在埃塞俄比亚大裂谷以东的东南地区，其实不然，有不少西达马产地并不在西达马的行政辖区内，过界的西达马咖啡是经官方认证的。根据埃塞俄比亚商品交易所（ECX）2010 年、2015 年、2018 年公布的咖啡合同产地分类表，西达马产地分为 A、B、C、D、E 等五组，其中只有 A、B 两组是在西达马行政辖区内，而 D 组产地则分布在北边的西阿席区（West Arsi Zone）以及更远的阿席区，至于 C、E 组则星散在大裂谷以西。换言之，西达马产地除了在行政辖区内，还广布于大裂谷东西两半壁的奥罗米亚州、南方各

族州。其来有自，1995 年以前，西达马是埃塞俄比亚十三大行省之一的西达莫省（请参见图 9-3），但废省改行联邦制后，其行政区大幅缩小并被并入南方各族州下属的西达马区（图 9-4），历史纠葛造成今日西达马产地与他州行政区交错的现象，西达马堪称全球最庞杂难懂的产地。

表 9-1 西达马产地今昔对照表

2010—2018 年 ECX 旧合同西达马产地	2022 年 ECX 新合同西达马产地
西达马 A 班莎（Bensa）、Chire、Bona Zuria、Aroresa、Arbigona	**西达马 = 西达马 A + 西达马 B** 2020 年西达马区升格为西达马州，昔日西达马区的西达马 A 与西达马 B 合并为名实相符的西达马州产地，共计 12 个原产地。
西达马 B Aleta Wendo、Dale、Chuko、Dara、Shebedino、Wensho、Loko Abaya	
西达马 C 坎巴塔滕巴罗（Kembata Timbaro）、沃拉伊塔、古拉吉（Gurage）	**西达马 C 拆为三个独立原产地** 坎巴塔滕巴罗、沃拉伊塔、古拉吉三产地不在西达马行政辖区且远在裂谷西侧的中部，西达马区升格后，此三产地不再属于西达马而升为独立原产地。
西达马 D 西阿席 [蓝塞波（Nensebo）]、阿席（Chole）	**西达马 D 各奔前程** 本组产地亦不在西达马行政辖区，西达马区升格后，蓝塞波升为西阿席的独立原产地；而远在阿席并与哈拉尔接壤的 Chole，则并入哈拉尔 C 日晒产区。此三地不再是西达马咖啡。
西达马 E South Ari、North Ari、Melo、Denba Gofa、Geze Gofa、Arba Minch Zuria、Basketo、Derashe、Konso、Konta、Gena Bosa、Esera	**西达马 E 维持不变** 西达马 E 的产地不在西达马行政辖区而远在大裂谷的西南侧，西达马区升格后，西达马 E 仍属于西达马产地。

（＊数据来源：根据 ECX 2010—2018 年旧版咖啡合同以及 2022 年新版修订合同编制）

2020 年西达马区挣脱南方各族州并升格为州，面积虽不变但四级制的产地履历势必变动，却迟迟未见 ECX 更新产地分类表。2022 年 2 月，我写信向 ECX 探询，但只收到一份我已有的 2018 年旧版分类表。终于，2022 年 3 月 ECX 公布埃塞俄比亚咖啡出口商协会（ECEA）批准的新版产地分类修正表（请参见章末附录）。新成立的西达马州产地组别大为收敛，由 2010—2018 年旧版的西达马 A、B、C、D、E5 组缩编为 2 组，即本州的西达马组与跨州的西达马 E 组，也就是旧版中的西达马 A、B 合并为本州的西达马，而西达马 C 的坎巴塔滕巴罗、沃拉伊塔、古拉吉则升为独立原产地，至于西达马 D 也被打散，升为独立原产地或并入哈拉尔日晒产区。细节请参见表 9-1。

据 2022 年 ECX 新版产地分类表，西达马州内的咖啡县（郡、市）包括班莎、Chire、Bona Zuria、Aroresa、Arbigona（Arbe Gonna）、Aleta Wendo、Dale、Chuko、Dara、Shebedino（Shebe Dino）、Wensho、Loko Abaya 等共 12 个产区（请参见图 9-6）。巧的是，2020 年埃塞俄比亚首届 CoE 冠军豆出自西达马州的布拉郡（Bura Woreda），另外，2021 年埃塞俄比亚第二届 CoE 冠军出西达马州的班莎县（Bensa Woreda），西达马两届大赛接连称霸是升格为州的最大献礼。有趣的是冠军豆的产地履历是以西达马为州名与区名的，州名等于区名也是埃塞俄比亚首例。布拉郡位于班莎县北部（图 9-6），布拉郡与班莎县的冠军豆四级制履历为：

西达马州（Sidama Region），西达马区（Sidama Zone），布拉郡（Bura Woreda），卡拉莫村（Karamo Kebele）；

西达马州（Sidama Region），西达马区（Sidama Zone），班莎县（Bensa Woreda），狄洛村（Delo Kebele）[1]。

2021 年埃塞俄比亚 CoE 前 30 名优胜豆中，为数最多的是西达马州，高达 14 支，其次是奥罗米亚州的 13 支。然而，奥罗米亚州是埃塞俄比亚最大的咖啡生产州，面积广达 353,690 平方千米，比西达马州的 6,000 平方千米大了快 58 倍。小而弥坚的西达马州在 CoE 的亮眼表现为升格争了口气。

1　2021 年 CoE 官网将该年埃塞俄比亚冠军豆的四级制履历误写为 3 级，即"Sidama Region, Bensa Zone, Delo Kebele"，Bensa 被误写为区。2022 年 4 月埃塞俄比亚 CoE 初赛入选的前 150 名揭晓，四级制得到修正，以 Sidama 为州名与区名，Bensa 恢复为第三级的县（郡、市）名。譬如其中入选的班莎县赛豆的四级制为"Sidama Region, Sidama Zone, Bensa Woreda, Hache Kebele"。

耶加雪菲韵的古拉吉，独立为新产区

位于北纬 7.8°—8.5°、东经 37.5°—38.7°，邻近利姆与吉马产区的古拉吉新产地（请参见图 9-7）值得咖友和豆商关注。ECX 2010 年与 2015 年旧版产区分类表未见古拉吉字眼，古拉吉却乍然被列入 ECX 2018 年版本的西达马 C 组，2022 年最新版分类表更进一步将古拉吉列为独立原产地，显然古拉吉是个很有潜力的新产区。古拉吉产区位于裂谷以西且偏中北部，隶属南方各族州，不在西达马传统产区内。为何埃塞俄比亚如此提拔古拉吉？

这与埃塞俄比亚农政当局近年积极开发裂谷以西新产区、增产报国有关。早在 2014 年，吉马农业研究中心与埃塞俄比亚沃基特大学（Wolkite University）的研究员在南方各族州的古拉吉区考察过几个咖农密度较高却默默无名的产区，诸如恩兹哈（Ezha）、耶内莫恩纳（Enemor Enaer）、切哈（Cheha），并分析其咖啡形态、品种、土质与杯测质量，发现在古拉吉高海拔、俗名薇塔莎嘉（Witasaja）的地方种杯测分数最高，花果韵与酸质近似精品级耶加雪菲与西达马。虽然本区与传统西达马产地仍有一大段距离，但咖啡味谱极为相似，遂将古拉吉产区列入 ECX 2018 年版产地分类表的西达马 C 组，2022 年最新版又礼遇古拉吉，将其独立为新产区。

为何有那么多偏离西达马州的产地相继被划入西达马产地，然后又升格为独立产地？照官方说法这和咖啡风土、形态与味谱相似有关。但我不完全赞同这种说法，因为耶加雪菲与古吉之前也属于西达马，但闯出名气、处理厂数量与产量增加后就脱离西达马自立门户。我高度怀疑这是埃塞俄比亚官方惯用的营销术，即先将不知名、有潜力且风味近似西达马的咖啡县冠上西达马产地名号来拉抬销量，等出口量增加后，水到渠成独立为新产地或产区，也就是"母鸡带小鸡"概念。

耶加雪菲：跨州的五大咖啡县

耶加雪菲产地也有类似情况。1995 年以前耶加雪菲隶属西达莫省，但经过

图 9-6　西达马产地图

注：本图参考 2017 年联合国人道主义事务协调办公室（OCHA）的埃塞俄比亚地图绘制，并加列 2020 年与 2021 年频频出现在埃塞俄比亚 CoE 优胜榜的布拉郡，位于班莎北部。

废省改行联邦制，以及 2010 年、2015 年、2018 年、2022 年 ECX 咖啡分类表 4 次改版调整，耶加雪菲已成独立产地，其产区涵盖南方各族州的盖德奥区以及奥罗米亚州的西古吉区，也是跨州的产地。盖德奥区内的咖啡县包括耶加雪菲、狄拉朱利亚（Dilla Zuria）、维纳哥（Wenago）、科契尔（Kochere）；另外，还有一个耶加雪菲的产地位于西古吉区的杰拉纳阿巴雅（Gelana Abaya）。

　　值得留意的是盖德奥区最北端的狄拉朱利亚县，2010 年与 2015 年隶属西达马 B 区产地，但 2018 年 ECX 分类表将之划入耶加雪菲产区。另外，盖德奥区最南方的咖啡县盖德贝（Gedeb）虽未被 ECX 分类表列入耶加雪菲产地，但业界已将之视为耶加雪菲产地。

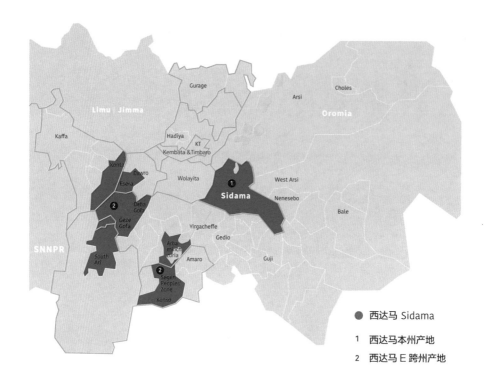

图 9-7　西达马的跨州产地：西达马州 + 西达马 E

● 西达马 Sidama

1　西达马本州产地

2　西达马 E 跨州产地

注：2022 年 ECX 最新版产地分类，西达马产地精简为西达马州和西达马 E 两组。原先隶属西达马 C 的古拉吉、坎巴塔滕巴罗、沃拉伊塔则独立为原产地，不再属于西达马。而之前为西达马 C 的蓝塞波、Chole 则回归西阿席和哈拉尔产区。

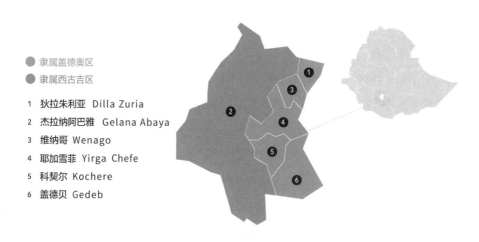

● 隶属盖德奥区

● 隶属西古吉区

1　狄拉朱利亚　Dilla Zuria

2　杰拉纳阿巴雅　Gelana Abaya

3　维纳哥　Wenago

4　耶加雪菲　Yirga Chefe

5　科契尔　Kochere

6　盖德贝　Gedeb

图 9-8　耶加雪菲产区详图

古吉、西古吉、巴雷：升格为独立产地

　　全世界没有一个产国的产区像埃塞俄比亚这么"好动"，每隔几年就会变动或更新。2010 年 ECX 咖啡产地分类表中，古吉区归入西达马产地的 A 组，但 2015 年 ECX 咖啡产地分类表将古吉区移出西达马产地，升格为独立的古吉产区；另外，2010 年、2015 年 ECX 咖啡产地分类表中，巴雷产区归入西达马 D 组，但 2018 年 ECX 咖啡产地分类表将巴雷移出西达马产地，独立为巴雷产区。这和古吉、巴雷产量与出口量增加有关。此后古吉与巴雷咖啡知名度大增，目前台湾很容易买到这两个独立产地的咖啡。由此可见与西达马"有染"的产地，都有不错的前景。奥罗米亚州的古吉是近十来年崛起的新产区，2010 年以前甚少听闻古吉，但近几年古吉光环盖过耶加雪菲，其来有自。古吉北边是西达马、东侧和巴雷接壤，西北比邻盛产耶加雪菲的盖德奥区，南接博勒纳区，海拔 1,500 米以上的马加达咖啡森林就位于古吉的 Bule Hora 与 Dawa 两县之间，气

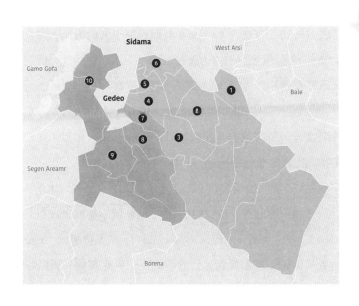

●	古吉
1	Girja
2	Adola
3	Oddo Shakiso
4	Uraga
5	Haro Welabu
6	Bore
●	西古吉
7	Hambela Wamena
8	Kercha
9	Blue Hora
10	Gelana Abaya

（虽属西古吉行政区
但划归耶加雪菲产地）

图 9-9　古吉产区详图

候温润土壤肥沃，甚至不需要施肥。古吉取名自奥罗莫族的一个部落，此部落自古以来活跃于埃塞俄比亚南部，即今日的博勒纳区与古吉区，过着农牧生活。历史学家认为奥罗莫族是从博勒纳、古吉往北扩散，成为今日高占埃塞俄比亚约40%人口的最大种族。古吉自古以来盛产黄金、宝石等贵重矿产，族人极力捍卫自身利益，外人不易入内，直到近数十年才开放门户，大型咖啡后制厂得以入内开发本区雄厚的精品豆资源。2017年古吉知名的咖啡县罕贝拉（Hambela）、Kercha又和博勒纳区的咖啡县Blue Hora、Gelana Abaya合并为西古吉区。

然而2018—2022年ECX咖啡产地分类表并未将这几县归入西古吉原产地，其中的Gelana Abaya甚至仍归类为耶加雪菲原产地。埃塞俄比亚咖啡产地与行政区的交错乱象颇为常见，给玩家增加了不少困扰。

跟着ECX咖啡产地分类表看天机：开发大西北

ECX的产地分类表至今有2010年、2015年、2018年和2022年4个版本，虽然每次调整都为溯源增添麻烦，但埃塞俄比亚如此大费周章，实有其必要，其中暗藏大趋势，值得深入探讨。

埃塞俄比亚面积广达110.36万平方千米，是非洲面积第十大的国家，专家估计埃塞俄比亚适宜种咖啡的面积至少有2万平方千米（200万公顷）。但裂谷以东的传统咖啡产区已开发殆尽，尤其东哈拉吉、西哈拉吉与阿席产区，近30多年来因气候变化，愈来愈干燥少雨，产量锐减，农政当局为了提高咖啡产量和出口量，增加外汇收入，转而倾力开发裂谷以西，尤其是西北部纬度较高、较干凉的因全球变暖而受惠的非传统产地，近年已开始投产。

开发西北部咖啡新区的大趋势明确反映在ECX咖啡产地分类表上，2010年与2015年两个旧版本，尚未列出西北部产地，但2018年更新版本赫然出现西戈贾姆区（West Gojjam Zone）、齐格半岛、阿维区（Awi Zone）、东戈贾姆区（East Gojjam Zone）这4个世人极为陌生的咖啡新区，它们均位于西北部的阿姆哈拉州（请参见图9-5）。过去除了齐格半岛的修道院咖啡偶尔听闻过，其他3区闻所未闻，而2018年起的ECX咖啡产地分类表却"宠幸"阿姆哈拉州4个新产区，将之独立列出以提高知名度，可谓用心良苦。2022 年 ECX 最新版的产地分类表中，上述西北部新产区仍赫然在列，埃塞俄比亚因全球变暖而开发大西北的趋势极为明显！

西北部较干冷不太适合咖啡生长，但也有例外。埃塞俄比亚海拔高达 1,788 米，位于北纬 12°的全国最大湖塔纳湖西南岸的齐格半岛并非传统产区，但数百年来断断续续有少量咖啡产出，供湖畔修道院的僧侣饮用，每年产量不定，偶尔有出口。中国台湾地区也曾进口，犹记得 10 年前喝过齐格半岛日晒豆，风味较平淡。

塔纳湖区有座 14 世纪兴建的东正教修道院乌拉·基达内·马哈雷特修道院（Ura Kidane Mehret），创院圣僧贝崔·马里亚姆（Betre Mariyam）曾赐福塔纳湖区的住民，世世代代可靠着咖啡、青柠与啤酒花过活。岛上茂密林区至今仍种有这 3 种作物，咖啡供僧侣修士饮用，并以啤酒花和青柠酿成当地知名的塔拉（Tala）啤酒。

2018 年 ECX 的咖啡产地分类表首度揭示齐格半岛为日晒、水洗的精品豆与商业豆产地，进一步落实圣僧数百年前的祝福！

另外，德国咖啡贸易巨擘纽曼咖啡集团（Neumann Kaffee Gruppe）咖农友善型的非营利机构 Hanns R. Neumann Stiftung（简称 HRNS），2014 年在阿姆哈拉州推动"咖啡计划"协助埃塞俄比亚开发大西北的咖啡事业，并成立阿姆哈拉咖农合作联盟（Amhara Coffee Farmers' Cooperative Union，简称 ACFCUA）。2015 年在 ACFCUA 的助力下，齐格咖啡合作社（Zege Coop）正式成立，大幅改善田间管理与后制技艺，朝精品之路迈进，以提高国际知名度。

阿姆哈拉州产量仍低，味谱接近肯尼亚

阿姆哈拉州 4 个咖啡产区的海拔不低，介于 1,800—2,000 米之间，气候较干凉，雨季形态与裂谷以东的产地不同，咖啡味谱迥异于西达马与耶加雪菲的橘韵与花香，以乌梅、葡萄干、枣子、李子、意大利野酸樱桃为主调，接近肯尼亚调。塔纳湖南岸的巴赫达尔市（Bahir Dar）是阿姆哈拉州的首府（图 9-10）。而阿姆哈拉州北部的提格雷州近年也有少量产出，风味近似东部的哈拉尔，但提

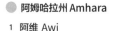

● 阿姆哈拉州 Amhara

1 阿维 Awi

2 西戈贾姆 West Gojjam

3 东戈贾姆 East Gojjam

4 齐格（巴赫达尔）Zege (Bahir Dar)

● 提格雷州 Tigray

5 拉雅阿杰波 Raya Azebo

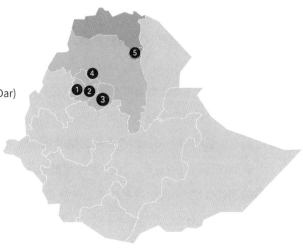

图 9-10　埃塞俄比亚新产区：阿姆哈拉州与提格雷州

格雷州至今尚未被 ECX 列为原产地。

　　2019 年阿姆哈拉州巴赫达尔大学（Bahir Dar University）的研究报告《生长在埃塞俄比亚阿姆哈拉州西戈贾姆区几个选定地域阿拉比卡的质量属性评估》（Evaluation of Quality Attributes of Arabica Coffee Varieties Grown in Selected Districts of West Gojjam Zone Amhara Region Ethiopia）指出，阿姆哈拉州的咖啡田面积估计有 9,961.18 公顷（约台湾咖啡田面积的 10 倍大），产量 3,006.793 吨（约台湾产量的 3 倍），平均单位产量只有 0.302 吨／公顷（约台湾单位产量的 1/3）。若以埃塞俄比亚 2020 年咖啡产量 45 万吨计，阿姆哈拉州只占埃塞俄比亚咖啡总产量的 0.67%，每公顷单位产量不到埃塞俄比亚的一半。阿姆哈拉州是个新兴产地，还有很大成长空间，值得期待。

　　全球变暖，埃塞俄比亚西北部干凉地区因祸得福，近年咖农人数有增加趋势，主要集中在阿姆哈拉州塔纳湖南岸的齐格半岛、巴赫达尔市、东戈贾姆、西戈贾姆、阿维等区。另外，位于阿姆哈拉州西南的本尚古勒 – 古马兹州近年也开始投产，可望成为埃塞俄比亚咖啡的新血液。

　　在此我大胆预言，ECX 咖啡产地分类表，迟早会列出本尚古勒 – 古马兹州辖下近年已开发成功的新产区名，诸如梅铁克区（Metekel Zone）、阿索萨区、卡马锡区（Kamashi Zone），开发大西北新产区是埃塞俄比亚不可逆的大趋势！

埃塞俄比亚大裂谷
东西两半壁二十一大精品咖啡产地

2022 年 ECX 公布新版咖啡合同产地分类表，我归纳出二十一大精品产地：

1. 耶加雪菲产地（Yirga Chefe = Gedeo + Gelana Abaya）

耶加雪菲产地横跨南方各族州与奥罗米亚州两大州。其中的盖德奥隶属南方各族州，共有耶加雪菲、维纳哥、科契尔、狄拉朱利亚四县；另外，杰拉姆纳阿巴雅则为隶属奥罗米亚州西古吉区的咖啡县。耶加雪菲是产地与行政区交错的典型案例。

2. 古吉产地（Guji = Guji + West Guji）

古吉产地是近十来年走红的埃塞俄比亚精品豆新产地，2010 年曾被 ECX 归类为西达马 A 组，2015 年才独立为原产地。奥罗米亚州古吉区的 Girja、Adola、Oddo Shakiso、Uraga、Bore、Haro Welabu 六县，以及西古吉区的 Hambella Wamena、Kercha、Bule Hora 三县，是古吉咖啡的主力县。

3. 西达马产地（Sidama = Sidama + Sidama E）

这是埃塞俄比亚最分散的复合产地，包括位于西达马本州的班莎、Chire、Bona Zuria、Aroresa、Arbigona、Aleta Wendo、Dale、Chuko、Dara、Shebedino、Wensho、Loko Abaya 等十二县。另外，不在木州的西达马 E 组竟然包括远至南方各族州的九县再加西南州的三县。西达马产地是产区与行政区交错最复杂的原产地，横跨西达马、南方各族州与西南州三个州。

西达马 E 组产地（Sidama E）

不在西达马本州，包括远在南方各族州的 S.Ari、N.Ari、Melo、Denba Gofa、Geze Gofa、Arba Minch Zuria、Basketo、Derashe、Konso 九县，以及西南州的

Konta、Gena Bosa、Esera 三县，其中的 Konta 甚至与 Kaffa 产地接壤。1995 年以前，这些产地仍属于西达莫省的行政辖区，但废省后至 2020 年西达马升格为州，本组仍被 ECX 归类为西达马产地。

4. 巴雷产地（Bale）

位于奥罗米亚州，西边与西阿席、西南与古吉接壤的巴雷，主要产地在哈伦纳咖啡森林周遭的 Berbere、Delo Menna、Harena Buluk 三县。迟至 2018 年巴雷才被 ECX 列为日晒与水洗的精品产地之一。

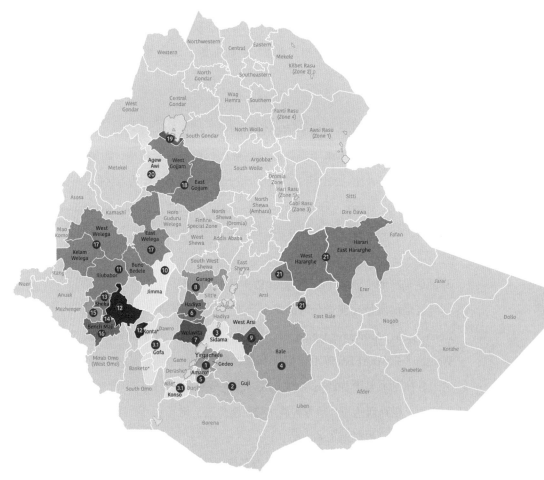

图 9-11　埃塞俄比亚二十一大产区图

　　　　　　　　　　　　　　　　　　　第四波精品咖啡学

1　耶加雪菲产地 Yirga Chefe = Gedeo + Gelana Abaya

2　古吉产地 Guji = Guji + West Guji

3　西达马产地 Sidama = Sidama + Sidama E
　西达马 E 组产地 Sidama E

4　巴雷产地 Bale

5　阿马罗产地 Amaro

6　坎巴塔滕巴罗产地 Kembata Tembaro

7　沃拉伊塔产地 Wolayita

8　古拉吉产地 Gurage

9　西阿席产地 West Arsi

10　吉马日晒与利姆水洗 Jimma Unwashed & Limmu Washed

11　伊鲁巴柏产地 Illubabor

12　卡法产地 Kaffa

13　安德拉查产地 Anderacha

14　叶基产地 Yeki

15　戈德瑞产地 Godere

16　本奇马吉产地 Bench Maji

17　内格默特产地 Nekemte = East Welega + West Welega + Kelem Welega

18　东戈贾姆、西戈贾姆产地 East Gojjam、West Gojjam

19　齐格半岛 Zege

20　阿维产地 Awi

21　哈拉尔产区 Harar = East Harage + West Harage + Arsi（Golocha & Chole）+ East Bale（Gololicha）

5. 阿马罗产地（Amaro）

位于大裂谷南段南方各族州的一个自治县，阿马罗原先是南方各族州塞晋族人区（Segen Area Peoples' Zone）的一个自治县，北邻耶加雪菲产地杰拉纳阿巴雅。2010 年与 2015 年版的 ECX 咖啡分类表将阿马罗归入西达马 B 组，但 2018 年后的版本将之独立为阿马罗产地。小有名气的阿马罗盖优咖啡（Amaro Gayo）2005 年由埃塞俄比亚第一位女性咖啡生产者兼直接贸易商阿斯纳基奇·托马斯女士（Asnakech Tomas）创立，近年已引进中国台湾。

6. 坎巴塔滕巴罗产地（Kembata Tembaro）

位于大裂谷中段西侧，是主要由坎巴塔族与滕巴罗族构成的自治区，隶属南方各族州，2018 年以前被 ECX 归类为西达马 C 组，2022 年 ECX 新版分类表将之独立为单一原产地，本区南北面的 Hadiya 县亦涵盖在内。

7. 沃拉伊塔产地（Wolayita）

位于坎巴塔滕巴罗南边，隶属南方各族州，同坎巴塔滕巴罗一样之前被归类为西达马 C 组，2022 年被 ECX 拉抬为独立原产地。本区的东侧即为西达马州。

8. 古拉吉产地（Gurage）

位于坎巴塔滕巴罗北边，本区同坎巴塔滕巴罗、沃拉伊塔一样之前隶属西达马 C 组，2022 年被 ECX 拉抬为独立原产地，风味近似耶加雪菲与西达马。古拉吉的西边即为吉马日晒与利姆水洗产地。

9. 西阿席产地（West Arsi）

蓝塞波是本区主产地，夹在西达马与巴雷中间。本产地之前被 ECX 归为西达马 D 组，2022 年被拉抬为西阿席区主力产地，蓝塞波西边的 Kokosa 是西阿席的另一个主产地。

10. 吉马日晒与利姆水洗（Jimma Unwashed & Limmu Washed）

吉马和利姆的产地相同，位于奥罗米亚州大裂谷西侧的 Limmu Seka、Limmu Kossa、Manna、戈玛、Gummay、Seka Chekoressa、Kersa、Shebe、Gera 九县，按 ECX 归类，本产地的水洗豆称为 Limmu，日晒豆则称为 Jimma，但偶尔也买得到水洗吉马或日晒利姆，虽不多见。两者均为埃塞俄比亚老牌咖啡。

11. 伊鲁巴柏产地（Illubabor——74、75 系列的原乡）

本产地位于吉马日晒与利姆水洗的西侧，过去埃塞俄比亚将伊鲁巴柏归类为 Jimma Type，而 ECX 2010 年、2015 年分类表将伊鲁巴柏的咖啡县纳入利姆 B 组，直到 2018 年才独立为伊鲁巴柏原产地。2022 年，ECX 更进一步将伊鲁巴柏产地分为布诺贝德勒区（Buno Bedele Zone）与伊鲁巴柏区两大区。布诺贝德勒区有五大咖啡县，包括贝德勒（Bedele）、Chora、狄加、Gechi、Dedesa；伊鲁巴柏区有十一大咖啡县，包括 Noppa、Sele Nono、Yayo、Alle、Didu、Darimu、梅图、Becho、Hurumu、Doreni、Algesache。近年 ECX 的产地分类渐趋细分化，埃塞俄比亚知名纯系现代品种 74 与 75 系多半出自本产地，将之独立为原产地恰如其分。

12. 卡法产地（Kaffa）

卡法区之前隶属南方各族州，但 2021 年 11 月被划入新成立的西南州，卡法以野生咖啡林著称，主要产地包括金波、盖瓦塔（Gewata）、Chena、Tilo、Bita、Cheta、瑰夏、Bonga Zuria 八县。

13. 安德拉查产地（Anderacha）

卡法区的西邻歇卡区也是野生咖啡林，虽然名号不如卡法响亮，但近年基因鉴定发现歇卡咖啡的多样性不同于卡法，是珍贵的阿拉比卡资源。本区有三个咖啡县，但 ECX 只将其中两县安德拉查与马夏归类为安德拉查产地。

14. 叶基产地（Yeki）

叶基县是歇卡区南部的咖啡县，但 ECX 从 2010 年至今一直将叶基独立列为原产地，原因不明，可能本地咖啡形态与风味不同于安德拉查产地。铁比是叶基县重镇也是老牌的咖啡产地。本产地同卡法一样被划入新成立的西南州。

15. 戈德瑞产地（Godere）

安德拉查与叶基的西侧是埃塞俄比亚最偏西的甘贝拉州，本州咖啡主产于梅坚格区（Mezhenger Zone）的戈德瑞、曼杰希（Mengeshi）两县。当局近十多年大力推广西部咖啡，故将戈德瑞拉出列为原产地。

16. 本奇马吉产地（Bench Maji）

瑰夏迷看到本奇马吉两眼为之一亮。据近年考证，本区的可丽瑰夏森林（Gori Gesha Forest）乃是此前英国公使采集抗锈病瑰夏的地点。本奇马吉曾经是南方各族州辖下的行政区，可丽瑰夏森林位于中部曼尼沙沙县（Menit Shasha Woreda）人迹罕至的原始林。然而，2021年本奇马吉被划入新成立的西南州，并改名为本奇歇科区（Bench Sheko Zone），所幸2022年ECX新版分类表仍沿用大家习惯的本奇马吉这一名称。有趣的是，我发现2020年埃塞俄比亚行政地图将可丽瑰夏森林从曼尼沙沙县分割出来，另成立可丽瑰夏县（Gori Gesha Woreda），可能是为了取悦咖啡迷。咖啡主产于中北部各县，诸如歇科、南本奇、北本奇、Guraferda、Bero、曼尼沙沙、可丽瑰夏等县。

17. 内格默特产地（Nekemte = East Welega + West Welega + Kelem Welega）

伊鲁巴柏、利姆、吉马以北的东沃莱加、西沃莱加、克兰–沃莱加等三区的咖啡，市场惯称为内格默特咖啡，内格默特是沃莱加的首府。ECX将内格默特咖啡细分为克兰–沃莱加、东沃莱加以及金比（Gimbi）三个产区，似乎有意增加各产区的曝光度，金比是西沃莱加的主力咖啡县。

18. 东戈贾姆、西戈贾姆产地（East Gojjam、West Gojjam）

戈贾姆位于埃塞俄比亚西北部的阿姆哈拉州，分为东戈贾姆与西戈贾姆两区，盛产谷粒非常小的苔麸（Tef），气候较干凉，并非咖啡的传统产地，但近十来年因全球变暖而受益。埃塞俄比亚的农业公司2015年起在欧美的协助下开发西北部的咖啡潜能，譬如占地500公顷、海拔1,800米的阿耶胡咖啡农场（Ayehu farm），戈贾姆G1、G3日晒豆已进军欧美市场。该农场未来要扩大至1,000多公顷，年产2,000吨。2018年，ECX产地分类表才开始列东西戈贾姆为原产地，它们是埃塞俄比亚新开发的产区，但中国台湾截至2022年尚未引进戈贾姆咖啡。

19. 齐格半岛（Zege）

位于西戈贾姆知名旅游圣地塔纳湖西南岸的齐格半岛已逾北纬11°，是埃塞俄比亚纬度较高的产地。虽然和戈贾姆、阿维产地一样迟至2018年才被ECX

列为原产地，但齐格半岛数百年来一直有少量咖啡产出，供湖区修道院僧侣饮用，甚至少量出口。产区分布于湖区西南岸的齐格半岛野生咖啡林以及西戈贾姆的巴赫达尔。

20. 阿维产地（Awi）

位于戈贾姆西边的阿维产区，也是迟至 2018 年才被列入 ECX 产地分类表的新产区，但国际知名度不如戈贾姆咖啡，中国台湾尚未引进。

21. 哈拉尔产地 [Harar = East Harage + West Harage + Arsi（Golocha & Chole）+ East Bale（Gololicha）]

哈拉尔是埃塞俄比亚最早大规模商业化种咖啡的古老日晒豆产区，老一代咖啡人对哈拉尔很熟悉，但年轻一代就很陌生了。哈拉尔产区除了东哈拉吉区、西哈拉吉区，还涵盖阿席区的 Golocha 和 Chole，甚至远及东巴雷区的 Gololicha，看似面积辽阔，实则产量逐年下滑，近年只占埃塞俄比亚总产量的 7% 左右。主因是干旱、果小蠹肆虐、转种卡特树。今日哈拉尔日晒豆质量远逊于昔日，价格又贵于耶加雪菲、古吉、吉马，难怪近十多年罕见台湾店家用哈拉尔豆。

2021 年，德国波茨坦气候影响研究所（PIK）与肯尼亚、津巴布韦和意大利几所科研机构联署发表的《埃塞俄比亚气候变化与精品咖啡潜力》指出，到了 21 世纪 90 年代埃塞俄比亚的咖啡田总面积虽会增加，但适耕的精品咖啡田面积除了内格默特会增加，其余产地的精品咖啡田面积却会减少，尤以哈拉尔、耶加雪菲减幅逾 40% 最严重！

该文献根据 2030—2090 年埃塞俄比亚气温、雨量与土质的改变，评估埃塞俄比亚的精品咖啡潜力。此研究的结论与埃塞俄比亚政府近年大力开发大裂谷以西咖啡潜能的措施不谋而合，因为东半壁的咖啡田已过度开发且发生极端气候的频率高于西半壁。

气候异常，埃塞俄比亚咖啡业与时间赛跑

这几年包括中国台湾地区在内的全球生豆进口商都感受到埃塞俄比亚当季咖啡反常延后1—2个月到货的怪现象，此乃气候变化的最佳实例。埃塞俄比亚咖啡收获季为每年10月至来年的1月，而进口地到货时间集中在每年4—6月，但这几年埃塞俄比亚传统产区气候乱了套，不是干季太长就是雨季太长，影响咖啡的花期与果子成熟期，严重延误既定的咖啡出口时间。

以2018年为例，埃塞俄比亚东南部知名的精品咖啡产地古吉区的罕贝拉县，以及盖德奥区耶加雪菲产地的盖德贝县，两地反常地干旱缺雨，咖啡果到了1月还未转红，致使采收、后制与出口作业被迫延后一个月，无法如期出货给欧美和亚洲客户，造成麻烦的违约问题。然而2020年这两产地气候却反转为雨季太长，延后采收与出口事宜将近两个月，照惯例中国台湾地区进口商6—7月可收到埃塞俄比亚新产季生豆，却延到8月以后才到货。

气候变化已影响了许多产地正常的收获与出口时间，而咖啡又是埃塞俄比亚最大外汇来源，咖农与农政当局为了减灾，已经启动前瞻性政策：开发气候较稳定的新产地或将咖啡迁往更高海拔的地区，逃灾避祸。

愈种愈高：开发2,600—3,200米高海拔新产区

2019年，国际精品咖啡协会、可持续贸易倡议（IDH Sustainable Trade Initiative）、全球咖啡平台（Global Coffee Platform）、咖啡与气候倡议（Initiative for Coffee & Climate）、保护国际（Conservation International）等机构联合发表的《强化咖啡产业的气候适应力》（Brewing Up Climate Resilience in the Coffee Sector）研究报告指出，气候持续恶化，预估2050年全球适合生产阿拉比卡与罗布斯塔的土地将分别减少49%—56%与55%，巴西、东南亚与西非受创最重，埃塞俄比亚与肯尼亚相对较轻。而世界咖啡研究组织2017年的年度报告预估埃塞俄比亚到2050年将损失22%的咖啡田，灾情远低于中南美洲。

另外，2015年CIAT、柏林洪堡大学（Humboldt-Universität zu Berlin）、国际应

用系统分析研究所（International Institute for Applied Systems Analysis），以及巴西西帕拉联邦大学（the Federal University of Western Pará）联署发表的科研报告《气候变化对全球主要阿拉比卡产地适宜性的变动预估》（Projected Shifts in *Coffea arabica* Suitability among Major Global Producing Regions Due to Climate Change）也认为埃塞俄比亚地理位置较优，受气候变化影响相对较轻。然而，身临其境的埃塞俄比亚咖农和科学家却认为未来 30 年内损失 22% 咖啡田的科学预估过于乐观！

2018 年埃塞俄比亚环境、气候变化与咖啡林论坛组织（Environment, Climate Change and Coffee Forest Forum，简称 ECCCFF）技术顾问塔德赛·沃德马里亚姆（Tadesse Woldemariam）接受路透社就气候变化对阿拉比卡故乡影响的专访时指出，实际情况可能更糟，过去 30 年来东部哈拉尔产区年平均温度已上升 1.3℃，如果任由气候恶化下去，未来数十年内，估计 60% 的埃塞俄比亚传统产区可能歉收或陨落，包括东部的哈拉尔、阿席、西达马以东，以及巴雷等较干燥的产区。另外，1931 年最早发现瑰夏的西南部产区本奇马吉野生咖啡林也因干旱少雨，岌岌可危。

埃塞俄比亚咖啡和茶叶管理局局长贝尔哈努·策加耶（Berhanu Tsegaye）忧心忡忡地指出，每年传统产区有上千公顷咖啡田荒芜，远景令人担忧。当局已加强辅导传统产区的小农正确运用遮阴树降温、铺上覆盖物护根保湿、改善灌溉设施以及采收后修剪枝干，甚至改种抗病耐旱新品种，来抵抗气候变化。ECTA 是埃塞俄比亚咖啡产业的主管机关。但策加耶局长坦承目前为小农所做的一切应变措施，仍不足以保住传统产区的所有咖啡田，因此 ECTA 实行前瞻性计划，开发更高海拔的新产区。

目前已有咖农将咖啡种到 2,600 米以上地区，但 ECTA 更鼓励咖农到 3,200 米的高海拔区种咖啡——这比近年最常见的 2,200 米高海拔新产区又高了 1,000 米——以减轻高温少雨的灾害，此乃可持续经营必要的新尝试。ECCCFF 的技术顾问沃德马里亚姆预估，21 世纪结束前，埃塞俄比亚很多传统产区，尤其处在海拔 1,500 米以下的产区，将失去种咖啡的适宜性！

策加耶局长指出，气候变化并非全无好处，埃塞俄比亚传统产区分布于北纬 3°—9° 的西南部、东南部和东部高地。然而，过去因干燥、气温太低而不宜种咖啡的西北部高地，诸如北纬10°—11.5°的安哈拉、本尚古勒-古马兹、巴赫达尔这些地区近年却因全球变暖温度上升而受益，已有咖农在这几个纬度较高的非典型产区种起咖啡。另外，传统产区的西南山林以及东南部海拔2,500米以上高地，过去不宜种咖啡，近年拜全球变暖之赐开始种起咖啡，这都是埃塞俄比亚咖啡未来的生力军。气候变化改变咖啡可耕的地域，有失也有得，咖农为自己找出路，埃塞俄比亚农政当局乐见此发展，但很多咖农认为未来新增的产区恐怕难以弥补传统产区失去的产量。

东部赫赫有名的老产区哈拉尔，很多古优品种不堪干燥与高温，香消玉殒。所幸埃塞俄比亚研究机构近年默默培育抵抗气候变化的新品种，希望能弥补老品种被气候淘汰后留下的缺口，为传统产区延续香火。但世人能接受新产区或新品种的新味谱吗？这重担就落在了ECTA身上，ECTA目前正规划新品种收获后，如何营销到欧美或有利润的新市场。策加耶局长说："我们正设法在世界人口最多的市场之一中国为埃塞俄比亚咖啡的新品项创造利润，聚焦年轻人，希望他们成为埃塞俄比亚咖啡的熟客。"

咖啡文化"断炊"，产区挪移难度高

然而，迁移到更高海拔或较高纬度的非典型产区，仍有许多难题有待克服。大型种植场资源多，较有可行性，但埃塞俄比亚咖啡大部分是由小农生产出来的，他们资源有限，甚至连车子都买不起，无力负担庞大的迁徙开销。一旦移到他处另起炉灶，传统产区千百年来的咖啡文化可能"断炊"。另外，在海拔2,500米以上的地区或西北部较高纬度的非传统产区，多数农民并无种咖啡的文化传承，如何接棒发扬咖啡国粹？

还有个大问题：东非大裂谷贯穿埃塞俄比亚，咖啡产区以裂谷为基准，分为东西两大区块，两区的雨季形态不同，裂谷以西的山林区受潮湿西南季风影响，雨势较大且只有一个雨季，集中在6—9月。而裂谷以东的高原产地诸如西达马、古吉、耶加雪菲、西阿席、阿席、巴雷、哈拉尔，雨季较分散，在3—5月以及10—11月，雨势较弱且时长短；近年东部和东南部产区的雨季愈来愈不明显，甚至消失，常造成干旱歉收或产季延误。

东西两大产地雨季形态、干湿季与土质不同，两地咖啡品种对水土的适应性也不同。沃德马里亚姆指出，抢救哈拉尔和东南产区的地方种固然重要，但贸然跨区移植到西南或西北部地区，恐怕会影响其地域之味与质量。埃塞俄比亚专家建议最好不要跨区迁徙，应以同产区较高海拔地区为主要迁移地。然而，埃塞俄比亚适合大规模移植的地区集中在西南部山林以及西北部少数地区，而东南部或东部已开发殆尽或太干旱，适合地点不多了。

另外，过去不产咖啡的 3,000 米左右高海拔或西北部地区已经种有其他作物，咖啡用地如何取得？若开垦西南部的原始山林，如何降低对环境的冲击？这些都需要精细规划的配套措施。为了挽救埃塞俄比亚咖啡产业与珍贵的地方种，农政当局每天都在跟时间赛跑。

目前阿拉比卡故乡的情境可用外弛内张来形容。从产量来看，2010—2020 年的平均年产量 421,344 吨，已比 1990—2000 年的平均年产量 178,380 吨高出 136.2%。从表面上看，30 年来埃塞俄比亚似乎未受气候变化影响，产量不减反增，何忧之有？但这 30 年来增产的法宝并不是单位产量或生产效率的提高，而是当局每年新增上万公顷咖啡田来弥补每年传统产区损失的上千公顷咖啡田，也就是不断增加种植面积来扩大产量。这就是 ECTA 急于寻觅在大西北的咖啡处女地或在 2,600—3,200 米的惊人高海拔地区开辟新战场的原因。

年产百万吨美梦难圆？

埃塞俄比亚的森林、半森林、田园、大型种植场这四大种植系统的咖啡田零星分散，面积不易精确估计。据美国农业部估计，埃塞俄比亚咖啡种植面积已从 20 世纪 90 年代的 30 多万公顷，增加到 2020 年的 53.8 万公顷，单位产量（1 公顷为 1 个单位）仍低，不到 1 吨。

另外，据埃塞俄比亚官方公告的咖啡第二个增长与转型计划（Growth and Transformation Plan II，简称 GTP II）规划，咖啡单位产量要从 2014—2015 年产季的 0.75 吨／公顷增长到 2019—2020 年产季的 1.1 吨／公顷，总产量要从

2014—2015年产季的42万吨增长到2019—2020年产季的110.3万吨。但至今达标率只有40%。数字会说话，从表9-2可看出近5年埃塞俄比亚咖啡产业确实遇到瓶颈，年产量在40万吨徘徊，2019—2020年产季单位产量只有0.82吨／公顷，甚至低于中国台湾地区咖啡的单位产量0.921吨／公顷。近年新的2020—2021年产季埃塞俄比亚咖啡产量、种植面积与单位产量估测，分别也只有45万吨、54万公顷、0.83吨／公顷，距离官方规划的年产突破110.3万吨、单位产量超出1.1吨／公顷的目标仍有一大段距离。

不利于埃塞俄比亚咖啡增产的因素很多，气候变化与看天吃饭的部分种植系统是无法改善的因素，但还有许多有待改善的因素，包括现代化的灌溉系统、施肥、取得健康种子、修整枝干、提高豆价诱因等。目前埃塞俄比亚咖啡产业面临的最大挑战不是气候变化，反而是滥砍咖啡树改种卡特树，尤其在东部干旱的经典产地哈拉尔最为严重。原因很简单，卡特树的叶子可提神，而且耐旱好种，一年至少三收，市价与利润均高于咖啡。

近30年埃塞俄比亚咖啡产量虽大幅增长，但2010—2020年面临气候变化、豆价走低与滥伐咖啡树的掣肘，增长引擎似乎熄火了，ECTA局长策加耶却信誓旦旦要完成年产110万吨咖啡的使命。他强调说："埃塞俄比亚仍有540万公顷土地适合生产精品咖啡，另有1,770万公顷可生产商业豆，可耕咖啡总面积高达2,310万

表9-2　埃塞俄比亚近5个产季总产量、单位产量与达标率

产季	2015—2016	2016—2017	2017—2018	2018—2019	2019—2020
GTP II目标	50.4万吨	60.5万吨	72.6万吨	87.1万吨	110.3万吨
实际产量	39.1万吨	41.7万吨	42.3万吨	43.8万吨	44.4万吨
达标率	78%	69%	58%	50%	40%
种植面积	52.8万公顷	52.9万公顷	53.2万公顷	53.5万公顷	53.8万公顷
单位产量	0.74吨／公顷	0.79吨／公顷	0.80吨／公顷	0.821吨／公顷	0.83吨／公顷

（＊数据来源：GTP II、USDA）

公顷。 除了奥罗米亚州、南方各族州两大主力产地，新近投产的有甘贝拉州、阿姆哈拉州、本尚古勒-古马兹州以及提格雷州，这 4 个新州区均有不错的潜力。 如果 2,310 万公顷全数顺利开发，年产突破 100 万吨的国家目标不难达成！ ”

策加耶局长说的提格雷州对全球咖啡迷仍是个陌生产地，该州位于阿姆哈拉州北部，是埃塞俄比亚纬度最高的州区，提格雷咖啡产于该州南提格雷区（South Tigray Zone）的拉雅阿杰波县（Raya Azebo），位处北纬 12.2°，是埃塞俄比亚纬度最高的产地（请参见图 9–5、9–10）。 早在 2013 年埃塞俄比亚农业研究所（the Ethiopian Institute of Agricultural Research）的人员已调研南提格雷区的咖啡质量与生长情况：南提格雷区较干燥，所产的日晒咖啡品质近似东部的哈拉尔咖啡。 南提格雷区目前产量不多，调研结论是具有开发为精品产地的潜力，这在东哈拉吉与西哈拉吉等古老产地每况愈下之际，是个令人振奋的佳音。

再过几年该州产量提高，时机成熟后，提格雷州南提格雷区的拉雅阿杰波县将被列入 ECX 咖啡产地分类表，我们拭目以待。

开发处女地，增加近四倍产区面积

埃塞俄比亚咖农凭着世代传承的经验和第六感，开发非典型的北部产区或更高海拔的咖啡处女地，为阿拉比卡原乡延续香火。 这么做有根据吗，或只是被"逼上梁山"的一场闹剧？ 德国哲学家伊曼努尔·康德有句名言："没有理论的经验是盲目的，没有经验的理论只是智力的游戏！ "

两年前我看到路透社专访埃塞俄比亚咖啡学者的外电报道——埃塞俄比亚为了因应气候变化着手开发非典型咖啡产区——燃起我一探究竟的好奇心，于是我查遍资料，终于找到埃塞俄比亚咖农和当局敢这么做的科学根据。 英国皇家植物园、英国诺丁汉大学（University of Nottingham）、埃塞俄比亚 ECCCFF、埃塞俄比亚亚的斯亚贝巴大学（Addis Ababa University）的几位植物学和地理学教授于 2017 年发表的论文《埃塞俄比亚咖啡产业在气候变化下的复原潜力》（Resilience Potential of the Ethiopian Coffee Sector under Climate Change）为搬迁产地以应对气候变暖提供了理论根据与田野调查的实证。

埃塞俄比亚前瞻性的做法与此论文所述不谋而合，开发非典型产区绝非蛮干，而是循序渐进的长期抗战。

该研究报告以严谨的田间调查数据，结合建模方法和遥感技术，预测咖啡在各种气候变化情景中的不同适应性，并评估气候变化的各种因素对咖啡田可耕性的影响。研究发现，在没有重大干预措施的情况下，目前埃塞俄比亚咖啡传统产区有高达39%—59%的面积未来将因气候的威胁而丧失可耕性，也就是说现有传统产区数十年后仅剩41%—61%的面积适合种咖啡。相反，如果迁移或开发新产区，再加上森林保护与重建，适合栽种咖啡的面积将因此增加近四倍！

该报告指出，1960—2006年的历史数据显示，埃塞俄比亚年平均气温上升了1.3℃，即平均每10年升高0.28℃，但在西南部山林和北部阿姆哈拉地区升幅更高，每10年平均上升0.3℃。根据该研究的模块预估，埃塞俄比亚的年平均气温到2060年将上升1.1℃—3.3℃，到2090年将上升1.5℃—5.1℃。

埃塞俄比亚为了因应气候变化，咖啡种植海拔每10年至少可向上攀升32米，模块保守估计2099年埃塞俄比亚咖啡种植的最高海拔将落在2,800—3,300米的区间。咖啡种下3—4年才有稳定产量，而一棵咖啡树可产出二三十年，目前开发高海拔或北部新区并不早，趁早驯化，提早适应新环境，刻不容缓。

降雨量方面，20世纪70年代至今，埃塞俄比亚西南部的本奇马吉、南部、东南和东部的降雨量平均减少了15%—20%，尤其是东南部产区西达马以东、巴雷、阿席以及哈拉尔产区到了旱季末期的2—3月土壤干燥严重。本奇马吉、西达马以东、巴雷以及阿席目前虽然有不差的产量，但模块显示数十年后恐丧失咖啡的适宜性。至于更干旱的哈拉尔产区情况更不乐观，近30年来产量与出口量锐减，数十年后哈拉尔可能从咖啡产区除名！

完全迁移 vs 原地不动

该研究以气候变化的各种模式搭配传统产区咖啡树完全迁移与原地不动两种方案，预估并比较埃塞俄比亚1960—1990年、2010—2039年、2040—2069年、

2070—2099 年这 4 个时期可耕咖啡田面积的变化。完全迁移模式是指咖啡树不受限制,搬移到任何可耕的位置,而原地不动模式指咖啡树继续种在原处不可移植他地。结果发现这 4 个时期经历气候变化后,完全迁移模式创造出的咖啡可耕田面积比原地不动模式多出将近 4 倍(请参见表 9-3)。

表 9-3 完全迁移模式可增加将近 4 倍的咖啡田面积

单位:平方千米

年份	1960—1990	2010—2039	2040—2069	2070—2099
完全迁移模式	44,820	66,158	56,036	51,280
原地不动模式	19,142	14,319	12,897	11,256
面积增加百分比	134%	362%	334%	356%

(＊数据来源:《埃塞俄比亚咖啡产业在气候变化下的复原潜力》)

以 1960—1990 年为例,原地不动模式下,埃塞俄比亚已耕和尚未使用的可耕咖啡田面积为 19,142 平方千米,但随着气候变暖加剧,2010—2039 年原地不动模式的已耕和可耕咖啡田面积缩减到 14,319 平方千米。如果积极作为,迁移咖啡树到其他可耕的位置,已耕和可耕的咖啡田面积非但不减少,反而可增加到 66,158 平方千米,即比原地不动模式增加 362%。到了 2070—2099 年,原地不动模式预估埃塞俄比亚已耕和可耕咖啡田面积会减少到 11,256 平方千米,但完全迁移模式下已耕和可耕咖啡田面积却仍高达 51,280 平方千米,也就是说比原地不动模式增加 356%。

如果当局不作为,采取原地不动模式,埃塞俄比亚已耕和可耕咖啡田面积将从 1960—1990 年的 19,142 平方千米,减少到 2070—2099 年的 11,256 平方千米,减幅达 41%。如果积极作为,采用完全迁移模式,2010—2039 年咖啡面积可扩大到 66,158 平方千米,是 4 个时期的最高峰,因为西南部山林仍有广达 15,000 平方千米的高海拔可耕地待开发。但此时期过后,高海拔良田逐渐用罄,可耕地面积开始下滑。至 21 世纪末,不论埃塞俄比亚实行完全迁移模式还是原地不动模式，咖啡田面积都会下滑，但迁移模式可创造更多的可耕地，提高应变力。

该报告指出，虽然气候正在恶化，但非传统产区的西南部 2,200 米以上高海拔山林、北部低温干燥区的咖啡田可耕性却逆势提高。而东部传统产区的哈拉尔、阿席，以及东南部的巴雷和西达马以东的产区却愈来愈不适合咖啡生长，主因在于温度与雨量的交互作用。如果年降雨量已不多，年平均温度又逐年上升，两害相乘，将大幅削弱咖啡抵抗年平均温度上升的能力；相反，年平均温度上升，但年降雨量不减反增，可提高咖啡抗气候变暖的能力。

近年哈拉尔、阿席、巴雷与西达马以东产区降雨量减少且不均，年降雨量小于 1,300 毫米，抵御高温干燥的能力降低。尤其是 1—3 月干季温度较高的月份，土壤水分蒸发较多；在 3—5 月春雨来临前，反常的升温与干旱，不利春雨后的咖啡树开花与结果，因而缩短了产季有效的生长期，影响产量与质量。

哈拉尔的咖农不看好咖啡远景，不惜牺牲千百年来的咖啡传统，砍掉咖啡树，改种卡特树。这种灌木可长高至 5—10 米，卡特叶一年有 3—4 次收获，农民全年都有收入。嚼食其嫩叶具有提神奇效，利润率远高于种咖啡。气候变化迫使咖农改种卡特树，却为传统产地哈拉尔带来空前危机。

反观西南部山林虽然也面临气候变暖威胁，但年降雨量更为丰沛，在 1,320—1,690 毫米，足以抵消升温的伤害；另外，北部与西南部高海拔的低温山林，近年因气候变暖而升温受益，加上降雨量未减，成为少数因祸得福的产区。

阿拉比卡发源地的机会与局限

西南部的野生咖啡林是阿拉比卡的发源地，但并非全区在 21 世纪结束前皆适合作为咖啡庇护所。科学家实地考察后以模块推估，适合咖啡迁入的地点介于铁比与贝德勒之间，也就是从歇卡区南边的铁比往东北方向挪移，知名的卡法森林、雅郁咖啡森林生物圈保护区、歇卡森林生物圈保护区均在其内。过去海拔 2,200 米以上的西南山林地区因气温太低不宜咖啡生长，近年受益于气候变暖，加上雨量不减反而微增，很适合阿拉比卡避难，但必须遵守核心区、缓冲区与实验区的相关规范，完善原始森林保育。

　　然而，铁比以南的瑰夏发源地本奇马吉的气候近年愈来愈干燥，尤其1—3月，总降雨量经常不到10毫米，田间有效持水量只有20%，远低于正常值55%—70%，平均温度却高达24℃（白天最高34.5℃，夜间最低16.4℃），对咖啡造成很大压力，并不适合迁移入内。科学家对此区的前景也较为悲观。

　　上述《埃塞俄比亚咖啡产业在气候变化下的复原潜力》研究报告，预估北部非传统咖啡区的阿姆哈拉、本尚古勒－古马兹、巴勒达尔，近年因气温升高，降雨量微增，可能成为新产区。2015年研究人员仍在赶写研究论文，为求慎重，他们前往这几区考察，发现有几座咖啡种植场已开发完成并投产，有些甚至位于海拔2,500米以上，可见咖农自力救济的搬迁行动早已悄悄展开，这和科学模块预估的结果不谋而合。

　　西南部几座野生咖啡林虽然可作为阿拉比卡庇护所，但仍有隐忧。果小蠹俗称钻果虫，雌虫从咖啡果基部钻入，在咖啡豆里产卵，幼虫躲在果内，即使喷药也不易防治，比叶锈病更麻烦。适合果小蠹幼虫成长繁殖的温度在20℃—30℃，年平均气温较高的低海拔产地是主要灾区。然而，埃塞俄比亚西南部山林近年因平均温度上升，过去不曾见到的果小蠹灾情已开始肆虐。德国汉诺威大学领衔的研究报告指出，果小蠹生存的温度区间为14.9℃—32℃，1984年以前埃塞俄比亚西南部山林的平均气温较低，果小蠹幼虫尚无法完成一代的繁衍，并未酿成灾情，但近年西南部高海拔山林的平均气温上升，每年产季果小蠹足以完成一至二代的繁殖，开始蔓延为祸，如不加紧防治，恐危及珍贵的野生咖啡。这是气候变化引发病虫害危机的实例。

东西两半壁风味大评比

　　埃塞俄比亚裂谷以西的卡法与歇卡森林是阿拉比卡发源地，有趣的是埃塞俄比亚咖啡种植业最早出现在裂谷以东的哈拉尔，就咖啡产业而言，东半壁开发时间早于西半壁。东西两半壁的咖啡风味有高下之分吗？这是个有趣的话题，也难有客观标准。若以2020年埃塞俄比亚首届CoE竞赛杯测87分以上的28支优胜豆为准，则东半壁产地压倒性胜出，西达马 D 组的西阿席区有 9 支优胜豆，西达马 A 组有 7 支优胜豆，光是东半壁的西达马就有 16 支优胜豆，而且前 4 名都由西达马产区包揽。东半壁盖德奥区的耶加雪菲有 6 支豆进榜，古吉区有 5 支进优胜榜。西半壁只有吉马 1 支获得优胜榜第 20 名。就 2020 年首届埃塞俄比亚 CoE 竞赛而言，东半壁咖啡出尽风头，其中以西达马 D 组的西阿席区的蓝塞波县为最大赢家。

此结果我并不意外，因为东半壁的咖啡种植业早于西半壁，发展更成熟，知名处理厂多半集中在东半壁产区。值得关注的是东半壁产地近年受气候的影响大于西半壁，ECTA 已在倾力开发西半壁咖啡产业的潜能，加上西半壁拥有 8 座野生咖啡林，基因多样性高于东半壁，西半壁的爆发力不容小觑。

如果连阿拉比卡诞生地都挺不过气候变化的折腾，我们喝咖啡的闲情逸趣能否延续到 21 世纪末，恐要打上一个大问号了！

 ## 肯尼亚篇

肯尼亚咖啡只占全球咖啡产量的 0.5% 左右，占比虽不起眼，但肯尼亚咖啡的品质极高，丰厚有劲的莓果酸香与甜感，在精品圈颇负盛名。肯尼亚素有咖啡的"香槟产区"美誉，是量少质优的典范。肯尼亚咖啡明亮浑厚的酸质辨识度很高，如果和其他产地的非瑰夏品种同台杯测，肯尼亚主力品种 SL28 与 SL34 的厚实味谱很容易让其他产地自惭形秽。

不过，近 10 年来因肯尼亚当局制度的缺失、气候变化、病虫害加剧、工资上涨与低豆价利空接踵来袭，愈来愈多咖农被迫放弃咖啡改种香蕉、牛油果和夏威夷坚果。肯尼亚咖啡的崇高声誉逐年式微。难怪咖啡玩家经常抱怨："好喝的肯尼亚味一年比一年少！"

新冠肺炎疫情重创肯尼亚精品豆市场

肯尼亚位于埃塞俄比亚南边，纬度更低，肯尼亚人习惯喝茶，喝咖啡风气远不如埃塞俄比亚。肯尼亚95%以上的咖啡必须外销，内销占比不到5%，不像埃塞俄比亚咖啡内外销各占50%。不过，肯尼亚豆质量极高，半数供应精品咖啡市场。新冠肺炎暴发后，重创欧美消费大国的国民所得，影响了既有的喝咖啡习惯，中低价的速溶与商业咖啡占比提高，咖啡馆的精品豆销量下滑。肯尼亚专营精品豆出口的鹰冠咖啡（Eagle Crown Coffee）感受最深，疫情后有一半订单被中国与美国客户取消，这也加剧了自2017年以来咖啡农砍咖啡树的行为，肯尼亚逐渐丧失在精品咖啡市场引以为傲的美誉。

近年肯尼亚雨季形态改变，尤其1—4月雨季的降雨极为间歇零星，不像过去那么集中，因此开花情况不佳，不巧又碰到连续几年的豆价挫低，咖农大幅削减施肥与田间管理的支出，致使产量与质量一年不如一年。据美国农业部统计资料，肯尼亚2019—2020年产季的阿拉比卡又比上一季短收13%，估计该季只生产65万袋（39,000吨），创下57年来新低，所幸2021—2022年新产季的气候甚佳，产量回升，增加到75万袋（45,000吨）；但500米以下的低海拔地区已改种罗布斯塔。

美国国际开发署指出，1985年以来肯尼亚的年平均温度每10年上升0.3℃，目前年平均温度已高出当年1℃以上，极端气候频率大增。20世纪60年代平均每年只会遇到一个降雨量超出50毫米的暴雨日，但2017年以来，每年至少遇到5个暴雨日，伤害咖啡脆弱的根系，并延误原有的成熟周期，损失不轻。肯尼亚的咖农人数逐年减少，但咖农的人口统计工作却已中断了20年，到底流失了多少咖农？目力尚无精确资料。

肯尼亚咖农改种水果与坚果

首都内罗毕东北部的重要咖啡产区马查科斯（Machakos），在20世纪80年代还有20万人积极从事咖啡生产，但该产区合作社工会会长马丁·穆里雅（Martin Muliya）指出，目前有四分之三的咖农改行或转种其他作物，因为咖啡种植业是高风险行业，咖啡农得承担低豆价、高温、豪雨、干旱、病虫害的损失，甚至被送进合作社或公有仓库待售的处理好的带壳豆若在出口商或客户购买前被偷、被抢、质量下降或汇率波动，损失全由咖农一人承担。肯尼亚尚未完全开放咖啡产业让私人企业执行销售重任的权限，故私人企业无法共同分担咖农的风险。现有的政策和法律框架为咖农带来很大风险，咖农只好舍弃咖啡改种其他风险较低的作物或转行。

精品光环褪色

另外，肯尼亚政府这几年为了提升咖啡产量，大力倡导非传统咖啡产区农民投入咖啡生产，却与都市附近的住房开发计划发生抢地冲突，使得增产咖啡的努力落空。以上诸多因素造成声誉极高的肯尼亚咖啡质量每况愈下。

肯尼亚横跨赤道，咖啡产区分为北半球与南半球两区，因此一年有两收，主产季在9月至来年1月，副产季在3—7月。肯尼亚的咖啡农场因继承分家的结果，规模愈来愈小，不利竞争力的提升。肯尼亚有500家咖啡合作社负责营销，分食每年5万吨上下的产量，加上一年两个产季的稀释，僧多粥少。根据肯尼亚咖啡管理部门统计，随着肯尼亚咖啡产量下滑，目前20%的咖啡加工厂处于低水平运作状态。走一趟肯尼亚产区不难发现全球精品咖啡的模范生正在凋零。

根据ICO与USDA资料，肯尼亚2019—2020年产季只产出65万袋（39,000吨）咖啡，种植面积112,000公顷，咖啡平均单位产量只有348.2千克／公顷，虽然大型农场的单位产量较高，平均有556千克／公顷，但远低于巴西和哥伦比亚，甚至低于埃塞俄比亚。肯尼亚咖啡的总产量与单位产量下滑趋势明显，尚无止跌迹象，这表示肯尼亚咖啡产业沉疴已久。

近年受气候变化影响，可预见数十年后中部的主力产区将逐渐失去适宜性，但介于西部与中部主力产区之间的肯尼亚裂谷省高海拔区（目前不宜种咖啡的高地），将因全球变暖而受惠，可望成为新产区。

肯尼亚咖啡主力产区基本上可分为中部主产区与西部两大区块：

中部产区：首都内罗毕以北到阿伯德尔山脉（Aberdare Range）和肯尼亚山周边，产地包括：基安布（Kiambu）、基里尼亚加（Kirinyaga）、梅鲁（Meru）、

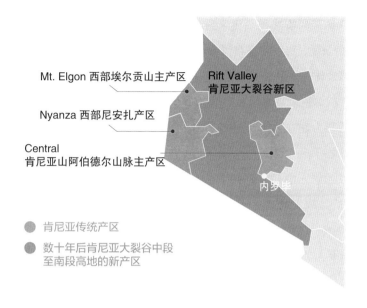

Mt. Elgon 西部埃尔贡山主产区

Rift Valley
肯尼亚大裂谷新区

Nyanza 西部尼安扎产区

Central
肯尼亚山阿伯德尔山脉主产区

内罗毕

肯尼亚传统产区

数十年后肯尼亚大裂谷中段
至南段高地的新产区

图 9-12　肯尼亚产区变化

Muranga、Tharaka Nithi、涅里（Nyeri）、马查科斯。目前产量高占肯尼亚总产量
的 60%。中部主力产区数十年后仍可种咖啡，但适宜性大幅降低，势必影响原有
的质量。

西部埃尔贡山（Mount Elgon）产区：横跨乌干达与肯尼亚的埃尔贡山是
肯尼亚第二大咖啡产地，主要分布于埃尔贡山东南部的奔戈马（Bungoma）、卡
卡梅加（Kakamega），风味接近中部产区，以酸质明亮、咖啡体厚实著称。

西部尼安扎（Nyanza）产区：位于埃尔贡山产区南部，临近维多利亚湖，
咖啡主产于基西（Kisii）、Nyamira、基苏木（Kisumu）、Migori 4 县，本区咖啡
风味较温和，不像肯尼亚山和埃尔贡山那么强烈。

肯尼亚大裂谷（Rift Valley）新产区：夹在中部与西部主产区之间
的大裂谷新兴产区诸如埃尔多雷特（Eldoret）、基塔莱（Kitale）、纳库鲁
（Nakuru）、凯里乔（Kericho）、Bomet 等地，近年已有企业前来投资。本区高
地受惠于全球变暖，咖啡的适宜性逐年提高，具有很大的开发潜力，咖啡酸质

稍逊于中部主产区。

肯尼亚出众的酸甜震味谱一半来自独特的 72 小时水洗处理法和 SL 28 与 SL 34 主力品种的贡献，另一半来自风土。基本上中部产区涅里一带的酸甜震最突出，且黏稠感最佳；基里尼亚加则以花果韵与丰富度见长；恩布（Embu）的酸甜味较平衡，以深色果皮水果和黑糖香气为主；中部各产区的风味仍有些微差异。肯尼亚近年为赶搭日晒豆热潮，也推出少量日晒豆，但风味较平淡低沉，不如传统水洗明亮精彩。

国际热带农业研究中心于 2010 年发表的研究论文《肯尼亚咖啡产业面对气候变化的调适与减灾之道》（Climate Change Adaptation and Mitigation in the Kenyan Coffee Sector）精准预估到今日肯尼亚咖农的困境。

该报告的研究人员以全球气候模式预估肯尼亚 2020—2050 年咖啡产区的气候，重点如下：

1. 2020—2050 年的降雨量与温度变化愈来愈没有季节性。

2. 2020 年的年平均温度比 2010 年升高 1℃，到 2050 年年平均温度将上升 2.3℃。

3. 产区暴雨增加，到 2050 年平均降雨量将增加 135—305 毫米，暴雨与升温是中部与西部主产区可耕性下降的主因。2050 年中部与西部主产区种咖啡的适宜性将从 2010 年的 50%—70% 剧降到 30%—60%。

4. 2010 年各产区适合咖啡的海拔介于 1,400—1,600 米，2020 年要升高到 1,600—1,800 米，2050 年要升高到 2,200 米或以上，以避开高温灾害。

5. 传统的主力产区在中部肯尼亚山以南至内罗毕，以及西部埃尔贡山一带，到了 2050 年这些主产区的适宜性将大幅降低，但夹在两区中间的裂谷区的过去不宜种咖啡的高地，数十年后因气候变暖反而提高了适宜性，可望成为生力军。

6. 海拔 1,500 米以下的产区未来将逐渐失去阿拉比卡生长的适宜性，咖农可前瞻性规划其他经济作物或转行。

英国的国际农业和生物科学中心指出，咖农频遭极端气候与低豆价打击，已无利可图，肯尼亚、坦桑尼亚和马拉维可能在不久的将来就会停止种咖啡，届时包括消费者在内，大家都是输家。

肯尼亚的左邻乌干达以罗豆为主，占 83%，阿豆只占 17%。罗豆是乌干达的强项，品质极高。一般罗豆产地的种植场海拔约数百米，但乌干达的罗豆多半种在中部、西部、西南部和东部 800—1,400 米海拔相对较高的地区，精品罗豆的比例高。阿豆种在东部与肯尼亚交界的埃尔贡山、西部鲁文佐里（Rwenzori）山脉和西南部基索罗（Kisoro）海拔 1,500—2,300 米的山区，阿豆种植面积远小于罗豆种植区。

雄心勃勃的乌干达总统于 2015 年揭示"咖啡路线图计划"，指令该国咖啡产量要从 2015 年的 350 万袋（21 万吨）增长到 2030 年的 2,000 万袋（120 万吨），也就是 15 年内要增产 471%，如果达标将挤下埃塞俄比亚，成为非洲最大咖啡产国，光耀乌干达。

这是高难度目标，而今 5 年已过，乌干达咖啡产量确实有增加，USDA 之前估测乌干达 2020—2021 年产季产量 480 万袋（28.8 万吨），较之 5 年前增长 37.1%。但是距离 2030 年产出 120 万吨的伟大目标仍有一大段距离。照近年的增长率，估计 2030 年乌干达顶多产出 40 万—50 万吨咖啡。

乌干达全力拼产量之际，却碰到气候变化扯后腿，要达到年产 120 万吨目标的机会渺茫。研究报告预估赞比亚、喀麦隆和乌干达将是全球变暖的非洲重灾区，到了 2050 年将丧失 60% 以上的咖啡可耕地。

由致力非政府组织乐施会（OXFAM）资助、对乌干达咖啡产业受气候变化影响所做的研究指出，乌干达西部的鲁文佐里山脉海拔 1,400 米以上的阿拉比卡种植区目前情况还不错，受全球变暖影响程度较小，但预估 2050 年以后，本区的阿拉比卡必须再往上挪移数百米；而海拔 2,100 米以上的山林地区目前太冷仍不宜种咖啡，但数十年后因气候变暖可增加适宜性，但乌干达 2,000 米以上的高海拔山地并不多，有些是在保护区内，有部分是砾石土壤，难有大用。而海拔 1,300 米以下的阿拉比卡产地届时得改种可可、棕榈或罗布斯塔，预估乌干达咖啡未来将因此减产 50%。

附录

埃塞俄比亚商品交易所精品级水洗与日晒咖啡合同产地分类表（2022年增修版）

ECX COFFEE CONTRACTS

1. CONTRACT CLASSIFICATIONS AND DELIVERY CENTRES

1.1 EXPORT - SPECIALTY – WASHED				
Coffee Contract	Origin (Woreda or Zone)	Symbol	Grades	Delivery Centre
YIRGACHEFE	Yirgachefe, Wenago, Kochere and Gelana Abaya, Dilla Zuria	WYC	Q1, Q2	Dilla
GUJI	Oddo Shakiso, Addola Redi, Uraga, Kercha, Bule Hora, Hambella Wamena, Bore, Haro Welabu, Girja	WGJ	Q1,Q2	Bule Hora/Hawassa
SIDAMA	Benssa, Chire, Bona zuria, Arroressa, Arbigona, Aleta Wendo, Dale, Chuko, Dara, Shebedino, Wensho, Loko Abaya,	WSD	Q1,Q2	Hawassa
AMARO	Amaro	WAM	Q1, Q2	Hawassa
KEMBATA	Kacha-Bira, Kedida-Gamela, Durame Zuria, Hadero-Tunto, Angacha, Tembaro, Damboya, Doyogena, Hadiya Zone (West Badawacho, East Badawacho, Gibe, Shashigo, Merab Soro, shone)	WKT	Q1, Q2	Wolaita Sodo
WOLAITA	Boloso Sore, Damot Gale, Damot Sore, Sodo Zuria, Kindo Koyisha, Damot Woyde, Damot Pulasa, Ofa, Boloso Bombe,Humbo	WWT	Q1, Q2	Wolaita Sodo
GURAGE	Gurage and surrounding areas	WGE	Q1, Q2	Addis Ababa
WEST ARSI	Nensebo	WWAR	Q1,Q2	Hawassa
SIDAMA E	South & North Ari, Melo, Denba gofa, Geze gofa, Arbaminch zuria, Basketo, Derashe, Konso, Konta, Gena bosa, Esera	WSDE	Q1,Q2	Soddo
LIMMU	LimmuSeka, Limmu Kossa, Manna, Gomma, Gummay, Seka Chekoressa, Kersa, Shebe,Gera	WLM	Q1,Q2	Jimma
ILLU ABABOUR	Bedelle, Chorra, Gechi, Dedessa, Dega	WIB	Q1,Q2	Bedelle
ILLU ABABOUR	Alle, Didu, Sele nono, Metu, Algesache, Darimu, Bilo noppa, Hurumu, Yayo, Doreni, Becho	WIB	Q1,Q2	Metu
BALE	Berbere, Delomena and Menangatu/Harena Buliki.	WBL	Q1, Q2	Hawassa
KAFFA	Gimbo, Gewata, Chena, Tilo, Bita, Cheta, Gesha, Bonga Zuria	WKF	Q1,Q2	Bonga
GODERE	Godere, Mengeshi	WGD	Q1,Q2	Tepi
YEKI	Yeki	WYK	Q1,Q2	Tepi
ANDERACHA	Anderacha, Masha	WAN	Q1,Q2	Tepi
BENCH MAJI	Sheko, S.Bench, N.Bench, Sheye Bench, Gidi, Bench, Gura ferda, Bero, Mizan Aman, Seaze Menit shasha, Menitgoldia	WBM	Q1, Q2	Mizan Aman
KELEM WELEGA	Kelem Wollega	WKW	Q1, Q2	Gimbi
EAST WELLEGA	East Wollega	WEW	Q1, Q2	Gimbi
GIMBI	West Wollega	WGM	Q1, Q2	Gimbi
WEST GOJAM	Dembecha, Jabi Thenana, Burea Zureaya, Merawi/Maiecha	WWG	Q1, Q2	Addis Ababa*
ZEGE	Zege and Bahire Dare Zuria	WZG	Q1, Q2	Addis Ababa*
AWI	Banja, Anekesha, Chagenie ketema, Guangua, Dangela/FagetaLekoma	WAWI	Q1, Q2	Addis Ababa*
EAST GOJAM	Debere Elias, Gozamene, Mechakel	WEG	Q1, Q2	Addis Ababa*

Note: *- Addis Ababa is a temporary delivery center until Bure is operationally ready to receive coffee

- Each coffee contracts accommodates semi washed and under screen coffee based on the arrival coffee type which is denoted by a symbol " SW" for semi washed coffee and "US" for under screen coffee as a prefix.

ECX COFFEE CONTRACTS

1.3 EXPORT - SPECIALTY – UNWASHED				
Coffee Contract	**Origin (Woreda or Zone)**	**Symbol**	**Grades**	**Delivery Centre**
YIRGACHEFE	Yirgachefe, Wenago, Kochere and Gelana Abaya, Dilla Zuria	UYC	Q1,Q2	Dilla
GUJI	Oddo Shakiso, Addola Redi, Uraga, Kercha, Bule Hora, Hambella Wamena Bore, Haro Welabu, Girja	UGJ	Q1,Q2	Bule Hora/Hawassa
SIDAMA	Benssa, Arroressa, Arbigona, Chire, Bona Zuria Aleta Wendo, Dale, Chuko, Dara, Shebedino, Wensho, Loko Abaya,	USD	Q1, Q2	Hawassa
AMARO	Amaro	UAM	Q1, Q2	Hawassa
KEMBATA	Kacha-Bira, Kedida-Gamela, Durame Zuria, Hadero-Tunto, Angacha, Tembaro, Damboya, Doyogena Hadiya Zone **(West Badawacho, East** Badawacho, **Gibe, Shashigo, Merab Soro,** shone)	UKT	Q1, Q2	Wolaita Sodo
WOLAITA	Boloso Sore, Damot Gale, Damot Sore, Sodo Zuria, Kindo Koyisha, Damot Woyde, Damot Pulasa, Ofa, Boloso Bombe,Humbo	UWT	Q1, Q2	Wolaita Sodo
GURAGE	Gurage and surrounding areas	UGE	Q1, Q2	Addis Ababa
WEST ARSI	Nensebo	UWAR	Q1, Q2	Hawassa
SIDAMA E	S.Ari, N.Ari, Melo, Denba gofa, Geze gofa, Arbaminch zuria, Basketo, Derashe, Konso, Konta, Gena bosa, Esera	USDE	Q1 Q2	Soddo
JIMMA	Limmu Seka, Limmu Kossa, Manna, Gomma, Gummay, Seka Chekoressa, Kersa, Shebe and Gera.	UJM	Q1, Q2	Jimma
ILLU ABABOUR	Bedele, Chorra, Gechi, Dedessa, Dega	UIB	Q1,Q2	Bedelle
ILLU ABABOUR	Alle, Didu, Sele nono, Metu, Algesache, Darimu, Bilo noppa, Hurumu, Yayo, Doreni, Becho	UIB	Q1,Q2	Metu
HARAR A	E.Harar, Gemechisa, Debesso, Gerawa, Gewgew and Dire Dawa Zuria	UHRA	Q1, Q2	Dire Dawa
HARAR B	W.Hararghe	UHRB	Q1, Q2	Dire Dawa
HARAR C	Arsi Gololcha and Chole	UHRC	Q1,Q2	Dire Dawa
HARAR D	Bale Gololicha	UHRD	Q1,Q2	Dire Dawa
HARAR E	Hirna, Messela	UHRE	Q1, Q2	Dire Dawa
BALE	Berbere, Delomena and Menangatu/Harena Buliki).	UBL	Q1, Q2	Hawassa
KELEM WOLLEGA	Kelem Wollega	UKW	Q1, Q2	Gimbi
EAST WOLLEGA	East Wollega	UEW	Q1, Q2	Gimbi
GIMBI	West Wollega	UGM	Q1, Q2	Gimbi
GODERE	Mezengor(Godere, Mengeshi)	UGD	Q1,Q2	Tepi
YEKI	Yeki	UYK	Q1,Q2	Tepi
ANDERACHA	Anderacha	UAN	Q1,Q2	Tepi
BENCH MAJI	Sheko,S.Bench, N.Bench, Gura ferda, Bero, M.Goldia, M.Shasha, Sheye Bench, Gidi Bench, Mizan Aman, Seaze	UBM	Q1, Q2	Mizan Aman
KAFFA	Gimbo, Gewata, Chena Tello, Bita, Cheta, Gesha	UKF	Q1, Q2	Bonga
WEST GOJAM	Dembecha, Jabi Thenana, Burea Zureaya, Merawi/Maiecha	UWG	Q1, Q2	Addis Ababa*
ZEGE	Zege and Bahire Dare Zuria	UZG	Q1, Q2	Addis Ababa*
AWI	Banja, Anekesha, Chagenie ketema, Guangua, Dangela/FagetaLekoma	UAWI	Q1, Q2	Addis Ababa*
EAST GOJAM	Debere Elias, Gozamene, Mechakel	UEG	Q1, Q2	Addis Ababa*

Note: *- Addis Ababa is a temporary delivery center until Bure is operationally ready to receive coffee

- Each coffee contracts accommodates semi washed and under screen coffee based on the arrival coffee type which is denoted by a symbol " SW" for semi washed coffee and "US" for under screen coffee as a prefix.

第十章

变动中的咖啡产地
——南美洲

拉丁美洲 19 个主要咖啡产地,

在 2018—2019 年产季的咖啡豆产量达 10,371.3 万袋(6,222,780 吨),

高占全球产量的 60.67%,

大于非洲和亚洲产量的总和。

在全球前六大产地中,有三大出自拉丁美洲,

拉美堪称全世界的咖啡要塞。

拉丁美洲产地分为南美洲、中美洲与加勒比海诸岛三大区块,

各产地的产量数据如表 10-1。

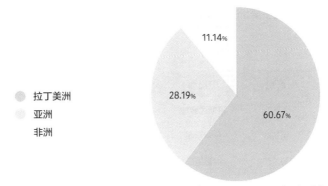

图 10-1　三大洲咖啡产量占比图（2018—2019 年产季）

（＊数据来源：ICO、USDA）

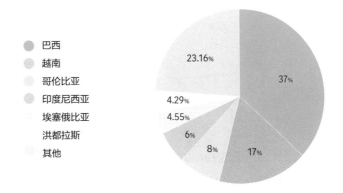

图 10-2　世界六大咖啡产地产量占比图

（＊数据来源：USDA、ICO）

拉丁美洲高占全球咖啡产量的六成，是三大洲之最，也是受气候变化影响最大的一洲。美国国家科学院（National Academy of Sciences）2017 年发表的研究报告指出，如果 2050 年全球温度比工业化以前的年平均温度高出 2℃，那么拉丁美洲适合种咖啡的面积将锐减 77%—88%，减幅比非洲和亚洲产地高出 46%—76%。170 年以来拉丁美洲一直是全球咖啡供应端的龙头，但如果气候变化持续恶化下去，数十年后拉丁美洲大幅减产，恐危及全球咖啡产业。

根据 2015 年《巴黎协定》，近 200 个国家承诺控制温室气体排放量，在 21 世纪结束以前将全球升温幅度抑制在 2℃以内，并努力控制在 1.5℃以下，但美

表 10-1　拉丁美洲 19 个产地产量比较（2018—2019 年产季）

单位：吨

南美洲	产量	中美洲	产量	加勒比海诸岛	产量
巴西	3,775,500	哥斯达黎加	85,620	古巴	7,080
玻利维亚	4,980	萨尔瓦多	45,660	多米尼加	25,860
厄瓜多尔	36,060	洪都拉斯	439,680	海地	20,820
巴拉圭	1,200	墨西哥	261,060	牙买加	1,080
秘鲁	255,780	危地马拉	240,420		
哥伦比亚	831,480	尼加拉瓜	150,600		
圭亚那	600	巴拿马	7,800		
委内瑞拉	31,500				
合计	4,937,100		1,230,840		54,840

（＊数据来源：ICO）

国和巴西近年态度消极，很多专家认为此目标难达成。

近年诸多研究报告指出，巴西高海拔山林不多，很可能沦为气候变化的重灾区，未来数十年将损失高达 30%—60% 的咖啡田。如果预言成真，巴西"咖啡王国"的称号将面临严峻挑战。然而，巴西当局却不理会国际的预警，坚信科技能胜天，并宣称巴西咖啡的产量只会增加不会减少，急煞许多科研机构。

中美洲咖啡产量虽只及南美洲的 24.93%，但素以高档精品咖啡闻名于世，这 30 年来中美洲诸国的产量不是下滑就是停滞，只有洪都拉斯逆势而为，大幅增产，这在气候变化的大环境下更显突兀；而哥斯达黎加虽大幅减产，但改走减碳种植路线，并发起微处理厂革命（Micro-mill Revolution），提升价值并聚焦高端市场，前景并不暗淡；因瑰夏咖啡一炮而红的巴拿马，近年也遭气候变化的打击，但巴拿马咖农的素质极高，采用农林混作系统以及生物刺激素来提升咖啡抵抗逆境的能力。中美洲产地如果挺不住气候变化而持续减产，将是精品咖啡界的重大损失。

200 多年前加勒比海咖啡曾经是世界的霸主，多米尼加、海地、古巴和牙买加咖啡名噪一时，但 19 世纪中叶以后走衰，被中美洲和南美洲超越，近 30 年来，加勒比海诸岛除了要面对热浪、干旱、少雨的打击，还频遭飓风侵袭，昔日荣景不再，目前只剩多米尼加情况稍好，但产量也从 20 世纪 90 年代的 5 万多吨，重跌到目前的 2 万多吨，精品级全供外销，因此还需从国外进口商业级咖啡供给国内市场。

南美洲产咖啡的两大区块

南美洲的咖啡产地分为两大区块，第一区块为南美洲西岸的安第斯山脉，产国包括哥伦比亚、厄瓜多尔、秘鲁、玻利维亚和委内瑞拉，纬度介于北纬 12° 和南纬 15°之间。本区海拔较高，应变筹码多，耐受度较高。根据《气候变化对全球主要阿拉比卡产地适宜性的变动预估》，本区平均年降雨量数十年内会再增加 100—170 毫米，尤其雨季降雨增强，易造成灾害；干季会从目前的 1 个月增加至 2 个月。最高温与最低温也会上升，种植罗布斯塔与阿拉比卡的海拔将从目前的 500—1,500 米，升高到 1,000—2,800 米，以规避升温的祸害。数十年后本区 1,800 米以下将不再适合种阿拉比卡。过去哥伦比亚、秘鲁、厄瓜多尔在 2,000 米以上的农地太冷凉不宜咖啡生长，近年却因气候变暖而增加了咖啡的适宜性。整体而言，本区离赤道较近，雨量丰沛且海拔较高，灾情相对较轻。

第二区块在南美洲东岸的巴西高原，纬度为南纬 5°—27°，但海拔较低，平均 500—800 米，超出 1,300 米的庄园不多。巴西产区的纬度较高，处于亚热带气候区，因此 1,000 米左右即可种出不错的阿拉比卡。巴西传统有 5—6 个月的干季，数十年后变化不大，但干季会更极端，月均降雨量将再减少 50 毫米以上，易造成旱灾。为了避开升温祸害，巴西的咖啡种植区海拔将从目前的 400—1,500 米，升高到 800—1,600 米。不过，高地难觅，未来必须往南部纬度更高的凉爽地区迁移，但仍无法弥补原有产区的损失。巴西最快在 2050 年、最慢 2080 年将失去近半的咖啡田！整体而言，巴西灾情会比南美洲西岸的安第斯山系产地更严重。

巴西是全球最大咖啡产国，咖啡消费量更是惊人，一年喝掉 120 多万吨咖啡，人均消费量高达 6 千克，挤进世界咖啡人均消费量大国排行榜前 5，称得上最爱酗咖啡的产国。巴西稳坐世界最大咖啡产国宝座已逾 150 年，半个世纪以来巴西气候的变化与咖啡产地的挪移，可作为气候变化的最佳教材。

避寒害，20 世纪 70 年代第一次大迁移

半世纪以前，巴西咖啡的主力产区在南部纬度较高的圣保罗州（São Paulo，南纬 19°—25°）和巴拉那州（Paraná，南纬 22°—27°），当时两州高占巴西咖啡70% 的产量；但 20 世纪 60 年代以后，南极冷空气北上，也就是南极振荡，此后两大主产地冬季常遇霜害，损失惨重。巴西咖啡农场为避寒害，1970 年后，大举北移到东南部纬度较低更温暖的米纳斯吉拉斯州（Minas Geris，南纬 14°—23°）、圣埃斯皮里图州（Espírito Santo，南纬 17.9°—21°）和东北部的巴伊亚州（Bahia，南纬 9.3°—17.9°）以及中西部的朗多尼亚州（Rondônia，南纬 8°—13°）。

今日巴西最大咖啡产地米纳斯吉拉斯州以及该州知名精品咖啡产区塞拉多（Cerrado），和北部原先不产咖啡的巴伊亚州的大型咖啡农场，多半是 20 世纪70—90 年代从南部圣保罗州和巴拉那州北迁而来的咖农打造创建的。米纳斯吉拉斯州、巴伊亚州和盛产罗豆的圣埃斯皮里图州在南部专业咖农躲避寒害、第一次大迁移的背景下顺利接棒，成为今日巴西咖啡主产区。

近半个世纪以来，米纳斯吉拉斯州和巴伊亚州已开发成全球科技化程度最高的新型咖啡农场；大型咖啡庄园的灌溉与种植管理系统全采数字化与机械化，每公顷平均产量可高达 3—4 吨，羡煞各产地。尤其米纳斯吉拉斯州的阿拉比卡产量高占巴西总产量的 70%，即使加计罗豆，米纳斯吉拉斯州的咖啡产量亦高占巴西总产量的 50%，是全球最大咖啡产房。光是米纳斯吉拉斯一州的咖啡产量已高占全球总产量的 20%，动见观瞻，因此每年只要传出米纳斯吉拉斯州气候异常，诸如旱季太长或春雨不足，就会造成国际咖啡价大涨。反之，米纳斯吉

阿拉比卡 Arabica

罗布斯塔 Canephora / Robusta

阿拉比卡／罗布斯塔

米纳斯吉拉斯州 Minas Gerais
1 南米纳斯 Sul de Minas
2 塞拉多 Cerrado
3 米纳斯高原 Chapada de Minas
4 米纳斯山峦 Montanhas de Minas

圣保罗州 São Paulo
5 圣保罗州马吉安纳 São Paulo Mogiana
6 圣保罗州中西部 São Paulo Centro Oeste

圣埃斯皮里图州 Espírito Santo
7 圣埃斯皮里图州山区 Montanhas do Espírito Santo
8 罗豆专区

巴拉那州 Paraná
9 巴拉那西北部
13 巴拉那州北部经典产品

巴伊亚州 Bahia
10 巴伊亚高原 Behia Planalto
11 巴伊亚塞拉多 Behia Cerrado
12 巴伊亚州南部罗豆专区

朗多尼亚州 Rondônia
14 朗多尼亚

圣卡塔琳娜州 Santa Catarina
15 圣卡塔琳娜州

南里奥格兰德尔州 Rio Grande do Sul
16 南里奥格兰德尔州

图 10-3　巴西产区

拉斯州如果风调雨顺大丰收，国际咖啡价格则应声大跌。

　　米纳斯吉拉斯州中西部的精品产区塞拉多，以及海拔较高的南米纳斯（Sul de Minas）几年前荣获巴西政府颁赠原产地标志（Denominação de Origem）殊荣。一般而言，米纳斯吉拉斯州东部、东北部海拔较低且干燥，咖啡质量较差，以日晒为主，但近年已尝试水洗与去皮日晒以提升质量。巴西主力产区北移后，南部纬度较高的老产区巴拉那州与圣保罗州的咖啡面积因此大幅缩小，两州合计年产量从半世纪以前高占巴西的70%，重跌到今日只剩10.7%，远不如纬度较低的新区米纳斯吉拉斯州、巴伊亚州、圣埃斯皮里图州、朗多尼亚州，以上新产区合占82%以上的产量（请参见表10-2）。

过去怕霜害，现在惧旱灾

巴西咖啡主产地第一次搬移北迁后，果然解决了霜害问题，但好景不长，2010年以后，全球变暖加剧，东南部与北部新兴产区高温与干旱愈来愈严重，旱灾如同半世纪前的霜害"阴魂"，接棒肆虐巴西纬度较低的咖啡产房。世事多变，反观南部纬度较高的冷凉地区，未来数十年后将因全球变暖而受益，咖啡生长的适宜性大幅提升。21世纪结束以前，巴西咖啡产业可能要考虑进行第二次搬迁工程，重回南部的怀抱！

百年来巴西咖啡产区随着气候变化而调整，这与咖啡的物候有绝对关系，因此有必要先了解巴西的四季、干湿季与产季。

表10-2 巴西六大主产区的咖啡种植面积

单位：公顷

州名	咖啡面积
米纳斯吉拉斯州	1,220,000
圣埃斯皮里图州	433,000
圣保罗州	216,000
巴伊亚州	171,000
朗多尼亚州	95,000
巴拉那州	49,000

注：巴西咖啡种植面积数十年来介于180万—300万公顷之间，豆价涨则增加面积。

（＊数据来源：2018年巴西联邦政府统计数据）

第四波精品咖啡学

咖啡发芽、结花苞、开花、产果的生理周期与光照、降雨、温度、气候、四季的周期变化息息相关,也就是物候现象。北半球的咖啡产地,花期一般在春夏之交,即 3—5 月;果实成熟期约在夏秋,即 6—10 月;采收期在冬季,即 11月—来年 2 月。但南半球四季恰好与北半球相反,就巴西而言,咖啡的花期在9—11 月,果子成熟期在 12 月—来年 5 月,主要收获期在 6—8 月。

巴西咖啡产量高占全球产量的 30%—40%,每年 9 月中旬巴西咖啡逾九成采收完毕,全球各大咖啡进出口商、烘焙厂、期货市场或金融投机客,开始关注巴西气象分析以及咖啡在春季的开花情况,因为这直接影响下个新产季的荣枯。如果 3—8 月的干季并未拖太长或气候太极端,9 月春雨如期报到,花期与果熟期风调雨顺,表示新产季将大丰收,咖啡期货市场将以跌价预先对供过于求做出反应。如果春雨不足或气象预估春夏的潮湿季暴雨日过多或遇更极端的高温且不降雨,表示花期与果熟期不妙,新产季恐减产,期货市场将以大涨预先反映来年的供不应求。

半世纪以前,进出口商与期货市场全神关注巴西产区 6—8 月冬季的霜害问题,如今已将霜害抛诸脑后,改为忧心秋冬季 4—8 月的干季拖太长或春夏季 9月—来年 2 月的雨水太少、温度太高或飓风频袭的问题。气候变化也全然改变了咖啡从业人员对各季节忧心的事项。

四季	1	2	3	4	5	6	7	8	9	10	11	12
干季	1	2	3	4	5	6	7	8	9	10	11	12
湿季	1	2	3	4	5	6	7	8	9	10	11	12
产季	1	2	3	4	5	6	7	8	9	10	11	12

夏季　●秋季　○冬季　春季

图 10-4　巴西咖啡的四季、干湿季与产季

注:巴西咖啡的物候:9—11 月为花期,12 月—来年 5 月为咖啡果成熟期,6—8 月为主要收获期。

2010 年以来，巴西主力咖啡产地频遭高温干旱侵袭，造成 2011 年、2012 年、2014 年、2015 年和 2016 年六季减产，连强悍的巴西罗豆也遭殃。2010 年以来巴西产区常发生不寻常的旱灾，世人开始认清全球变暖引发的厄尔尼诺与拉尼娜现象的严重性；所幸 2018—2020 年这 3 年产季的旱象稍纾解，产量逐渐恢复，2020 年更是产量大爆发。

2020 年风调雨顺大丰收

2020 年是偶数年，恰逢巴西咖啡盛产的双循环年，加上 2019 年出奇地风调雨顺，2020 年产季于 4—10 月采收完毕。巴西官方的食品供应和统计机构 Conab 数据出炉，本季产量高达 6308 万袋（3,784,800 吨），超越 2018 年缔造的 6170 万袋（3,702,000 吨）纪录，再缔新猷。其实早在 2019 年末至 2020 年初，各大进出口商和期货公司的调研人员已指出，2020 年巴西咖啡收获季的花期即 2019 年 9—11 月春雨丰沛，花苞茂密，预估 2020 年将是个大丰收年，引发 2020 年上半年豆价大跌一波（2020 年 6 月 16 日跌至 93.65 美分 / 磅），直到 2020 年 7 月以后传出久旱不雨的坏消息，恐危及 2021 年新产季的花期与产量，纽约阿拉比卡期货市场才反转走强（2022 年 2 月 9 日涨至 248.28 美分 / 磅），不到两年涨幅高达 165%。

2021 年盛况难再，减产四成

老天翻脸果然比翻书快，2021 年盛况难再。2021 年新产季的花期，也就是 2020 年 9—11 月，又拉起旱灾警报，巴西咖农闲聊的社交网站张贴出一张张久旱不雨之下咖啡花苞锐减、落花、干枝枯叶的照片，甚至因种植场枯叶过多，盛夏高温引起几座庄园火灾，焦土一片，令人触目惊心。

总部设于米纳斯吉拉斯州西南部瓜舒佩市（Guaxupé）的巴西最大咖啡产销合作社 Cooxupé 的调查人员，2020 年 5—11 月考察米纳斯吉拉斯州几个重要产区，发觉情况不妙。这 7 个月共约 210 天里，每日降雨量超过 2 毫米的只有 25

天，旱象严重，且平均温度又上升1℃，最高温超过36℃，许多花苞因而"流产"。花期不旺，即使成功授粉，开花结果后，每月至少需要40毫米雨量才能滋润咖啡果内的种子顺利成长。

另外，专精于全球金融市场数据分析的路孚特艾康（Refinitiv Eikon）指出，2020年7—9月米纳斯吉拉斯州南部主产区两个月只降了23毫米雨量，远低于历史平均的正常降雨量68毫米。而且米纳斯吉拉斯州南邻的圣保罗州也同时发生20年来最严重的高温少雨旱象，预估该州2021年新产季将因干旱大幅减产四成。位于纽约的全球农作物情报分析机构葛罗情报（Gro Intelligence）于2020年10月对2021年巴西咖啡产量发出警讯。该机构指出，巴西咖啡产业2020年大丰收，但拉尼娜现象又发作，致使2020年6—12月的降雨量远低于过去10年平均值；以米纳斯吉拉斯州为例，7月全州平均只降雨2.6毫米，远低于10年平均值16毫米；9月花期的雨季，全州平均只降雨25.66毫米，远低于10年平均值50.04毫米；10月全州的平均降雨量96.96毫米，远低于10年平均值173.80毫米。圣埃斯皮里图州、圣保罗州和巴拉那州的花期降雨量都低于10年平均值，只有北部巴伊亚州情况稍好。估计36%的巴西咖啡产区出现中度旱象，严重旱象也高达20%，异常旱象达22%，最大产地米纳斯吉拉斯州灾情最重，全州只有3%的产区未受干旱肆虐。

全球变暖唯一好处：助涨豆价

巴西农业部根据各主产区传来的旱象情报，2020年12月预估2021年新产季将比2020年减产15%—40%。无独有偶，2020年7—11月，世界咖啡贸易巨擘ECOM以及Volcafe的人员走访巴西主产区，调研冬季干旱、春季降雨与开花情况后，也发出2021年新产季将比上一季减产三分之一以上的警示。

对巴西气候高度敏感的纽约阿拉比卡期货市场，疲软多年后，2020年6月16日开始从低档93.65美分／磅，起涨趋坚，截至2020年12月31日已涨到128.25美分／磅，半年内涨幅高达36.9%。如果高温与干旱持续，涨势不会停，这反而有助于纾解多年来低豆价对全球咖农造成的巨大压力，这或许是全球变暖对咖农唯一的利好。

据最权威的 Conab 2021 年 1 月发布的资料，预估 2021 年米纳斯吉拉斯州咖啡产量介于 1,980 万—2,210 万袋（1,188,000—1,326,000 吨）之间，比 2020 年减产约 42.8%，并预估 2021 年巴西阿拉比卡与罗豆合计产量介于 4,380 万—4,950 万袋（2,628,000—2,970,000 吨）之间，相比 2020 年盛产年的 3,784,800 吨，减产幅度高达 21.5%—30.6%。2021 年减产除了因干旱少雨，还因不巧又碰上奇数的减产循环年，两因素叠加，驱使咖啡期货市场暂时挥别熊市，呈现上扬的牛市气象。

雨季闹旱灾，罗豆也遭殃

20 世纪 70—90 年代圣保罗州和巴拉那州冬季不时传出霜害减产消息，但近十多年霜害几乎消失，纬度较高的南部由冷转暖，而纬度较低的东南部、东北部和中西部由凉爽温暖转为干热，旱灾频率增加，成为巴西咖啡的最大天灾。

以 2010 年 5—10 月为例，巴西米纳斯吉拉斯州、巴伊亚州、圣保罗州的阿拉比卡产区连续 6 个月干燥高温，降雨量少于正常值，造成落叶、落果或胚乳畸形（种子发育异常），致使 2011 年的产量低于 300 万吨。难怪 2010 年 5 月纽约阿拉比卡期货起涨，涨到 2011 年 4 月 25 日飙上 300 美分／磅，创下近 10 年新高纪录保持至今（2022 年 1 月）。

盛产罗豆的圣埃斯皮里图州受益于完善的灌溉设施，花期未受影响，2010—2011 年产季损失较轻。很多咖啡学者顺水推舟，大推较耐旱的罗布斯塔来抵抗气候变化，而罗豆的全球占比确实逐渐升高，罗豆与阿豆的全球市场占有率从半世纪前的 30% 比 70%，变为近年的 40% 比 60%。

但气象专家警告，拉尼娜现象当道，巴西产区干燥少雨的频率会愈来愈高，罗豆产区迟早受波及。2011—2016 年巴西主力产区连续 6 年干旱，罗布斯塔经过 6 年"实战"后，并不如预料中那么健壮，枯枝残叶落满地，咖农损失惨重，终于认清罗豆的抗旱能耐未必比阿拉比卡强多少。

位于米纳斯吉拉斯州东部的圣埃斯皮里图州海拔较低，是巴西罗豆的主产区，也仅次于越南，是世界第二大罗豆产地。该州 2014—2016 年连续 3 年，在本应是产区最潮湿雨季的 1 月与 2 月，月均降雨量只有 80 毫米，不到正常值的一半。走进罗豆种植场，脚踩枯枝落叶，发出沙沙的刺耳声，眼看着光溜溜罗布斯塔"骨架"叶不蔽体，真像是咖啡末日降临。咖农难以置信在巴西传统的雨季时节竟然闹旱灾，这应该是巴西历来首见的雨季旱灾一闹就 3 年的奇闻，巴西罗豆产量连续 3 年每年锐减三成。

其实，罗布斯塔的根系比阿拉比卡浅，更不易吸收土壤中的水分，因此所需的年均降雨量高于阿拉比卡的 1,500 毫米。罗豆所需年均降雨量至少要 1,800 毫米，甚至 2,000—2,500 毫米才长得好。

圣埃斯皮里图州过去的年均降雨量在 1,200—1,300 毫米，全靠高科技灌溉系统造就世界第二大罗豆产地的威名。然而 2010—2016 年这 6 个产季中竟然有 4 个产季的年均降雨量不到 1,000 毫米，尤其 2015—2016 年产季只降了 549.3 毫米（请参见图 10-5），创下 80 年有记录以来的新低，即使有灌溉系统也救不活需水甚多的罗布斯塔。经此教训，本区罗豆咖农近年开始分散风险，间植可可、橡胶、胡椒和水果，虽然也耗水，但一年有数收，收入更稳定。

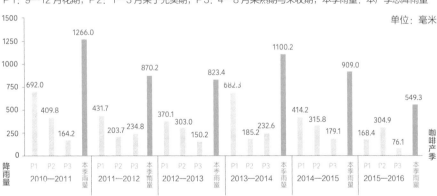

P1: 9—12 月花期；P2: 1—3 月果子充实期；P3: 4—8 月果熟期与采收期；本季雨量: 本产季总降雨量

图 10-5　圣埃斯皮里图州九大罗豆产区 2010—2016 年产季的平均降雨量

注: 图中所有数字四舍五入到小数点后一位。

[＊数据来源:《与高温有关的干旱对次尼佛拉农场的影响: 巴西圣埃斯皮里图州的一个研究案例》(Impact of Drought Associated with High Temperatures on *Coffea canephora* Plantations: A Case Study in Espírito Santo State, Brazil)]

世界第二大罗豆产地拉警报

罗豆与甘蔗是圣埃斯皮里图州第一和第二大农作物，州徽亦以罗豆的红果子和甘蔗点缀（图10-6）。近年该州高温干旱异常，已引起研究机构关注。

图10-6　鲜红的罗布斯塔红果子点缀圣埃斯皮里图州的州徽

2020年巴西维索萨联邦大学农业工程学系（Agricultural Engineering Department, Federal University of Viçosa）与森林工程学系、圣埃斯皮里图联邦大学生物学系（Biology Department, Federal University of Espírito Santo）联署发表的研究报告《与高温有关的干旱对坎尼佛拉农场的影响：巴西圣埃斯皮里图州的一个研究案例》指出，圣埃斯皮里图州2010—2016年6个产季的平均降雨量约920毫米，已比过去的年平均降雨量1,300毫米少了29.2%，其中2015—2016年产季降雨量只有549.3毫米（请参见图10-5），比过去的年平均降雨量少了57.7%，也比2010—2016年产季的平均降雨量少了40%，造成2015—2016年产季罗豆产量比前一产季锐减41%，树势受创也拖累了2016—2017年产季的产量，直到2018年降雨量回升，才逐渐恢复产量。虽然该州有先进的灌溉系统，但年降雨量低于1,000毫米，也无力回天。

该报告指出，旱灾如果发生在P1（9—12月）的花期，将造成筛管分化，花芽吸不到水将无法发育，造成落花；如果发生在P2（1—3月）果子充实期，将造成胚乳畸形；干旱如果发生在P3（4—8月）的果熟期，将造成落果。虽然4—8月的冬季是巴西的干季，温度较低，有助咖啡挺过干旱，但最怕12月—来年 2 月的夏天，在 35℃—40℃ 的高温下久旱不雨，即使短短 1 个月，造成的损害也会大于冬季 4 个月的干旱。圣埃斯皮里图州的罗豆产区，近年夏天异常高温干旱的频率上升，令人忧心。

该报告还指出，异常高温缺雨的气候将逐渐常态化，圣埃斯皮里图州的罗豆产业应尽早推出调适策略，诸如减少全日照种植，改用农林间植或遮阴种植法，有助降温并为土壤保湿，另外，增建小型水库也是刻不容缓的因应之道。

米纳斯吉拉斯州旱灾，全球打寒战

另外，全球最大阿拉比卡产地、高占巴西 50% 咖啡产量的米纳斯吉拉斯州，2014 年也发生罕见的干旱。1 月是传统的盛夏雨季，正常平均降雨量介于 265—301 毫米，但州内各产区只降了 45—86 毫米，创下巴西产区历来雨季最低雨量纪录，阿拉比卡灾情惨重，纽约咖啡期货涨破 200 美分／磅。好在 2015—2016 年该州缺水旱象稍微纾缓，但降雨量只有正常值的一半，水情仍吃紧，直到 2017 年以后才逐渐好转，令业界松了口气。而罗豆主力产区圣埃斯皮里图州直到 2018 年才恢复正常降雨量。巴西最大咖啡合作社 Cooxupé 说："近年旱灾频传，何时再发生、会造成多大损失，没人知道，因为这些产区的雨季过去不曾发生干旱，为何近年如此反常，这是个值得深究的新领域。"

米纳斯吉拉斯州是全球最重要的咖啡产房，联合国气候变化框架公约（UNFCCC）秘书长克丽丝蒂安娜·菲格雷斯（Christiana Figueres）针对 2014—2016 年巴西咖啡产区的反常旱灾警告道："如果单独看这件事，或许你会说那只是百年难得一见的天灾，但问题是那不是偶发事件，不能以个案视之。老天正将反常的气候模式逐渐常态化。极端气候的频率与严重性会持续增强……气候变化不是未来式，更不是将来会在哪发生，而是全人类已身陷其中，这不过是一盘前菜而已。"

闹完旱灾，又闹水灾，2020 年 1 月中下旬的雨季，亚热带风暴"库鲁美"侵袭米纳斯吉拉斯州、圣埃斯皮里图州、里约热内卢州，连续数日暴雨，米纳斯吉拉斯州首府贝洛奥里藏特市数小时内降下 170 毫米豪雨，数万人无家可归，创下 110 年来最大灾情；米纳斯吉拉斯州的北部与东部灾情最惨，有座庄园发生泥石流，冲走 3 万株咖啡，所幸咖啡庄园最密集的南米纳斯与中西部塞拉多降雨尚未到达暴雨级，及时的大雨反而纾解了旱象，有助于咖啡成长，利大于弊。总体上巴西 2020 年的产量因祸得福，突破 2018 年纪录，再创历史新高。

虽然是虚惊一场，但澳大利亚的气候研究所引述的一份 2015 年的研究报告《苦味咖啡：全球阿拉比卡与罗布斯塔生产面临的气候变化概况》(A Bitter Cup: Climate Change Profile of Global Production of Arabica and Robusta Coffee) 指出，气候变化势必危及全球咖啡产量，"如果高温与降雨形态再恶化下去，2050 年全球适合咖啡生长的地区将锐减 50%。尤其是低纬度低海拔产区受害最深，但相对而言高海拔与高纬度产区受害程度较轻。"

研究报告示警米纳斯吉拉斯州

有强力证据显示，近年的气候模式已非季节模式能解释，而是更大范围的气候变化模式的一部分，难以捉摸的气候为巴西咖啡 2021 年，甚至 2022 年、2023 年等数十年后产季的收获蒙上厚厚阴影。巴西咖啡产地的荣枯，深深影响全球咖啡的产销与价格，近 20 年全球变暖的诸多研究报告不约而同对世界最大咖啡产房米纳斯吉拉斯州发出警示。

2018 年巴西国家太空研究院（National Institute for Space Research, Brazil）发表的研究报告《气候变化对巴西东南部阿拉比卡咖啡潜在产量的影响》(Climate Change Impact on the Potential Yield of Arabica Coffee in Southeast Brazil)[1] 指出，1990—2015 年世界最大咖啡产地米纳斯吉拉斯州在咖啡适宜性分类中（请参见图 10-7），完全适宜的地区高达 68%、适宜的地区达 4%、尚可的地区 28%。但全球变暖进展到 2071—2100 年，在最悲观的 RCP8.5 情景下，预估米纳斯吉拉斯州完全适宜种植咖啡的地区将锐减至只剩 4%，减幅高达 94.1%；而且适宜的

---

1 作者：Priscila da Silva Tavares、Angélica Giarolla、Sin Chan Chou、Adan Juliano de Paula Silva、André de Arruda Lyra

地区只有 9%；不易种出精品咖啡的尚可地区将扩大到 61%；产量减半的受限制地区高占 25%！若以较乐观的 RCP4.5 情景来评估（请参见图 10-7），全球变暖到了 2071—2100 年，米纳斯吉拉斯州完全适宜种植咖啡的地区将从对照基准 1995—2015 年的 68% 减少到 32%，减幅亦高达 52.9%！

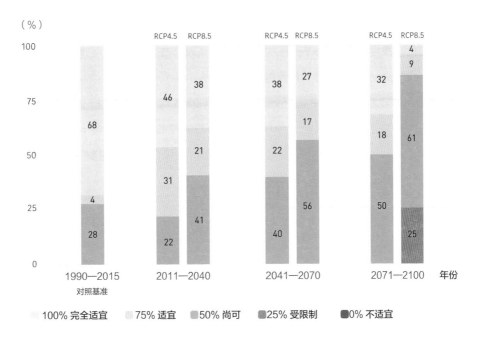

图 10-7　米纳斯吉拉斯州咖啡适宜性的情境模拟（2011—2100 年）

（▲数据来源：《气候变化对巴西东南部阿拉比卡咖啡潜在产量的影响》）

巴西国家太空研究院采用两种气候变化的情景 RCP4.5 与 RCP8.5，系根据联合国政府间气候变化专门委员会第五次评估报告中，以"代表性浓度路径"（Representative Concentration Pathways，简称 RCPs）定义未来变化的情景，共有 4 种假设情景，分别为 RCP2.6、RCP4.5、RCP6 以及 RCP8.5，表示全球变暖进展到 2100 年，每平方米的辐射强迫依序增加到 2.6 瓦、4.5 瓦、6 瓦、8.5 瓦。其中全球变暖程度最轻、最乐观的情景 RCP2.6，就目前减碳情形，不可能发生。RCP4.5、RCP6 属于较为稳定的情景，表示辐射强迫在 2100 年呈现较稳定的情况，也有太乐观之嫌。灾害冲击评估，宜以未来可能的最恶劣情景进行评估，以避免低估可能的冲击，而RCP8.5属于温室气体高度排放情景，表示辐射强迫在2100年呈现大幅增加趋势。各研究机构考虑大气环流模式分析仿真的运算时间与成本，通常只分析最严重的RCP8.5情景，或搭配较稳定的RCP4.5情景进行比较分析。

这4种气候变化情景也可用大气的二氧化碳浓度来表示，目前大气二氧化碳浓度为380—400ppm（百万分比），而RCP2.6、RCP4.5、RCP6、RCP8.5情景的二氧化碳浓度依序为400ppm、570ppm、620ppm、1,250ppm。二氧化碳浓度超过1,000ppm会令人疲倦并危及健康。

本图以较稳定的RCP4.5与最严重的RCP8.5两种情景分析2011—2100年气候变化对米纳斯吉拉斯州咖啡适宜性的增减变化的影响，并与对照基准1995—2015年米纳斯吉拉斯州咖啡适宜性做比较。该研究报告的咖啡适宜性系以年平均温度与年水赤字为评估标准：

A：年平均温度

1. 年平均温度介于18℃—22.5℃的咖啡适宜性归类为"适宜"，给50分。

2. 年平均温度介于22.5℃—24℃的咖啡适宜性归类为"受限"，给25分。

3. 年平均温度低于18℃（有霜害）或高于24℃（落花或落果）的咖啡适宜性归类为"不适宜"，给0分。譬如上海年平均温度17.1℃，冬季太冷且降霜雪，不适宜咖啡种植业。

B：年水赤字（毫米）

1. 小于150毫米，咖啡适宜性归类为"适宜"，给50分。

2. 介于150—200毫米，咖啡适宜性归类为"受限"，给25分。

3. 大于200毫米，咖啡适宜性归类为"不适宜"，给0分。

A+B：年平均温度适宜性评分 + 年水赤字适宜性评分＝适宜性总和

1. A+B=100分，咖啡适宜性100%，"完全适宜"——精品豆产区

2. A+B=75分，咖啡适宜性75%，"适宜"——精品豆与商业豆产区

3. A+B=50分，咖啡适宜性50%，"尚可"——商业豆产区

4. A+B=25分，咖啡适宜性25%，"受限制"——产量锐减一半

5. A+B=0分，咖啡适宜性0，"不适宜"——咖啡生产无可能性

图 10-7 与表 10-3 以年平均温度与年水赤字作为咖啡产区气候适宜性的评估标准。2011 年以前，巴西米纳斯吉拉斯州大部分地区的年平均温度介于18℃—22.5℃，年水赤字低于 150 毫米，阿拉比卡适宜性 100%"完全适宜"等级的地区高达 68%，而且适宜性 50%"尚可"等级的地区只有 28%。然而，2011—2100 年受全球变暖影响，预估 21 世纪结束以前米纳斯吉拉斯州年平均温度上升 4℃—6℃，"完全适宜"等级的地区将锐减到 4%，而且"尚可"等级的地区大幅增加到 61%，"受限制"等级的地区从 0 剧增到 25%，有些地区甚至出现适宜性为 0 的"不适宜"等级。

每年的水赤字低于 150 毫米，阿拉比卡尚能忍受，不至于枯萎，尤其是发生在花期之前的短暂水赤字反而有助于咖啡花期蓄势待发。研究发现米纳斯吉拉斯州近年的高温对阿拉比卡的伤害大于水赤字。如果水赤字适宜性评分加上温度适宜性评分，适宜性总和在 50 分"尚可"等级，虽然不是理想的种植环境，仍可通过灌溉或遮阴克服逆境，但会造成质量与产量下降且生产成本增加。

表 10-3　阿拉比卡对年平均温度与年水赤字的适宜性总和

A 温度（℃）	分数	类别	B 水赤字（毫米）	分数	类别	A+B 适宜性（分）	等级
18—22.5	50	适宜	<150	50	适宜	100	完全适宜
22.5—24	25	受限制	150—200	25	受限制	50	尚可
<18 或 >24	0	不适宜	>200	0	不适宜	0	不适宜
18—22.5	50	适宜	150—200	25	受限制	75	适宜
22.5—24	25	受限制	>150	50	适宜	75	适宜
18—22.5	50	适宜	>200	0	不适宜	50	尚可
<18 或 >24	0	不适宜	>150	50	适宜	50	尚可
22.5—24	25	受限制	>200	0	不适宜	25	受限制
<18 或 >24	0	不适宜	150—200	25	受限制	35	受限制

（＊数据来源：根据《气候变化对巴西东南部阿拉比卡咖啡潜在产量的影响》数据，汇整编表）

大警讯：南米纳斯 21 世纪末将减产 25%

巴西国家太空研究院接着又以 RCP4.5 与 RCP8.5 两种情景预估 21 世纪米纳斯吉拉斯州的主力产区南米纳斯于 2011—2040 年、2041—2070 年、2071—2100 年 3 个时期的单位产量，并以 2011—2015 年的单位产量 1,857 千克／公顷为对照基准。结果发现气候变暖较稳定的 RCP4.5 情景下单位产量减幅并不大，到了 2071—2100 年只减少到 1,727 千克／公顷，这比基准的 1,857 千克／公顷减少 7%。但在气候变暖最严重的 RCP8.5 情景下，到了 21 世纪末 2071—2100 年的单位产量锐减到 1,398 千克／公顷，减幅高达 25%。专家预料 RCP4.5 的变暖情景太乐观，发生概率不大，最可能发生的情景是介于 RCP4.5 与 RCP8.5 之间，如果温室气体排放失控，到 21 世纪末恶化到 RCP8.5 情景不无可能！

该报告指出，南米纳斯的咖啡产量占米纳斯吉拉斯州产量的 50% 以上，是重中之重，数十年后因平均温度上升 2℃—4℃，南米纳斯可耕性降低，产量可能减少 25%，影响深远。米纳斯吉拉斯州部分产区或可迁往巴西东边的大西洋森林（Brazilian Atlantic Forest）所剩不多的高海拔山区避祸，但崎岖不平的山林地将使得巴西最擅长的低成本生产模式——机械化采收与灌溉系统——无用武之地，更可能破坏宝贵的森林生态环境。这项研究的科学家建议巴西政府尽早研发高效率的减灾农法，并针对未来又干又热的气候，培育新一代抗旱耐热的超级品种，来延续巴西咖啡产业命脉。

这是个大警讯。我算了一下米纳斯吉拉斯州近 5 年的年平均产量，高达 1,894,800 吨，已占全球咖啡年产量的 20%，如果米纳斯吉拉斯州减产 25%，一年就少了 473,700 吨咖啡供应量，这大约是世界第五大咖啡产国埃塞俄比亚一整年的产量，肯定会造成全球咖啡供不应求，豆价飙涨。实际情况可能更糟，米纳斯吉拉斯州目前是巴西最适宜咖啡生产的地区，如果南米纳斯因气候关系而减产 25%，那么巴西其他重量级产地诸如圣埃斯皮里图州、圣保罗州、巴伊亚州情况也不容乐观，如果巴西产地到了 21 世纪末全境减产幅度高达 25%，以近 5 年巴西平均年产 330 万吨来算，将减产 825,000 吨，这大概

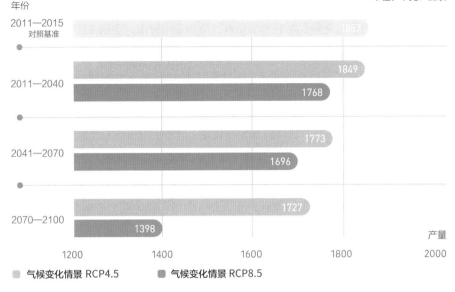

单位：千克/公顷

年份

2011—2015
对照基准　　　　　　　　　　　　　　　　　　　　　　1857

2011—2040　　　　1849
　　　　　　　　　1768

2041—2070　　　1773
　　　　　　　　1696

2070—2100　　1727
　　　　　　1398

　　　　1200　　　　1400　　　　1600　　　　1800　　　　2000　　产量

■ 气候变化情景 RCP4.5　　　■ 气候变化情景 RCP8.5

图 10-8　21 世纪末南米纳斯咖啡单位产量预估

（＊数据来源：《气候变化对巴西东南部阿拉比卡咖啡潜在产量的影响》）

是目前世界第三大咖啡产国哥伦比亚一年的产量，届时咖啡豆价格可能飞涨到天际！

　　这不是危言耸听，2021 年 1—3 月的夏季，全球最大阿拉比卡产房米纳斯吉拉斯州先遭旱灾侵袭，7—8 月冬季又遇超级寒流降霜，一个产季连遭两大天灾摧残，历来罕见，致使 2021—2022 年米纳斯吉拉斯州咖啡产量比 2020—2021 年产季重跌 33%，也比 2019—2020 年产季大跌 20%。巴西官方权威的 Conab 关于巴西 2021 年咖啡总产量年度报告出炉，阿拉比卡 3142 万袋（1,885,200 吨）比 2020 年减产 35.5%；但罗豆产量却因远离天灾区而创下历史新高，达到 1629 万袋（977,400 吨），比上一季高出 13.8%，合计巴西 2021 年咖啡总产量达 4771 万袋（2,862,600 吨），较上一季减产 24.4%。随着全球变暖加剧，巴西产地遭极端气候肆虐的频率只会变高不会变低，未雨绸缪才是王道。

第二次大迁移，盘点南北变化

除了巴西国家太空研究院对米纳斯吉拉斯州发出警讯，美国波士顿大学、苏黎世联邦理工学院、科罗拉多州立大学的科学家，针对巴西各产区 1974—2017 年的气候变化与咖啡产量联动关系进行研究，于 2020 年 9 月联署发表的研究报告《气候对巴西咖啡生产的风险》（Climate Risks to Brazilian Coffee Production）[1] 指出，近 43 年来巴西生产咖啡的各城镇温度，平均每 10 年上升 0.23℃，其中以米纳斯吉拉斯州、巴伊亚州升温幅度最大，2010 年以来这两州的年平均温度经常超出 23℃，已高于阿拉比卡最适宜生长的年平均温度 18℃—22.5℃。更令人忧心的是春夏之交的花期、夏秋的果熟期、冬季的采收期，米纳斯吉拉斯州、巴伊亚州、圣保罗州的平均温度不但上升，还伴随着雨量锐减 10% 以上，徒增咖啡的生长压力，每年因而损失 20%—29% 产量，此情况会随着气候变化而更趋恶化！

另外，咖啡与气候倡议的研究人员分析了 1960—2011 年米纳斯吉拉斯州 68 个气象站的资料，发现该州各产区在这期间都经历明显升温，异常干热天数增加，但异常寒冷的日子却减少了。如果比对 1986—2011 年与 1960—1985 年的资料，会发现米纳斯吉拉斯州东北部产区升温 0.7℃—1℃，而米纳斯吉拉斯州西南部只升温 0.3℃—0.5℃，过去 30 年来米纳斯吉拉斯州东北部愈来愈干燥，而西南部则变得更潮湿。这可以说明为何南米纳斯与塞拉多的咖啡产量远大于米纳斯吉拉斯州东北部产区。但 2014 年以后南米纳斯和塞拉多的精品咖啡产区却转为更干热，有违过去的趋势，这是个警讯。米纳斯吉拉斯州南部产区过去的气候很适合咖啡，因此不像东北部干燥地区常见到科技化灌溉系统。专家建议为了因应未来的极端气候，南米纳斯和塞拉多的咖农应尽早引进灌溉系统、培育更耐旱的新品种、增加农林间植并减少全日照种植、改种其他更耐旱作物，以提高农民对气候异常的应变力。

1　作者：Ilyun Koh、Rachael Garrett、Anthony Janetos、Nathaniel D. Mueller。

米纳斯吉拉斯州是巴西最大的咖啡产地，咖啡种植面积持续增加，本州的农村经济对咖啡依赖度颇高，且咖农视风调雨顺为理所当然，对气候变化欠缺警觉性，至今尚未推出相关的调适政策，因此气候恶化对米纳斯吉拉斯州的伤害也最大。近年圣保罗州旱灾虽然增加，但受创程度远低于米纳斯吉拉斯州，因为圣保罗州早在半世纪前经受过霜害频袭，农民警觉性较高，多数咖啡园已北迁或改种其他抗寒耐旱作物，损失较小。

福因祸生，祸中藏福，气候变化并非全无好处。前述的巴西国家太空研究院在研究报告中提到，巴西咖啡产业可以开始考虑南向政策，因为适合咖啡的气候环境，预估数十年后将逐渐转移到南部高纬度的咖啡处女地。

其实，国际科研机构很早就预警巴西咖啡产区未来数十年内将遭遇严峻的干旱之灾，并点名米纳斯吉拉斯州、圣埃斯皮里图州、巴伊亚州应尽早规划应变与调适之道，尤其是东北部较干燥的巴伊亚州与东南部的圣埃斯皮里图州。巴伊亚州近年的年平均降雨量为600—1,200毫米，低于阿拉比卡所需的1,500毫米，近30年来之所以有不错的产量，全靠高科技灌溉系统撑起一片荣景。另外，罗布斯塔重镇圣埃斯皮里图州的年平均降雨量只有800—1,300毫米，远低于罗豆所需的1,800—2,500毫米，也是借助先进灌溉系统造就丰产。米纳斯吉拉斯州的年平均降雨量各区出入较大，南米纳斯降雨量较充足但中北部较干燥，该州年平均降雨量为1,190—1,473毫米，仅中北部需要灌溉。在目前的气候环境下，巴伊亚州与圣埃斯皮里图州尚需要仰赖灌溉系统来支撑，可以想象数十年后气候变得更干热，欲维持今日荣景，挑战更人。

诸多科研机构的报告，不约而同建议巴西政府考虑将一部分产区南移到纬度较高的圣卡塔琳娜州（南纬26°—29°）、南里奥格兰德州（南纬27°—33.6°）、巴拉那州、圣保罗州，其中圣卡塔琳娜州及南里奥格兰德州皆是咖啡处女地（请参见图10-3），因为气温较低，数百年来不宜种植咖啡，但随着全球变暖持续升温，数十年后这两州的咖啡种植适宜性大增。而南部经典老产区巴拉那州与圣保罗州的庄园于20世纪70—90年代大举北迁避霜害，重要性降低，但近年因全球变暖而受益，未来数十年内南方这4个州的咖啡地位可望大幅跃升。尤其是圣保罗州与巴拉那州，可望重展昔日荣光，至于冷凉的圣卡塔琳娜州、南里奥格兰德州，数十年后会有部分地域成为巴西咖啡新产区，将是全球纬度最高的咖啡产地。巴西产区为了调适气候变化，第二次大迁移乃未来之必然。

科研报告看好南向避祸

巴西是全球最大咖啡产国，产季的丰收或歉收都会引起市场大波动。近 20 年来，国际机构针对气候变化冲击巴西咖啡产地的研究论文不胜枚举，研究方法和数据或有出入，但大方向却颇为一致。

ASIC 研究报告

2014 年在哥伦比亚举行的第 25 届世界咖啡科学大会（ASIC）上，由国际热带农业研究中心发表的论文《气候变化对巴西阿拉比卡的影响》（Climate Changes Impacts on Arabica Coffee in Brazil）指出，在最近十多年的气候条件下以多种气候模式模拟，皆提示目前巴西适合咖啡种植的地点在米纳斯吉拉斯州、圣保罗州、巴拉那州、圣埃斯皮里图州和巴伊亚；然而，套入 2050—2080 年的平均温度至少上升 3℃的气候模式，巴西适合种咖啡的地区将锐减 50%，东部的圣埃斯皮里图州和东北部巴伊亚州受到缺雨与高温的影响将大于米纳斯吉拉斯州和圣保罗州。

但该报告也举出了例外的地区，这些地区在纬度较高、过去不产咖啡的圣卡塔琳娜州和南里奥格兰德州，因全球变暖升温，这两州有些地区即使到了 21 世纪 80 年代仍可维持正向的咖啡适宜性。然而，目前阿拉比卡重镇米纳斯吉拉斯州届时将丧失 80% 的咖啡适宜性，纵然南部新产区投产成功，也补不回米纳斯吉拉斯州的损失，巴西咖啡王国的宝座将面临重大挑战！

极南之地是阿拉比卡新乐园？

此外，2011 年巴西坎皮纳斯大学（University of Campinas）与农业部下属的巴西国家农业研究所（简称 Embrapa）联署发表研究论文《在一个更暖的世界赴巴西极南之地种阿拉比卡的可能性》(Potential for Growing Arabica Coffee in the Extreme South of Brazil in A Warmer World)[1]。该论文以年平均温度18℃—22℃、年水赤字小于100毫米、降霜概率小于25%这3项严格标准作为适合阿拉比卡生长的低风险地区的判断依据，并模拟巴西极南之地南里奥格兰德州在数十年后升温的诸多气候情景下，种植阿拉比卡的可能性（请参见表10-4）。

表10-4　阿拉比卡咖啡气候风险等级

气候风险	年平均温度	年水赤字	降霜概率
低风险	>18℃ 且 ≤ 22℃	≥ 0 且 ≤ 100 毫米	≤ 25%
高温风险	>22℃ 且 ≤ 23℃	≥ 0 且 ≤ 100 毫米	≤ 25%
下霜风险	>18℃ 且 ≤ 22℃	≥ 0 且 ≤ 100 毫米	>25%
高风险	≤ 18℃ 或 >23℃	≥ 150 毫米	>25%

（＊数据来源：《在一个更暖的世界赴巴西极南之地种阿拉比卡的可能性》）

　　结果发现巴西极南之地南里奥格兰德州因全球变暖持续升温，未来只需比目前再升温1℃—4℃，即可创造出一大片适合阿拉比卡生产的低风险产区。其中以升温3℃效果最佳，不但可大幅降低下霜概率，年降雨量亦可增加15%，届时南里奥格兰德州位于南纬30.5°—34°的广大地区将可开辟为咖啡田。如果升温4℃则有高温的风险，适合种植阿拉比卡的范围将缩小到南纬31.5°—34°。升温1℃—2℃也会出现适宜种植咖啡的低风险产区，但仅局限于东部滨海的位于南纬29.5°—33.5°的较狭窄地区。

　　该报告强调升温3℃—4℃，除了在巴西极南之地会出现可观的咖啡适宜性，巴西与乌拉圭交界处以及智利北部均可能出现阿拉比卡生长的低风险区。虽然

1　作者：Jurandir Zullo Jr.、Hilton Silveira Pinto、Eduardo Delgado Assad、Ana Maria Heuminski de Ávila。

巴西欠缺高海拔山林供咖啡树避祸，但可喜的是巴西幅员辽阔，不乏高纬度之地，未来可作为阿拉比卡庇护所。

我做了些功课，查了南里奥格兰德州过去与目前的年平均温度究竟相差多少，发现2000年以来南里奥格兰德州最冷的7月平均温度都在11.26℃以上，足足比20世纪最冷的7月平均温度高出1℃，下霜概率大减。近年南里奥格兰德州的年平均温度为18.5℃，已达到阿拉比卡最低年平均温度需大于18℃的门槛，具备生产阿拉比卡的潜力。该州年平均温度18.5℃也合乎上述研究报告所提到的升温3℃可创造最大面积的阿拉比卡可耕地，但升温4℃（达到22.5℃）即有高温风险的评估。

另外，2008年巴西Embrapa发表的《全球变暖和巴西农业生产的新地理》（Global Warming and the New Geography of the Agricultural Production in Brazil）论文，利用英国哈德利气候预测与研究中心（Hadley Centre for Climate Prediction and Research）的计算机程序，模拟2010年、2020年、2030年、2050年、2070年巴西产区面临的气候变化以及咖啡生产的各种情景，模拟结果皆与联合国政府间气候变化专门委员会预估的情景吻合。该研究的结论是：如果巴西未采取任何应变措施，预估2070年最高温度将上升5.8℃，并导致诸多气候变化，使得东南部的米纳斯吉拉斯州、圣保罗州无法再生产咖啡；2070年巴西的阿拉比卡将迁到更南方的巴拉那州、圣卡塔琳娜州、南里奥格兰德州，届时这三州的降霜风险将大为降低。

其实，早在2004年巴西坎皮纳斯大学农业气候研究中心已率先发表《气候变化对巴西咖啡在各农业气候区的影响》（Impacto das Mudanças Climáticas no Zoneamento Agroclimático do Café no Brasil），结论是，根据联合国政府间气候变化专门委员会的气候模式，21世纪末全球年平均温度将依温室气体排放量高低而上升1℃、3℃、5.8℃不等，如以最坏情景上升5.8℃来评估，同时假设阿拉比卡对年平均温度的适应性不变，仍局限在18℃—23℃的狭窄区间，那么目前巴西阿拉比卡主力产区米纳斯吉拉斯州、圣保罗州的咖啡田面积，到了21世纪末将丧失95%。虽然纬度较高的巴拉那州稍好些，可南移到该州更凉爽的地区，但巴拉那州适合种咖啡的面积将从目前的70.4%，锐减到21世纪末的25.2%。

欧洲研究报告

2012 年，英国格林尼治大学自然资源学院（Natural Resources Institute,University of Greenwich）、德国国际合作机构（GIZ）联署的研究论文《咖啡与气候变化：巴西、危地马拉、坦桑尼亚与越南因应之道的影响与选择》（Coffee and Climate Change: Impacts and Options for Adaptation in Brazil, Guatemala, Tanzania, and Vietnam）指出，21 世纪结束以前，巴西南部和东南部夏天的平均温度将上升 4℃，冬天将上升 2℃—5℃，将重创阿拉比卡产区，米纳斯吉拉斯州与圣保罗州将损失 33% 的咖啡种植面积，而纬度更高的巴拉那州、圣卡塔琳娜州、南里奥格兰德州的咖啡适宜性将提高，巴西咖啡产区南迁是可行之策。

无动于衷的巴西政府

尽管诸多研究报告对数十年后巴西产地的变迁与产量锐减频频发出预警，但多年来巴西当局置若罔闻，不屑采取任何应变措施。2017 年巴西农业部下属的巴西 Embrapa 甚至发表研究报告《气候变化不会影响巴西阿拉比卡的产量》（Climate Change Does Not Impact on *Coffea arabica* Yield in Brazil）来反驳。

该论文指出，1913—2006 年间，巴西南部和东南部产区的年平均温度每 10 年上升 0.5℃—0.6℃，虽然升温可能是影响咖啡产量的重要原因，但长期而言，影响巴西咖啡产量的最大原因不是厄尔尼诺或拉尼娜等气候现象，而是阿拉比卡每两年一轮替的盛产与低产循环年，以及巴西提升单位产量的农业科技实力。1996—2010 年，巴西咖啡产量已从 2919.7 万袋增长到 5542.8 万袋，即增长了 89.8%；咖啡田每公顷单位产量从半世纪前的不到 1,000 千克，跃升到 2016 年产季的 1,626 千克[1]；采用最高产的机械化采收、灌溉技术的高科技咖啡田平均每公顷单位产量更高达 3,000—4,000 千克。该论文的结论是，拜高科技之赐，巴西

1　2020 年丰收年巴西咖啡田单位产量跃升至 2,008.8 千克 / 公顷。

阿拉比卡的单位产量持续提升，即使未来可耕地减少，也不至于重创巴西咖啡产业。巴西前总统博索纳罗领导的政府向来对全球变暖议题嗤之以鼻，提出科技胜天的论调并不令人意外。

领先全世界的咖啡科技

巴西咖啡科技执世界之牛耳，是不争的事实。先进的机械化采收、科技化灌溉管理系统、抗病耐旱高产新品种，是巴西咖啡农场降低成本提高利润的三大法宝，即使国际豆价跌到每磅 1 美元，巴西咖农仍可获利。巴西咖啡田依科技化程度高低可分为两种，一种是单位产量高且成本低的科技化咖啡田，另一种是单位产量较低、成本较高的一般咖啡田。据美国农业部统计，巴西阿拉比卡 2020 年单位产量 32.33 袋 / 公顷，即 1,939.8 千克 / 公顷。但据 2020 年 12 月 Conab 公布的最权威数据，巴西阿拉比卡的平均单位产量已达 33.48 袋 / 公顷（2,008.8 千克 / 公顷），此单位产量已经高出主要竞争对手哥伦比亚和中美洲数百千克，甚至上千千克！更让各产地瞠乎其后的是高科技化咖啡田，平均每公顷产量 3,000—4,000 千克，大型农场最高产的地块超过 8,000 千克 / 公顷的，所在多有。

这些高科技化咖啡田多半位于巴伊亚州、米纳斯吉拉斯州和圣保罗州平坦的农场，面积广达数百公顷，如果以人工采收，速度慢且成本高，大型农场宁愿花 15 万—40 万美元购买本国产的 Jacto 咖啡收割机。高科技农场为了配合机械化采收，一排排咖啡树的间距井然有序，以方便收割机跨过，拨动枝条摇下咖啡果，并输送给跟班的卡车，采收场面极为壮观。

采收工人要耗费 2—3 个月才能采完的面积，收割机只需 4—5 天，可节省将近三分之二的采收成本。如果买不起收割机，也可雇请收割机团队助阵，每袋咖啡果收费巴西币 7 雷亚尔，比人工采收每袋 15 雷亚尔节省一半。更重要的是，机械采收效率高速度快，可避免人工采收因太慢而造成许多熟烂废弃果从而增加额外成本的情况。

巴西高科技的田园管理系统更让人大开眼界，人工智能的地下滴灌系统，可确保精准施肥与灌溉。管理员坐在控制室里即可读取种植场的温度、土壤湿度，何时该灌溉、何时该补肥、要补多少等重要数据，都显示在计算机屏幕上，堪称世界最尖端的田间管理系统。

令人印象最深刻的是圣保罗州与米纳斯吉拉斯州交界的热里夸拉镇（Jeriquara）一座 220 公顷的高科技咖啡庄园，90% 的咖啡田采用高科技灌溉、施肥系统，平均单位产量 3,000 千克 / 公顷，最高产的地块单位产量竟然高达 136 袋 / 公顷（8,160 千克 / 公顷），令人咋舌，但这在巴西还不是最高的单位产量纪录。印象中最高纪录将近 9,000 千克 / 公顷。

除了机械化采收、先进灌溉系统，巴西的咖啡单位产量远高于其他产地的第三个法宝是培育抗病耐旱的高产新品种。巴西咖啡以短小、抗病耐旱、不占种植空间的杂交改良型为主，如卡杜阿伊系列、Obatã IAC 1669-20，很适合高密度种植。2020 年巴西的咖啡田面积为 242 万公顷，种了 72.5 亿株咖啡树，平均种植密度高达约 2,996 株 / 公顷，这也是世界之冠。别小看这些高产量品种，在巴西 CoE 前 10 名榜单，这些改良新品种是常客，杯测分数 90 分以上并不稀奇，可谓商业与精品兼顾。

巴西多年来致力提升单位产量，降低生产成本，产出更廉价的咖啡以利扩大全球市场占有率，各产地无不备感压力。从表 10-5 可看出巴西咖啡的单位产量大幅领先其他竞争对手。

巴西咖啡竞争力为世界之最，但气候变化逐年恶化，巴西气候干燥的高海拔山林不多，数十年后受创程度将高于其他产地。巴西政府口头上虽严厉驳斥咖啡产业面临危机的论调，也不愿对是否迁移产地做出回应，但实际上早在半世纪前，巴西农业研究机构已抢先培育抗病、耐旱、高产新品种，不仅为了提高单位产量，更重要的是要因应全球变暖危机。若说巴西不重视全球变暖，也不尽然。

巴西持续进化的新品种和高科技咖啡田能否协助咖农安然度过气候变化，到了 21 世纪末依然保住世界最大咖啡产国的称号？这是个有趣的话题，咖啡迷玩香弄味之余，不妨嗑牙卜卦一番吧！

表 10-5　知己知彼，各产地单位产量

单位：千克／公顷

产地	单位产量	产季	产地	单位产量	产季
巴西			萨尔瓦多	314	
1. 一般咖啡田平均	2,008.8				
2. 高科技咖啡田平均	3,000—4,000		埃塞俄比亚	820	
3. 高科技咖啡田最高	>8,000		肯尼亚	348	
哥伦比亚	1,230		印度尼西亚（罗豆与阿拉比卡）	510	2020 年
洪都拉斯	1,328	2020 年	越南（96% 罗布斯塔）	2,820	
哥斯达黎加	1,024		印度		
			1. 罗布斯塔	1,004	
危地马拉	843		2. 阿拉比卡	468	
秘鲁	744		中国台湾	921	2019 年

（＊数据来源：ICO、USDA、嘉义农业试验分所）

哥伦比亚篇

　　哥伦比亚仅次于巴西，是世界第二大阿拉比卡产国，两国素有"瑜亮情结"，哥伦比亚经常指责巴西利用"弹性咖啡田"和货币贬值等伎俩提高出口竞争力。两国种植环境截然不同，哥伦比亚山高林茂、雨量丰沛、地势崎岖，小农居多，无法仿效巴西在平坦农地使用的机械化采收与大型灌溉系统，因此生产成本远高于巴西。

　　赤道经过哥伦比亚南部，全国一年四季皆是咖啡产季；北部地区的产季以9—12月为主，但安蒂奥基亚省南部除了9—12月的主产季，还有4—5月的副产季。而中部地区夹在南北半球产季的过渡区，雨季多元，本区具有南北半球4种不同类型的产季。赤道以南则为单一产季，集中在3—6月。哥伦比亚不乏高海拔山林，因应气候变化的本钱雄厚，未来因全球变暖而损失的低海拔咖啡田达 20%—30%，算是轻伤，远低于巴西的 60%。

金三角生锈，主产区挪移

过去哥伦比亚咖啡大部分产自卡尔达斯省、里萨拉尔达省、昆迪奥省，若连接这三省的首府马尼萨莱斯城（Manizales）、佩雷拉城（Pereira）、亚美尼亚城（Armenia），可成为一个三角形，这三省因而被誉为哥伦比亚咖啡的"黄金三角地带"。2011 年，联合国教科文组织将哥伦比亚的卡尔达斯省、里萨拉尔达省、昆迪奥省以及考卡山谷省，指定为"世界遗产"（World Heritage），并称这四个省为"可持续且高生产力文化景观的杰出典范，是全世界咖啡种植区强而有力的象征"。其中有三个省就出自三角地带。

然而，近年哥伦比亚为了因应气候变化并寻找更低廉的劳动成本，主力产区已从面积较小的黄金三角地带移转到成本与气候更有竞争力的南部乌伊拉省、中部托利马省和北部安蒂奥基亚省。哥伦比亚咖啡前三大产地依序为乌伊拉、安蒂奥基亚、托利马。

2018 年起，这三省的合计产量已高占哥伦比亚总产量的 46%，远高于三角地带的 16.5%。三角地带的咖啡产区有部分转型为咖啡生态观光园，用于宣传哥伦比亚的咖啡文化景观；而东南部的乌伊拉省、中部的托利马省，以及北部的安蒂奥基亚省，劳动成本较低，气候湿润凉爽，已接棒成为哥伦比亚新主力产区。

季节错乱，高海拔倒啃甘蔗

在南美产地中，地理环境优越的哥伦比亚、秘鲁、厄瓜多尔均为在气候变化下受创较轻的产地，但近年哥伦比亚咖农已明显感受到环境改变的压力。CIAT 的研究报告指出，哥伦比亚产区的年平均温度每 10 年上升 0.3℃，年降雨量增加，阴天增多，山区日照从 20 世纪中叶至今已减少了 19%，这对咖农有何实际影响？

美国普渡大学的研究生前往哥伦比亚中北部里萨拉尔达省考察气候变化对咖

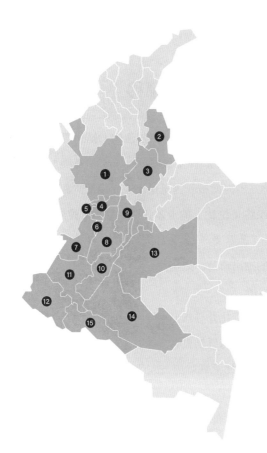

1	安蒂奥基亚省 Antioquia
2	北桑坦德省 Norte de Santander
3	桑坦德省 Santander
4	卡尔达斯省 Caldas
5	里萨拉尔达省 Risaralda
6	昆迪奥省 Quindío
7	考卡山谷省 Valle del Cauca
8	托利马省 Tolima
9	昆迪纳马卡省 Cundinamarca
10	乌伊拉省 Huila
11	考卡省 Cauca
12	纳里尼奥省 Departamento del Nariño
13	梅塔省 Meta
14	卡克塔省 Caquetá
15	普图马约省 Putumayo

图 10-9　哥伦比亚产区图

农的影响程度。调查结果显示，90% 咖农认为年平均温度明显上升，74% 认为干季拖长有恶化趋势，另有 61% 认为暴雨增加，过去雨季的雨量平均分配在 3 个月，而今却集中在 1—2 周内降完，严重侵蚀山坡，增加泥石流频率。

　　气候变化让哥伦比亚咖农感受最深的是花期与结果周期改变，问卷调查中高达 91% 的受访者明显感受到咖啡生理周期乱了套；过去咖啡花期结束后就是夏天来临，咖啡果鲜红欲滴就到了冬天采收时节。但 2008 年以后，咖啡花不按时序绽放，咖农不知何时是春天或夏天，干湿季也不照每年的节奏报到，很难掌握种植、剪枝、采收与后制的时间，每年 40% 的产量受影响。另有 75% 的咖农认为虫害增加了，而认为咖啡生理病变增加的有 59%。这十多年来气候变化影响咖啡生理周期，造成产量减少、质量下滑，且高温高湿易引发病虫害，额外增加了生产成本，严重压缩应有的利润，这还不算国际豆价连跌 3 年的损失。

但也有咖农因祸得福。昆迪奥省萨伦托镇小有名气的日落庄园（Finca El Ocaso）老咖农帕提纽一语道出气候变化对哥伦比亚利弊互见的影响。他说："1987 年我买下这块 18 公顷、海拔 1,850 米的农地，打算开发成咖啡园，当时大家都笑我疯了，咖啡种在海拔这么高的低温地区，容易有寒害，小心血本无归。前几年产量确实很低，入不敷出，经营得很辛苦，好在我大女儿建议朝咖啡生态观光园发展，勉强维持下去。但近十多年这里的气温明显上升，光照充足，愈来愈投阿拉比卡所好，产量与质量明显提升，一切出乎意料渐入佳境。反倒是之前笑我傻、骂我疯的人，他们的庄园海拔太低，高温影响咖啡生理周期，咖啡质量与产量下滑，收入锐减而退出市场。这里海拔低于 1,300 米的庄园，都准备改种水果、可可或耐热作物。这 30 多年来的变化太大了！"

和平协议，被遗忘的产地释出

30 年前哥伦比亚最高年产量可突破 100 万吨，1991—1992 年产季创下了 107.88 万吨新高纪录；但此后每况愈下，甚至 2008—2013 年间出现年产量连续 3 年腰斩的情况，跌到只剩 40 万—50 多万吨新低量，原因很复杂，包括气候不佳、锈病暴发、豆价太低、品种转换青黄不接等。哥伦比亚国家咖啡生产者协会（FNC）指出，1990 年至今，哥伦比亚咖啡种植面积已减少了 20%。

2013 年以后，FNC 协助咖农执行技术化咖啡作物计划，全国 86 万公顷咖啡田，已有将近 80 万公顷做出积极回应。咖农尝试在咖啡田栽种抗病、高产、风味不差的新品种卡斯提优，逐渐汰换高龄低产的老品种，并学习新农法，提高栽种密度。2019 年每公顷产量提升到 1,230 千克，已比 10 年前的 828 千克/公顷高出 48.6%，而 2014—2020 年的咖啡年产量已攀升到 70 万—80 多万吨，虽然比起 30 年前的 100 万吨还有一段差距，但 FNC 有信心在未来几年内达到年产 100 万吨的目标。

表 10-6　哥伦比亚主产区的味谱与产季

地区	味谱
北部 以北半球产季为主，集中在 9—12 月，但安蒂奥基亚省南部为双产季——主产季 9—12 月，副产季 4—5 月	
安蒂奥基亚省	柑橘、水果韵、甜感
北桑坦德省	巧克力、低酸、曼特宁调
桑坦德省	烟草、低酸、曼特宁调
中部 雨季复杂，具南北半球混合式 4 种产季，首都波哥大所在的昆迪纳马卡省有 4 种产季 （一）主产季 9—12 月，副产季 4—5 月　　（三）主产季 3—6 月 （二）主产季 3—6 月，副产季 10—11 月　　（四）主产季 9—12 月	
卡尔达斯省	水果韵、草本、中等酸质与 body
里萨拉尔达省	水果韵、草本、中等酸质与 body
昆迪奥省	水果韵、草本、中等酸质与 body
考卡山谷省	水果韵、草本、中等酸质与 body
托利马省	柑橘、水果韵、甜感、酸质强
昆迪纳马卡省	杏仁、香草、柑橘、柔酸
东南部 因雨季不同有 3 种形态产季 （一）9—12 月 （二）主产季 9—12 月，副产季 4—5 月 （三）主产季 3—6 月，副产季 10—11 月	
乌伊拉省	葡萄酒酸质、花果韵、酸甜震
南部 单一产季 3—6 月	
考卡省	柑橘、花韵、甜感
纳里尼奥省	柑橘、酸甜震

　　FNC 敢这么说是有根据的。2016 年末，哥伦比亚革命武装力量"人民军"（Fuerzas Armadas Revolucionarias de Colombia-Ejército del Pueblo，简称 FARC-EP）终于放下武器和哥伦比亚政府达成和平协议，结束了自 1964 年以来长达 50多年的内战。内战期间很多咖农不是弃田逃命就是改种古柯树，提炼古柯碱

（可卡因）。

哥伦比亚政府预估待 FARC-EP 占据的南部和东南部各省恢复和平，荒芜咖啡田重整投产后，全国咖啡年产量可增加 40%，全球水洗阿拉比卡供应量可因此增加 13%；以哥伦比亚目前年产 80 多万吨咖啡来算，受战乱影响的省份未来相继投产后，可增加 30 多万吨生豆，要达成年产 100 万吨以上的目标，如无天灾人祸干扰，并非难事。

记得 2000 年，我和几位从业者获邀参访 FNC 位于圣菲波哥大的总部并出席一场国际咖啡研讨会。当时我们要求顺便参访咖啡园，但主办单位以山区动乱不安全为由，只肯带我们参访圣菲波哥大附近的小咖啡园，一路上都有持枪军人保护。很高兴多年后终于传来和平消息，但讽刺的是和平红利也产生了负效，哥伦比亚货币比索 2017 年以来强势上涨，不利咖啡出口，而反政府武装控制的各省回归后大兴土木，使得劳动人口奇缺，大幅增加咖啡采收成本。

近年当局大力辅导东南部偏远山区的农民，希望他们尽早恢复生产。这些因内战而被遗忘的咖啡产区包括梅塔省、卡克塔省、普图马约省，请参见图 10–9。

以卡克塔省为例，20 世纪 90 年代的咖啡田面积为 11,000 公顷，但在内战期间，咖啡田只剩 2,500 公顷。2017 年政府接收辅导后，2019 年咖啡田已增加到 4,000 公顷，复原速度很慢，因为咖啡田全是老品种，锈病严重，每公顷产量只有 250 千克。FNC 聘请顾问协助这 3 个偏远省份，整顿咖啡田，改种抗锈病的卡斯提优，提高单位产量。

目前全世界只有巴西和越南的咖啡年产量突破 100 万吨，而哥伦比亚这 3 个被世人遗忘的产地释出后，将成为哥伦比亚跃上年产咖啡 100 万吨新台阶的秘密武器。多亏哥伦比亚近年释出的高产新品种以及咖农配合更新品种，才能在咖啡种植面积减少的情况下产量逆势回升，这 3 省全力投产后，哥伦比亚的咖啡战力必将大增。

近年全球咖啡供过于求，低豆价时期多于高豆价时期。然而，气候变化逐年恶化，如果阿拉比卡对干热气候的适应力未能提升，当临界点到来，气候因素势必重创全球咖啡产量。哥伦比亚不乏高海拔山林地，届时可能是少数仍有能力增产的国家。

近 30 年来，拉丁美洲咖啡产地萨尔瓦多、墨西哥、哥斯达黎加、厄瓜多尔、玻利维亚和加勒比海地区，因豆价走低、气候变化或国内政经因素干扰而纷纷减产，幅度为 10%—80% 不等。"养在深闺人未识"的秘鲁咖啡却在这段时间逆势增产，从 1990 年的 56,220 吨，大幅增产到 2019 年的 290,656 吨，增幅高达 417%。目前秘鲁咖啡产量在拉丁美洲仅次于巴西、哥伦比亚、洪都拉斯和墨西哥，且直逼墨西哥，甚至有超出之势，秘鲁可望取代墨西哥成为拉丁美洲第四大产国。秘鲁咖啡的产量与质量在气候变化和豆价低迷数年后逆势跃进，这对世界咖啡走向意义重大。

昂首步出国债阴影

平原、高原、山脉、丛林、雨林交错，地貌多变的秘鲁，早在 18 世纪中叶

圣马丁 San Martin
卡哈马卡 Cajamarca
亚马孙 Amazonas
胡宁 Junín
库斯科 Cusco
瓦努科 Huánuco
帕斯科 Pasco
普诺 Puno
阿亚库乔 Ayacucho

图 10-10 秘鲁咖啡主力产区图

已引进咖啡，但迟至 19 世纪末至 20 世纪初，在英国势力的影响下，才建立以出口为导向的咖啡种植业。秘鲁为偿还积欠英国的庞大债务，让出铁路、矿产和咖啡园的所有权给英国。20 世纪初英国人拥有秘鲁 200 万公顷咖啡田，所产咖啡豆用以抵债。数十年后英国人陆续出脱秘鲁咖啡田，大面积的咖啡田分割成无数小单位卖给小农。英国势力撤离后，秘鲁咖啡也失去外销渠道与欧洲市场，进入很长一段无人闻问的沉寂岁月。

直到 2000 年以后，秘鲁咖啡的潜力被公平贸易、可持续好咖啡、雨林联盟等国际认证机构相中，全力辅导其外销，秘鲁成为世界有机咖啡的重要产地。2010 年后秘鲁政府大力辅导咖农迈向精品咖啡之路，才逐渐提升国际知名度。

产区北移，产量剧增

秘鲁属于南美安第斯山脉产区，产地位于山脉东侧南纬 5°—15° 之间，产季在 3—9 月，近似东邻的巴西，但秘鲁的咖啡海拔较高，多半集中在 1,200—2,000 米，酸质与明亮度优于巴西豆。秘鲁和南邻的玻利维亚同属高山秘境产国，30 年来两国咖啡机遇大不相同。秘鲁犹如倒啃甘蔗；玻利维亚却因山路阻隔，欠缺出海口，咖啡必须运到秘鲁或智利才能出口，加上咖啡锈病严重而每况愈下。玻利维亚的咖啡年产量从 20 世纪 90 年代高峰期的 9,480 吨，重跌到近年的 4,800 吨上下，跌幅高达 49.37%。秘鲁咖啡却在相同的 30 年内增产 417%，非常亮眼。

过去，秘鲁咖啡主力产区在中部胡宁区（Junín Region）的钱查马约省（Chanchamayo）以及南部的库斯科（Cusco），近年为了增加产量，逐渐转移到北部的 3 个省区：圣马丁（San Martin）、卡哈马卡（Cajamarca）、亚马孙（Amazonas）。

根据秘鲁商务处的资料，2019 年，秘鲁生产 363,360 吨带壳豆，去壳后约 290,656 吨生豆。秘鲁咖啡近年的最大产区在北部的圣马丁，2019 年产量为 68,351 吨生豆，居全国之冠；中部的胡宁落居第二，产量为 64,344 吨；北部的卡哈马卡第三，产量为 57,435 吨；北部的亚马孙第四，产量为 34,274 吨；南部的库斯科第五，产量为 22,611 吨。数字会说话，近年秘鲁咖啡主力产区已挪移到北部的圣马丁、卡哈马卡、亚马孙，北部产区的年产量已高占秘鲁咖啡总产量的 43%，中部的胡宁、帕斯科（Pasco）、瓦努科（Huánuco）约占总产量的 34%，南部的库斯科、普诺（Puno）、阿亚库乔（Ayacucho）约占 23%。

秘鲁咖啡产区北移的原因有三：

1. 气候变化与锈病：中部胡宁雨林区因气候变暖潮湿而引发锈病，咖农开辟北部亚马孙、圣马丁、卡哈马卡新产区，分散风险，提高咖啡产量。

2. 扫荡古柯树：昔日有不良农民在北部亚马孙与圣马丁山林栽种古柯树，提炼可卡因获利丰厚，当局为了维持山区生态环境，大力扫除古柯树并推出奖励咖农的办法，吸引大批农民从良转种咖啡。

3. 北部劳工与土地成本低廉：圣马丁、亚马孙、卡哈马卡的生产成本低于中南部的胡宁与库斯科。咖农为了较低廉的劳工与土地成本转进北部产区乃大势所趋。

圣马丁海拔低，易受气候变暖影响

北部的圣马丁、亚马孙、卡哈马卡已跃为秘鲁咖啡的主力产房，这些产区挺得过逐年恶化的气候吗？国际农用林研究中心（International Center for Research in Agroforestry，简称 ICRAF）以及 CIAT 等机构，对北部 3 个重要产区进行多年研究，2017 年联署发表《气候变化对秘鲁咖啡产业链的影响》（Impacto del Cambio Climático Sobre la Cadena de Valor del Café en el Perú）。

重要结论是，秘鲁地貌多变，各咖啡产区有不同的微型气候，未来受气候变暖影响程度互有差异。气候模式预估 2030—2050 年，全球气候进一步变暖，秘鲁北部的卡哈马卡、亚马孙产区受影响较轻微，只损失 13%—14% 的低海拔咖啡田，但圣马丁平均海拔较低，将损失 40% 的咖啡田。圣马丁是秘鲁最大产区，宜趁早规划应变措施。

亚马孙产区的咖啡田海拔介于 412—3,087 米，平均海拔 1,246 米；

卡哈马卡产区的咖啡田海拔介于 470—3,023 米，平均海拔 1,400 米；

圣马丁产区的咖啡田海拔介于 200—1,947 米，平均海拔只有 734 米。

该报告指出，北部海拔太高不宜种咖啡的冷凉地区，未来将有 10% 左右因全球变暖而受益，出现种咖啡契机，尤其是海拔 2,500—3,000 米的地区可望成为新兴产区。未来 10—30 年间，秘鲁北部产地因气候变化，估计有 40% 面积的气温、雨量不同于今日但仍然适合种咖啡。

在拉丁美洲产地中，秘鲁受到气候变化的影响程度相对较轻。

表 10-7　2030—2050 年秘鲁北部产区气候区变动情况

单位：公顷

气候类型	亚马孙产区	卡哈马卡产区	圣马丁产区
气候区稳定	441,110（31%）	537,751（36%）	849,148（23%）
气候区改变	581,139（41%）	622,365（41%）	1,112,268（30%）
气候区出现契机	184,261（13%）	156,085（10%）	242,503（7%）
气候区丧失咖啡适宜性	201,356（14%）	191,821（13%）	1,479,673（40%）
合计	1,407,866（100%）	1,508,021（100%）	3,683,592（100%）

注：表格中所有数字四舍五入为整数。
（＊数据来源：《气候变化对秘鲁咖啡产业链的影响》）

卡哈马卡花果韵、甜感突出

秘鲁迟至 2017 年才开始办理 CoE 赛事，2017—2021 年，CoE 的赢家多半出自卡哈马卡、胡宁、库斯科、亚马孙，其中以卡哈马卡上榜的优胜豆最多，这与该产区的花果韵、酸质与厚实甜感有关。秘鲁产区较为封闭，以传统品种铁比卡、波旁、卡杜拉、卡杜阿伊为主，当局近年大力辅导咖农，也引进瑰夏、抗锈病卡蒂姆，以及子一代"中美洲"（H1），这些品种均出现在 2017—2021 年秘鲁 CoE 87 分以上的优胜榜上。

身世离奇的冠军豆

2019 年秘鲁 CoE 最高分 92.28 分的冠军豆，出自北部卡哈马卡产区海拔 1,800 米的娜鲁酷玛（La Lúcuma）庄园。有趣的是这支冠军豆的品种栏最初标注的是马歇尔（Marshell），但在后头加注波旁变种（Bourbon Mutant），即 Marshell（Bourbon Mutant），引起不小风波，因为世上没有马歇尔这个品种，而且波旁变种族谱里找不到"马歇尔"这个名称。评审团成员之一、2019 年世界咖啡师大赛冠军——韩国女咖啡师全珠妍对这支身世不明、血缘成谜的冠军豆赞誉有加。她在赛后的讲评中说："这支神秘的冠军豆为秘鲁咖啡开拓了前所未有的新味域，每位评委都说不曾喝过味谱这么丰富的豆子，大家都在问这到底是什么品种。此品种将为秘鲁咖啡产业跨出一大步。"

评审团对这支击败瑰夏的不知名冠军豆风味的描述为："甘薯、蜜饯栗子、覆盆子、热带水果、茉莉花、麦芽、可乐果、烤棉花糖、甜烟草、黑樱桃、烤桃子、肉桂、木瓜、杧果、丁香。"

国外媒体以波旁变种报道这支冠军豆作为权宜之计，删掉了无人知晓的马歇尔。这支冠军豆果真是波旁变种吗？检验过 DNA 吗？为何娜鲁酷玛庄园敢用名不见经传的 Mashell（Bourbon Mutant）品种名称参加这么重要的赛事？我觉得事有蹊跷，便请中国台湾地区的秘鲁咖啡代理商维拉·伊森（Vela Ethan）向秘鲁商务处或 CoE 主办单位询问详情。

冠军得主、娜鲁酷玛庄园的女主人格里马内斯·莫拉莱斯·利萨纳（Grimanés Morales Lizana）一五一十说出事情的曲折过程。

早在 1997 年，她已发觉园内有几株健壮多产的咖啡树性状与园内其他咖啡树大有不同，起先并未特别关注，直到 2011 年园内咖啡染上公鸡眼病（Ojode Gallo，即女庄主说的 Ojo de Pollo），灾情惨重，唯独这几株外貌不同、身世不明的咖啡树没事，照样花果怒放产量丰，其他的铁比卡、波旁全染病减产。此后女庄主特别重视这个抗病且高产的品种，并以她公公名字的"Marshell"为不知名的品种命名。全园也汰弱留强，分批改种神奇的抗病品种马歇尔。

2016 年，女庄主得知秘鲁 2017 年要开办 CoE 赛事，于是开始为参赛热身，并请杯测师为园内的几个品种鉴味，盲测分数最高的竟然是她之前命名的抗公鸡眼病品种马歇尔。后由儿子富兰克林·铁格尔·莫拉莱斯（Franklin Chingucl Morales）以另一座庄园罗梅里约（Finca El Romerillo）之名参加 2018 年 CoE，但生怕品种栏写上默默无闻的马歇尔会被人讥笑（当时很多咖农指指点点，认为马歇尔可能就是波旁），于是富兰克林在 2018 年 CoE 的品种栏写上"波旁"（Bourbon）。马歇尔啼声初试不负众望，以 89.58 分的高分赢得第 3 名。

2018 年评委对这支波旁的风味描述为："糖蜜、花香和香料、洋甘菊、玫瑰、柠檬、辛香、茶感、荔枝、覆盆子、小红莓、绿茶、茉莉花香、青柠、草莓、甜香料。"

2018 年首战即赢得第 3 名，女庄主信心大增，决定再战 2019 年 CoE，改以娜鲁酷玛庄园之名参赛，而且品种名称加进公公的大名马歇尔，品种名称就从 2018 年的波旁改为 Marshell（Bourbon Mutant）。此做法也获得 CoE 赛务人员认可。没想到 2019 年再战，居然以 92.28 高分打败一票瑰夏、波旁、铁比卡、卡杜拉、卡杜阿伊，夺下 2019 年冠军荣衔。而产自南部库斯科海拔 2,100 米、风味具有优势的瑰夏和波旁混豆以 91.44 分屈居第 2 名。评审和咖农都想知道风味绝佳的马歇尔究竟是何方神圣，果真是波旁变种吗？

赛后，CoE 主办单位为了取信大众，将马歇尔的叶片寄到美国的世界咖啡研究组织（WCR）检验 DNA 验明正身，让品种之谜水落石出。夺冠之后，娜鲁酷玛也计划在园内加种一万株马歇尔增强战力！

石破天惊！ Costa Rica 95 打败瑰夏

3 个月后，WCR 基因鉴定报告出炉，跌破大家眼镜——这支赢得 2018 年秘鲁 CoE 第 3 名的"波旁"，紧接着在 2019 年折服瑰夏而夺冠的马歇尔，竟然是 20 多年前早已问世的卡蒂姆族群中的 Costa Rica 95，娜鲁酷玛的神秘品种终于认祖归宗了。CoE 官网也把误植的冠军豆品种名称 Marshell（Bourbon Mutant）更正为 Costa Rica 95，并通知所有咖农和评委。

但我觉得此事件还有两个值得探讨的亮点。第一个亮点是 Costa Rica 95 对大部分的锈病有抵抗力，但此品种和铁比卡与波旁一样，都很容易感染公鸡眼病，为何娜鲁酷玛的 Costa Rica 95 对公鸡眼病有抵抗力？

公鸡眼病是拉丁美洲惯用的俗称，其学名为 *Mycosphaerella coffeicola*，也称美洲叶斑病（American Leaf Spot Disease），此病除了攻击咖啡叶片也会侵蚀咖果内的种子，不同于叶锈病。公鸡眼病的病原体是在中南美洲热带、亚热带丛林以及原始森林发现的一种真菌，因为全球变暖而更加活跃，侵袭了包括阿拉比卡与罗布斯塔在内的 150 多种植物。不过疫情仍局限于拉丁美洲，在非洲和亚洲尚未发现。

根据 WCR 的咖啡品种数据库以及中美洲的咖啡种植技术发展和现代化区域合作计划的研究报告，目前对公鸡眼病有抵抗力的阿拉比卡与罗布斯塔并不多。罗布斯塔对公鸡眼病有抗性的是 *C. canephora* T3561 以及 *C. canephora* T3751。

阿拉比卡除了埃塞俄比亚的汝媚苏丹、E10、E12、E18、E16、E26 具有抗性，其余品种包括卡蒂姆族群，如 Costa Rica 95 和血缘相近的卡蒂姆 T8867、伦皮拉、Catisic 均为感染公鸡眼病的高风险族群。中美洲文献甚至指出卡蒂姆族群比卡杜阿伊更容易感染公鸡眼病。

为何 Costa Rica 95 有违诸多研究报告，竟然对公鸡眼病产生抗性？难道已进化出抵抗公鸡眼病的机制？这就很值得秘鲁农业研究机构进一步深究，有可能追出娜鲁酷玛庄园的 Costa Rica 95 更有价值、可供大用之处。

第二个亮点是，2019 年是 Costa Rica 95 大显神威的一年，除了秘鲁的 Costa Rica 95 赢得 CoE 冠军，墨西哥 CoE 的第 7 名以及第 19 名的品种也是 Costa Rica 95，盲测分数都在 87 分以上。2019 年以前各国 CoE 优胜榜的品种不曾出现 Costa Rica 95，为何 2019 年特别多，颇耐人玩味。

秘鲁 Costa Rica 95 很有肯尼亚味

之前我曾喝过几次中美洲的 Costa Rica 95，风味普通，杯测分数在 79.5—82 分区间，酸质不低，略带木质调，不甚喜欢。但我在和秘鲁咖啡代理商维拉·伊森接洽过程中，有幸喝到娜鲁酷玛的 Costa Rica 95，真的很不一样，味谱很肯尼亚，酸质剔透明亮，甜感厚实，莓果调略带花韵。跟过去喝过的卡蒂姆家族挥之不去的草腥、涩嘴、苦口与木质截然不同。

在气候变化与纽约阿拉比卡期货低迷多年的双利空冲击下，秘鲁咖啡却能逆势增产 4 倍，而且娜鲁酷玛庄园内的 Costa Rica 95 可能独具特异功能，进化出了抵抗公鸡眼病的能力。另外，2020 年、2021 年秘鲁 CoE 冠军豆出现瑰夏与珍稀的 SL 09 品种，这些亮点增加了"藏在深山人未识"的秘鲁咖啡在精品界的知名度。秘鲁咖啡是值得咖友高度关注的后起之秀！

第十一章
变动中的咖啡产地
——中美洲

中美洲产地指北美的墨西哥与中美洲的 7 个咖啡产国：

危地马拉、伯利兹、萨尔瓦多、洪都拉斯、尼加拉瓜、

哥斯达黎加和巴拿马。中美产地这 8 国的咖啡年产量达 120 万吨，

如果只算阿拉比卡，高占全球产量的 1/5；如果合计罗布斯塔，

则中美产地 8 国咖啡产量只占全球总产量的 1/10，

产量虽然远不及南美洲，

但中美洲以高档精品豆见称，地位重要。

夹在墨西哥和哥伦比亚中间，狭窄的中美洲7国，东临加勒比海，西滨太平洋；面向加勒比海的一面气候较潮湿，朝向太平洋的一侧较干燥。中美洲干旱走廊，即太平洋一侧的热带干燥森林，贯穿中美洲7国，干季向来较长，易发生旱灾。中美洲因太平洋周期升温的厄尔尼诺现象与降温的拉尼娜现象，加上与加勒比海以及全球变暖复杂的交互作用，气候更为异常，旱季与雨季更为极端，月均降雨量低于50毫米的干季动辄长达4个月以上，雨季来临又暴雨成灾。近30年来中美洲农业区已沦为气候变化的重灾区，尤其是三角地带的危地马拉、萨尔瓦多、洪都拉斯等灾情最重。

1 墨西哥
2 危地马拉
3 萨尔瓦多
4 洪都拉斯
5 尼加拉瓜
6 哥斯达黎加
7 巴拿马

—— 分水岭　　中美洲干旱走廊

图 11-1　中美洲干旱走廊

（＊数据来源：The Central American Dry Corridor: A Consensus Statement and Its Background）

2016年以来又碰到国际咖啡价格跌破生产成本，数十万计的农民（其中许多是咖啡农）向北迁移，进入墨西哥伺机非法入境美国讨生活，惹恼美国前总统特朗普，他下令斥巨资修筑高墙阻挡中美洲涌入的"移民潮"。美国边境巡逻队（United States Border Patrol）指出，2019 年在美墨边界逮捕的非法移民人数创下 10 年来新高；2011 年被捕的偷渡客有 86% 来自墨西哥，但到了 2019 年情况不同，有 81% 来自受气候变化影响最大的危地马拉、洪都拉斯和萨尔瓦多。中美洲难民潮与气候变化脱不了干系。

2018 年世界银行的报告预估，未来 30 年墨西哥和中美洲至少有 130 万人因气候变化、农作物歉收、经济拮据、家暴、治安恶劣而逃离家园，偷渡美国和加拿大。

2018 年的研究报告《气候变化对中美洲咖啡生产的影响》指出，1950 年至今，中美洲年平均温度已上升 0.5℃；全球气候系统模式预估 21 世纪结束前，中美洲年平均温度还会上升 1℃—2℃。中美洲产区目前适合种咖啡的面积到 2050 年将有 30% 丧失适宜性，另有 30% 须大幅度调整生产系统，还有 30% 较少受影响，只需小幅提升适应性。研究也发现气候变化的影响程度与海拔高低有关系，未来 30 年中美洲的咖啡海拔至少要提高 200 米，即在 1,400 米以上才有较佳的适宜性，1,200 米以下咖啡田的适宜性剧降，宜尽早规划转种可可、牛油果等较耐热的替代作物，减少咖农损失。

20 世纪 90 年代至 2020 年，中美洲 7 大产国的咖啡产量只有洪都拉斯和尼加拉瓜逆势跃增，其余 5 国减产趋势明显，请参见表 11–1。

洪都拉斯面临极端气候与豆价低迷多年的冲击，21 世纪第二个十年的咖啡平均年产量仍比 20 世纪 90 年代提高 172.3%，意义重大，这要归功于洪都拉斯农政当局高度重视咖啡产业，强力辅导咖农因应气候变化。咖啡已成为洪都拉斯最大的出口农产品。尼加拉瓜产量虽然比 30 年前增长 154.3%，但主要是 90 年代的基数太低，近年似已触顶开始下滑，未来增长潜力不如洪都拉斯。

萨尔瓦多近况不佳，30 年来产量跌幅竟高达 64.3%，至今仍无止跌迹象，距离跌幅 100%，即年产量归零不远矣，前景堪忧。

精品咖啡界重量级的巴拿马与哥斯达黎加，30 年来产量跌幅也高达四成左右，主要是生产成本大增，商业豆价格不振，两国积极转种量少质卖价高的精品豆，成功在细分市场闯出一片天。

表 11-1　中美洲 7 大产国 30 年来产量增减表

单位：万袋

国名	1991—2000 平均年产量	2011—2020 平均年产量	增减
洪都拉斯	214.75	584.78	172.3%
墨西哥	482.16	393.84	−25.9%
危地马拉	411.68	362.9	−11.8%
萨尔瓦多	242.82	86.58	−64.3%
尼加拉瓜	85.93	218.54	154.3%
哥斯达黎加	257.74	155.67	−39.6%
巴拿马	19.9	11.52	−42.1%

（＊数据来源：根据 ICO、USDA 资料，核算编表）

洪都拉斯篇

　　记得二三十年前精品咖啡开始盛行时，中美洲的哥斯达黎加、危地马拉、萨尔瓦多是超级"性感"的名字，精品玩家常挂在嘴边，但洪都拉斯并不在"芳名录"内。当时洪都拉斯咖农尚无精品咖啡意识，不重视后制与干燥细节，出产的咖啡缺香乏醇，风味呆板，以低价商业豆为主，质量在中美洲垫底。当时洪都拉斯农民甚至偷运咖啡到危地马拉，冒充他国咖啡以卖得更好价钱。30 年后，丑小鸭变天鹅，洪都拉斯成功提升咖啡质量，一跃成为全球举足轻重的咖啡大国，是寻豆师竞相寻访的精品产地！

　　近年洪都拉斯已跃为中美洲第一大咖啡产国，在拉丁美洲仅次于巴西和哥伦比亚，为第三大产国。2011 年，洪都拉斯产量首度突破 30 万吨关卡，产量超越墨西哥，成为中美第一大产国；2016 年再破 40 万吨大关，2016 年和 2017 年洪都拉斯连续两年产量超过埃塞俄比亚，成为世界第五大咖啡产国，但 2018—2020 年又被埃塞俄比亚超过，洪都拉斯退居全球第六大咖啡产国。咖啡产值约占洪都拉斯农业生产总值的 1/3，咖啡是洪都拉斯第二高价值的出口商品。

气候智能农业建功

洪都拉斯当局高度重视并大力扶持咖啡产业。1970年成立并于2000年私有化的洪都拉斯咖啡研究协会（IHCAFÉ），多年来致力辅导咖农提升田间管理、发酵与干燥等后制技术，教导咖农使用土壤保湿方法、遮阴树、防风林、滴灌系统、生物炭等，并协助咖农改种抗病耐旱高产新品种，为气候变化减灾。气候智能农业（Climate-Smart Agriculture）在洪都拉斯的推广已见成效，咖啡质量大幅提升。

2020年4月，当局推出咖啡红利政策，免费提供肥料给9万多名中小型咖农，降低咖农因全球疫情而增加的负担。洪都拉斯是拉丁美洲劳动成本最低的国家，加上年轻世代乐于投入，以上因素造就近年咖啡质量跃升。

但未来的挑战仍严峻，诸多气候模式皆指出，洪都拉斯是中美洲三大重灾区之一。洪都拉斯的咖啡产区恰好位于中美干旱走廊，预估到21世纪中叶，洪都拉斯的年平均温度会再上升1.6℃—1.9℃，西部产区升温幅度大于东部；干旱、暴雨与洪水的频率将增加。锈病、公鸡眼病和果小蠹是近年洪都拉斯最常见的病虫害，和升温、潮湿有关，未来还会更严重。由于咖啡田海拔不高，2018年WCR年度报告预估未来30年洪都拉斯目前的咖啡田将有57%丧失适宜性。

洪都拉斯咖啡依生长地海拔高度分为三类：900米以下为标准级咖啡（Standard）；900—1,300米为高山咖啡（High Grown）；1,300—1,800米为极高海拔咖啡（Strictly High Grown）。近年咖啡产区普遍升温，洪都拉斯海拔900米以下已不适合种咖啡是这十多年来标准级咖啡明显减少的主因，低海拔咖啡田已转型改种可可等作物增加收入。

截至2020年，洪都拉斯的咖啡都种在海拔1,800米以下地区，未来洪都拉斯要降低全球变暖的威胁，进一步提升咖啡质量，必须将咖啡田往1,800米以上更高海拔发展，但法规明确规定海拔1,800米以上的山林为保护地不准开发。近年洪都拉斯开始倡议修改高山林地法规，开放1,800米以上的高海拔区，协助咖啡产业更上一层楼，但遭环保人士抗议，经济界与环保界正在洪都拉斯角力。

由于洪都拉斯的咖啡田海拔普遍不高，为了控制气候变暖引发的病虫害，咖农听从 IHCAFÉ 建议，改种抗病新品种。 从洪都拉斯 CoE 优胜榜可看出新品种战绩颇亮眼：2017 年以后的洪都拉斯 CoE 赛事，杯测 87 分以上的优胜榜品种栏，常见到帕拉伊内马、伦皮拉、卡蒂姆、IHCAFÉ 90、鲁依鲁 11 等风味潜力广受质疑的抗病品种与瑰夏、卡杜拉、帕卡斯、波旁、铁比卡等风味优势品种分庭抗礼。 洪都拉斯咖农在品种选择上远比其他中美洲产地更为开放进取。 这要归功于 IHCAFÉ 多年来倡导与致力培育抗病耐旱品种，2017 年赢得洪都拉斯 CoE 冠军，一炮而红的抗锈病、抗根腐线虫、抗炭疽病的高产品种帕拉伊内马，正是该咖啡研究机构的杰作。

洪都拉斯六大产区

　　咖啡是洪都拉斯最重要的农作物，全国 18 个州有 15 州产咖啡。 十多年前危地马拉将全国分为八大产区，以利营销。 近年洪都拉斯也跟进，依据各产地不同的风土将洪都拉斯分为六大咖啡产区（请参见图 11-2）。

● 科潘产区 Copán region　● 欧帕拉卡产区 Opalaca region　● 蒙德西犹斯产区 Montecillos region

　科马亚瓜产区 Comayagua region　　埃尔帕拉伊索产区 El Paraíso region　● 阿加尔塔产区 Agalta region

图 11-2　洪都拉斯六大产区

1. 科潘产区（Copán region）

洪都拉斯西部产区，与危地马拉接壤。本产区横跨科潘省、奥科特佩克省（Ocotepeque）、伦皮拉省（Lempira）、科尔特斯省（Cortés）、圣巴巴拉省（Santa Barbara）。

海拔：1,000—1,500 米

年降雨量：1,300—2,300 毫米

温度：11.5℃—22.3℃

采收期：11 月—来年 3 月

味谱：巧克力韵，口感圆滑，平衡感佳，余韵深

2. 欧帕拉卡产区（Opalaca region）

在科潘产区东侧，横跨圣巴巴拉省、因蒂布卡省（Intibucá）、伦皮拉省。

海拔：1,100—1,500 米

年降雨量：1,400—1,950 毫米

温度：14.2℃—21.4℃

采收期：11 月—来年 2 月

味谱：悦口明亮的酸质，葡萄与黑莓香气平衡酸味，甜蜜尾韵，咖啡体较淡

3. 蒙德西犹斯产区（Montecillos region）

在欧帕拉卡产区东侧，横跨拉巴斯省（La Paz）、科马亚瓜省（Comayagua）、圣巴巴拉省。以拉巴斯省首府马尔卡拉（Marcala）为名的马尔卡拉咖啡（Café de Marcala）是洪都拉斯第一个获官方认可的咖啡原产地名称。2015 年世界咖啡师大赛冠军萨萨·赛斯蒂克（Sasa Sestic）的洪都拉斯咖啡农场就设在本产区！

海拔：1,200—1,600 米

年降雨量：1,300—2,300 毫米

温度：12℃—21.2℃

采收期：12 月—来年 4 月

味谱：活泼明亮的水果酸甜味，如柑橘、桃子，余韵悠长，口感柔滑

4. 科马亚瓜产区（Comayagua region）

在蒙德西犹斯产区东侧，横跨科马亚瓜省、弗朗西斯科-莫拉桑省（Francisco Morazán）。

海拔：1,000—1,500 米

年降雨量：1,350—1,700 毫米

温度：14℃—22℃

采收期：12 月—来年 3 月

味谱：酸甜如柑橘，巧克力尾韵，奶油口感

5. 埃尔帕拉伊索产区（El Paraíso region）

位于科马亚瓜产区东侧，横跨埃尔帕拉伊索以及一部分的乔卢特卡省（Choluteca）和奥兰乔省（Olancho）。2017 年洪都拉斯 CoE，抗病杂交新品种帕拉伊内马以 91.81 分高分打败波旁、帕卡斯、卡杜阿伊等老品种，赢得冠军，并以 124.5 美元／磅售出，创下洪都拉斯咖啡最高拍卖价纪录，此咖啡豆来自本产区。

海拔：1,000—1,400 米

年降雨量：950—1,950 毫米

温度：16℃—22.5℃

采收期：12 月—来年 3 月

味谱：柑橘酸质与甜香，口感润顺，余韵绵长

6. 阿加尔塔产区（Agalta region）

位于洪都拉斯的中北部产区，横跨奥兰乔省、约罗省（Yoro）。

海拔：1,000—1,400 米

年降雨量：1,300—1,950 毫米

温度：14.5℃—22.5℃

采收期：12 月—来年 3 月

味谱：热带水果风味，酸味较浓，巧克力与焦糖尾韵

自 1990 年以来，危地马拉咖啡的产量一直是中美洲 7 国的"一哥"；第二波浪潮的重焙名店皮爷咖啡、星巴克，不约而同以高海拔危地马拉咖啡豆为重要配方。然而 2010 年以后危地马拉咖啡产量下滑，被后起之秀洪都拉斯超越，气候变化、锈病肆虐、豆价走低、火山爆发交相来袭，挫低危地马拉的咖啡产能。

危地马拉、洪都拉斯、萨尔瓦多、尼加拉瓜均身陷中美洲干旱走廊，被列为气候变化重灾区，但危地马拉的咖啡海拔较高，应变本钱较多，2018 年 WCR 年度报告预估危地马拉目前的咖啡田到了 2050 年将有 30% 失去适宜性，情况比干旱走廊内的其他 3 国好些。美国边境巡逻队指出，近年偷渡美国的非法移民，主要来自中美洲干旱走廊的受害国，被捕遣返的非法移民以危地马拉人数最多，有很多是来自咖啡产区的穷困咖农。

2012 年中美洲暴发严重锈病，危地马拉咖啡园恢复的进度缓慢，2011—2020 年年平均产量只有 217,740 吨，已比 2001—2010 年锈病暴发前的年平均产量 236,028 吨下跌 18,288 吨。除了锈病，气候持续恶化，高温少雨，咖啡豆的密度与重量降低，昔日危地马拉 4.55 千克咖啡果可产 1 千克带壳豆，而今却要 4.85 千克咖啡果才能产出 1 千克带壳豆，影响咖农的收入。火山活动也带来不小的农损，2018 年阿卡特南戈（Acatenango）产地的富埃戈火山（Fuego Volcano）爆发，熔岩与灰尘摧毁 4,000 公顷花期中的咖啡。

而国际豆价持续低迷，对生产成本较高的危地马拉咖农造成伤害。根据美国农业部资料，2019 年危地马拉咖农生产一袋 60 千克生豆的成本为 190—230 美元（143.6—173.9 美分 / 磅），虽然危地马拉咖啡质量高于期货标准，市场需求较大，但即使纽约阿拉比卡期货市场的评鉴机制给予每袋溢价 30 美元，每袋成交价提高到 170—190 美元（128.5—143.6 美分 / 磅），许多小农因生产成本高，仍被迫赔本卖豆。2020 年 7 月，危地马拉宣布已启动退出 ICO 的法律程序，以抗议该组织失去维稳豆价的功能。

以生产高海拔极硬豆见称的危地马拉，品种以风味优雅的瑰夏、帕卡马拉、波旁、卡杜拉、马拉卡杜拉、象豆、卡杜阿伊、铁比卡、帕卡斯为主。重视质量的原教旨主义咖农，不愿栽种不易得奖的抗病高产"野种"，多年来危地马拉 CoE 优胜榜的品种栏，全是上述容易染锈病的美味品种，看不到带有罗豆基因的杂交品种，此情况和洪都拉斯、秘鲁、巴西和哥伦比亚大不相同。近年危地马拉 CoE 的冠亚军豆多半由瑰夏与帕卡马拉轮替，尚未出现抗病品种夺冠的记录。

然而，2012 年锈病大暴发，危地马拉咖啡产量顿减 20% 以上，危地马拉全国咖啡协会大力倡导咖农试种抗锈病品种以减少损失，并于 2014 年释出卡蒂姆与帕卡马拉杂交的新品种 Anacafé 14，这是该协会选拔多年的抗锈病耐旱又美味的国产品种。在农政单位的积极推广下，危地马拉咖农对抗病品种的接受度 5 年来明显提升，根据 Anacafé 统计，2019 年危地马拉栽种的品种中，抗病的卡蒂姆、莎奇姆、Anacafé 14、玛塞尔萨合计占总咖啡树的 32.28%，比例不低。

卡杜拉仍是危地马拉种得最多的品种，高占 25.67%；至于频频赢得 CoE 冠亚军的瑰夏与帕卡马拉，占比极低，各占 0.21% 与 0.87%，这两个美味品种的

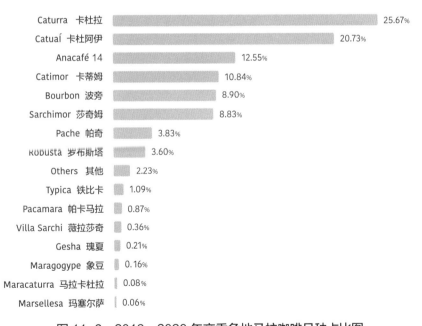

图 11-3　2019—2020 年产季危地马拉咖啡品种占比图

注：因数据四舍五入至小数点后两位，故此图百分比相加为 100.1%。

产量低于卡杜拉20%—30%，危地马拉咖农是为了比赛夺大奖而种的。

危地马拉八大产区

危地马拉是中美洲火山最多国家，有37座火山，其中的富埃戈火山、帕卡亚火山（Pacaya Volcano）、桑提阿奎多火山（Santiaguito Volcano）目前还很活跃，不定时喷发。八大咖啡产区中有五大产区的地质与土力深受火山释出的矿物影响，土壤肥沃，火山一旦爆发经常造成农损。八大产区中只有西北部的薇薇高原（Highland Huehue）、中北部的科班雨林（Rainforest Cobán）、东部的新东方（New Oriente）较少受火山影响，其余五大产区的地质与土力均受到塔胡穆尔科火山（Tajumulco Volcano）、阿蒂特兰火山（Atitlan Volcano）、富埃戈火

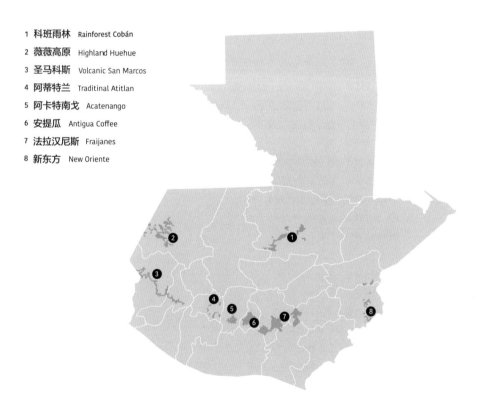

1 科班雨林　Rainforest Cobán
2 薇薇高原　Highland Huehue
3 圣马科斯　Volcanic San Marcos
4 阿蒂特兰　Traditinal Atitlan
5 阿卡特南戈　Acatenango
6 安提瓜　Antigua Coffee
7 法拉汉尼斯　Fraijanes
8 新东方　New Oriente

图 11-4　危地马拉八大产区

山、阿瓜火山（Agua Volcano）、桑提阿奎多火山、帕卡亚火山很大的影响。

1. 安提瓜（Antigua）

安提瓜咖啡是典型的火山咖啡，安提瓜也是危地马拉最负盛名的产地，周遭有 3 座火山，富埃戈火山、阿卡特南戈火山、阿瓜火山，咖农在安提瓜周边的山坡种咖啡，土壤肥沃，昼夜温差大。本产区是八大产区雨量最少、较干旱的地区，幸好有轻而多孔的火山石，有助于保持土壤水分。本区名气响亮，咖啡售价较高，其他产区经常偷运咖啡果子到安提瓜后制，并以安提瓜之名销售。安提瓜咖啡协会于 2000 年成立，建立安提瓜产地认证制度与标识。咖啡风味平衡丰富，温和顺口。

海拔：1,300—1,680 米

年降雨量：812—1,219 毫米

采收期：1—3 月

2. 阿卡特南戈（Acatenango）

位于安提瓜西边，距离富埃戈与阿卡特南戈两座火山很近，火山地质明显。本区广达 9,663 公顷，全在奇马尔特南戈省（Chimaltenango）内。最高海拔接近 2,000 米，酸质比安提瓜霸道，是 CoE 优胜榜的常客。

海拔：1,290—1,980 米

年降雨量：1,219—1,828 毫米

采收期：12 月—来年 3 月

3. 阿蒂特兰（Atitlan）

位于阿卡特南戈产区的西边，阿蒂特兰是危地马拉五大火山地质产区中，土壤有机物含量最丰富的一区。经阿蒂特兰产区认证的咖啡，90% 出自环绕阿蒂特兰湖的火山坡地。白天的微风吹拂湖面凉冷湖水，形成有利于咖啡的微气候。

海拔：1,500—1,680 米

年降雨量：1,828—2,337 毫米

采收期：12 月—来年 3 月

4. 法拉汉尼斯（Fraijanes）

位于安提瓜产区东边，深受活火山帕卡亚影响。火山石土壤、高海拔、降雨量充足、湿度变化大、火山活动频繁。晨间雾气重，中午散尽，阳光普照，适宜晒豆不需干燥机。咖啡酸质突出，咖啡体佳。

海拔：1,350—1,800 米

年降雨量：1,524—3,048 毫米

采收期：12 月—来年 2 月

5. 圣马科斯（San Marcos）

危地马拉最西边的产区，火山环绕，也是八大产区温度和湿度最高的一区，年降雨量可达 5,000 毫米，雨季来得早，花期也比其他产区早。采收后的水洗处理需借助烘干机，以免回潮发霉。咖啡酸质明亮略带花韵。

海拔：1,290—1,800 米

年降雨量：4,060—5,080 毫米

采收期：12 月—来年 3 月

6. 薇薇高原（Highland Huehue）

位于西北部的薇薇高原，与中北部的科班雨林、东部的新东方，并列为危地马拉三大无火山活动的产区，也是危地马拉海拔最高的产区，所产咖啡是 CoE 优胜榜与冠军豆的常客。从墨西哥高原吹来的暖风，使得本区几乎不发生霜害，咖啡可种到海拔 2,000 米左右。高海拔与气候的可预测性高，有助于产出高质量咖啡。咖啡酸质高，咖啡体佳，近似红酒。

海拔：1,500—2,000 米

年降雨量：1,219—1,422 毫米

采收期：1—4 月

7. 科班雨林（Rainforest Cobán）

绵绵细雨长达 9 个月，年降雨量达 4,000 毫米，致使咖啡花期零乱，每年有 8—9 个花期，使得采收麻烦。湿气较重，采收后的制程需使用烘干机，本区有不少实验性干燥技术，可制作出水果风味的好咖啡。

海拔：1,290—1,680 米

年降雨量：3,048—4,060 毫米

采收期：12 月—来年 3 月

8. 新东方（New Oriente）

危地马拉最东边的产区，云多雨丰。本区已无火山活动，土壤由早期火山活动留下的变质岩构成，矿物质平衡。本区土质不同于仍有火山活动的产区。所产咖啡体佳，风味平衡，富有巧克力韵。

海拔：1,290—1,680 米

年降雨量：1,828—2,030 毫米

采收期：12 月—来年 3 月

哥斯达黎加篇

早在 1779 年，哥斯达黎加中部山谷就已引进咖啡，1808 年规划商业化生产，1820 年开始出口咖啡，是中美洲最早拥有完善咖啡产业的国家。19 世纪中叶，咖啡成为该国主要出口农产品，素以高质量扬名国际。然而，近 30 年来，哥斯达黎加的咖啡产量因气候变化、病虫害、低豆价、更多建设更少咖啡的土地开发政策而节节走低，产量从 1990 年的 153,720 吨跌到 2020 年的 88,380 吨，跌幅高达 42.5%。虽然在大环境的冲击下，哥斯达黎加的咖啡产量不易提升，只占全球咖啡总产量的 0.83%，但 2000 年以来咖农改走量少质精卖价高的高经济价值路线，使得哥斯达黎加对全球精品咖啡的影响力不减反增，堪称精品咖啡产国的典范。

年甚一年的气候变化与病虫害是哥斯达黎加咖农最大的痛。研究报告《中美洲与南美洲北部降雨与极端温度的改变，1961—2003》（Changes in Precipitation and Temperature Extremes in Central America and Northern South America, 1961–2003）指出，1901—2000 年，哥斯达黎加的平均温度已上升了 0.5℃—1℃，且 1970 年以来，温暖的天数每 10 年增加 2.5%，未来旱涝与台风侵袭频率将增加。诸多研究报告预估 2050 年哥斯达黎加将有 30%—38% 的咖啡田丧失可耕性，未来 30 年内咖啡田的海拔必须从 1,200 米升高到 1,600 米，而目前不宜种植咖啡的 2,500 米高海拔区，届时将出现适宜性。

升温除了带来锈病，也助长了果小蠹繁殖。2000 年以前，哥斯达黎加还未发现果小蠹，2001 年开始出现踪迹，政府机构的研究指出，2003 年哥斯达黎加感染果小蠹的庄园已达 6%，这比锈病更难防治，也会造成更大的损失。拉丁美洲咖啡产地 2003 年以后已全数沦陷。

量少、质精、卖价高

虽然 30 年来产量减少四成，但哥斯达黎加绝非"病猫"，反而更为精干，在高价值的精品咖啡领域大展身手。2000 年发起微处理厂革命，2006 年打响蜜处理威名，2014 年开风气之先，以厌氧发酵咖啡打进 CoE 优胜榜，引领咖啡后制技法迈向第四波浪潮（详见本书第三部）。美国国际开发署 2010 年指出，哥斯达黎加 60%—80% 的产量专攻中高价位的精品咖啡市场，比例之高全球称冠。

哥斯达黎加咖啡产业精实化的趋势愈来愈明显，哥斯达黎加咖啡工业公司（ICAFE）指出：都市区逐渐扩大，牺牲了咖啡种植面积，2000—2014 年中南部高产量咖啡专区的面积，15 年内减少了 30%。咖农人数也逐年下降，2017—2018 年产季的全国咖农共计 41,339 人，到 2018—2019 年产季降至 38,804 人。有趣的是，咖农人数减少但小型处理厂的数目却逐年增加，2017—2018 年产季全国有 259 座处理厂，2018—2019 年产季增加到 272 座。显然，自己的咖啡自己处理，既节省成本又可提高质量做出差异化，微处理厂革命方兴未艾。

在精品圈享有高口碑的哥斯达黎加咖啡，在一般商业豆的纽约阿拉比卡期货市场也挺吃香。期货市场的评鉴机制常给予哥斯达黎加商业豆高于盘价的溢价

待遇，助哥斯达黎加咖农撑过多年的低豆价时期。ICAFE 指出，2016—2019 年
4 个产季的哥斯达黎加商业豆，期货市场每袋 60 千克的平均价都高于 145 美元
（110 美分／磅），2019—2020 年产季每袋平均价提高到 155.7 美元（118 美分／
磅），每磅都高于盘价 10—20 美分。咖啡质量、产地可溯性、友善环境的生产
方式，如获得好的评级，期货市场的机制也会给商业豆溢价的报酬；但是多数哥
斯达黎加咖农仍坚持质量差异化的精品之路，所得利润远高于期货市场。

纽约期货市场对精品级生豆虽订有溢价的报偿，但较之期货市场以外的交易
系统，仍有不小落差，每磅甚至差到 60 美分以上。

表 11-2 是塔拉珠（Tarrazú）产区阿塞里与阿斯科塔小区农业生产者协会
（Asociación de Productores Agropecuarios de las Comunidades de Acosta y Aserrí,
简称 ASOPROAAA）2014—2015 年产季精品级生豆自产自销的出口报价与当时
期货市场的溢价对比。

表 11-2 ASOPROAAA 自产自销出口价 vs 纽约阿拉比卡期货价

单位：美分／磅

级别（杯测分数）	纽约阿拉比卡期货价	自产自销出口价
传统精品（80—83）	119—129	170—200
基本精品（84—85）	131—140	200—220
标准精品（86—87）	170—181	220—230
顶级精品（>88）	200—230	237 以上

注：2014—2015 年产季报价。

倡行减灾，树立典范

为了减缓气候变化对本国咖啡产业的影响，哥斯达黎加率先执行"全国适
当减灾措施"（Nationally Appropricate Mitigation Actions，简称 NAMA），将全国

温室气体排放量降低到 2020 年以前的水平，为各咖啡产地立下典范。ICAFE 指出，农业每年排放 460 万吨二氧化碳，占哥斯达黎加全国排放量的 37%，而农业 25% 的二氧化碳，即 115 万吨来自咖啡产业。

咖啡产业排放的温室气体主要是农场肥料产生的一氧化二氮和二氧化碳，还有处理厂的甲烷和二氧化碳。多年来 ICAFE 辅导咖农高效率使用肥料，减少一氧化二氮的排放；改善处理厂烘干咖啡的燃烧系统，并多采用太阳能干燥设备，减少废气排放量；改善废水处理技术，减少甲烷排放。这些减灾措施已获联合国资助。

解除罗布斯塔 30 年禁令?

拉丁美洲从非洲进口罗布斯塔，结果不慎感染果小蠹疫情，1989 年哥斯达黎加颁令禁止罗布斯塔入境，也不准咖农栽种风味粗糙的罗豆，以免损及哥斯达黎加生产高档精品豆的形象。然而，2001 年哥斯达黎加产区不幸染上果小蠹，12 年的果小蠹围堵政策失败后，却依然不准咖农种植罗布斯塔。近十多年来，高温干旱、雨量失衡愈来愈严重，海拔 1,000 米以下的咖啡田已种不出优质阿拉比卡。ICAFE 遂援引 1989 年禁止罗豆入境的检疫问题已不复存在为由，率先发难，建议国家咖啡议会（National Coffee Congress）解禁罗布斯塔并允许低海拔咖啡田种植罗豆，因为低海拔的阿拉比卡锈病严重，而罗豆对锈病有抵抗力，且国际市场对罗豆的需求增加，可增加农民收入。

几经讨论，很多咖啡农和官方代表仍然担心罗豆引进有损哥斯达黎加高达 60% 以上产量专攻高价精品市场的形象，2016 年国家咖啡议会在咖农的强大压力下，继续禁止境内种植罗豆。2018 年，ICAFE 再度提议解禁罗豆，并提出配套措施，只开放未种植阿拉比卡的地区作为罗豆种植场，以避免两物种相互交染，至于该种哪些品系的罗豆以及种植场址，均由 ICAFE 评估控管。2018 年 2 月，国家咖啡议会终于取消 30 年禁令，农业部也准许种植罗布斯塔，但目前尚待哥斯达黎加总统核准才可执行（截至 2022 年 5 月本书截稿为止，哥斯达黎加总统尚未批准本案）。

我个人乐见其成，哥斯达黎加可用最擅长的后制发酵技术为罗豆增香添醇，想象一下红蜜罗豆、黑蜜罗豆、低温厌氧罗豆、双重厌氧发酵罗豆的味谱，能不让人垂涎欲滴吗？

哥斯达黎加八大产区

据 ICAFE 最新普查，哥斯达黎加的咖啡种植面积为 93,697.3 公顷，以中南部的洛斯桑托斯区（Los Santos Zone）种植面积最广，达 27,944.3 公顷，驰名世界的塔拉珠咖啡就位于此区。以下是哥斯达黎加咖啡的八大产区。

1. 塔拉珠产区（Tarrazú）

指圣何塞省（San José）的 4 个县，塔拉珠、多塔（Dota）、莱昂科尔特斯卡斯特罗（León Cortés Castro）、阿塞里。咖啡精华区在圣洛伦索（San Lorenzo）一带。2018 年塔拉珠产区多塔县唐卡伊托（Don Cayito）庄园的蜜处理瑰夏赢得 CoE 冠军，并以 300.09 美元 / 磅成交，创下各国 CoE 在线拍卖的最高价纪录。

海拔：1,200—1,900 米

采收期：11 月—来年 3 月

味谱：酸质高，典型的水果酸甜震，有桃李和柑橘香气

2. 中部山谷产区（Central Valley）

位于塔拉珠的西侧山谷区，是哥斯达黎加咖啡最早的发迹地，火山地质。

海拔：20% 介于 900—1,630 米，80% 介于 1,000—1,400 米

采收期：11 月—来年 2 月

味谱：柔酸、可可、热带水果、中等咖啡体

3. 三河产区（Tres Rios）

位于塔拉珠北部且与中部山谷东部交界的狭小地区，火山土壤，有机质丰富。

海拔：1,200—1,650 米

采收期：11 月—来年 3 月

味谱：咖啡体厚实，中等酸质，黑糖香气，风味温顺平衡

4. 西部山谷产区（West Valley）

位于中部山谷西边，是哥斯达黎加咖啡风味最多元的产区。海拔较低，本区咖啡常打进 CoE 87 分以上的优胜榜名单。

海拔：700—1,600 米

采收期：10 月—来年 2 月

味谱：低酸但甜感与咖啡体佳，香草、干果与可可韵很适合浓缩咖啡

5. 瓜纳卡斯特产区（Guanacaste）

西部山谷以西的低海拔区。

海拔：600—1,300 米

采收期：7 月—来年 2 月

味谱：咖啡体与酸质较淡，坚果木质韵，甘苦巧克力调

6. 奥罗希产区（Orosi）

夹在塔拉珠东北部与图里亚尔瓦（Turrialba）产区之间。

海拔：1,000—1,400 米

采收期：9 月—来年 3 月

味谱：中等酸质与咖啡体，略带可可与花果韵

7. 图里亚尔瓦产区（Turrialba）

位于奥罗希产区以东，知名的热带农业研究与高等教育中心设在本区。该中心是拉丁美洲培育咖啡新品种的重要基地，保有半个多世纪前采自埃塞俄比亚的珍稀野生咖啡种质，种质编码均以 T 开头，乃 Turrialba 的第一个字母，譬如瑰夏 T2722。

海拔：500—1,400 米

采收期：7 月—来年 3 月

味谱：低海拔咖啡韵，低酸木质调，甘苦巧克力与坚果味

8. 布伦卡产区（Brunca）

位于塔拉珠东南的低海拔产区。

海拔：600—1,700 米

采收期：8 月—来年 2 月

味谱：低酸、坚果、蔗甜，口感温和

1 塔拉珠产区 Tarrazú

2 中部山谷产区 Central Valley

3 三河产区 Tres Rios

4 西部山谷产区 West Valley

5 瓜纳卡斯特产区 Guanacaste

6 奥罗希产区 Orosi

7 图里亚尔瓦产区 Turrialba

8 布伦卡产区 Brunca

图 11-5 哥斯达黎加八大产区

核弹级的水果炸弹？巴拿马瑰夏，产量少、售价高，是量少质精卖价高的最佳典范，比起哥斯达黎加咖啡更胜一筹。巴拿马瑰夏凭借其酸甜震的滋味、橘香蜜味花韵浓的香气热销 16 年，售价迭创新高。巴拿马瑰夏可能是气候变化的少数受益者。

小而弥坚，声誉崇高

1991—2000 年巴拿马咖啡 10 年平均年产量达 19.9 万袋（11,940 吨），但到了 2011—2020 年，10 年平均年产量剧降到 11.52 万袋（6,913 吨），30 年内产量大减 42.1%。巴拿马咖啡产量少，还不及巴西或印度尼西亚一座大型咖啡农场一年的出口量。如果以巴拿马 20 世纪 90 年代最高年产量 1994—1995 年产季的 24.8 袋（14,880 吨）来与 21 世纪第二个十年最低年产量 2017—2018 年产季的 10.5 万袋（6,300 吨）相比，跌幅更惊人，高达 57.7%。耐人玩味的是，巴拿马咖啡产量重跌至此，只占全球产量的 0.076%，但咖啡产业却小而弥坚，在全球精品咖啡界享有崇高声誉。

2020 年巴拿马 BOP 在线拍卖会，索菲亚庄园冠军水洗瑰夏，在亚洲买家的抢标下，以 1,300.5 美元 / 磅成交，打破 2019 年艾利达庄园创下的 1,029 美元 / 磅纪录，又改写 BOP 历来最高拍卖价，也比 CoE 在线拍卖最高价纪录—— 2018 年哥斯达黎加塔拉珠产区蜜处理瑰夏的 300.09 美元 / 磅高出一大截。

巴拿马咖啡以美味品种为主，包括卡杜拉、卡杜阿伊、帕卡马拉、铁比卡、象豆、瑰夏，以及极少量的小摩卡。2020 年 BOP 在线拍卖的 36 支瑰夏赛豆合计 3,600 磅（1,632 千克），只占巴拿马咖啡总产量的 0.024%，难怪玩家抢翻天。巴拿马咖啡年产 6,000 多吨的出口额只占巴拿马农产品出口额的 2%，香蕉和菠萝才是巴拿马的主力农产品，它们的出口额分别高占农产品出口总额的 27% 与 13%。

巴拿马瑰夏种植，一山还比一山高

虽然并不在中美洲干旱走廊主要受灾区内，但全球变暖已对巴拿马农业造成伤害，咖啡也不例外。30多年来咖农感受最明显的是，原本固定时序的干湿季全乱了套，不是干季太长就是雨季提早来，致使花期与果子成熟期零乱，大幅增加采收成本。更糟的是，温度太高与土壤湿度太低常造成花朵提早凋谢或落果，造成大量损失，尤其是海拔1,200米以下的咖啡田最为严重。

雨季拖太长加上高温，助长了病虫害，过去咖啡田最常见的是锈病，而炭疽病主要侵袭其他水果，而今高温高湿不但招来了咖啡炭疽病，也为果小蠹提供了温床，果小蠹在低海拔高温区一年可繁殖好几代，灾情较重，在高海拔低温区只能繁衍一代，灾情尚可控制。

温室效应对巴拿马咖啡田尽管有千百害，却暗藏一利。30年前没人敢把咖啡种在海拔1,800米的地块，因为低温、霜害与强风会抑制咖啡正常生长，产量极低，经济效益不佳，当时1,600米已是巴拿马咖啡生长的海拔上限。翡翠庄园最先发现瑰夏必须种到1,500米以上才能引出缤纷花果韵的秘密，也是第一个挑战1,700米高海拔成功的庄园。但近几年气候变得较温暖，使得巴拿马海拔1,800—2,100米的某些高地出现了咖啡适宜性，几座设在海拔2,000米左右的瑰夏种植场战绩亮眼，恐将掀起"瑰夏韵若要更迷人就要种得更高"的比高风潮。

近4年BOP战绩是最好的证明。2018年、2019年连续两年赢得BOP日晒、水洗冠军，堪称"四冠王"的艾利达庄园，其绿顶瑰夏种植海拔介于1,700—2,200米；2020年BOP日晒冠军得主瓜鲁莫（Guarumo）庄园的黑豹瑰夏种植在海拔1,800米以上；索菲亚水洗瑰夏2017年首次赢得BOP冠军，2020年再次登顶，第二度赢得BOP冠军，其海拔介于1,850—2,175米。这批后起之秀的种植海拔均高出"老将"翡翠庄园100—300米。全球变暖反而暗助巴拿马瑰夏获得更多的高海拔避难天堂增醇养味。

波奎特拥挤，新地块浮现

巴拿马瑰夏传统种植场集中在巴拿马西部奇里基省（Chiriqui）巴鲁火山（Volcán Barú）东侧的波奎特，以及巴鲁火山西侧的沃肯（Volcán）。巴鲁火山高达 3,474 米，海拔 1,800 米以上的山林地不少，是巴拿马瑰夏对抗全球变暖的避难所。然而，波奎特已过度开发，农地不是卖给开发商就是种满水果、咖啡或供畜牧用，已无多余的耕地。近年甚至发生咖农潜入巴鲁火山国家公园保护区内，非法种植瑰夏数十公顷的重大违规事件。巴拿马精品咖啡协会只好呼吁咖农不要做出有损瑰夏形象的坏事。

波奎特是 2004 年翡翠庄园瑰夏初吐惊世奇香、一炮而红的发迹地，十多年来掀起抢种热潮，但也使得巴鲁火山东侧的波奎特、西侧的沃肯合法咖啡田开发殆尽，而巴鲁火山国家公园保护区又不得开发，于是近几年咖农另辟战场，转向沃肯以北至哥斯达黎加交界处的合法林地发展。另外，沃肯西侧与哥斯达黎加接壤的雷纳西缅托（Renacimiento）也有新辟的瑰夏种植场在运作（请参见图 11-6）。

沃肯以北的林地、沃肯以西的雷纳西缅托，这两个新辟的瑰夏种植场，名气虽远不及波奎特响亮，但 2020 年 BOP 的索菲亚庄园冠军水洗瑰夏就种于沃肯北边。同年，瓜鲁莫庄园的冠军黑豹日晒瑰夏则出自雷纳西缅托。这两个新兴产区有双冠军加持，前景看俏，足与巴拿马瑰夏传统产区波奎特分庭抗礼。

减灾二宝：农林间作与生物刺激素

巴拿马西部奇里基省的山林野趣与田园景观，吸引北美和欧洲高级知识分子前来置产或养老，翡翠、索菲亚等知名庄园的股东和负责人均来自欧美，素质很高，精通多国语言，擅长管理与营销。例如他们发现气候变化已影响咖啡正常生长，有些咖农于是采用农林间作、生物刺激素来减灾。

索菲亚、骡子（La Mula）庄园的共同创办人、荷兰裔的咖啡专家威廉·布特就规定庄园实行农林间作。将咖啡种在高海拔林木的底下有许多好处：不必

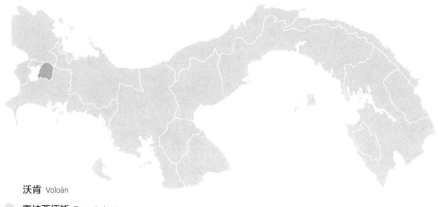

沃肯 Voloán

雷纳西缅托 Renacimiento

波奎特 Boquete

图 11-6　巴拿马咖啡三大产区

砍树以保持原有生物的多样性、降低病虫害、固定大气中的二氧化碳、夏天降温冬天保暖、有助于水土保持、可缓解极端气候对咖啡的压力。农林间作最大的缺点是产量低，却很适合量少质精卖价高的巴拿马瑰夏产销模式，但对巴西、哥伦比亚、越南以量制价的模式就不合适。索菲亚等庄园采用的农林间作模式，类似埃塞俄比亚传统的森林咖啡种植系统。

农林间作有助于改善咖啡日渐恶化的外部环境，而生物刺激素则可改善咖啡自身的健康，并提高对极端气候的适应力。生物刺激素既非农药，亦非传统肥料或生长调节剂，而是植物的"应激维生素混合物"，生物刺激素的载体多元，包括腐植酸、海藻萃取物、甲壳素、肽、微生物等，可以叶片喷施也可根部浇灌。高质量的生物刺激素可刺激植物生长，提高产量，减少肥料使用，提高植物对环境压力的抗性。诸多研究指出，农林间作与生物刺激素有助于降低全球变暖对咖啡的压力。

第十二章
变动中的咖啡产地
——亚洲

20 世纪 60—90 年代，第二波咖啡浪潮大行其道，

众咖啡迷只喜欢独沽余韵深深的重焙味谱。

印度与印度尼西亚特有的低酸、浑厚、坚果、香料、树脂、

药草、木香、泥土与巧克力甘苦韵，蔚为风潮。

然而，千禧年后，兴起第三波咖啡浪潮，重焙失势，浅中焙崛起，

酸香花果韵、酸甜震、干净度、嘴里放烟火的水果炸弹，

取代第二波闷香、浑厚的甘苦调。

在第三波主导的精品咖啡市场中，亚洲豆不复昔日盛况，

远不如一二十年前那么受欢迎。

未经第二波重焙洗礼的年轻一代杯测师、咖啡师，

多半对亚洲豆常有的尘土味、药草、闷香调敬谢不敏。

亚洲咖啡日渐失宠，在台湾市场尤为明显。数字会说话，根据相关部门统计资料，印度尼西亚数十年来一直是中国台湾地区进口咖啡生豆量最多的产地，但2016年以后，巴西赶超印度尼西亚成为中国台湾地区进口量最多的咖啡产地。近年中国台湾地区的印度尼西亚生豆进口量减少许多，从2015年的6,284吨，跌到2019年的4,183吨，锐减了33.43%，创下十多年来进口印度尼西亚豆的新低量，预料会被哥伦比亚赶超。在短短5年内，印度尼西亚从过去中国台湾地区最大的咖啡进口国跌到第二甚至将退居第三名（请参见表12-3），亚洲咖啡式微的态势极为明显。

罗豆产量高占全球 60%

近十多年来，亚洲咖啡在高档精品界有被边缘化的趋势，反观以酸香花果韵见长的非洲、拉丁美洲豆，符合第三波咖啡美学的"味谱正确"，一跃成为精品咖啡主要产房。亚洲豆在精品界失宠，至少有以下三大主要原因：

（一）拉丁美洲和非洲精品咖啡年度盛事 CoE、BOP、东非收获季风味大赛（East Africa Taste of Harvest，简称 TOH）优胜豆的在线拍卖会，大幅提高拉美与非洲豆的声望和质量。但亚洲产地迟迟未举办这类国际规格的精品豆大赛，顿失威望与宣传橱窗，成了精品咖啡的"化外之地"；印度尼西亚迟至2021年底才办成首届 CoE，急起直追。

（二）2020年世界前十大咖啡产国依序为：巴西、越南、哥伦比亚、印度尼西亚、埃塞俄比亚、洪都拉斯、印度、秘鲁、墨西哥、危地马拉。其中亚洲咖啡占3席。然而，亚洲三大主力产国越南、印度尼西亚与印度，均以罗豆为主，合计高占全球罗豆产量的60%左右；但阿拉比卡产量未见起色，甚至减产，越南、印度尼西亚、印度合计的阿拉比卡产量只占全球阿拉比卡的3.9%。亚洲豆身处以阿拉比卡为尊的精品市场，失去话语权并不令人意外。（请参见表12-1）

（三）亚洲阿拉比卡味谱跳脱，好恶随人。尤其是印度尼西亚林东一带的曼特宁，常有股中药、仙草、樟树、树脂味，但咖啡体厚实，是很另类的风味，一些人很喜欢，但亦有很多年轻玩家避之唯恐不及。一般亚洲豆酸味较低，但偶尔也会喝到酸质很高的印度尼西亚曼特宁、印度或越南阿拉比卡。亚洲咖啡的干净度落差很大，可能是失宠原因之一。但这不表示印度尼西亚、印度或越南就没有惊艳级的阿拉比卡，我不时喝到杯测 85 分以上的曼特宁、苏拉威西，其干净度、丰富度、黏稠度与甜感均优，多花点时间寻货，会有大惊喜。

表 12-1　越南、印度尼西亚、印度阿拉比卡与罗布斯塔产量表

单位：万袋，每袋 60 千克

产季	2015—2016	2016—2017	2017—2018	2018—2019	2019—2020
越南阿拉比卡	110	110	102.6	106.4	110
越南罗布斯塔	2,783	2,560	3,827.4	2,933.6	3,020
越南阿拉比卡占比	3.8%	4.1%	3.5%	3.5%	3.5%
越南罗布斯塔占比	96.2%	95.9%	96.5%	96.5%	96.5%
印度尼西亚阿拉比卡	150	130	100	120	125
印度尼西亚罗布斯塔	1,060	930	940	940	945
印度尼西亚阿拉比卡占比	12.4%	12.3%	9.6%	11.3%	11.7%
印度尼西亚罗布斯塔占比	87.6%	87.7%	90.4%	88.7%	88.3%
印度阿拉比卡	172.5	158.3	158.3	158.3	133
印度罗布斯塔	407.5	361.7	368.3	372.4	356
印度阿拉比卡占比	29.7%	30.4%	30.1%	29.8%	27.2%
印度罗布斯塔占比	70.3%	69.6%	69.9%	70.2%	72.8%
全球阿拉比卡	8,634	10,152.6	9,404.4	10,370	9,382.6
全球罗布斯塔	6,659.9	6,017.8	6,460.1	7,119	7311
全球阿拉比卡占比	56.45%	62.79%	59.28%	59.29%	40.70%
全球罗布斯塔占比	43.55%	37.21%	40.72%	40.71%	43.80%
越南、印度尼西亚、印度罗布斯塔全球占比	63.82%	64%	64%	59.6%	59.1%
越南、印度尼西亚、印度阿拉比卡全球占比	5%	3.9%	3.8%	3.7%	3.9%

（＊数据来源：参考 ICO，USDA 数据，核算整合编表）

全球罗豆增产，可望掀起鉴赏浪潮？

过去全球阿拉比卡与罗布斯塔产量约为 7∶3，但近十多年由于越南和印度尼西亚罗豆增产，全球阿豆与罗豆产量拉近，成为 6∶4。表 12–1 的数据显示越南、印度尼西亚和印度合计的罗豆产量高占全球罗豆的 60% 左右，亚洲这三大产国在罗豆市场拥有呼风唤雨的话语权，若能联手举办罗豆版的 CoE 或 BOP 在线拍卖会，应可改善罗豆的形象与威望，提升精品界对罗豆的接受度，或可掀起鉴赏精品罗豆的新浪潮。

种于海拔 600—1,000 米、处理精湛的水洗罗豆，其干净度、坚果甜感、柔酸甚至花果韵，令人惊艳难忘。精品级的罗豆产量稀少，却很值得深耕与开发。"变化是生活的调味品"，如果喝腻了阿拉比卡的水果炸弹味谱，换换口味改喝甘甜玄米茶韵又不酸嘴的精品罗豆，是不错的享受，鉴赏百味总比独沽一味更有趣！

从表 12–1 可看出，越南罗豆产量仍在持续增长，但阿豆产量却停滞不前；印度两种生豆产量呈双双下跌的趋势；2010—2020 年印度尼西亚咖啡产量虽比 20 世纪 90 年代高出 59.1%，但 2016 年以后产量也下滑，尤其是印度尼西亚阿豆在 2016 年以前的年产量仍维持在 9 万吨左右，但 2016 年以后重跌约 27%，仅剩六七万吨，远低于过去数十年阿豆的产量水平。印度尼西亚阿拉比卡产量下跌应该与国际豆价走跌以及气候变化有关。

印度尼西亚与非洲联手拯救咖啡族

印度尼西亚、印度和越南在精品咖啡市场的声望与市场占有率虽远不及非洲和拉丁美洲产地，但印度尼西亚对气候变化的耐受度却远高于印度、越南和拉丁美洲产地。诸多研究报告指出，印度尼西亚与巴布亚新几内亚是轻灾产区，而越南与印度则是重灾产区。全球变暖持续 30 年后，即 2050 年，印度尼西亚的亚齐、苏拉威西、东爪哇，以及非洲的埃塞俄比亚和肯尼亚，仍有适合种咖啡的广大山林地，可纾解拉丁美洲咖啡的减产，负起拯救全球咖啡族的重大责任。

气候变化：亚洲产地的重灾区与轻灾区

全球变暖对亚洲咖啡产地影响有多大？5年来已有不少研究报告出炉。综合《气候变化对全球主要阿拉比卡产地适宜性的变动预估》《气候变化的赢家还是输家？印度尼西亚阿拉比卡当前与未来气候适宜性的建模研究》（Winner or Loser of Climate Change? A Modeling Study of Current and Future Climatic Suitability of Arabica Coffee in Indonesia），以及2018年WCR年度报告三篇科研报告，可归纳出30年后印度将因全球变暖而损失60%以上的咖啡田，越南将损失40%以上的咖啡田，印度尼西亚将损失30%以上的咖啡田，巴布亚新几内亚灾情最轻只损失18%的咖啡田。

阿拉比卡产值高于罗布斯塔，因此科研报告多半以阿拉比卡产区为主，针对罗豆产区的评估报告极少。罗豆对高温耐受度稍优于阿豆，但对低温的抗性就不如阿豆。近年拉丁美洲、亚洲和非洲的低海拔阿拉比卡产区因全球变暖对质量与产量造成影响而改种罗豆的案例非常多，成功与失败兼而有之。罗布斯塔对高温的耐受度并不如想象中强悍，30℃以上高温持续几个月，就会重创罗豆的产量与质量。很多人所持的全球变暖没关系，改种耐高温的罗布斯塔照样有咖啡可喝的想法并不实际。阿拉比卡如果因全球变暖摧残而绝迹，罗布斯塔的大限不远矣，这是咖啡族该有的正确认知。

印度尼西亚篇

因应气候变化，本钱雄厚

印度尼西亚是全球最大的群岛国家，西起东经95°的苏门答腊，东抵东经141°的巴布亚省，主要列岛包括苏门答腊、爪哇、巴厘、弗洛勒斯（Flores）、帝汶（西帝汶属印度尼西亚，东帝汶已独立）、加里曼丹（Kalimantan，部分属于马来西亚和文莱）、苏拉威西、巴布亚（新几内亚岛东经141°以西属印度尼西亚，东经141°以东属于巴布亚新几内亚）。印度尼西亚横跨亚洲、大洋洲，南北

① — ⑩ 印度尼西亚阿拉比卡主产地

1 亚齐：塔瓦湖、盖优高原、亚齐曼特宁	6 帝汶
2 苏北省：多巴湖、林东曼特宁	7 马马萨
3 爪哇	8 卡洛西
4 巴厘	9 托拉贾
5 弗洛勒斯	10 巴布亚
	11 巴布亚新几内亚

图 12-1　印度尼西亚产区图

半球均有领土，气候和地貌多元，可供咖啡迁移避难的山林地很多，因应全球变暖的本钱雄厚。

　　苏门答腊是印度尼西亚阿豆与罗豆最大产地，高占 60% 以上的产量；苏门答腊北部的亚齐特区与苏北省海拔较高，主产阿豆；苏门答腊南部海拔较低，温湿度较高，此处楠榜省（Lampung）是印度尼西亚罗豆的主力产区。爪哇是印度尼西亚第二大咖啡产地，阿豆与罗豆产量约占印度尼西亚咖啡总产量的 16%。苏拉威西主产阿豆，约占印度尼西亚咖啡总产量的 7%，其余由弗洛勒斯、巴厘、西帝汶、巴布亚等产出。

曼特宁的古早味与新口味

　　苏门答腊的阿拉比卡惯称曼特宁，主产于西北部的亚齐特区以及亚齐东南方的苏北省；亚齐产区指塔瓦湖（Lake Tawar）附近山区以及盖优高原（Gayo Highland），包括中亚齐县（Central Aceh）、班纳梅利亚县（Bener Meriah）、盖优禄斯县（Gayo Lues）。

而苏北省产区指以多巴湖为中心的周边山区。曼特宁传统产区在苏北省多巴湖南边的林东地区，特殊的湿刨处理法以及当地微生物的发酵造香机制，使得曼特宁咖啡体厚实，常有樟树、树脂、中药或仙草的辛香味和巧克力、焦糖香气。亚齐迟至 1924 年才从苏北省引进阿拉比卡，也称曼特宁，味谱比林东曼特宁明亮，药草味也没那么重。换言之，苏北省多巴湖一带所产的曼特宁为古早味，而亚齐塔瓦湖或盖优高原所产的曼特宁则为新口味。

气候变化：印度尼西亚产区的赢家与输家

赢家：亚齐、苏拉威西、东爪哇
输家：苏北省、弗洛勒斯、巴厘

近十多年来，学界开始重视全球变暖对农作物的影响，拉丁美洲是世界最大咖啡产房，非洲是咖啡发源地，因此有关气候变化对拉美与非洲咖啡产地的影响与评估报告不胜枚举。但相对而言，对亚洲产地的评估报告就少了很多，学术界重视拉美与非洲甚于亚洲，极为明显。我读到有关气候变化如何影响亚洲产地的科研报告只有《气候变化对全球主要阿拉比卡产地适宜性的变动预估》《气候变化的赢家还是输家？印度尼西亚阿拉比卡当前与未来气候适宜性的建模研究》，以及 2018 年 WCR 的年度报告三篇。汇整这三篇有关印度尼西亚产地的评估，结论是，气候恶化到 2050 年，亚齐、苏拉威西与东爪哇仍有不少山林地保有咖啡适宜性，是印度尼西亚产地的最大赢家；反观苏北省、巴厘、弗洛勒斯将丧失最多的咖啡田，是最大输家。

根据全球气候系统模式的预测，2050 年印度尼西亚亚齐咖啡产区的年平均温度将再上升 1.7℃，苏北省上升 1.8℃，苏拉威西、爪哇、弗洛勒斯、巴厘将上升 1.7℃。年均降雨量，亚齐将增加 345 毫米、苏北省将增加 151 毫米、苏拉威西将增加 264 毫米；弗洛勒斯、爪哇、巴厘的年均降雨量将减少 40—60 毫米。降雨量增加未必是好事，因为咖啡需要有 2—3 个月的干季，来诱出更多的花苞，如果干季的降雨量太大将不利于花苞的形成与未来的产果量。苏拉威西近年太潮湿，有些产区的单位产量竟然小于 150 千克／公顷。

雨林联盟、CIAT、悉尼大学的研究员根据全球气候模式、适合阿拉比卡正常生长的条件、印度尼西亚阿拉比卡产区与非传统产区的气候变化情景，编制表 12-2，预测 2050 年印度尼西亚六大产区适宜咖啡生产的面积变化。

林东曼特宁正香消玉殒

表 12-2 的（一）项，目前产区的适宜面积，是指目前印度尼西亚传统咖啡产区内，气候与地质上适合种咖啡的面积，但不表示这些面积全部用来种咖啡，有些面积种了其他作物或闲置中。本项以苏北省面积最大，其次依序为亚齐、苏拉威西、巴厘、弗洛勒斯、东爪哇，合计适宜种咖啡的总面积广达 359,600 公顷。

（二）项，目前产区之外的适宜面积，是指在目前传统咖啡产区之外，也就是非咖啡产区在气候与地质上也适合种咖啡的面积。前三名依序为苏北省、亚齐与苏拉威西。六大产区合计面积 324,336 公顷。

（三）项，目前产区 2050 年仍有的适宜面积，是指气候变化恶化到 2050 年，传统咖啡产区内尚可种咖啡的面积。本项的六大产区适合种咖啡的面积大幅减少，苏北省从（一）项的 210,749 公顷缩减到（三）项的 22,643 公顷，减幅高达（五）项的 89%［（22,643－210,749）／210,749×100%=−89%］，依此类推，六大产区到了 2050 年咖啡产区内适宜种咖啡的总面积将锐减到只剩 57,284 公顷，合计减幅高达（五）项的 84%！本项中唯一增加面积的是东爪哇，从 6,589 公顷增加到 6,774 公顷，增幅达（五）项的 3%。原因是高海拔林地因全球变暖升温，使得原本不宜种咖啡的冷凉山林增加了适宜性。

（三）项最底下的合计面积加上（四）项最底下的合计面积，表示 2050 年在印度尼西亚咖啡产区内以及传统产区之外，适合种咖啡的面积仍有 240,220 公顷，虽然比目前适合种咖啡的总面积 683,936 公顷［（一）项合计＋（二）项合计）］大减了 65%，但如果以目前印度尼西亚阿拉比卡平均每公顷单位产量 500 多千克来算，未来适合种咖啡的面积虽只剩下 240,220 公顷，但要维持印度尼西亚当前阿拉比卡年产 6 万—9 万吨的产量，绰绰有余 [500 × 240,220 = 120,110,000（千克），合 120,110 吨]。若要维持 9 万吨的阿豆年产量，其实只需不到 18 万公顷阿拉比卡种植田就够了。数字会说话，这表示印度尼西亚只要提高单位产量，阿豆未来仍有很大的增长潜能，如果 2050 年印度尼西亚阿豆的单位产量能提高到 1,000 千克／公顷，即可产出 24 万多吨，或可纾缓拉丁美洲咖啡 30 年后的缺口。

（六）项，目前产区 2050 年适宜面积合计变动率，是指气候变化到了 2050 年，（三）项 +（四）项的总面积，减掉（一）项面积，再与（一）项面积的比值乘 100%，也就是到了 2050 年该产区适宜种咖啡的总面积与目前面积的比值。

以亚齐为例，（三）项的 4,808 公顷加上（四）项的 51,956 公顷，再扣掉（一）项的 51,318 公顷，得到 5,446 公顷，也就是到了 2050 年亚齐在咖啡区内与咖啡区外适合种咖啡的总面积比（一）项目前产区适合种咖啡的面积多出 5,446 公顷，即面积增加 11%。依此类推，2050 年苏拉威西的咖啡可耕地总面积也将比（一）项增加 106%，东爪哇则将增加 6%，因此到了 2050 年亚齐、苏拉威西与东爪哇将成为印度尼西亚阿拉比卡的最大赢家，而苏北省、弗洛勒斯和巴厘则沦为输家，其中弗洛勒斯丧失的咖啡可耕地面积高达 98%，是最大输家。

值得一提的是，玩家耳熟能详的苏北省多巴湖南边的林东曼特宁经典产区，在全球气候模式系统的分析下，到了 2050 年适合种咖啡的面积恐将大幅缩小，甚至清零，多巴湖周边地区因升温与高湿，将损失 80% 以上的咖啡田，尤其是多巴湖的东北边、东边与南边，受影响最大，30 年后只剩下西侧仍可种咖啡。经典的林东曼特宁可能被晚辈亚齐曼特宁取代。

印度尼西亚单位产量太低，竞争力有待提升

根据 ICO、美国农业部资料，2010—2020 年印度尼西亚咖啡平均年产量 10,803,100 袋（648,186,000 千克），有收获的咖啡田面积 1,210,000 公顷，平均

表 12-2　2050 年印度尼西亚六大产区气候与地质仍适宜咖啡生产的面积变化评估

单位：公顷

	（一）目前产区的适宜面积	（二）目前产区之外的适宜面积	（三）目前产区2050 年仍有适宜性的面积	（四）目前产区之外2050 年仍有适宜性的面积	（五）目前产区2050 年适宜面积变动率	（六）目前产区2050 年适宜面积合计变动率
苏北省	210,749	122,496	22,643	47,140	−89%	−67%
亚齐	51,318	106,808	4,808	51,956	−91%	+11%
苏拉威西	46,029	57,629	15,405	79,437	−67%	+106%
弗洛勒斯	16,518	24,128	230	85	−99%	−98%
巴厘	28,397	7,464	7,424	4,095	−74%	−59%
东爪哇	6,589	5,811	6,774	223	+3%	+6%
合计	359,600	324,336	57,284	182,936	−84%	−33%

注：适宜面积不包括法定的森林保护区。

（＊数据来源：《气候变化的赢家还是输家？印度尼西亚阿拉比卡当前与未来气候适宜性的建模研究》）

单位产量只有 536 千克／公顷，印度尼西亚罗豆单位产量 600—700 千克／公顷，阿豆甚至低于 500 千克／公顷。印度尼西亚咖啡单位产量不但远低于巴西、哥伦比亚等拉美产地，甚至低于 2019 年嘉义农业试验分所公布的中国台湾咖啡单位产量 921 千克／公顷。

　　印度尼西亚咖啡的单位产量远低于拉丁美洲产地，原因如下：

　　1. 咖啡只是大多数印度尼西亚咖农的次要收入，为了降低生产成本，咖农甚少投放肥料与农药。印度尼西亚产区普遍的做法是，鲜果或带壳豆的收购盘商为了优先取得收购权，先为咖农垫付肥料与农药以提高产量，然后再从收购的款项中扣除之前的支出。但大多数未受盘商青睐的咖农只好看天吃饭。

2. 咖啡苗多半是向其他较有育苗经验的咖农购买，但其纯度、健康状况与相关遗传性状并无保障。农政单位很少咖农给提供产量高且抗病力强、有质量认证的优异品种。

3. 各岛的雨季有推迟到来的趋势，影响花期与产果量。

全年皆是收获季

印度尼西亚跨越南北半球，各产区干湿季与采收季各殊，全年皆可收获咖啡。

苏门答腊采收期：10月—来年4月

爪哇、巴厘采收期：4月—10月

苏拉威西采收期：6月—12月

巴布亚采收期：5月—8月

西帝汶采收期：5月—9月

★ 越南篇

罗豆霸主勠力优化阿豆

短短30年内越南咖啡产量从1990—1991年产季的131万袋（78,600吨，约占世界产量的1.4%），剧增到2019—2020年产季的3,130万袋（1,878,000吨，约占世界产量的18.2%），产量增加23倍。越南罗豆高占本国咖啡产量的96.5%，是世界最大罗豆产国，也是世界第二大咖啡产房。然而，全球气候持续变暖，年平均温度上升，降雨形态改变；旱季变长、暴雨成灾、病虫害肆虐，是抑制越南咖啡产量继续增长的主因。2019年4月，保护国际以及CIAT的研究指出，越南是亚洲咖啡产地的重灾区，预计越南目前适合种罗布斯塔84,326平方千米（8,432,600公顷）的面积，到了2050年可能丧失将近50%，缩减到46,473平方千米（4,647,300公顷），这将危及全球罗豆的供需平衡，所幸当局超前部署，大力培育或引进对极端气候有耐受性的新品种，趋吉避凶，降低农损。

无性繁殖打造强悍罗豆大军

早在 1857 年，法国传教士已将阿拉比卡引入越南北部山区，1908 年又引进罗布斯塔和赖比瑞卡至中南部地区。1986 年越南效法中国改革开放政策，大力扶植西部高地的咖啡产业，主攻抗病力强的罗布斯塔，而今咖啡出口额占越南农产品出口额的 15%，更高占西部高地生产总值的 30%。越南罗豆主力产区在西部高地的得乐省、林同省、得农省，占越南咖啡总面积的 88%，更高占越南咖啡总产量的 95%，其余产区在南部地区。阿拉比卡产区星散于中北部与北部偏远山区。

越南的罗豆主要来自印度尼西亚爪哇，大致可分为两大品系：一种为豆粒较小、质量较高、抗病力较差、产量低且种植量较少的圆形罗布斯塔；另一种为高产量、高抗病力、较大颗的罗豆。1990 年以后，西部高地各省大量种植罗豆，西部高地农林科学院（Western Highlands Agriculture and Forestry Science Institute）等诸多研究机构，以杂交种杂交培育了许多高产量、高抗病力的罗豆品种，然而，若以杂交品种的种子来繁殖，会出现遗传变异性，为了维持优良品种的遗传稳定性，研究机构将 F1 改造为无性繁殖的克隆苗（即用体细胞培育下一代），或用嫁接、扦插的方式维持品种的纯度，从而建立一支高抗性、高产量的强悍罗豆大军。

以组织培养、嫁接、扦插、分株等无性繁殖方式造出的越南罗布斯塔新品种均冠上 TR 的编号，诸如 TR 4、TR 5、TR 6、TR 7、TR 8、TR 9、TR 11、TR 12、TR 13、TR 14、TR 15 或 TRS 1。目前越南种植最多的克隆苗是 TR 14、TR 15，这两个品种对气候变化的适应力很强，另外 TRS 1 对移植他地或复耕土地的环境适应力极佳，这 3 个品种是越南罗豆的主力品种。

质量方面，经国际精品咖啡协会评鉴，TR 11 与 TR 13 最突出，两品种的杯测分数介于 81—82 分，是精品级的越南罗豆。

越南高产量的罗豆品种，单位产量可达 3.5 吨 / 公顷，为世界之最，但近年受升温与干旱影响，2017—2020 年的单位产量徘徊在 2.7—2.9 吨 / 公顷，虽然越南是单位产量最高的咖啡产地，但在气候异常的掣肘下，单位产量似乎已到顶，有下滑的趋势。

引进 F1 强化阿拉比卡战力

罗豆最大产房也没忘了提升阿豆战力，目前正以风味更优、对极端气候更有适应力的 F1 汰换老迈的卡蒂姆，改善越南阿豆的国际形象。2017 年法国 CIRAD、咖啡贸易巨擘 ECOM、为农林系统培育咖啡（BREEDCAFS）、意利咖啡 等机构与越南农业科学研究院（VAAS）合作，在北部较凉爽的山罗省、奠边省试种在中美洲颇受好评的 F1，包括"中美洲"（H1）和 Starmaya（亲本请参见第五章表 5–1），并以越南卡蒂姆为对照组。

越南是亚洲最先试种明日咖啡 F1 的产国。 越南 12 名咖农种植的 4,800 株 F1 在 2020 年首次收获后由专家进行物理性能与化学成分分析，并在法国、意大利和越南进行杯测，结果出乎意料地好，北部二省 F1 示范农场的单位产量竟然比越南卡蒂姆高出 10%—15%，杯测平均分数亦在 82 分以上，未来有 85 分的潜力，明显优于"姆咖啡"。F1 带有埃塞俄比亚野生咖啡的基因，是针对农林种植系统而培育的明日咖啡，必须有遮阴树才长得好，种植方式迥异于越南卡蒂姆无遮阴的全日照系统。2019 年山罗省异常寒冷而降霜，对照组的卡蒂姆全数冻伤损失惨重，反观 F1 却挺过寒害。 专家认为 F1 抗逆境能力优于一般品种是原因之一，另外，农林间植系统较能抵抗干热与寒害侵袭也是主要原因。

F1 在越南北部通过实战考验，目前农政当局正启动新品种核可作业，准备扩大栽种并淘汰卡蒂姆。 另外，还在中北部的广治省、西部林同省的罗豆要塞不同海拔区试种高达 4 万株 F1，如果通过考评，将引进西部高地。 越南阿豆的质量可能因此"咸鱼翻身"。

阿拉比卡 Arabica

罗布斯塔 Conilon / Robusta

● 北部山区

　中北部

　西部高地

1　昆嵩省　KON TUM

2　嘉莱省　GIA LAI

3　得乐省　DAK LAK

4　得农省　DAK NONG

5　林同省　LAM DONG

6　平福省　BINH PHUOC

7　同奈省　DONG NAI

图 12-2　越南产区图

中国台湾篇

台湾产地，世界缩影

　　根据《2011 年台湾气候变化科学报告》，百年来台湾地区气候变暖情形颇为严重，宝岛年平均温度在 1911—2009 年间上升了 1.4℃，增温速度相当于每 10 年上升约 0.14℃。相较于全球的百年升温 0.74℃，也就是每 10 年升温的平均值为 0.074℃，台湾年平均温度上升的速度是全球的接近 2 倍。更糟的是，近 30 年（1980—2009 年）台湾升温明显加快，每 10 年升幅为 0.29℃，几乎是百年升温趋势值的两倍；西部人口稠密的台北、台中、高雄都会区比花东地区升温更明显。降雨方面，台湾地区百年来总降雨量并无显著增减，但总降雨日数却明显减少，大暴雨日数在近 30 年明显增多，但小雨日则大幅减少，换言之，一旦下雨就偏向大雨或暴雨形态，朝向极端降雨的灾害性天气形态发展。台湾咖啡种植面积虽小，为 900—1,000 公顷，却是全球产地遭受气候变暖冲击的缩影。

台湾咖啡年产量约 1,000 吨，每千克生豆市价姑且以新台币 1,500 元计，总产值不过 15 亿新台币，产值不高，向来不受农政部门重视，至今尚无气候变化对台湾咖啡产区的冲击及如何调适与减灾的研究报告。然而，咖农的感受最切实。我访谈中南部几位咖农，进一步了解台湾产区受气候变暖影响的程度。基本上，高海拔（1,000—1,450 米）产区受到的影响明显轻于 500 米以下低海拔产区，不少咖农为减灾，往更高海拔发展，这与拉丁美洲和埃塞俄比亚的咖农不谋而合。

我曾访谈古坑、阿里山、东山、屏东、南投不同海拔区的咖农，虽然各庄园地理位置不同，受气候变暖影响因地而异，但大家的共识是，如果和 20 年前相比，气候愈来愈难预测，干湿节令失序，温度上升，降雨形态有极端化倾向，久旱不雨或暴雨数日的频率增加。但这两年台风提早转向，旱季有延长趋势。病虫害方面，果小蠹为害最甚，尤其是年平均温度较高的低海拔地区受害最重。

极端气候，宝岛咖农调适有道

亚洲咖啡虽不复昔日魅力，但台湾咖啡却异军突起，近年台湾赛优胜庄园吸引不少岛内外买家。气候变化虽然增加了管理成本，但高素质的台湾咖农却能因地制宜，做出必要的调适与减灾举措。

以南投仁爱乡海拔 1,450 米、台湾本地精品咖啡评鉴优胜榜中海拔最高的森悦高峰咖啡庄园为例，庄主吴振宏说："2020 年和前几年相比，雨量减少了，白天最高温度高出 1℃以上，因雨水少，温度无法长时间处在较低温区间，升温使得咖啡成熟速度加快，结果量增加，但果实颗粒较小且瑕疵豆也明显增多，咖啡转红速度快了 45 天。2021 年第一批次采收是 9 月中旬，以前采收时间在 10 月底 11 月初左右，成熟期变短，造成咖啡果实（目数）变小，2020 年 85% 都是

18 目以上，但 2021 年 18 目以上只剩下 65%—70%，所幸并未影响质量，仍打进台湾赛优胜榜。病害有防治还好，但果蝇数量明显增加。温度上升容易感染蚧壳虫及煤污病，造成困扰。这里海拔较高，果小蠹灾情轻微。但雨水较少，树势没有以往那么旺盛。但还是可以借助滴灌技术克服，即在田里埋管线，定时定量将水和肥料输送到根部。"

寒害是高海拔地区最大的痛，2021 年 1 月森悦高峰有几天最低温只有 1℃，又逢产果期，损失了 20% 的产量，调适之道是尽量把咖啡种在乔木下，夏天可遮阳，冬天可保暖。吴庄主发现，有大树庇护的咖啡不易冻伤，反观种在空旷处没有树荫保护的咖啡多半严重冻伤。但种在树下容易光照不足，产量减少，必须花时间为遮阴的大树修枝，补足光照。

吴庄主寄望气候变暖能逐年降低寒害影响。他种兰花的学弟看好高海拔增香提醇的潜力，将 500 株瑰夏种在南投清境海拔 1,550 米处的镂空兰花棚架内，寒流来袭再铺上透明塑料布，形成一个温室，可增温 3℃ 避寒，至今瑰夏情况挺好，这可能是宝岛最高的咖啡园。或许持续几年的升温效应会使高海拔地区更适宜种咖啡。

位于古坑乡石壁，海拔 1,200 米的嵩岳咖啡庄园负责人郭章盛说："经 20 多年的观察，渐进式缓慢的气候变暖，我觉得影响并不明显，动植物也会逐渐驯化适应。倒是极端气候的冲击较大，不可预料的极冷（霜雪）、极旱、冬季多雨等异常天候对农作物的影响较大！但每年开始采收的时间并没有逐年提早，有几年甚至延后。咖啡园的花期并无明显提早，这里海拔高，不太受气候变暖影响。"嵩岳是台湾本地精品咖啡评鉴的"常胜军"。

寒害与地形有密切关系，阿里山的香香久溢咖啡庄园、台中东势的龙咖啡，均处于海拔 900—1,100 米地区，海拔不算太高，但位于山谷或河谷地，湿气与水汽较重，寒流来袭易有霜害，农损不小，咖啡应避免种在山谷或河谷地区。阿里山邹筑园、卓武山，南投向阳咖啡、林园咖啡，近年也另辟更高海拔的种植场，往高处种是一股不可逆的趋势。

阿里山海拔 1,200 米的自在山林咖啡园指出，近几年气候变暖日益严重，每年的气候变化无法预期，过去未慎选的种植场很难克服现在升温与缺雨的影响，未来要更谨慎评估场址的选择。花期与可收获量跟日照或降雨量有很大关系，日照不足、温度过高、雨季太长，都会导致产量下降，而近几年较常出现雨量少、日照强烈、温度过高的情况，造成结果数量大增、粒径偏小，质量虽然差异不大，台湾赛一样打进优胜榜，但豆粒较小卖相稍差，必须用修枝方式让来年咖啡豆的粒径增大，虽然剪枝容易让产量减少，但为了质量这是必要措施。近年升温明显，病虫害日益严重，但种植面积若是控制在能顾及的范围内，可以尽早多次清园防范，避免邻田感染，应可有效防治。气候变化大幅增加田间管理的开销、难度与工时，但高海拔产区的病虫害、高温落果或减产的灾情，远轻于低海拔。

位于海拔 700 米地区，不高也不低的台南大锄花间指出，近年干湿季较为极端，若高温碰到高湿很容易染上炭疽病，增加管理上的麻烦。就中海拔而言，降雨量的影响会比气温来得大。中海拔的优势是不管酷暑或寒冬，温度对咖啡树来说都还是舒适的，不像高海拔怕寒流、低海拔怕酷暑。中海拔咖啡产区最怕的是降雨量太多或太少，太多容易发生病害或泡烂根，熟果容易裂；雨水太少，咖啡容易枯死，养分无法顺利进入土壤被根部吸收。气候异常是很大的挑战，如何调适减灾，有赖更费心的田间管理。大锄花间是台南东山景点知名的咖啡餐厅，咖啡自产自焙自销，东山地区的庄园均采此模式经营，很有特色。

中国台湾地区进口生豆排行榜

2019 年中国台湾地区进口的生豆重量前六名的产地依序为巴西、印度尼西亚、哥伦比亚、埃塞俄比亚、危地马拉、尼加拉瓜。原本近十多年来印度尼西亚一直是中国台湾地区咖啡进口量最大的产国，每年进口量维持在 5,000—6,000 吨的水平，但 2016 年以后开始大幅下滑，2019 年跌到约 4,183 吨，未来可能被哥伦比亚"超车"（请参见表 12-3）。

近十年中国台湾地区进口生豆量以埃塞俄比亚与拉丁美洲的产地增幅最大，埃塞俄比亚从 2010 年的 528 吨增长到 2019 年的约 3,750 吨，增长 610%；哥伦比亚从 2010 年的 705 吨增加到 2019 年的约 4,043 吨，增长 473%；巴西从 2010 年的 3,248 吨增加到 2019 年的约 7,590 吨，增长 134%；尼加拉瓜更从 2010 年

表 12-3 2019 年中国台湾进口生豆排行榜

国名或地区	新台币（万元）	重量（吨）	单价［新台币（元）／千克］
巴西	63,398.2	7,590.366	83.5
印度尼西亚	49,980.4	4,182.918	119.5
哥伦比亚	43,604.3	4,043.374	107.8
埃塞俄比亚	53,347.9	3,749.613	142.3（10）
危地马拉	33,894.1	3,127.927	108.4
尼加拉瓜	18,536.4	2,257.067	82.1
越南	7,996.2	1,329.216	60.2
老挝	7,752.4	955.58	81.1
哥斯达黎加	15,595.1	694.046	224.7（6）
洪都拉斯	6,812.4	578.18	117.8
萨尔瓦多	6,107.7	538.85	113.3
印度	3,476.5	488.01	71.2
肯尼亚	5,968	249.923	238.8（5）
乌干达	1,461.6	219.54	66.6
巴拿马	12,101	196.927	614.5（2）
其他大洋洲产地	1,448	163.645	88.5
卢旺达	2,263.1	161.947	139.7
巴布亚新几内亚	1,918.9	151.994	126.2
马拉维	1,758	130.251	135.0
坦桑尼亚	1,353.5	124.604	108.6
中国大陆	1,220.2	122.343	99.7
秘鲁	1,220.2	103.612	117.8
布隆迪	733.9	42.815	171.4（8）
缅甸	218.9	25.448	86.0
泰国	357.9	24.359	146.9（9）

續表

国名或地区	新台币（万元）	重量（吨）	单价［新台币（元）／千克］
墨西哥	408.6	23.537	173.6（7）
厄瓜多尔	573.4	16.252	352.8（4）
牙买加	1,217.8	9.42	1,292.8（1）
也门	263.2	4.744	554.8（3）

注：每千克均价前 10 名列在括号内

（＊数据来源：依据台湾财政相关部门统计，核算编表）

的 157 吨剧增到 2019 年的约 2,257 吨，增长 1,338%。耐人玩味的是印度尼西亚的咖啡产量并未减少，但中国台湾进口的印度尼西亚豆却从 2016 年后开始下滑，至 2019 年已跌了 33.43%，较之进口量持续增长的非洲豆与拉美豆，尤显突兀。

如换算每千克的进价，则以牙买加最贵，高达 1,292.8 新台币／千克，这与蓝山有关，虽然近年喝蓝山的人减少但价格仍高；其次是巴拿马，应与瑰夏有关，虽然巴拿马咖啡出口量仍以卡杜拉或卡杜阿伊为主。每千克进价前十名产区依序为牙买加、巴拿马、也门、厄瓜多尔、肯尼亚、哥斯达黎加、墨西哥、布隆迪、泰国、埃塞俄比亚。每千克进价最低的是越南，只有 60.2 新台币／千克，这与越南以罗豆为大宗有关。

人均咖啡消费量突破 2 千克

根据 ICO 统计资料，中国台湾地区进口咖啡生豆量从 1990 年的 14.6 万袋（8,760 吨）跃增到 2018 年的 78.9 万袋（47,340 吨），可算出 28 年内剧增 440%（请参见表 12-4）。如果以 2020 年台湾总人口 23,561,236 来算，2017 年台湾人均咖啡消费量已突破 2 千克大关，达到 2.17 千克／人，2018 年略降到 2.01 千克／人，宝岛的咖啡人均消费量 2017—2018 年已连续两年超出 2 千克，距离欧美日的咖啡人均消费量超出 4 千克／人还有一大段，但台湾喝咖啡风气日盛，未来还有很大的增长空间。

中国台湾自产咖啡逆势吃香

中国台湾每年自产咖啡豆约 1,000 吨，进口生豆约 5 万吨，即自产量是进口量的 1/50，由于生产成本高，过去很多业内人士看衰台湾豆。但近年台湾咖啡逆势而为，质量跃升，连带提升了性价比，台湾赛优胜庄园豆的产量供不应求，愈来愈多的都会区咖啡馆卖起台湾咖啡，抢喝宝岛咖啡蔚然成风。台湾处于全球变暖较严重的地区，目前位于中高海拔的咖啡园尚能调适，但未来挑战势必更严峻，农政单位应趁早规划应变与辅导之策。就咖啡种植环境而言，宝岛是全球珍稀的高纬度海岛豆，台湾咖啡至今已有 130 多年的栽培历史，若数十年后因气候变化而香消玉殒，台湾故事将失落精彩的一页！

2019 年正瀚生技风味物质研究中心与国际精品咖啡协会（SCA）合办感官论坛，由 SCA 下属的咖啡科学基金会执行总监彼得·久利亚诺（Peter Guiliano）主持。在彼得的穿针引线下，正瀚生技有意将中美洲经过多年实战风评甚佳的 F1 诸如"中美洲"、Starmaya 等明日咖啡引进中国台湾试种，但新冠肺炎疫情拖延进度，预料疫情平息后，F1 可望被引进宝岛试种。

表 12-4 30 年来中国台湾进口生豆总量表

单位：万袋，每袋 60 千克

年份	进口生豆总量	年份	进口生豆总量	年份	进口生豆总量
1990	14.6	2000	40.2	2010	45.3
1991	18.4	2001	44.3	2011	47
1992	17.3	2002	47.8	2012	47.6
1993	15.7	2003	49.1	2013	55.7
1994	21.3	2004	36.1	2014	58.3
1995	16.6	2005	32.5	2015	66.7
1996	21	2006	29.5	2016	69.8
1997	25.4	2007	35.8	2017	85.1
1998	26.8	2008	31.9	2018	78.9
1999	31.8	2009	36	2019	83.4

（＊数据来源：ICO）

03

咖啡的后制与
发酵新纪元

600 多年来，咖啡后制技法历经四大浪潮洗礼，
超级精品豆不可或缺的"万人迷"成分柠檬烯、甲基酯化物、草莓酮，
正是水果炸弹的主要来源，已一跃成为第四波浪潮的新宠。
有机酸、醇类、氨基酸、糖类等前驱芳香物，
均与后制发酵和种子代谢有关系，
超级精品豆的"性感尤物"将在第四波浪潮的追根究底下，
陆续解密现形！

第十三章

后制发酵理论篇：
咖啡的芳香尤物

咖啡迷人的柠檬烯、草莓酮、甲基酯化物，

源自种子的新陈代谢、萌发反应，

还有种子外部微生物发酵造味，

以及烘焙的酯化反应与美拉德反应，

环环相扣，淬炼出嗅觉阈值很低、极易感知的"性感尤物"。

一切先从咖啡果子的构造说起。

咖啡果由外而内分为果皮、果肉、胶质层（果胶）、

种壳（羊皮层）、种皮（银皮）、生豆（胚乳）、胚芽。

咖啡果采收后，除日晒法直接全果发酵干燥，

其余需经过去皮、发酵、脱除果胶（水洗）

或连胶带壳（蜜处理），干燥至含水率降至10%—12%，

可安全储存，接获订单再刨除种壳，

这些烦琐工序统称为后制。

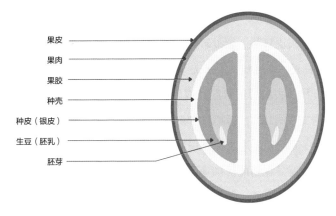

果皮
果肉
果胶
种壳
种皮（银皮）
生豆（胚乳）
胚芽

图 13-1　咖啡果剖面图

5 种基本处理法的属性

从 1400 年至今，咖啡后制技法的演进与流行依序为日晒、水洗、湿刨法、去皮日晒、机械脱胶、蜜处理、厌氧发酵、菌种发酵及添加物（各技法的大略发展年代将在后文详述）。

顾名思义，日晒即全程日晒不碰水，水洗即水下发酵后洗净果胶。长久以来各种处理法并无统一定义，直到 2015—2016 年美国精品咖啡协会生豆课程首度以咖啡干燥时所保留的最外层构造来定义各种后制法的属性，这种定义方式已广为业界采用。咖啡豆的后制根据干燥方式，可分为以下 5 种基本方法：

1. 日晒：连皮带果的全果干燥，耗时最久，发酵入味程度最高，亦称果皮干燥。干燥时最外层的结构是果皮，即可归类为日晒。

2. 去皮日晒（蜜处理）：去掉果皮以净水短暂冲洗（或不冲洗），豆壳残留些许果胶，再进行干燥。此法源于巴西，后来哥斯达黎加将去皮日晒改良为不碰水、不冲洗的方法，保留更多果胶，如同蜂蜜附在种壳上进行干燥，故称蜜处理。这两款姊妹处理法又称果胶干燥，发酵入味程度低于日晒。干燥时最外层结构为果胶，即可定义为去皮日晒或蜜处理。

3. 水洗：果子去皮后，黏答答的带壳豆入水下发酵并洗除果胶，这种方法被称为湿式水洗。另有不入水下发酵，以黏答答的带壳豆直接发酵，这种方法被称为干式水洗。湿式或干式水洗在清洗果胶后，以干净带壳豆进行干燥，发酵入味程度低于去皮日晒、蜜处理与日晒。水洗又称为"种壳干燥"。干燥时最外层结构为种壳，即可归类为水洗。

4. 湿刨：果子去皮后进行湿式或干式发酵，再洗净果胶，短暂晾干至生豆含水率仍高达 25%—35%，即提早刨除种壳，仅以生豆进行干燥，加快干燥进程，发酵入味程度低于上述 3 种处理法。但提早刨除种壳，容易染上杂味。印度尼西亚午后多雨，首创此法加速干燥，又称为生豆（种子）干燥。干燥时最外层结构为去壳豆（生豆），即可归类为湿刨。

5. 机械脱胶：去皮后黏答答的带壳豆不必入水槽发酵，直接以脱胶机磨除果胶，以干净的带壳豆进行干燥，发酵入味程度最低。此法和水洗法都是以带壳豆进行干燥，最大差别是机械脱胶不需发酵，优点是可以降低发酵不当的风险，缺点是风味清淡。

以上处理法的发酵入味程度依序为：

日晒＞蜜处理＞去皮日晒＞水洗＞湿刨＞机械脱胶

发酵程度愈高，酒酵味与酱味愈重；发酵程度愈低则愈清淡。低海拔咖啡的前驱芳香物较少，可借助发酵入味程度较高的日晒与蜜处理增香提醇，更易喝到微生物代谢物的风味；反之，高海拔咖啡本质较佳、前驱芳香物较丰，采用水洗更易喝到干净的地域之味。

若在日晒、蜜处理或水洗过程中抑制氧气含量即为"厌氧处理"，若接种特殊菌种即为"菌种发酵"。厌氧处理与菌种发酵旨在掌控微生物类别并提高其代谢物的风味，是近年挺火的另类处理法。

解析精品咖啡的造味秘密

咖啡果子一旦采收下来，生豆所含的糖类、蛋白质、脂肪、葫芦巴碱、有机酸、酯类、醇类、醛类、酮类、萜烯类等风味前体，已因品种、海拔、风土、气候和田园管理决定了一大半，剩下的另一半风味物的良劣则由采收后的制程——发酵、干燥、烘焙与萃取——来决定。

小小咖啡果犹如一座化学厂，果胶层含有葡萄糖、半乳糖、果胶酸酯、蛋白质、有机酸；而包在果胶内的咖啡豆化学成分更复杂，含有数百种物质，多半是前驱芳香物，诸如纤维素、半纤维素、葡萄糖、果糖、半乳糖、蔗糖、脂质、咖啡醇、固醇、三酸甘油酯、蛋白质、咖啡因、葫芦巴碱、绿原酸、非挥发性有机酸（柠檬酸、苹果酸、乳酸、奎尼酸）、挥发性有机酸（甲酸、乙酸、丁酸、己酸、异戊酸）。光是生豆就含有200种挥发性成分，经过烘焙的热解、聚合、美拉德、焦糖化、酯化反应，可生成1,000多种挥发性化合物。而一杯千香万味的黑咖啡所含有的芳香物超过红酒、茶、巧克力与香草，是成分最复杂的饮料。

烘焙是咖啡制程中最大的造香机制，然而，烘焙所需的前驱芳香物，许多来自采收后的两大生物代谢物：种子适度萌发的风味代谢物、微生物发酵的风味代谢物。换言之，后制过程中种子与微生物所产生代谢物的多寡与良莠，直接影响烘焙催香的结果。从鲜果到一杯咖啡的制程，庄园端的发酵与干燥是仅次于烘焙的第二大造香机制！

1. 种子适度萌发

不同于温带的谷物或豆科植物，咖啡是热带作物，咖啡种子并无休眠期且不耐久存，咖啡果子含水率高达50%以上（果胶85%，胚乳51%），果熟后去掉果皮，甚至仅是摘下果子，都可启动咖啡豆发芽的新陈代谢机制。研究发现，咖啡种子在水洗或日晒阶段，新陈代谢极为活跃，糖类、有机酸、氨基酸的浓度不断变化；储备的碳水化合物、蛋白质、脂质等大分子营养开始分解，释出低分子量的养分为发芽热身，进而影响咖啡前驱芳香物的含量与组成。诸多研究[1]指出，咖啡种子在后制过程中的短暂萌发反应，因处理法不同而产生截然不同的代

---

1 Transient Occurrence of Seed Germination Processes during Coffee Post-harvest Treatment、New Aspects of Coffee Processing: The Relation Between Seed Germination and Coffee Quality、Overview on the Mechanisms of Coffee Germination and Fermentation and Their Significance for Coffee and Coffee Beverage Quality。

谢物，直接影响水洗与日晒咖啡的味谱。

　　然而，后制过程引发的萌发代谢反应，过犹不及。萌发过度，耗尽养分，反而使风味走空；萌发不足，风味前体无法顺利转化为风味物质，亦不利于生豆品质。如何确保生豆在后制过程中适度萌发，是值得深入探索的后制新课题。

　　2019年正瀚生技研发部的《后制过程保持种子活性确保风味前驱物能完全转换成风味物质》研究报告中两项实验的结果都证明，在后制过程中保持种子活性，使之适度萌发，可确保风味前体更完整地转化为风味物，提高杯测分数。

种子萌发与新后制法的实验

正瀚实验一
材料处理：

　　选用台湾嘉义的阿拉比卡果实为材料。去皮后在25℃环境无水发酵24小时，并以清水洗净，接着将材料分为四批，一批直接40℃干燥作为对照组，其他三批施以100ppm赤霉素促进种子萌动，并分别催芽3天、6天、10天，再予以40℃干燥，可溶性糖与有机酸分别以超高效液相色谱法（UPLC）及高压液相色谱法（HPLC）测定。

结果：

　　施用赤霉素并催芽3天的咖啡杯测分数为82.75，催芽6天与10天的咖啡杯测分数均为81.50，都高于直接干燥未催芽的对照组的80.50。观察蔗糖、葡萄糖与果糖含量，发现蔗糖含量随催芽时间拉长而下降；葡萄糖与果糖含量在发酵过程中升高，随后于催芽开始后逐渐降低。苹果酸的含量在萌发第三天时达到最高峰。

正瀚实验二
正瀚新后制方法（低温全果干燥）：

　　为确保后制过程中种子可以保持活力，研究员让全果保持在低温（10℃—15℃）的特制机器内脱水，不加热，不吹风，干燥30—40天至含水率为10%—12%。同批次的果实请农民自行后制（传统日晒），作为对照组。杯测方法根据国际精品咖啡协会规范进行。

结果：

使用不加热的低温干燥后制法可确保种子活性，复水催芽 17 天之萌芽率为 57.8%，反观传统日晒及水洗处理之种子，复水催芽的萌芽率分别为 5.6% 及 2.2%，可见使用正瀚的方法能使种子维持活性。低温干燥组的杯测分数为 84.25 分，明显优于传统日晒对照组的 81.25 分。

结论与观点：

实验证明，种子适度的萌动对于风味的提升有帮助。实验一中，催芽第三天，葡萄糖与果糖含量正开始下降且苹果酸大量产生时，是施以 40℃ 干燥抑制萌发的最佳时机，以免过度发芽耗损风味前体。而苹果酸正好也是呼吸作用中的重要中间产物。实验二中，正瀚开发的新后制法，即低温全果干燥，可保持种子的活性并改善咖啡风味。两项实验证明，在后制过程中让种子保持活性并适度地萌动相当重要，因为相关的代谢活动有助于风味前体转化为风味物质。

（＊数据来源：正瀚生技研发部。本研究部分内容已于 2019 年 5 月正瀚生技园区举办的"两岸杯 30 强精品豆邀请赛"咖啡论坛上发表）

这两个实验有其连贯性。实验一证明，维持种子活性、适度萌发后再进行干燥，会比直接加热干燥抑制种子萌发更有助于风味代谢物的产生。其中以催芽第三天，即呼吸作用柠檬酸循环的苹果酸产物大增时，为进行加热干燥的最佳时机，以免萌发过头，风味前体降解为其他代谢物。

实验二以特制机器的低温全果干燥来维持种子活性，杯测分数高出传统日晒对照组 3 分，意义重大。另外，低温全果干燥的种子，复水催芽 17 天的发芽率高达 57.8%，而传统日晒与水洗的种子复水萌芽率很低，分别只有 5.6% 及 2.2%，这证实了低温后制法有助于保持种子活性，更完整地将风味前体转成风味物质。

传统日晒需 2—3 周完成干燥，但不晒太阳或不用烘干机的低温（10℃—15℃）全果干燥，要花 40 天左右。这不禁让我想起印度尼西亚的不曝晒阳日晒豆，以及巴拿马艾利达庄园的厌氧慢干豆，味谱干净丰富且酒酵味极低，这与正瀚开发的低温慢干日晒——低温慢干可保持种子活性，确保风味前体完全转化为风味物的实践——有异曲同工之妙。

日晒韵 vs 水洗韵：种子短暂萌发代谢物不同

近年，德国布伦瑞克工业大学（Technical University Braunschweig）植物生物学研究所、荷兰瓦赫宁恩大学暨研究中心（Wageningen Universiteit en Research centrum）的国际植物研究所以及雀巢公司，针对后制过程引发咖啡种子短暂萌发的新陈代谢反应做了相关研究[1]，结果不约而同地指出，不同处理法会引发生豆不同模式的萌发与应激反应，进而影响日晒与水洗的味谱。

水洗法先去果皮，再进行水下发酵，引发咖啡种子发芽的新陈代谢反应。葡萄糖、果糖大量消耗，短短几天锐减 90%，而且种子的蛋白质水解为谷氨酸、天冬氨酸、丙氨酸等游离氨基酸，为烘焙提供美拉德反应的前体。反观不碰水的日晒处理法，种子的萌发反应较慢，日晒豆中的葡萄糖与果糖并未大量耗损，但游离氨基酸含量明显少于水洗豆。日晒豆在长时间干燥逆境的刺激下，谷氨酸大减，合成大量的 γ– 氨基丁酸（GABA），此成分带有红枣与肉味。日晒豆的 GABA、单糖含量均高于水洗豆，但游离氨基酸少于水洗豆，这是日晒与水洗豆风味差异的主要原因之一。基本上，水洗豆风味较干净，酸质较高，而日晒豆风味较庞杂，柔酸、黏稠感与酒醇味较重，这跟日晒豆的单糖含量较丰有关。

科学家以异柠檬酸裂解酶（ICL）及 β– 微管蛋白（β-tubulin）作为咖啡种子萌发反应的标志。诸多研究发现，水洗法的第一天，即去皮后入水槽发酵的 24 小时，已引发种子萌发的代谢反应；第二天取出带壳豆进行干燥，此时种子的萌芽代谢反应达到最高峰，生豆含水率在 25% 以上，仍有相当的活性；但第三天后，随着水洗豆干燥进程加快，水洗豆的新陈代谢与活性逐渐走弱，直到种子含水率降至 12% 以下，生豆的新陈代谢停止，活性进一步走衰。

换言之，水下发酵咖啡豆的萌发反应只有短暂的 3—6 天，进程依序为：第一天去皮引发萌发机制，发酵 12—24 小时；接着第二天取出带壳豆清洗时，萌

1　同第 315 页注释 1。

发反应最强；第三天是晾晒干燥的初期，萌发反应不弱，但豆体含水率降至 45% 以下，萌发反应转弱并出现应激反应，产生 GABA；干燥第六天含水率降至 25% 以下，萌发反应剧降趋微。由于水洗的干燥进程较快，GABA 产物并不多。

反观日晒豆，由于不需去果皮浸水，直接晾晒干燥，发芽机制启动较缓慢。研究发现，日晒豆的发芽反应较迟缓，从日晒的第一至第五天，萌发的代谢强度循序渐增，直到第六至第七天才达到水洗豆在第二天萌发反应的高峰，然后其代谢与活性随着含水率下降而逐渐走弱，如同水洗豆含水率降至 12% 以下后，新陈代谢停止，种子活性剧降。但全果日晒的干燥时间较长，需 14—20 天完成，因此产生的 GABA 代谢物多于水洗豆。

在后制过程中，不同处理法会引发不同的萌发模式，进而产生不同的风味代谢物。如何保持生豆在后制过程中的活性，确保风味代谢物更完整地转化，提升生豆质量，这方面学界所知仍有限，是近年科学家努力探索的新领域。

肯尼亚 72 小时水洗 vs 机械脱胶：泡水延长风味物转化过程

机械脱胶法在拉美和亚洲产区颇为盛行，我在哥伦比亚和云南看到咖农以脱胶机磨除果胶后，又将带壳豆引入水槽浸泡数小时至十多个小时。为何要多这道工序？因为机械脱胶可节省十多个小时的发酵时间，但磨除胶质体后直接晾晒干燥就会抑制种子的活性，从而减少萌发代谢物的转化，不利于风味物的累积，因此，机械快速脱除果胶虽省去了发酵的变因与工时，但一般会再将带壳豆浸泡净水数小时至十多个小时后再晾晒或烘干，以延长萌发的代谢反应与风味物的转化过程。肯尼亚知名的 72 小时水洗法也有异曲同工之妙：洗净带壳豆，入水槽浸泡十几个小时，之后再取出晾晒，如此亦可延长萌发反应与风味物的转换，提升味谱丰富度。

肯尼亚 72 小时水洗之一

去除果皮→水下发酵 24 小时→取出冲洗→干式无水发酵 12—24 小时→冲洗→带壳豆再泡净水 12—24 小时。

肯尼亚 72 小时水洗之二

去除果皮→水下发酵 12 小时→取出冲洗→第二次水下发酵 12—36 小时→取出冲洗干净→带壳豆泡净水 16—24 小时。

肯尼亚 72 小时水洗法有多种版本，第二种称"双重水下发酵"。肯尼亚 72 小时水洗与中南美洲、埃塞俄比亚和亚洲水洗法的最大不同，在于多了一道浸泡带壳豆工序，然后再晾晒，学理上可解释为增加种子萌发时间，提升风味物的转化程度。

然而，物极必反，过犹不及。咖啡豆在后制过程中短暂地萌发，酶促反应使大分子营养分解为小分子并释出有机酸与芳香酯等风味物，有助于提升咖啡质量，但萌发过度不但会耗尽养分，使风味走空，也会使风味前体转化成其他成分，产生反效果。举个实例，台湾水洗豆脱胶后并不适合浸泡太久，尤其是低海拔生豆，洗净带壳豆再泡水数小时虽可降低木质味，但浸泡太久，超过 6 小时，风味物易流失，从而沦为乏香的呆板豆。高海拔的台湾水洗豆一般不追加泡水工序，以免流失风味物。处理法并无四海皆准的工序与参数，需视生豆条件与环境而调整，这是后制发酵难学难精之处。

2. 微生物发酵

除了种子适度萌发，微生物发酵更是后制造味的重要机制。发酵有多种内涵，在生化领域被狭窄定义为在缺氧情况下分解碳水化合物并获得能量的新陈代谢过程，在食品界则泛指微生物在有氧或缺氧环境下，将碳水化合物（糖或淀粉）转化为醇类或有机酸，并获得能量的代谢过程。简单地说，发酵就是微生物将大分子营养分解为小分子养分，并产生多种代谢物质，对人类有益称发酵，若危害人体健康则称腐败，所以发酵菌种的选择攸关成败。

咖啡和酒类、面包、泡菜、火腿、酸奶一样，制程都需经过发酵。我们每天喝入的咖啡芳香物，除了来自生豆短暂萌发的代谢物，还有更多前驱芳香物来自微生物发酵的代谢物，诸如醇类、酯类、醛类、酮类、糖醇、有机酸等，它们渗进种壳内的生豆，参与烘焙的热解、美拉德、焦糖化与酯化反应，造就一杯千滋百味的黑咖啡。

黏附在咖啡种壳上的胶质是一种富含半乳糖、葡萄糖、果糖、乳糖和有机酸的水凝胶，无法用水洗除，需经过微生物分解后再用净水搓除；要不就采用全果发酵，晒干后再用去壳机刨除种壳。然而，参与传统水洗与日晒发酵的微生物因含氧量多寡而有不同的族群，进而产生不同的代谢物，影响咖啡风味。

氧气决定发酵形态

氧气含量决定微生物的发酵形态。传统水下发酵或近年盛行的密闭容器厌氧发酵，是在缺氧环境下进行的，菌种以厌氧的乳酸菌为主（乳酸发酵），其次是厌氧的酵母菌（酒精发酵）。厌氧或兼性厌氧微生物的代谢物以乳酸、醋酸、乙醇（酒精）、糖醇、乙醛、二氧化碳、热能和水为主。然而，在有氧环境下，好氧的醋酸菌会进行醋酸发酵，将酒精转化成醋酸。另外，霉菌多半是好氧菌，发酵不当容易遭到赭曲霉（*Aspergillus ochraceus*）污染，产生致癌的赭曲霉毒素 A（Ochratoxin A）。微生物在有氧与缺氧环境下的发酵造味机制极为复杂。

有氧环境／有氧发酵／醋酸发酵／葡萄糖酸：

醋酸发酵＝醋酸杆菌＋乙醇（酒精）→醋酸＋能量

醋酸杆菌科的葡萄糖杆菌属则将葡萄糖分解为葡萄糖酸。

缺氧环境／厌氧发酵／乳酸发酵、酒精发酵：

乳酸发酵＝乳酸菌＋糖→乳酸＋能量

酒精发酵＝酵母菌＋糖→乙醇＋二氧化碳＋水

这还没完，乳酸发酵因菌属的不同，可分为同质乳酸发酵与异质乳酸发酵，释出不同的风味代谢物：

同质乳酸发酵：乳酸是唯一代谢物，风味较单纯。

菌属包括：片球菌属（*Pediococcus*）、链球菌属（*Streptococcus*）、乳球菌属（*Lactococcus*）、漫游球菌属（*Vagococcus*）。

异质乳酸发酵：代谢物除了乳酸，还有酒精、甘露醇、乙醛、醋酸、丁二酮、二氧化碳，香气较丰富。

菌属包括：乳杆菌属（*Lactobacillus*，兼具同质与异质发酵）、明串珠菌属（*Leuconostoc*）、芽孢乳杆菌属（*Sporolactobacillus*）、肠球菌属（*Enterococcus*）、肉食杆菌属（*Carnobacterium*）、四体球菌属（*Tetragenococcus*）、双歧杆菌属（*Bifidobacterium*）。

另外，大部分的乳酸菌是兼性厌氧菌，亦可在有氧环境中生存，但在无氧状态下生长情况较佳。另有少数专性厌氧乳酸菌在有氧环境容易中毒，活力锐减。

酵母菌也有许多是兼性厌氧菌，也就是在有氧环境进行有氧呼吸，繁殖力旺盛，只产生极少的酒精，但在缺氧环境改行无氧呼吸，繁殖力较弱，却可进行酒精发酵，产生更多的酒精。这也有例外，有些特异的酵母菌即使在有氧情况下，只要有葡萄糖存在，就会以酒精发酵取代有氧呼吸，直到葡萄糖耗尽才会启动分解其他糖类的机制，并非所有的酵母菌必须都在缺氧环境下才进行酒精发酵。酵母菌和乳酸菌除了制造酒精、乳酸、醋酸、糖醇、酯类、醛类等风味前体，还会产出柠檬酸、苹果酸等有机酸，微生物是"人小鬼大"的异世界。

日晒法的菌相比水洗法的复杂

全果日晒含有果肉与果胶，因此菌相比水洗法更复杂，除了细菌、酵母菌、乳酸菌，日晒处理法还多了好氧又耐旱的霉菌。细菌是最不耐旱的微生物，水活度[1]降至 0.9 以下，多数细菌就无法存活，因此干燥过程中最先出局的是乳酸菌、肠杆菌、醋酸菌等细菌。但酵母菌（真菌一类）比细菌更耐旱，多数酵母菌可撑到水活度降至 0.87，再降下去，多数酵母菌会被淘汰，剩下最耐旱的霉

---

1 简单地说，食品中有两种水，一种是结合水，另一种是游离水。前者和氨基酸、糖和盐结合，微生物无法利用；后者是未和其他物质结合的自由水，微生物靠此为生。水活度指食品中自由水（游离水）的多寡，微生物无法靠结合水过活，需仰赖游离水生存。水活度愈高表示结合水愈低，游离水愈高，愈有利于微生物生存；水活度愈低，表示结合水愈高，游离水愈低，愈不利于微生物生存。

菌；多数霉菌可挺到水活度降至 0.8，但有少数干性霉菌在 0.65 的低水活度下仍可存活，日晒果若受潮或干燥不当，很容易出现白白的发霉菌丝，这是霉菌的杰作，亦可能遭赭曲霉污染。

缺氧或密闭式的厌氧发酵，环境较单纯，不容易出现好氧的害菌，这也是近年厌氧发酵大行其道的主要原因。

种子内外造味机制总汇

生机勃勃的咖啡种子因各种处理法的含氧量与干燥方式各异而有不同的代谢反应，进而产生不同的代谢物，此乃种子内的造味机制；而种子外部的果皮、果胶则有微生物参与有氧或无氧发酵，这是种子外的造香机制。咖啡的后制造味即是这两大复杂机制的总和。过去的咖啡后制聚焦于种子外部的发酵，近年学界开始重视种子内的代谢反应，种子内外一起论述才能透彻理解后制造味的全貌，若再加上烘焙的焦糖化、美拉德与酯化反应，咖啡的造香链就更复杂有趣了。

传统日晒、去皮日晒、蜜处理都是在有氧缺水环境下进行的，且干燥脱水的时间较长，生豆所含的葡萄糖、果糖、酒精、醋酸、GABA、葫芦巴碱、绿原酸、咖啡因浓度会高于水洗豆。这是因为：1. 种子的有氧呼吸效率高，消耗较少的单糖（保留更多的单糖）；2. 全果日晒、蜜处理保留较多的果皮、果胶等养分供微生物发酵，生成更多的酒精；3. 好氧醋酸菌将酒精氧化为醋酸；4. 干燥期较长，种子应激反应产生更多的 GABA；5. 无水处理法不会冲掉或水解绿原酸、葫芦巴碱和咖啡因。

而传统水洗法是在水下缺氧环境中进行的，水洗后的生豆所含的葡萄糖、果糖

鲜红浆果厌氧发酵后褪色为黄褐色，这与花青素随发酵液 pH 值改变颜色和酒精的影响有关。
（图片来源：联杰咖啡黄崇适）

低于日晒和蜜处理豆，但水洗豆的蛋白质水解成更多的游离氨基酸，而且柠檬酸、乳酸、糖醇（赤藓糖醇）含量亦高于日晒和蜜处理豆。两种处理法各有千秋。

种子内部（胚乳）：有氧呼吸转为厌氧发酵，提供酯化反应的必要原料

水洗豆所含葡萄糖与果糖低于日晒和蜜处理豆，过去的说法是水洗豆的单糖被水冲滤掉了，但近年的研究报告[1]纠正了此论点，并指出，传统水洗在水下少氧环境进行，加上微生物发酵产生二氧化碳，使得水下含氧量大减，咖啡种子在缺氧压力下，原本的有氧呼吸会转为厌氧的酒精发酵或乳酸发酵，这是植物组织在缺氧时产生能量的机制，但是有氧呼吸可产生 36 个腺苷三磷酸（ATP）能量，而厌氧的酒精发酵或乳酸发酵只产生 2 个 ATP，即产能效率低至有氧呼吸 1/18，因而消耗胚乳中大量的葡萄糖、果糖。这是水下发酵或密闭式厌氧发酵的生豆葡萄糖与果糖含量低于有氧日晒、蜜处理豆的主因。请参见图 13-2 与图 13-3。

图 13-2：德国布伦瑞克工业大学所做的研究，发现坦桑尼亚与墨西哥咖啡经过水洗处理后，果糖与葡萄糖含量大减 80%—90%，残存量只及对照组未处理新鲜生豆含量的 10%—20%。而日晒豆的果糖与葡萄糖含量却比水洗豆高出 10—20 倍。另外，日晒豆的果糖和葡萄糖含量与未处理的新鲜生豆不分轩轾，甚至还高一点，这证明了日晒豆的有氧呼吸并未大量耗损这两种单糖，而水洗豆在缺氧下改行厌氧发酵，消耗了大量果糖与葡萄糖。

图 13-3：同一研究比较日晒、水洗和半水洗豆中蔗糖、果糖、葡萄糖含量的变化，结果发现蔗糖含量在各式处理法中相当稳定，变化极微；而葡萄糖、果糖的含量在日晒豆中最丰富，但在水洗豆中减幅最大，超过 80%，至于

1　① Sven Knopp, Gerhard Bytof, Dirk Selmar, Influence of Processing on the Content of Sugars in Green Arabica Coffee Beans.

② D. Selmar, G. Bytof, S. E. Knopp, A. Bradbury, J. Wilkens, R. Becker, Biochemical Insights into Coffee Processing: Quality and Nature of Green Coffees are Interconnected with an Active Seed Metabolism.

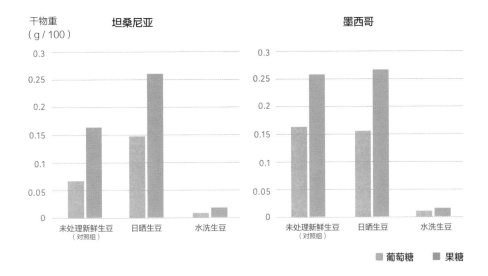

图 13-2　未处理新鲜咖啡豆 vs 水洗、日晒豆中单糖含量比较表

（＊数据来源：Influence of Processing on the Content of Sugars in Green Arabica Coffee Beans）

其在半水洗中的减幅，则恰好介于日晒与水洗之间。

　　然而，种子因缺氧而改行的厌氧发酵却产生较多的酒精与乳酸代谢物，进而提供给酯化反应更多原料，生成水果韵的芳香酯（稍后详述），这可能是水洗豆与密封容器的厌氧发酵易有丰富水果韵的重要机制之一！

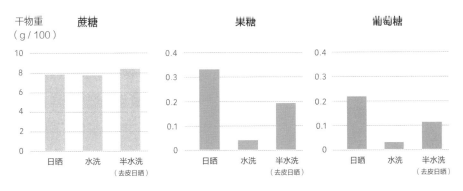

图 13-3　蔗糖、果糖、葡萄糖在三种处理法豆中的含量比较

（＊数据来源：Influence of Processing on the Content of Sugars in Green Arabica Coffee Beans ）

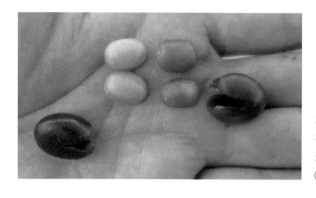

左上为鲜红果取出的未发酵生豆；右上为厌氧发酵后，果皮的花青素将带壳豆浸染为褐黄色。

（图片来源：联杰咖啡黄崇适）

种子外部：微生物发酵造味

最近，哥伦比亚、巴西的研究[1]发现，参与咖啡发酵的细菌超过 80 个属。传统水洗与日晒的菌丛明显有别：水洗以厌氧的乳酸菌最多，其次是酵母菌；而日晒以好氧的醋酸菌、葡萄球菌最多，其次是兼性酵母菌，虽然亦见乳酸菌，但在有氧环境中活力较差，贡献远不如在水下或缺氧环境中。

咖啡果的表面满布叶丛间的肠杆菌、真菌和土壤中的微生物，一旦去除果皮，果胶溢出，菌相丕变，发酵型的乳酸菌、酵母菌逐渐得势。水洗发酵槽的细菌初期以肠杆菌最多，其代谢物 2,3- 丁二醇、丁酸都是不良风味物，所幸发酵 12 小时后，随着发酵池 pH 值渐小，酸性渐增，肠杆菌失势，厌氧耐酸的乳酸菌与酵母菌如鱼得水，逐渐取得水洗槽发酵主导权，其中以异质乳酸发酵的明串珠菌属、兼具同质与异质乳酸发酵的乳杆菌属、同质乳酸发酵的乳球菌属 三者最强势，前二者造味的丰富度优于乳球菌属。而真菌类的酿酒酵母是水槽内仅次于乳酸菌的微生物，以毕赤酵母属（*Pichia*）、球拟假丝酵母属（*Starmerella*）最多，而这些酵母的代谢物包括酒精、乙醛等。水洗槽内以同质与异质乳酸菌以及酵母菌的代谢

1　Ana C. de Oliveira Junqueira, Gilberto V. de Melo Pereira, Jesus D. Coral Medina, María C. R. Alvear, Rubens Rosero, Dão P. de Carvalho Neto, Hugo G. Enríquez & Carlos R. Soccol. *First Description of Bacterial and Fungal Communities in Colombian Coffee Beans Fermentation Analysed Using Illumina-based Amplicon Sequencing.*

巴拿马知名咖啡庄园艾利达庄园多次拿下 BOP 冠军，此为艾利达庄园的厌氧发酵桶。（图片来源：联杰咖啡黄崇适）

物为主，诸如乳酸、醋酸、酒精、甘露醇、甘油、乙醛、酯类，甚至出现微量的杂醇油（high alcohols）。

水洗槽内发酵液的酸化主要来自厌氧的异质乳酸菌分解单糖产生的乳酸与醋酸，乳酸菌属中以乳杆菌属最耐酸，进入发酵后期酸度大增，该菌属取得主控权。而发酵槽内含量颇丰的甘露醇来自异质乳酸菌分解果糖产生的代谢物。酵母菌也参与发酵产生酒精、甘油、肌醇、乙醛与某些酯类，但发酵池中的酵母菌属不如乳酸菌属庞杂。这些微生物的代谢物或多或少会渗入种壳内的胚乳，成为风味前体。

传统日晒法的微生物更为庞杂多样，以好氧的醋酸菌、葡萄球菌最多，其次是兼性酵母菌，虽也见乳酸菌，但在有氧环境下活力不佳，影响力远不如在水下的厌氧发酵。日晒豆的果皮亦出现布鲁氏菌科（Brucellaceae）的多种好氧菌。日晒干硬的果皮与果胶最常见的微生物代谢物为醋酸、糖醇、葡萄糖酸和酒精。

2017 年与 2019 年，多国学者联署发表的两篇有关后制过程微生物族群与其代谢物对咖啡质量影响的研究报告[1]指出，传统日晒处理法因酵母菌、醋酸菌和葡萄球菌的出现，增加了干燥果皮中的醋酸、酒精、甘油和葡萄糖酸的浓度，而生豆中也可测得这些成分，表示上述微生物代谢物缓慢渗进种壳内的生豆；而传统水洗池内微生物的代谢物如有机酸、糖醇等也会渗进生豆内，进而影响生豆质量。根据上述研究，诸多风味前体在日晒法的果皮、种子以及水洗法的果胶、种子中的消长变化如下：

蔗糖、果糖、葡萄糖

这3种糖类在水洗与日晒过程中的消长情况，第324页注释1与本页注释1中的报告有些出入。相同的是水洗豆果糖和葡萄糖含量低于日晒豆；不同是第324页注释1中的报告蔗糖含量极稳定，经过水洗与日晒都不会减少，本页注释1中的报告却指出蔗糖在水洗与日晒过程中均会逐渐减少，但相较于单糖的大减，蔗糖相对稳定。持平而论本页注释1中的报告是2017—2019年发表的，应该比第324页注释1中在2005—2014年发表的报告更精确。综合上述研究，可确定水洗豆的葡萄糖与果糖含量低于日晒豆，至于蔗糖则相对稳定，虽然经日晒与水洗也有减少，但蔗糖减幅远低于单糖。

甘露醇、素藻糖醇、肌醇、阿拉伯糖醇、木糖醇、山梨糖醇、甘油

有些酵母菌和乳酸菌分解单糖会产生以上的糖醇。糖醇虽然不是糖但具有

1　① Sophia Jiyuan Zhang, Florac De Bruyn, Vasileios Pothakos, Gonzalo F. Contreras, Zhiying Cai, Cyril Moccand, Stefan Weckx, and Luc De Vuyst, Influence of Various Processing Parameters on the Microbial Community Dynamics, Metabolomic Profiles, and Cup Quality During Wet Coffee Processing.

② Sophia Jiyuan Zhang, Florac De Bruyn, Vasileios Pothakos, Gonzalo F. Contreras, Zhiying Cai, Cyril Moccand, Stefan Weckx, and Luc De Vuyst, Exploring the Impacts of Postharvest Processing on the Microbiota and Metabolite Profiles during Green Coffee Bean Production.

③ 上述作者中的张纪元（Jiyuan Zhang）是西安人，与 Florac De Bruyn 先生同在欧洲从事微生物与咖啡后制的研究工作。两人曾于2019年7月在正瀚生技主办的国际咖啡论坛有一场讲座，并参访附近的百胜村咖啡农场。

某些糖的属性，会活化舌头甜味受体而有甜味，入口吸热，有清凉感，可作甜味剂或代糖，常见于发酵物中。

水洗发酵的果胶，含量最丰的糖醇依序为甘露醇、甘油、肌醇，但发酵干燥后，水洗豆的糖醇含量顺序改变为肌醇、赤藓糖醇、甘露醇、甘油。日晒法的结果不同，发酵中的日晒果皮，糖醇含量依序为甘油、甘露醇、阿拉伯糖醇、肌醇，但发酵干燥后日晒豆的糖醇含量顺序变为肌醇、甘油、甘露醇。两种处理法的糖醇类别不同，水洗豆多了一味赤藓糖醇，相同的是两种处理法下生豆的糖醇均以肌醇最多，即俗称的维生素 B_8。

柠檬酸、苹果酸、葡萄糖酸、乳酸、奎尼酸、醋酸、琥珀酸、乙醇

有机酸与醇类是合成芳香酯必备的前体，更是制造水果炸弹的原料。果胶在水槽发酵 12—24 小时，产生有机酸和醇类。水洗槽有机酸含量依序为乳酸、醋酸、葡萄糖酸、琥珀酸、奎尼酸、柠檬酸、苹果酸。然而，发酵完成取出生豆晾晒，进入有氧环境，种子在含水率尚未降至 25%、新陈代谢停止前，约有3—6 天的活性可进行有氧呼吸与柠檬酸循环，产生琥珀酸、苹果酸、醋酸和柠檬酸等代谢物。水洗豆有机酸含量依序为柠檬酸、奎尼酸、苹果酸、乳酸、醋酸[1]；而日晒豆的排名为柠檬酸、奎尼酸、苹果酸、醋酸、葡萄糖酸。日晒豆比水洗豆多了葡萄糖酸，而且醋酸也稍多于水洗豆，这和好氧的醋酸菌将酒精氧化为醋酸以及好氧的葡萄球菌将葡萄糖转为葡萄糖酸有关。有趣的是，全果日晒的果皮含有少量乳酸，但更里层生豆的乳酸含量就更少。

巴西研究机构 2016 年与 2019 年发表的两篇报告[2]，以高压液相色谱法检测几款咖啡生豆的有机酸含量，发觉含量最高的依序为柠檬酸（1.25%—1.57%）、苹果酸（0.445%—0.57%）、奎尼酸（0.195%—0.34%）、琥珀酸（0.155%—0.37%）、

1　同第 328 页注释 1。

2　Development and Validation of Chromatographic Methods to Quantify Organic Compounds in Green Coffee（*Coffea arabica*）Beans，作者：Wilder Douglas Santiago、Alexandre Rezende Teixeira 等。The Relationship Between Organic Acids, Sucrose and the Quality of Specialty Coffees，作者：Flávio M. Borém、Luisa P. Figueiredo、Fabiana C. Ribeiro 等。

乳酸（0.065%—0.12%）、醋酸（0.055%—0.1%）。以上有机酸中只有醋酸具挥发性，可由嗅觉感知，其余皆无气味。人类对醋酸的嗅觉阈值不高，只需 0.48—1ppm[1] 即可感知。上述有机酸除了奎尼酸、琥珀酸带有苦涩味，其余都是先酸回甜，是精品豆迷人酸甜震的重要成分。

水洗豆的酒精含量只在发酵初期微幅提升，这可能是因为缺氧压力下种子短暂启动酒精发酵，以及种子外部的酵母菌分解果胶的单糖产生酒精并渗入豆体内，但含量不多，正常发酵的水洗豆只含少量酒精，不至于出现酒醇味。

日晒豆因发酵时间较长，酒精含量高于水洗豆，但日晒豆干燥初期酒精含量上升，又被好氧的醋酸菌氧化为醋酸，因此，日晒豆的醋酸含量高于水洗豆。人类嗅觉对酒精（乙醇）的感知阈值并不低，需 10ppm 才可感知酒气。日晒豆与水洗豆的最大不同在于，日晒豆有股扑鼻的酒醇味。生豆不只含有乙醇，还含有多种醇类。研究指出，生豆 80% 的挥发性成分来自醇类、呋喃类、醛类与酯类，可见醇类对咖啡气味的影响有多大。

整体而言，日晒豆的有机酸比水洗豆多出一味葡萄糖酸，且醋酸明显高于水洗豆，但日晒豆喝起来的酸味却比水洗豆柔和，原因可能是日晒豆的糖分较多，且成分较复杂，因此中和了酸味；再者，水洗豆糖分较少，因而放大了酸味。另外，日晒豆的咖啡因、绿原酸、咖啡酸（绿原酸降解物）、葫芦巴碱含量高于水洗豆，这些成分带有苦涩味，在水洗豆中之所以含量较低，可能与冲洗、浸泡有关[2]。水洗豆在干燥前追加的浸泡工序虽可延长种子活性，使更多前体转化成风味物质，但不宜浸泡太久，以免流失更多风味。最后，研究证实，机械脱胶的半水洗法可追加浸泡工序，弥补未发酵的不足。

第四波万人迷尤物：柠檬烯、草莓酮、甲基酯化物

柠檬烯、草莓酮与甲基酯化物是制造水果炸弹必要的芳香物。柠檬烯可在

---

1 *Odor Threshold Determinations of 53 Odorant Chemicals.*

2 同第 328 页注释 1。

耶加雪菲产区的厌氧热发酵增温曝晒现场。　　　　厌氧发酵冷水降温池。

厌氧式污水处理生物反应槽。（图片来源：联杰咖啡黄崇适）

咖啡花朵、果实、生豆与发酵池中测得，草莓酮则来自烘焙的美拉德反应，甲基酯化物来自烘焙的酯化反应。这3种挥发性芳香物的嗅觉阈值都很低，只需微量即可"爽"到嗅觉，是近年被鉴定出来的咖啡尤物。

超级精品豆的关键：柠檬烯

氨基酸、有机酸、糖类、醇类、醛类、酯类都是香醇咖啡的风味前体，早在十多年前第三波咖啡浪潮席卷全球时，业界已知晓这些成分的重要性，但林林总总，失之笼统。而今科学家已鉴定出杯测87分甚至90分以上的超级精品豆不可或缺的万人迷成分——柠檬烯，该成分已跃为第四波精品浪潮的新宠。

2013年，由法国农业国际研究发展中心、意大利意利咖啡与美国世界咖啡研究组织合作，耗时5年研究，于2018年波特兰世界咖啡科学大会发表的报告《柠檬烯：阿拉比卡芳香质量的育种目标》（Limonene：A target for *Coffea arabica* aromatic quality breeding）[1] 指出，柠檬烯是区分 87 分以上的超级精品豆与 80 分以上、87 分以下的一般精品豆最关键的芳香成分，未来只需一片咖啡叶即可检验出某株咖啡或某品种是否具有合成柠檬烯的基因，进而达成精准育种的目标。

研究员搜集 60 份质量不等的样品豆，请烘豆师、咖啡师统一烘焙与萃取，并复制成 3 组共 180 杯黑咖啡，由一批训练有素的闻香师、杯测师盲测，并进行风味描述与核实。经专业的评级，样品最后区分为商业级、精品级与超级精品 3 个等级。在先进的气相色谱—质谱仪（GC-MS）的协助下，科学家从黑咖啡成分对应到熟豆的成分，再溯源到咖啡生豆的成分，发觉超级精品至少含有两种迷人成分，而生豆有没有柠檬烯与含量多寡，是区分超级精品与另两个等级最明确的标准。87 分以上的超级精品豆所含的柠檬烯明显多于一般精品豆与商业豆。

柠檬烯是单萜类化合物，具有强烈香气，以保护植物免受虫害，常见于柑橘与柠檬的果皮，具抗氧化效果，适量摄取对人体有益。人类嗅觉对柠檬烯的反应极为灵敏，只需 38ppb（0.038ppm）[2] 的微量，即可感知其迷人香气。

据第 326 页注释 1 的研究指出，水洗发酵槽内醇类、醛类、酯类和酸性物挥发气体的消长非常复杂，有些化合物在发酵初期出现，但随后又大幅衰减，这可能是因为蒸发或被微生物在代谢过程中用掉了。然而，又有些醇类、醛类、酯类、萜烯类，如 1- 己醇、2- 庚醇、壬醛（玫瑰、橙花味）、乙酸异戊酯（香蕉味）、柠檬烯、芳樟醇（linalool），却随着发酵时间延长而增加，这可能跟微生物的活动有关，尤其常见于酿造葡萄酒和啤酒、醒面、制作酸奶和芝士，擅长制造低分子量风味物的酵母，诸如毕赤酵母属、假丝酵母属（*Candida*）以及乳酸菌中的乳杆菌属、乳球菌属、明串珠菌属以及酒球菌属等菌属，贡献最大。最新研究发现，这些微生物亦主导咖啡发酵进程，它们对咖啡风味的影响有多大，尚需进一步研究与评估，这也是咖啡后制第四波浪潮的重责大任。

1　本报告由美国夏威夷农业研究中心（Hawaii Agriculture Research Center）、日本三得利全球创新中心有限公司（Suntory Global Innovation Center Limited）的科学家联署发表，正瀚生技派研究员出席听讲。
2　Measurement of Odor Threshold by Triangle Odor Bag Method.

发酵槽检测出柠檬烯，更重要的是进入生豆了没有。该研究以哥伦比亚南部纳里尼奥省海拔 1,959 米的传统水洗豆为样本，以 GC-MS 检测发酵 48 小时的水洗豆及对照组未发酵的同批次新鲜生豆，发现两样本的柠檬烯含量差异不大（表 13-1），这表示生豆发酵后，柠檬烯含量并无有意义的增减。柠檬烯存在于某些咖啡的花果与种子内，也可能来自咖啡果摘下后因萌发反应而生成的代谢物；更奇的是，此一挥发性芳香物竟能挺过烈火烘焙，存在于熟豆中。换言之，只要生豆含有柠檬烯，就能挺过发酵、干燥与烘焙的煎熬。目前科学家仍在研究咖啡的哪些基因与柠檬烯的合成有关系，以及柠檬烯出现在生豆中的机制，一旦有结果，将来只需检测叶片即可得知某品种是否具有超级精品的潜力。

可喜的是，2020 年的研究发现 F1 新锐品种中的"中美洲"、Starmaya 的柠檬烯含量明显高于 20 世纪"叱咤风云"的卡杜拉。

酯化反应炼出"万人迷"的甲基酯化物

2018 年美国与日本科学家在波特兰世界咖啡科学大会发表的《甲基酯化物决定咖啡风味的质量》（Methyl Esterified-components Determine the Coffee Flavor

表 13-1　GC-MS 检测哥伦比亚纳里尼奥水洗豆挥发成分的浓度（信号面积 10^5）

化合物	香气感	未发酵新鲜生豆	发酵生豆
柠檬烯	甜香、柑橘香	2.96 ± 1.32^a	2.48 ± 0.54^a
3-甲基丁酸	水果酸甜香	16.85 ± 1.9^a	20.70 ± 4.5^b
3-甲基丁酸	水果酸甜香	4.99 ± 1.6^a	5.21 ± 0.9^a
乙醛	水果香	0.06 ± 0.02^a	0.55 ± 0.04^b
苯乙烯	甜香、花香	4.78 ± 0.83^a	10.00 ± 5.27^a

注：①两样本右上角皆出现 a，表示差异不大，若分别出现 a 与 b，表示有差异。②苯乙烯也出现在咖啡种子、肉桂与花生中。

（＊数据来源：First Description of Bacterial and Fungal Communities in Colombian Coffee Beans Fermentation Analysed Using Illumina-based Amplicon Sequencing）

Quality）[1] 进一步阐述酯化反应对咖啡造香的重要性。

　　研究员搜集了13份品质不等的危地马拉水洗豆，在GC-MS与杯测师的协助下，发现黑咖啡的甲基酯化物3-甲基丁酸甲酯（3-Mthylbutanoic acid methyl ester）、己酸甲酯（Hexanoic acid methyl ester）的含量与杯测分数呈高度正相关，这些酯化物是草莓的主要芳香物。他们同时做了一项实验，在黑咖啡中添加3-甲基丁酸甲酯，与未添加的对照组进行杯测，结果对照组在总分为4分的评分中只得到2分，而添加5ppb与10ppb3-甲基丁酸甲酯的实验组分别得到3分与3.5分，在风味描述中发现，添加3-甲基丁酸甲酯可增加咖啡的水果韵与干净度，颇讨好杯测师。

　　研究员从黑咖啡的成分溯源到同批熟豆，也在熟豆中测得3-甲基丁酸甲酯，再往前溯源同批正在发酵以及尚未发酵的生豆成分，却断链了，只测到3-甲基丁酸（又名异戊酸），并未测得3-甲基丁酸甲酯，故推论此芳香酯是在烘豆过程中由糖类裂解出的甲醇，再与生豆自含的3-甲基丁酸发生酯化反应而生成3-甲基丁酸甲酯，即有机酸与醇类作用，产生芳香酯。

　　酯化反应：A酸＋B醇 ⇌ A酸B酯＋水
　　3-甲基丁酸＋甲醇 ⇌ 3-甲基丁酸甲酯＋水

　　甲醇和乙醇虽为醇类，但在烘焙中的变化不同，乙醇含量在烘焙中递减走衰，而甲醇含量却上升，且甲醇在生豆中含量极微，因此甲醇被视为甲基酯化物的首要前体。研究员在精密的GC-MS的协助下，发现生豆仅含微量甲醇，但烘焙后，熟豆的甲醇浓度大增6倍，证实了3-甲基丁酸甲酯是在烘焙中由甲醇与3-甲基丁酸作用而生成的推论。

　　研究员又做了一项实验（图13-4），以甲醇喷在生豆上，烘焙后的熟豆果然测得浓度更高的3-甲基丁酸甲酯，证实了甲醇是此芳香酯的关键前体。本实验未喷

1　同第331页注释1。

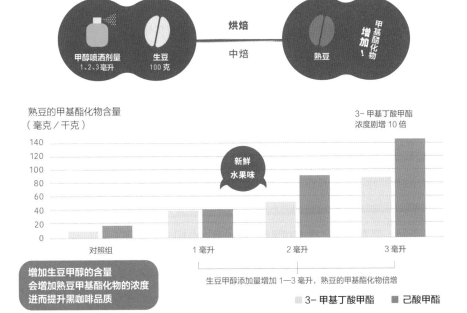

图 13-4　生豆甲醇含量影响熟豆甲基酯化物的产量

（＊数据来源：Methyl Esterified-components Determine the Coffee Flavor Quality）

甲醇的对照组生豆，烘焙后的熟豆只含微量 3- 甲基丁酸甲酯与己酸甲酯，但喷了 1 毫升、2 毫升、3 毫升甲醇的实验组生豆，烘焙后熟豆甲基酯化物含量可剧升 10 倍之多，这证明生豆的甲醇含量与熟豆的甲基酯化物的含量呈高度正相关。

　　生豆的甲醇含量极微，但发酵过程除了产生乙醇外亦可能产生甲醇，这跟菌种筛选有关，研究[1] 指出，酵母科酵母属（Saccharomyces）的酿酒酵母（S. cerevisiae）分泌的果胶甲酯酶（pectin methyl esterase）在发酵中能将胶质水解为甲醇和果胶酸，这是提升甲醇含量进而提高熟豆甲基酯化物较自然的良方。

　　有关甲基酯化物的研究可得到以下结论：

　　1. 甲基酯化物是提高咖啡质量的关键成分之一，不只提升水果韵，也提高干

1　Methanol Contamination in Traditionally Fermented Alcoholic Beverages: the Microbial Dimension.

净度。人对芳香酯的嗅觉阈值很低，容易感知其迷人的香气。

2. 生豆不含甲基酯化物，需靠烘焙的酯化反应来淬炼。

3. 令人讶异的是，甲醇在烘焙中通过糖类的热解而发展出来，是甲基酯化物的关键前体。这和乙醇在烘焙中衰减恰好相反。

4. 发酵前选对酵母菌种，即可通过发酵增加生豆的甲醇含量进而提升熟豆中的甲基酯化物。

5. 烘焙过程产生许多挥发物，浓度虽然很低，不至于影响健康，但若习惯每炉抽出豆杓闻味数次，日积月累的风险值得留意。

吃一顿台湾菜，探得日晒豆摩卡韵的机制之密

有趣的是，早在前述研究报告发表的前一年，我请马里奥博士吃了一顿地道台湾菜，席间获得的日晒豆产生摩卡韵机制的第一手信息，也跟酯化反应有关系！

2017年，咖啡质量学会的马里奥博士在屏东咖啡后制课程中提到日晒豆拜酯化反应之赐，比水洗豆多一股摩卡韵，也就是草莓、蓝莓与酒韵。听到这句话，我热血沸腾。因为多年来我一直怀疑咖啡的水果韵可能来自酯化反应的芳香酯，但一直查不到相关资料，于是举手发问，请马里奥博士详述相关机制，但老师为了赶课，只说可参考他的博士论文《后制加工对阿拉比卡日晒风味的影响》（Effect of Processing on the Flavors Character of Arabica Natural Coffee），不过全文可能要再等几年校方才会出版。

上完一周的实践课程返回台北，在课程主办方台湾咖啡研究室人员陪同下，我请马里奥博士吃了一顿台湾菜，酒酣耳热之际，我逮住机会向他请教酯化反应如何塑造摩卡风味。老师一时兴起，果然和盘托出，还拿几张卫生纸，在上面写满相关的化学反应，让我们先睹为快。有趣的是，此一酯化反应在发酵与干燥阶段已开始进行，但在烘焙烈火的催化下会产生更多的芳香酯。

马里奥博士在卫生纸上写了许多化学名词，我看了头皮发麻，怕有误解，于是又请教邵长平博士，终于解开日晒豆摩卡韵的机制：

日晒豆摩卡韵是由缬氨酸（Valine）、亮氨酸（Leucine）、异亮氨酸（Isoleucine）三种氨基酸分解代谢产生的2-甲基丁酸（2-methyl butanoic acid）、3-甲基丁酸（3-methyl butanoic acid）为前体。另外，果胶发酵产生的乙醇，再与上述两种有机酸发生酯化反应，而产生2-甲基丁酸乙酯（Ethyl 2-methyl butanoate）以及3-甲基丁酸乙酯（Ethyl 3-methyl butanoate），从而造出迷人的摩卡日晒味谱。但并非所有的日晒豆都能产生上述芳香酯，必须在适切的全果发酵与干燥条件下，才可促使关键的三款氨基酸降解为必要的有机酸，从而与乙醇发生酯化反应。

摩卡韵的芳香物和前段所述 2018 年世界咖啡科学大会揭晓的水洗豆的尤物 3-甲基丁酸甲酯、己酸甲酯同为甲基酯化物，但不同的是日晒豆摩卡韵的成分是 2-甲基丁酸乙酯、3-甲基丁酸乙酯，关键前驱物为氨基酸分解的 2-甲基丁酸、3-甲基丁酸，再与乙醇发生酯化反应。水洗和日晒的关键芳香物甲基酯化物也常见于草莓、菠萝、苹果、蓝莓等水果，以及葡萄酒中。

咖啡的草莓酮来自美拉德反应

草莓中除了有甲基酯化物、乙基酯化物，还有一个非酯类的草莓酮（furanone，又称 furaneol），它也是制造咖啡水果炸弹的尤物。早在 20 世纪 60 年代，学界已发现树莓、草莓、菠萝、西红柿中富含的草莓酮，亦可通过烘焙的美拉德反应（氨基酸与糖类的反应）来产生，浓度高时会有焦糖香气，浓度低时会有水果韵，人类对草莓酮的嗅觉阈值极低，只需 10ppb 就可感知其香味。

总括而言，柠檬烯来自咖啡豆新陈代谢与发酵时的微生物活动，甲基酯化物来自烘焙的酯化反应，草莓酮来自烘焙的美拉德反应，而这些尤物的前驱物——有机酸、醇类、氨基酸、糖类，均与后制发酵和种子代谢有关系，超级精品豆的性感尤物将在第四波咖啡浪潮追根究底式的探索下，陆续解密现出原形！

第十四章

咖啡后制四大浪潮（上）：600 多年来，人类如何处理咖啡？

咖啡后制意指鲜果采收后的加工制程，包括去皮、
发酵、干燥、筛选分级、储存熟成以及刨除干硬种壳或果皮。
后制的良劣直接影响咖啡质量与价值。
前一章提到，发酵与干燥过程若能保持种子活性，适度代谢，
将有助风味物质顺利转换，亦可提高杯测分数；
然而，过犹不及，萌发过度则会耗损风味物。发酵干燥过程中
种子适度萌发与风味的关系是近年后制研究的前卫领域，
目前所知仍有限，尚待科学家进一步探索，
其结果或有可能掀起第五波浪潮。

本章及下章先聚焦 1400 迄今的后制演进，这 600 多年来咖啡的发
酵与干燥技法经历了四大浪潮洗礼：
第一波浪潮：1400—1850，日晒独尊
第二波浪潮：1850—1990，日晒式微，水洗盛行
第三波浪潮：1990—2013，半水洗、去皮日晒、微处理厂革命、
蜜处理崛起、日晒复兴
第四波浪潮：2014 迄今，特殊处理法崛起、厌氧发酵、
冷发酵、热发酵、接菌发酵、添加物、厌氧低温慢干、发酵解读神器

数百年来，咖啡后制在日晒、水洗两大基础上分化演进，并衍生出去胶机半水洗、果胶分解酶水洗、去皮日晒、蜜处理、厌氧发酵、冷发酵、热发酵、接菌发酵、添加物等新招，增醇斗香好不热闹。第一波与第二波后制浪潮旨在去除果胶、降低生豆含水率，方便长期储存与运输，风味并非首要考虑因素。直到第三波以后才改良发酵与干燥技术，制造水果炸弹，提升商品价值。基本上，前三波的技法仍局限在有氧发酵与快速干燥，但第四波变本加厉，短短几年迸发出厌氧发酵、厌氧有氧双重发酵、冷发酵、热发酵、慢速干燥、接菌发酵、添加物等特殊发酵法，花招繁多不亚于酿酒术，一举将第三波水果炸弹提升到核弹级，因而引发原教旨派与前卫派就后制之味与地域之味的大论战！

最近 15 年的研究报告皆指出，不同的后制技法会引发种子以及微生物不同的代谢反应，从而影响种子的化学成分，进而牵动感官与杯测分数[1]。如前章所述，日晒豆中的 GABA 含量高于水洗豆，水洗豆中的游离氨基酸含量高于日晒豆，而且好氧菌与厌氧菌的代谢物不同，这都会反映在感知上。咖啡后制对味谱的影响既深且广。

第一波浪潮 1400—1850
日晒独尊，不堪回首的杂味

咖啡饮料的前身"咖瓦"（Qahwa）于公元 1400 年以后首度出现在中东文献中，开启日晒咖啡浪漫中。1850 年水洗法在加勒比海岛国问世前，欧洲从也门、爪哇、拉美进口的咖啡全是日晒处理的熟豆或生豆，换言之，在这长达 450 年里，全球喝的全是日晒豆。

---

1 ① Influence of Processing on the Generation of γ-aminobutyric acid in Green Coffee Beans, *European Food Research Technology*, vol.220, no.3-4, pp.245 - 250, 2005.

② Transient Occurrence of Seed Germination Processes during Coffee Post-harvest Treatment, *Annals of Botany*, vol.100, no.1, pp.61 - 66, 2007.

③ Influence of Various Processing Parameters on the Microbial Community Dynamics, Metabolomic Profiles, and Cup Quality During Wet Coffee Processing, 2019.

日晒法是保留全果、崇尚自然、无侵入性、历史最悠久的古老后制法：采下熟红的鲜果，平铺在屋顶或地上晒干并储存备用。1400—1750年，也门是全球唯一的阿拉比卡出口地，晒干的咖啡果如同货币，咖农自用或销售时以白杵捣碎硬果皮和种壳，取出咖啡豆。然而，公元1750年以后，荷兰、法国、英国、葡萄牙在海外的殖民地扩大咖啡，低价抢市，也门咖啡一蹶不振。1800年，也门咖啡产量跌到只占全球的6%，千禧年后更惨跌到只占0.1%—0.05%。也门曾经垄断全球咖啡贸易，而今却沦为边缘产地。

深处内陆、地利之便远逊也门的埃塞俄比亚虽然是阿拉比卡的发源地，但迟至19世纪后半叶（公元1850年以后）始有少量咖啡输出。埃塞俄比亚官方最早的咖啡出口记载是在1920年，约12,000吨，东西两半壁各6,000吨，不过当时还没有耶加雪菲、西达莫、吉马等知名产区名称，出口生豆仅有两大品项：

1. 哈拉尔：埃塞俄比亚大裂谷以东的古城，咸信也门咖啡源自哈拉尔。

2. 阿比西尼亚：埃塞俄比亚大裂谷以西的咖啡统称。

在1850年水洗法问世前的400多年岁月，全果日晒是各产地的唯一处理法，其优点是不耗水、不必去皮脱胶，以整颗饱含养分的果子发酵与干燥，可招引更多微生物参与分解或造味，若发酵管控得宜，其丰富度、甜感、咖啡体高居各种处理法之冠，且酸味较柔和。但最大缺点是体积过大、占空间、干燥期与工时较长，操作不当很容易回潮发霉或过度发酵，产生碍口的酒酵味与杂味，干净度不如水洗。"旧世界"的埃塞俄比亚与也门气候干燥，至今仍以日晒为主流后制法。

古早味的日晒咖瓦或土耳其咖啡，强调浓稠、焦香与甘苦巧克力味，迥异于今日流行的明亮酸香花果韵，从古早味的特殊煮法可略知一二：中深焙咖啡豆研磨得细如面粉，通常需加入小豆蔻、糖或香料调味煮沸，而且不过滤咖啡渣，味道浓烈。公元1650年以后，伦敦、维也纳、巴黎和威尼斯已出现咖啡馆，且配方与煮法遵循伊斯兰世界盛行的咖瓦或土耳其咖啡，但欧洲人喝不习惯。1683年，维也纳的蓝瓶咖啡馆（Blue Bottle Coffee House）主人弗朗茨·乔治·科尔西茨（Franz George Kolschitzky，1640—1694）对其加以改良，以滤布滤掉咖啡渣并用牛奶调味，此一创新喝法大受欧洲人欢迎，成了滤泡咖啡与牛奶咖啡的

"祖师爷"，加速咖啡在欧洲普及。

早年的日晒处理工法较粗糙，不像今日这么讲究，风味远不如今日美味。咖农为了便宜行事，摘下的果子不经筛选，熟果与未熟果直接堆在地面不防潮的草席上晾晒，很容易被尘土污染或受潮，甚至有咖农舍不得淘汰瑕疵果，竟集中一起日晒，常因过度发酵、污染而产生酸臭、酒精、尘土或酱味，为日晒豆烙上次级品的印记。

19世纪50年代水洗法问世后，日晒豆逐渐成了次等品的代名词，上等的鲜果多半采水洗法，淘汰的次等果子才用来做日晒，被污名化的日晒咖啡步入好长的黑暗岁月。相信50岁以上的老一代咖啡人感受尤深，犹记20世纪80—90年代，很不容易买到风味干净、花果韵丰富的日晒豆。印度尼西亚、巴西的咖农习惯将水洗槽浮选淘汰的未熟或瑕疵果集中起来晾晒，供国内或国外低端市场，助长了日晒豆的恶名。但黑暗期仍有少数制作较精良的日晒豆，诸如也门首都萨那西边的产区马塔里（Matari），埃塞俄比亚的哈拉尔、西达莫、耶加雪菲，是20多年前老咖啡迷比较有可能喝到的美味日晒豆产地。然而，其质量并不稳定，时好时坏，要喝到悦口日晒豆需靠运气，既期待又怕受伤害是当年喝日晒豆奇妙的心境，至今回味无穷。

日晒豆式微，直到千禧年后才出现复兴契机。从美国学成归国的埃塞俄比亚工程师阿卜杜拉·巴杰尔什（Abdullah Bagersh）改造日晒工法，在耶加雪菲附近的雾谷（Mist Valley）生产超级精品日晒豆，干净丰厚的花果韵艳惊全球，接着美国科罗拉多州的烘豆师约瑟夫·布罗德斯基（Joseph Brodsky）远赴埃塞俄比亚"探造"，并成立高端日晒品牌90+（Ninety Plus），专售杯测90分以上的埃塞俄比亚与巴拿马日晒瑰夏，两人成功提高日晒豆身价并洗刷其污名，这部分将在后面第三波详述。

<h2 style="text-align:center">第二波浪潮 1850—1990
水洗盛行，污染河川</h2>

18世纪20年代，欧洲海权强国荷兰、法国、葡萄牙、英国将咖啡移植到加勒比海诸岛和中南美的属地，起初也是采用全果晾干的日晒法，但加勒比海各岛

多雨潮湿，日晒的工期长且容易回潮发霉，不利大量生产。19世纪30年代，加勒比海的西印度群岛首度出现去皮去胶因地制宜的水洗处理法，但未形成风潮；50年代，水洗法开始风行牙买加，当时称为"西印度处理法"。水洗可缩短晾晒工期且风味较干净，此后拉美除了巴西仍兼用日晒、水洗，其他产地弃日晒改采水洗法。

非洲产地引进水洗法的时间很晚，迟至20世纪70年代，埃塞俄比亚的首座水洗处理厂才在耶加雪菲诞生。水洗更能彰显耶加迷人的柠檬皮、花韵与酸甜震滋味，风靡欧美。虽然今日埃塞俄比亚仍以日晒豆为大宗，但水洗豆已相当普及，东半壁产区盖德奥、西达马、古吉、巴雷以及西半壁的利姆、伊鲁巴柏、卡法、戈德瑞、叶基、维莱加、本奇马吉、金比、阿维、齐格亦见水洗豆出口。记得10年前东半壁的古产区哈拉尔曾出口极少量水洗豆，但近年干旱严重，哈拉尔日晒豆大减产，水洗豆更不可能出现。

至于东非肯尼亚、坦桑尼亚，1900年以来亦以水洗豆为主流，日晒豆极罕见。水洗法以带壳豆晾干，速度比全果晾干的日晒法更快更省事，适合大量生产且不占空间，酸甜震味谱广受欧美基督教世界欢迎，盛行至今不辍。水洗的最大缺点是浪费水资源，制造大量污水。

水洗法经过100多年的演进，衍生出多种形态，诸如有水发酵、无水发酵、肯尼亚72小时水洗、湿刨法、去胶机半水洗、果胶分解酶（pectinase）水洗等。

有水发酵（水下发酵、湿式发酵）

一般做法是白天采摘的鲜果先在透气袋内全果发酵一夜，待果体软化，第二天清晨再入水槽剔除未熟或瑕疵浮果，取出沉入槽底的优质果子，以去皮机刨掉果皮，再将黏答答的带壳豆放入水槽发酵脱胶，水至少要高于豆表，换水多次，大约12—36个小时可脱除果胶环境温度和脱胶速度呈正相关，10℃以下低温条件下，微生物活力低，较难发酵，易有草腥味。

检视发酵是否完成，可用双手搓搓带壳豆，发出近似小石头撞击声且不再黏滑，表示脱胶完成。取出带壳豆洗净胶质。由于已去皮去胶，带壳豆干燥速度快于全果日晒。

无水发酵（干式发酵）

　　去除果皮的带壳豆放进槽内或桶内，不加水自然发酵脱胶后再用大量清水冲洗干净，称为干式发酵。含有果胶的带壳豆直接暴露在空气中，温度较高，发酵与脱胶速度快于水下的湿式发酵。干式与湿式发酵，环境不同，有以下几个可能的差异值得留意：

　　1. 湿式发酵是在水下低氧环境进行，菌相较单纯，由厌氧的乳酸菌、酵母菌主导乳酸与酒精发酵。

　　2. 未密封的干式发酵是在有氧环境进行，菌相较复杂，包括好氧的醋酸菌、葡萄球菌、肠杆菌、霉菌、兼性乳酸菌与酵母菌。干式发酵的醋酸含量可能高于水下发酵。

　　3. 干式发酵的咖啡种子在有氧环境中进行有氧呼吸，效率较高，保留较多糖类；而湿式发酵的咖啡豆在缺氧逆境中改行无氧呼吸效率较低，胚乳消耗较多糖类，但水解出更多的游离氨基酸（请参见前一章研究报告）。干式发酵较节水省事，被包括台湾在内的愈来愈多产地采用。

　　有水发酵、无水发酵、肯尼亚 72 小时等传统水洗，需经过微生物分解果胶后再用净水冲洗，统称全水洗法（full-wash），最大优点是有悦口的酸甜震味谱、晾干速度快、适合大量生产，但也有不少缺点，譬如发酵时间不易拿捏、需承担发酵不当的风险、耗水量大并产生废水严重污染河川。

　　据哥伦比亚国家咖啡研究中心的研究指出，传统全水洗法耗水量惊人，每生产一袋 60 千克的生豆平均耗掉 3,240 升净水，而发酵产生的酸性物、醇、醛等有机物会对环境造成很大负担。节水的半水洗法（semi-wash）早在 20 世纪初期已问世，但效果不佳。

磨除果胶半水洗法热身

　　20 世纪初叶已出现不需发酵直接以机械力磨除果胶的处理设备，耗水较少，又称为半水洗法，1912 年申请专利的 Urgelles Devices 是以沙子或木屑为磨料，设计很复杂，还能将带壳豆与部分沙子和胶质分离，使用上仍不方便，虽未见风行，但研发省水、不需发酵去胶的半水洗机已踏出第一步。

20 世纪 50 年代，新颖的去除果胶半水洗机争相出笼，夏威夷农业实验站开发的去除果胶机（Demucilaging Machine）、英国厂商在各产区大力营销的 Aquapulpa，以及德国制的 Raoeng Pulper，百花齐放但毁誉参半，虽然磨掉了果胶，但机械力也会咬伤生豆造成瑕疵豆，仍无法普及。直到 20 世纪 90 年代哥伦比亚后制机具制造商 Penagos 与巴西 Pinhalense 不约而同开发出更精密、不伤生豆又节水的果胶磨除机（Demucilager），此后不需发酵脱胶的高效率半水洗法才开始广为流行，时间约在 20 世纪 90 年代，即第二波与第三波的交会期。

果胶分解酶大流行，亦有缺点

另外，还有一种可大幅缩短发酵时间且较为省水的果胶分解酶，20 世纪中叶以后广为中南美产地使用。1953 年 10 月美国老牌的咖啡月刊《茶与咖啡贸易杂志》刊登了一则 Benefax 果胶分解酶广告：

> 为你的咖啡后制做好品控
> 快速发酵的新科技助咖农一臂之力
> Benefax 果胶分解酶确保快速有效的发酵品控
> 供应全球咖农使用

Benefax 是半世纪前有名的果胶分解酶厂牌，可节省 6—8 小时水洗时间，协助咖农在一天内完成采收、去皮、发酵与冲洗作业。传统水洗光是入水槽发酵就耗掉 12—36 个小时，不可能在一天内完成水洗。分解酶用法方便：果子去皮后在干发酵或湿发酵的槽内加入少量分解酶粉末，混合搅拌均匀，几小时内即可脱胶冲洗干净，可提高发酵槽使用频率，降低盛产期等待入槽水洗的鲜果因大塞车暴露在艳阳下而报废的成本，而且快速脱胶亦可减少过度发酵的风险，风味较干净。果胶分解酶半世纪前已盛行于巴西、哥伦比亚等大产地。

今日，分解酶仍流行不衰，知名品牌 Cofepec、Ultrazym Pectic Enzyme，在各产地都买得到，约 50 分钟至几小时可完成脱胶与水洗，大幅缩减工时成本。虽然风味不差，但台湾地区有些农友反映，使用了果胶分解酶的水洗豆不耐久存，风味流失较快，一般水洗豆存放得宜可保存一年，但果胶分解酶水洗豆存放不到半年，风味强度与丰富度就明显走弱。目前采用的台湾地区咖农不多。

从 1400 年到 1950 年的漫漫 500 多年岁月，咖啡产业不论在后制发酵、烘焙还是冲煮方面，都仍停留在知其然不知其所以然的经验传承上，而非一门科学，各种技法欠缺科学论述与佐证。直到 20 世纪 60 年代，东非工业研究组织（East African Industrial Research Organization）的科学家撰文论述："咖啡果胶的发酵并不只是一种化学反应而已，而是由微生物与咖啡本身的酵素控制的。"首度揭开了咖啡发酵的神秘面纱。

然而，科技辅助咖啡发酵的演进却极缓慢，就连半个世纪前开始用来节省咖啡发酵时间的果胶分解酶添加剂，也不是针对咖啡而研发的，而是取自果汁、啤酒澄清剂的举手之劳。直到咖啡的第三波浪潮，科技力介入咖啡发酵的凿痕才愈益明显！

第三波浪潮 1990—2013
省水减污、微处理厂革命、蜜处理崛起与日晒复兴

后制第三波浪潮虽仅有短短 20 多年，却多姿多彩，多样性与创造性颠覆第一波与第二波数百年来的演进。省水减污大作战是第三波后制浪潮的要义，高效率半水洗、去皮日晒、微处理厂革命、蜜处理崛起，日晒复兴，均在第三波浪潮大放异彩。

第二波盛行的全水洗不但浪费水资源还严重污染河川，为咖啡产地制造大麻烦。哥伦比亚国家咖啡研究中心的资料指出[1]，传统全水洗平均每生产 1 千克带壳豆耗用 40 升净水，一袋 60 千克生豆，至少耗水 2,400 升，如果哥伦比亚一年生产 1,670 万袋生豆，至少要耗掉 4,600 万立方米的水量，这足以供应一座有 84 万居民的小城市每人每天用水 150 升的一年总用水量。更令人头疼的是咖啡后制废水造成河川富营养化，危及动植物生态。

1　ECOLOGICAL PROCESSING OF COFFEE AT THE FARM LEVEL.

哥伦比亚半水洗：节水率逾 80%

早在 20 世纪 80 年代，哥伦比亚国家咖啡研究中心与哥伦比亚大学已着手研发省水又能提高质量与咖农收益的半水洗法，于 1996 年问世的新型半水洗加工模块，包括高效磨除果胶机以及污水处理设施，整套系统取名为"生态水洗暨副产物处理"，简称 BECOLSUB。模块中最受瞩目的是机械力去胶机，磨除果胶后即可直接晾晒带壳豆，大幅节省发酵、洗涤用水，生产 1 千克带壳豆的耗水量不到 1 升。

今日，哥伦比亚已逾 50% 咖农采用节水减污科技，即使去皮后仍采全水洗，亦可将过去每袋生豆 2,400 升的耗水量大减到只需 400 升。哥伦比亚第三波全水洗较之传统水洗的节水率高达 83%。

如果改采半水洗法，去胶机完全磨除果胶，不需泡水直接晾晒，则省水率更高。以哥伦比亚农业机具制造商 Penagos 畅销的生态咖啡水洗精实机组系列（Ecological Coffee Wet Mill Compact Unit，西班牙文简称 UCBE）为例，每千克鲜果只耗用 0.2 升水即可脱胶，换言之，以半水洗生产一袋 60 千克生豆需 300 千克鲜果，却只耗用 60 升水，又比改良式全水洗的 400 升用水节省 85%。

阿里山的邹筑园 2021 年进口一套 Penagos UCBE-1500 半水洗机组，每小时可处理 1.5 吨鲜果。2016 年我参访云南朱苦拉古咖啡园时，也看到一台 Penagos 的 ECOLINE 半水洗机，很适合当地较干燥的环境。

Penagos 的 UCBE 系列机组含一台去胶机，可完全磨除胶质，耗水量稍大于只需部分去胶的去皮日晒或蜜处理。各种处理法的耗水量因机具厂牌与使用方式不同，出入颇大，但耗水量的大致排名依序为传统全水洗、改良式全水洗、去胶机半水洗、去皮日晒（蜜处理）、传统日晒。

全水洗、半水洗大论战：巴拿马瑰夏的选择

咖啡种子在后制过程中常因碰撞、摩擦、割伤、高温而失去活性，有损咖啡品质。哥伦比亚国家咖啡研究中心经过多年调校的 BECOLSUB 系统已大

第四波精品咖啡学

表 14-1　各种处理法耗水量比较

单位：升（水）/ 千克（生豆）

传统全水洗	40—75
改良式（循环利用）全水洗	4—10
机械完全去胶半水洗	1—6
去皮日晒或蜜处理	0.8
传统日晒	0

（＊数据来源：汇整自 Cenicafé、Beyond Wet and Dry: Breaking Paradigms in Coffee Processing、Ecological Processing of Coffee At Farm Level）

幅减少机损豆比例，去皮机、去胶机处理的种子平均发芽率仍高达98.3%与98.9%，即种子丧失活力的比例很低，介于1.1%—1.7%。1995—1996年哥伦比亚国家咖啡生产者协会的咖啡品管中心以及纽约的咖啡公司，联合评鉴哥伦比亚国家咖啡研究中心半水洗与传统全水洗的咖啡质量，结果难分高下，但半水洗具有省工时、省成本的优势，声名鹊起，此后广为各产地采用。

　　然而，20年来，去胶机半水洗掀起正反两派大论战。半水洗拥护派认为，全水洗徒增发酵风险，无助风味提升，去胶机半水洗节水省时又提高干净度，可增咖农收益，是最佳处理法；但反对派却批评去胶机半水洗"少了发酵，缺香乏醇"！

　　水洗法该不该保留发酵工序？学院派则认为去胶机半水洗在除胶后，直接晾晒会抑制种子的适度萌发，建议完全去胶后最好再多增一道浸泡清水的工序，适度延长种子的萌发，有助前体更完整地转化为风味物质，然后再晾晒（请参见前一章）。传统水洗与去胶机半水洗在业界掀起激辩，至今仍无定论。

　　有趣的是，多年前巴拿马曾邀请杯测师为传统全水洗与去胶机半水洗瑰夏盲测评分，结果令人大跌眼镜：半水洗的均分竟然高于全水洗。愈来愈多的巴拿马水洗瑰夏庄园舍弃全水洗，改用去胶机半水洗，风味依旧迷人，诸如知名的狄波拉（Finca Deborah）、翡翠庄园等，并未因改采半水洗而失去巴拿马瑰夏的花果风华。

然而，并非所有的巴拿马庄主都拥护半水洗。赢得 2016 年、2018 年、2019 年 BOP 瑰夏水洗组冠军的艾利达庄园的老板威尔福德·拉玛斯图斯（Wilford Lamastus）2019 年在一次访谈中指出，他愈来愈怀疑，去胶机半水洗的机械力（包括高速旋转的离心力）对种子造成的压力与伤害，一定程度上会减损咖啡在杯品或日后的风味潜力。"这几年我最好的瑰夏批次已不用去胶机半水洗，而是改用老派的全水洗，也就是纯手工水洗法！"

对于半水洗，至今仍有不少杂音。我个人则认为，高海拔或瑰夏等本质较佳的咖啡不需要借助发酵画蛇添足，大可采用不需发酵的去胶机半水洗，更能彰显地域与品种的本质风韵，但使用前务必调校妥当，以免机械力伤了豆子。至于低海拔本质较差的咖啡，最好善用发酵来增加风华。

巴西式半水洗：CD、去皮日晒、半日晒都是一家人

巴西较干燥，早年以日晒法为主，但日晒果未经浮选剔除未熟或过熟果，质量远不如全水洗。20 世纪 50 年代巴西坎皮纳斯农业研究所为了提升巴西咖啡质量，开始研发介于日晒与水洗之间的第三种处理法——半水洗法，即去掉果皮与部分胶质层，将经短暂冲洗后裹着残留胶质的带壳豆进行晾晒，比传统日晒更省工时，当时巴西称此法为"去皮樱桃"（Cereja Descascada，简称 CD）。巴西气候干燥很适合晾晒表面含有少量胶质的带壳豆，其他潮湿的产地采此法则容易回潮发霉。1960 年巴西科学家在生豆适度萌发与杯品的研究中发现，半水洗的去皮樱桃法虽然未入水发酵，亦可启动种子萌发反应，效果如同全水洗一般（Ferraz et al., 1960）。

20 世纪 80 年代，南米纳斯几位咖农使用巴西坎皮纳斯农业研究所开发的去皮樱桃法进行商业化生产，质量广获好评；90 年代，巴西知名的农业设备公司 Pinhalense 为去皮樱桃法开发出半水洗处理系统，此法开始风行巴西，更名为较顺口的去皮日晒（pulped natural），生产每袋 60 千克生豆只需 48 升水，平均每千克仅耗水 0.8 升，且质量获得了国际烘焙大厂的肯定。继日晒与水洗之后，刨除部分胶质的去皮日晒与完全除胶的哥伦比亚 BECOLSUB 半水洗，几乎同步

上市，分食节水大商机。

　　去皮日晒处理系统最特殊的是有一套高科技筛选装置，咖啡果先经过精密设计的挤压装置，熟果子较软，其内的带壳豆轻易被挤出，而未熟果较硬过不了关被剔除，从而完成生熟果的选别。被挤出的带壳豆仍残存部分果胶，不浸水即进行晾晒，故名去皮日晒。此法比全水洗和哥伦比亚半水洗更节水，亦称半水洗，成为 20 世纪 90 年代以来最具巴西特色的处理法。

　　1999 年，巴西首办 CoE 赛事，只设立去皮日晒组，可见其受重视的程度，直到 2012 年才加设日晒组。20 多年来，去皮日晒跃为巴西主流处理法。欧美亦有人称去皮日晒为"半日晒"（semi-dried processes），这不难理解，因为去皮日晒去掉果皮，仅以胶质层裹着带壳豆晾晒，这比传统日晒少了果皮，"半果"晒干的速度稍快于全果，故又名半日晒。但半日晒称呼容易混淆，不如去皮日晒传神。千禧年后，哥斯达黎加又将去皮日晒改良为更精密、可调控去胶厚薄度的蜜处理。

　　去皮日晒与完全去胶的半水洗最大的不同是，去皮日晒的带壳豆仍残存部分果胶，晾晒过程发酵入味的程度大于完全去胶的哥伦比亚半水洗。后者的果胶刮除得更干净，且带壳豆在晾晒前多半会先浸泡净水，稍延长种子的萌发反应，以弥补无发酵的缺憾。

　　然而，去皮日晒并无四海皆准的工序，今日不少咖农以一般去皮机刨除果皮与部分果胶，直接晾晒，但干燥控制得宜效果亦佳，一般亦称蜜处理。今日的去皮日晒与蜜处理形同姊妹处理法。

哥斯达黎加微处理厂革命，颠覆传统生产模式

　　20 世纪 90 年代哥斯达黎加年产 14 万—18 万吨咖啡豆，产量不低，但往后 30 年间因土地开发政策、环保与气候变化掣肘，咖啡产量腰斩一半，2020—2021 年只产 8.8 万吨。昔日盛景虽难复，但哥斯达黎加并未因产量剧跌而失去对精品界的影响力。千禧年后，哥斯达黎加小农发起微处理厂革命，咖啡产业更加精实化，小而弥坚。第三波盛行的蜜处理甚至第四波火红的厌氧发酵，都与微处理厂革命息息相关。近 20 年来哥斯达黎加是全球后制浪潮的推涛者，对

精品咖啡后制技法、生产方式，有着颠覆性的影响力。

公元 1821 年以后，咖啡成为哥斯达黎加主要输出品，带动全国经济、政治、文化与民主发展。哥斯达黎加咖啡至今仍以小农为主干，92% 咖农的耕地不到 5 公顷，小农为了省事，会在鲜果采收后 24 小时内送交咖啡合作社代为后制与出口。合作社核实咖农交付的鲜果数量，先预付一半款项，另一半要待半年后生豆出口的成交价，也就是纽约阿拉比卡期货价确定后再支付给咖农。哥斯达黎加有将近 100 座咖啡合作社，其中私人企业、跨国企业、咖农合资成立的各占三成左右，这些大型合作社将小农缴交的鲜果混合处理，甚至在一批劣质果混入质量较佳的鲜果，平衡风味。这种处理模式主攻质量均一、无特色的商业豆市场，是哥斯达黎加咖啡的传统生产方式。换言之，咖农产量愈大收入愈丰，质量优劣并不重要。

咖啡合作社经常在度量衡动手脚占便宜，虽引发争议，但在咖啡行情大好的岁月影响不大。然而，1989 年管控各国产销配额的国际咖啡协议瓦解，巴西与越南大肆增产，豆价一蹶不振，咖啡期货从 1997 年 276.4 美分 / 磅的高峰盘跌到 2001 年的 42.6 美分 / 磅。巴西、越南生产成本低、底子厚，尚可硬撑，但其他产地的咖农卖愈多，赔愈多，生计难维持。不巧的是，千禧年后哥斯达黎加制定新的环保法规强制各庄园执行更严格的清消，大幅增加了咖农成本。国际咖啡期货大跌，哥斯达黎加咖农卖鲜果的收入不够种咖啡的开销，被迫削减肥料等田间管理的支出，咖啡的产量质量亦江河日下。

小烛庄园点燃微处理厂革命火苗

穷则变变则通，哥斯达黎加知名塔拉珠产区桑切斯（Sanchez）家族经营的小烛庄园（La Candelilla Estate），在 2000 年 12 月开了第一枪，放弃大型合作社的会员资格，自立门户创立小烛微处理厂（La Candelilla Micromill），喊出"自己的咖啡自己制，提高质量创造价值！"，并从巴西和哥伦比亚进口处理设备，自产自销的利润远高于卖鲜果给大型合作社。

几年间，数家庄园跟进设立微处理厂，这些庄园规模不大，年产量约十来吨，不超过 70 吨，他们不惜向银行贷款 1 万—2 万美元采购中小型的水洗后制设备，互相切磋发酵技法，也为邻近庄园提供定制化的后制服务。规模更小的庄园甚至合资添购后制设备，共同使用。几年内哥斯达黎加各产区的微处理厂林立，成了大型咖啡合作社的劲敌。

微处理厂革命的旗手——独家咖啡

小烛庄园是微处理厂的点火者，弗朗西斯科·梅纳（Francisco Mena）则是微处理厂革命的旗手，2008年梅纳创立独家咖啡（Exclusive Coffee）专营哥斯达黎加精品豆出口。他奔波各产区猎豆，惊觉各庄园添购小型机具更用心地处理自家咖啡，这是过去未见的现象，咖啡质量与咖农收益大幅提升，因此梅纳率先以"微处理厂革命"一词诠释这股沛然成形的新趋势。

梅纳是为微处理厂革命添柴加薪的催化人。昔日大型合作社垄断后制发酵技术，不鼓励小农进一步学习，甚至不肯分享国外渠道与市场信息，小农"愈呆"愈易掌控，弱势的咖农只好卖鲜果给合作社，糊口度日，合作社则靠后制加工获利丰厚。

提高哥斯达黎加精品豆质量，有助于独家咖啡的精品豆出口业务，梅纳于是聘请专家为咖啡农授课，从土壤分析教起，以免"下错肥料补错身"，还教导咖农知香辨味、杯测、品种与风土、气候变化如何减灾、后制发酵与机具操作，无所不教。小农后制发酵与田间管理技术得以大跃进。表面上看，20年来哥斯达黎加咖啡产量一蹶不振，但实地查访，却更为精实，微处理厂崛起使哥斯达黎加咖啡产业脱胎换骨，量少质精的微批次利润高，反而更有竞争力。

过去咖农只盼风调雨顺大丰收，卖山鲜果好领钱，偏偏收入微薄，无力为提升质量进行必要投资，也不知自家咖啡卖到哪里去，更不知如何维系与消费地或烘焙厂的关系。但咖农转进微处理厂，自我意识觉醒，主动学习各种优化质量的农艺，还需懂得营销、经营客户与产销成本，从传统咖农变身为咖啡企业家，每天的工作与压力倍增，但年收入也数倍于昔日。目前哥斯达黎加已有一两百家主攻高端市场的微处理厂，成功降低2016—2020年咖啡期货暴跌的冲击。2021年6月，独家咖啡还破天荒为微处理厂的微批次办了一场国际拍卖会，瑰夏、圣罗克、F1、Typica Mejorado、卡杜阿伊等缤纷品种尽出争艳，双重水洗的瑰夏冠军豆最后以185.25美元/磅成交。梅纳看好高端的微处理厂商机，也卷起衣袖经营咖啡农场。

微处理厂革命对小农振聋发聩,产生以下庞大效益:

1. 增加价值。销售自家处理的生豆,利润远高于昔日贩卖鲜果给咖啡合作社。虽然转进微处理厂的头一两年,因添购机具与学习新技艺,成本与风险升高,但度过风险期后效益浮现,利润倍增,更有余力为下一季的品质预做投资,进入可持续的良性循环。

2. 提升归属感与认同感。过去卖给合作社的鲜果都和其他咖农的鲜果混合在一起后制,难以追踪去向,小农对自家产品毫无认同感。而今小农取回控制权,可以尝试各种技法,生产有自家特色与辨识度的咖啡,甚至价值更高的微批次,打造自己的品牌。

3. 增强自信心。销往海外的生豆均冠上自家庄园名称,获得国外客户正面回馈,小农自信心大增。

合作社与微处理厂的斗争方兴未艾

微处理厂兴起,主攻精品豆市场,而大型合作社主攻商业豆市场,照理两者的市场有明显区隔,井水不犯河水,应可和平共存。但合作社不甘心,也想染指精品市场,为鲜果祭出优质优价的分级制,试图分化微处理厂。

然而,道高一尺魔高一丈,微处理厂却将每产季质量最差的首批与最末一批采收的果子卖给合作社,每季中间的优质批次则留给自家高档微批次使用。此做法惹恼 CoopeDota、CoopeTarrazu 等大型合作社,诉诸法律规定合作社会员必须将每季所有鲜果卖给合作社,一旦加入微处理阵营就必须放弃合作社的会员资格,不容许合作社会员选择性贩卖鲜果的不道德行为。微处理厂对合作社是一个敏感又具威胁性的字眼,两者的竞争更趋白热化。近年哥斯达黎加的咖农已分成两派,独家咖啡旗下的微处理厂拥护者和传统合作社的支持者,形同水火。

目前还有很多产地,诸如肯尼亚、埃塞俄比亚等,仍实行类似哥斯达黎加大型咖啡合作社收购小农鲜果的生产模式。但各产地的条件不同,哥斯达黎加的微处理厂革命能在其他产地发酵进而引发质变吗? 尚待观察。

台湾地区咖农多半采多元化经营,兼营茶叶、水果、槟榔、民宿或咖啡馆,生豆产量并不多，年产数百千克至几吨，很少超过 10 吨，多数咖农自己处理鲜果，自产自销，近似哥斯达黎加的微处理厂。台湾地区咖啡年产量约 1,000 吨，产量少，尚无大型合作社的产销模式。

世界第四大处理法：哥斯达黎加蜜处理始末

千禧年后哥斯达黎加咖啡产量剧跌，在全球总产量的占比从千禧年初期的 1.8% 下滑到 2020—2021 年产季的 0.85%。就产量而言，哥斯达黎加已无足轻重，但其创意后制技法却对全球精品咖啡产生宏大影响，尤其是色泽与发酵程度不同的蜜处理，继日晒、水洗、半水洗之后，跃为世界第四大处理法，也成为各产地竞相模仿的技术，精品咖啡的味域再次扩大，兴奋度提升。哥斯达黎加气候潮湿，并非蜜处理的好环境，幸亏薄雾庄园（Finca Brumas del Zurqui）蜜处理夺冠军、带风向，以及拜大地震导致的缺水之赐，蜜处理才有今日盛况。

可以这么说，没有微处理厂革命的玩香弄味，就没有今日蜜处理的盛况。2000 年前后从巴西传进哥斯达黎加的去皮日晒，恰逢微处理厂革命之始，小农相互切磋各种实验性后制技法，哥斯达黎加咖农发现调整果胶刨除厚度、晾晒时间、环境湿度、带壳豆堆栈厚度、翻动频率，即可营造不同程度的发酵风味，工序较巴西去皮日晒更讲究、烦琐，风味更丰满，改良版的去皮日晒于焉诞生，取名蜜处理。

百蜜争艳：白蜜、黄蜜、红蜜、黑蜜、葡萄干蜜处理

哥斯达黎加微处理厂的咖农发现，残留的果胶层愈厚，日照愈少，铺层愈厚，干燥期愈长，则带壳豆色泽愈深，且发酵入味程度愈高；反之则干燥速度愈快，发酵入味程度愈低，带壳豆颜色愈浅。哥伦比亚咖啡机具公司 Penagos 开发的精密去皮机，以高压水雾去除果皮，落到哥斯达黎加小农手里，成了蜜处理利器，可在细微的公差内随心所欲调控果胶刨除的厚度，让咖农有更大的玩"胶"弄味空间。但中国台湾地区的咖农却发现，不必添购精密去皮机这么麻烦，以一般去皮机去掉果皮后，调整晾晒或烘干时间、翻动频率、遮阴、干湿度，也可制出发酵程度不同的各种蜜处理豆。

哥斯达黎加蜜处理至少衍生出白、黄、红、黑、葡萄干等 5 大种。

白蜜：果胶几乎全部刨除，不留果胶的带壳豆直接晾晒，干燥速度最快，如同水洗泛白的带壳豆，风味最干净，彰显水洗豆酸甜震味谱。

黄蜜：残存的果胶层厚于白蜜，干燥速度慢于白蜜，晒干的带壳豆呈黄色且发酵入味程度高于白蜜。

红蜜：果胶层厚于黄蜜，干燥慢于黄蜜，而带壳豆呈红褐色，发酵入味程度高于黄蜜。

黑蜜：果胶层最厚，最不易晾干，耗时最久，发酵程度最高，因而带壳豆呈黑褐色。风味大好大坏皆有，若酒酵味控制得宜，丰富度最高，但也是最易失败的蜜处理，风味近似日晒豆。以上 4 款蜜处理的发酵入味程度，随着色泽加深而提高。黑蜜制作难度最高，或因残留果胶最厚、日照最短等因素导致干燥时间延长而增加劣化或发霉的风险。蜜处理最麻烦的是前几天要不停翻拨黏答答的带壳豆，以免粘黏结块，不易均匀干燥。

葡萄干蜜处理：哥斯达黎加还盛行另一种结合日晒和蜜处理的葡萄干蜜处理法。"葡萄干"在巴西咖啡用语里指挂在枝头鲜红色的熟果暂不采摘，等一至两周果皮呈暗紫色、起皱如葡萄干时再采下来，风味更浓郁。巴西日晒盛行此法。不过，哥斯达黎加微处理厂的葡萄干蜜处理则大不相同且更为讲究：鲜红果采下后先经浮选，淘汰未熟与过熟果，优质果平铺晾晒 2—3 天，果皮起皱如葡萄干时再去掉果皮，保留半干的果胶晾晒，即经过全果与蜜处理两阶段双发酵，制程复杂费工。塔拉珠产区卡内特（Carnet）微处理厂有名的巴哈、莫扎特、贝多芬、肖邦等音乐家系列，即以此法炼出近似水果糖与花韵的咖啡，在台湾地区销路甚佳。只是音乐家系列的香气太丰富了，是否还有未公之于世的另类技法，令人好奇。

微处理厂革命虽然造就了蜜处理技法，然而，哥斯达黎加气候潮湿并不适合蜜处理法发展，若没有薄雾庄园的蜜处理咖啡夺得冠军的加持与大地震导致的缺水，蜜处理恐难在哥斯达黎加顺利崛起，甚而风靡全球。

薄雾庄园：蜜处理宗师

2006 年，哥斯达黎加中央山谷产区朱奎山薄雾庄园的蜜处理豆赢得哥斯达黎加"黄金收获"（Cosecha de Oro）精品豆大赛冠军，打响了蜜处理威名，薄雾庄园负责人胡安·拉蒙·阿尔瓦拉多（Juan Ramon Alvarado）被誉为蜜处理宗师。胡安·拉蒙的曾祖父于 1890 年创立该庄园，鲜果向来直接卖给合作社，但2000 年咖啡期货大跌，胡安·拉蒙决定跟进小烛庄园设立自家微处理厂，提升质量并扩展海外市场。2001 年薄雾微处理厂的首批微批次（Microlot）通过哥斯达黎加知名咖啡研究机构 CARTIE 送到意大利，蜜处理厚实的咖啡体广获好评，2002 年薄雾的蜜处理进军亚洲市场，日本是最大客户。当时哥斯达黎加只有两家微处理厂，而今剧增到 150—200 家！

　　2007 年，哥斯达黎加开办首届 CoE 竞赛精品豆在线拍卖会，前 25 名优胜庄园的处理法仍以去胶机半水洗、全日晒、全水洗居多，但第 4 名与第 13 名采用了前卫的蜜处理法，引起国际买家高度关注。然而，哥斯达黎加的气候远比巴西潮湿，蜜处理晾干不易，稍有不慎易回潮发霉，敢贸然尝试者不多，仍未成气候。

祸中藏福，蜜处理因大地震导致的缺水而崛起

　　祸兮福之所倚，2008 年 1 月，哥斯达黎加发生大地震重创，水电设施，咖农纷纷研习不耗水的处理法，蜜处理因而走红普及。2012 年蜜处理宗师胡安·拉蒙的另一座咖啡农场萨莫拉（Zamora）所产的重度发酵黑蜜豆夺得哥斯达黎加 CoE 冠军，这是蜜处理首度制霸 CoE，证明哥斯达黎加虽然潮湿，但管控得宜的蜜处理仍可制出绝美风味。2013 年，蜜处理豆蝉联 CoE 冠军，出自费德尔（Fidel）庄园，此后，不碰水的蜜处理超车全水洗、去胶机半水洗和日晒，成为最具哥斯达黎加特色的后制法。

　　2020 年哥斯达黎加 CoE 前 26 名优胜榜，蜜处理高占其中 12 名，占比高达46%！由于蜜处理去掉果皮与果肉只保留胶质晾晒，相对于全果日晒少了两层结构，且晾干速度快于传统日晒，故而又称半干燥或半日晒，但此称呼徒增困扰，建议还是用蜜处理较妥。

第三波的最大赢家：微处理厂与微批次

　　天佑哥斯达黎加，微处理厂遍地开花恰逢第三波精品咖啡浪潮席卷全球，重视产地履历的微型烘焙坊（Micro Roaster）与直接贸易在欧美与亚洲大行其道，烘豆师、咖啡师与寻豆师亲访产地采购稀世奇豆，而微处理厂的精品豆履历清楚，正中下怀，每磅高出期货价 150 美分以上，所在多有，还供不应求。微处理厂与微型烘焙坊相互辉映。巴拿马瑰夏、哥斯达黎加微处理厂，以及量少质精高价卖的微批次，成为第三波的最大赢家。

日晒复兴，核弹级水果炸弹问世：埃塞俄比亚雾谷与巴拿马 90+

日晒处理法强势回归是第三波后制浪潮的重头戏，埃塞俄比亚海归派工程师阿卜杜拉·巴杰尔什创立的艾迪朵雾谷（Idido Mist Valley）及美国烘豆师布罗德斯基打造的 90+，精炼核弹级日晒豆，一举洗刷日晒处理法百年污名，双双跃为日晒复兴的推涛造浪者！

半个世纪以来，全球知名的烘焙大厂或熟豆品牌不知凡几，如意利咖啡、拉瓦萨、星巴克、树墩城、UCC 等。然而，迟至千禧年后，原料端的生豆产业才出现世界级的名牌——艾迪朵雾谷与 90+。创业之始这两大生豆名牌舍弃精品界主流的水洗法，逆势主打难度更高、难登大雅之堂的日晒法，重塑日晒豆干净丰美的新味谱，歪打正着创造了高端市场的新需求。

埃塞俄比亚精湛日晒之父：阿卜杜拉·巴杰尔什

阿卜杜拉是推动日晒咖啡精致化、复兴再生的最大功臣。早在 20 世纪 40 年代，阿卜杜拉的祖父塞勒姆·巴格西（Salem Bagersh）已在埃塞俄比亚首都经营咖啡豆贸易，并以 Bagersh 为品牌，是埃塞俄比亚第一家私营的生豆出口商。20 世纪 80 年代，阿卜杜拉在美国完成工程师学业。1991 年，埃塞俄比亚政权更迭，新政府展现新气象，加上阿卜杜拉的父亲去世，他决定放弃在美国的工程师职业返回埃塞俄比亚协助家族咖啡事业。10 年间他却经历了咖啡期货暴涨暴跌的震撼教育，1997 年飙至 273 美分／磅，此后一路崩跌到 2001 年 33 美分／磅，家族的生豆贸易风险很高。阿卜杜拉乃决定改走超级精品路线，提高产品价值区隔市场，减轻咖啡期货的冲击，以重建家族咖啡品牌 Bagersh。

长久以来，业界执迷于只有水洗法才能做出干净精品咖啡的想法，优质鲜果全供水洗法，至于瑕疵果、次级品或季尾批次则贬至日晒法。但在阿卜杜拉的记忆中，埃塞俄比亚古法日晒也能做出干净丰美的绝品，日晒之所以被污名化主要是咖农草率行事所致，他坚信以全果进行发酵与干燥的日晒法只要严格筛除瑕疵果，其味谱潜力、可塑性应大于去皮去胶的水洗法。为了印证自己的论点，生产心目中的超级日晒豆，阿卜杜拉于 1999 年投资了艾迪朵的一座水洗处理厂，就位于盖德奥区的两个咖啡县耶加雪菲与柯契尔附近。

阿卜杜拉在此进行一系列日晒制程实验与优化，诸如精选熟红鲜果、以通风防潮高架网棚晾晒免受尘土与湿气侵染、前 48 小时勤翻动日晒果均匀脱水、中午为日晒果遮阴降温并减低紫外线伤害、调整堆栈厚度控制干燥速度、挑除晾晒过程的瑕疵果、筛选比重与色别……其后制流程之严谨不输耶加雪菲 Grade 1（G1）水洗（关于分级制，请参见本章末）。埃塞俄比亚古法日晒的咖啡果不需经过水洗流程的浮选机制，不易挑除未熟果或瑕疵果，因此，阿卜杜拉在晾晒过程中增加多道挑除瑕疵果的工序，提高干净度。简而言之，瑕疵尽除味自美！

2002 年，阿卜杜拉心目中的超级日晒微批次问世，艾迪朵清晨常飘起梦幻般的迷雾，故以"艾迪朵雾谷"命名。这个划时代的日晒绝品水果韵鲜明，时而绽放花香，新味谱艳惊全球精品界，在此之前几乎没有人相信日晒咖啡竟能吐露缤纷花果韵。阿卜杜拉的艾迪朵雾谷一推出即破天荒获评为埃塞俄比亚 G1 和 G2 日晒，埃塞俄比亚日晒质量跃进新纪元，一洗世人对传统日晒的偏见。过去，埃塞俄比亚日晒豆中的瑕疵豆太多，一直被归类为商业级的 G4 或 G5，连 G3 都罕见，艾迪朵雾谷是埃塞俄比亚日晒豆有史以来第一次荣获精品级 G1 和 G2，在此之前，只有少数耶加雪菲或西达马精致水洗获评为 G1，也为埃塞俄比亚日晒豆出了口怨气。

艾迪朵雾谷 G1 日晒豆推出几年内赢得诸多大奖，在欧亚消费大国广受欢迎，2007—2008 年跃为精品界无人不晓的日晒名牌。埃塞俄比亚各大处理厂竞相仿效艾迪朵雾谷的精湛日晒工法，此后 G1 或 G2 日晒豆在市面上逐渐增多，售价高于同等级水洗。阿卜杜拉打铁趁热，又经手附近两座处理厂 Beloya 与

Michile，除了日晒豆，亦生产水洗豆。咖啡袋打上 Bagersh、Idido Mist Valley、Beloya，即代表埃塞俄比亚核弹级精品生豆！

然而，2010 年以后，艾迪朵雾谷愈来愈难买到，原来已易手更名为 Aricha 处理厂。2008 年，埃塞俄比亚商品交易所成立，往后几年所有咖啡豆必须集中至首都的埃塞俄比亚商品交易所交易，处理厂不得私自出口生豆，阿卜杜拉蒸蒸日上的艾迪朵雾谷日晒可能因此被迫退出市场。2017 年以后，埃塞俄比亚商品交易所采纳欧美精品界意见，恢复处理厂可直接贩卖生豆的做法，以提高精品豆的溯源性。近年来，市面上也出现艾迪朵雾谷或 Aricha 品牌，但已非出自阿卜杜拉之手。

阿卜杜拉的家族咖啡事业 SA Bagersh PLC 仍继续运作，朝多元化经营发展，转进精品生豆贸易领域，目前仍是埃塞俄比亚第五大咖啡出口公司。该家族还有一个熟豆出口品牌 Tarara Coffee。2020 年，Bagersh PLC 还被 CoE 指定为埃塞俄比亚首届 CoE 在线锦标赛豆的官方出口代理人。

2015 年，阿卜杜拉出任非洲精致咖啡协会主席，目前身兼埃塞俄比亚商品交易所的监事。阿卜杜拉虽不再经手处理厂业务，但他已为埃塞俄比亚立下核弹级精品日晒一丝不苟的生产流程，影响至今。不过，这几年埃塞俄比亚有些处理厂也模仿水洗法，先为鲜果进行浮选剔除瑕疵果，再取出沉入槽底的优质鲜果晾晒，可减少杂味，但大多数埃塞俄比亚日晒仍采不浮选的古法晾晒，担心鲜果浸水会流失风味并增加干燥的变量。鲜果在日晒前该不该浮选，仍无定论，各有坚持。

总之，如果没有阿卜杜拉带动埃塞俄比亚精致日晒浪潮，全球消费者至今可能还在喝 G4、G5 商业级日晒。

90+ 的埃塞俄比亚情缘：万味之母在产地而非烘焙厂

为核弹级日晒兴风扬波的第二人，就是出生于美国威斯康星州的布罗德斯基。他效法阿卜杜拉，成功打造另一个主攻精致日晒的世界级名牌 90+，声称只卖杯测 90 分以上的极品。布罗德斯基擅长创新与营销，甚至有人称他为咖啡界的埃隆·马斯克（Elon Musk）！

20 世纪 90 年代还在念高中、大学时，布罗德斯基就已迷上咖啡，常和兄长用爆米花机烘咖啡。1998 年他研读美国老牌寻豆师凯文·诺克斯（Kevin Knox）

所著的《咖啡概要》(*Coffee Basics*)，被一句话深深吸引："埃塞俄比亚咖啡富有蓝莓与柠檬韵……"于是他买了埃塞俄比亚咖啡来试，果然品出莓果与柠檬皮香气，大为感动，遂以咖啡为终身志业。2002 年，他在家族协助下，在科罗拉多州的丹佛市创立 Novo Coffee，专卖埃塞俄比亚熟豆。但他发觉埃塞俄比亚咖啡的最大问题是质量很不稳定，即使同等级的咖啡也时好时坏，购买埃塞俄比亚生豆要碰运气，有一半机会买到名实不符的质量。

2005 年机会来了，布罗德斯基趁着到埃塞俄比亚担任生豆赛评审，顺便探究埃塞俄比亚质量飘忽不定的原因。他访问咖农并参观各处理厂，很快找到原因。原来咖农卖给处理厂的鲜果价格都一样，因此失去改善质量的动力，经常将质量与海拔不同的鲜果凑合一起卖给处理厂，而且各处理厂加工技术良莠不齐，这些都是生豆质量参差的主要原因。

身为烘豆师的布罗德斯基，过去一直以为咖啡风味良劣系于烘豆师与咖啡师的手艺，但 2005 年埃塞俄比亚之旅带给他莫大启示，深深体悟万味之母在产地。"味谱的优劣早已根植于产地的农场端，而非传统认知的烘焙厂或咖啡馆！"

接下来的 4 年间，他奔波于埃塞俄比亚与美国之间。产季则留在埃塞俄比亚跟着咖农一起后制，就地挑选最有风味潜力的批次进口到科罗拉多州的 Novo Coffee，换言之，烘焙厂选料的战线延长到产地。在产地做好后制加工，即可解决下游端烘豆师的困扰，基于此理念 2006 年布罗德斯基创立 90+ 品牌。此后他转战产地搞定生豆质量，烘焙厂业务由家族处理。

布罗德斯基很庆幸认识了阿卜杜拉优秀的后制团队，并合作开发一系列脍炙人口的核弹级日晒豆，诸如 Beloya、Nekisse、Hachira、Kemgin，价格虽昂贵却在亚洲市场很吃香，逐渐打响知名度。布罗德斯基创业之初得到阿卜杜拉团队的技术协助才有今日的 90+，他至今日仍和阿卜杜拉维持很好的关系。

日晒复兴第三大功臣：BOP 增设日晒组

2007 年以后，布罗德斯基将上述精致日晒豆分享给巴拿马咖农，在此之前中美产地仍视日晒为不入流的处理法，水洗才是王道。但核弹级日晒豆丰美干净的味谱大开巴拿马咖农眼界，咖农开始学习严谨的日晒工法。这也反映在

BOP 赛事上，1996—2010 年长达 14 年的 BOP 只有水洗组，在咖农建议下 2011 年开始增设日晒组，这股精湛日晒浪潮再从巴拿马辐射到周边的拉美产地，消费市场对环保省水的精湛日晒豆需求愈来愈大，日晒处理法终于否极泰来。

埃塞俄比亚海归派阿卜杜拉影响到美国烘豆师布罗德斯基，再引动 BOP 增设日晒组，进而带动全球日晒复兴，可谓脉络分明。几年后，偏爱水洗法的哥伦比亚 CoE 大赛优胜榜也出现罕见的日晒豆！

90+ 的颠覆性后制发酵绝技

布罗德斯基在埃塞俄比亚虽与阿卜杜拉后制团队合作愉快，但 2008 年 ECX 成立，私人公司不得出口生豆，第三波盛行的产地直接贸易困难重重，所幸这些年来布罗德斯基在埃塞俄比亚学到不少后制技术，已有本事自力生产。

2009 年，布罗德斯基向银行贷款 160 万美元买下巴拿马巴鲁火山西侧海拔 1,500—1,700 米、距哥斯达黎加只有 15 英里（24.14 千米）、占地 200 公顷的一块牧场 Silla de Pando，作为 90+ 的第一座咖啡园，取名为"90+ 瑰夏庄园"（Ninety Plus Gesha Estate），并广植遮阴树，以利往后瑰夏与埃塞俄比亚品种的生长。2013 年，布罗德斯基又买下海拔稍低、介于 1,200—1,500 米的 Piedra Candela，取名为"90+ 坎德拉庄园"（Ninety Plus Candela Estate），专门种植从埃塞俄比亚引进的品种，主攻价位较亲民的扬升系列（Ascent）。2019 年，他又在巴鲁火山西侧一个火山口附近买下占地 70 公顷、海拔 1,800 米的地块，取名为"90+ 巴鲁庄园"（Ninety Plus Barú Estate），这是 90+ 麾下第三座咖啡园，但尚未投产，未来将主攻美国较平价的市场，而高价位的 90+ 瑰夏庄园的高端产品则主攻亚洲市场。

90+ 优质高价位的形象深植人心，即使 2013 年以后开发的"90+ 坎德拉庄园"系列产品价位较亲民，目前有的 3 支扬升系列包括 Drima Zede、Kemgin、Kambera，每千克生豆也至少 150 美元起跳，也不便宜。不过扬升系列比起 90+ 瑰夏庄园最昂贵的创办人瑰夏系列每千克生豆的 6,000—11,000 美元算是小巫见大巫。创办人系列几乎全采用专利创新的全果发酵技法，但关于制程他对外界却守口如瓶。十多年来 90+ 除了采用擅长的日晒，还采用水洗、蜜处理、菌种发酵、厌氧发酵、冷发酵、热发酵、复合式发酵，各种颠覆性或实验性技法令人眼花缭乱，这将在下一章中论述。

2009 年，布罗德斯基拥有了第一座庄园，但瑰夏生长慢，直到 2014 年才开出第一批产量，在产量开出前几年，他手头拮据，虽广邀业界大咖参观瑰夏园，但仍无人投资。2014 年世界咖啡冲煮大赛希腊好手斯特凡诺斯·多马蒂奥蒂斯（Stefanos Domatiotis）选用 90+ 的瑰夏赢得冠军，接下来几年的世界咖啡冲煮大赛、世界虹吸咖啡大赛、世界咖啡与烈酒大赛，至少有 9 名好手用 90+ 的系列产品夺下冠军殊荣，奠定 90+ 品牌的世界级地位。再贵还是有利基在。

15 年来，90+ 品牌建立在后制与味谱创新的颠覆性技术上，布罗德斯基很少在公开场合谈论他的后制研发团队与发酵技法，但阿卜杜拉与布罗德斯基"精炼"的咖啡，让生豆的出处不只是产地而已，更冠上生豆的品牌与庄园名称，如同葡萄酒酿自哪个酒庄或产自哪个葡萄园一般。艾迪朵雾谷与 90+ 对提升生豆与咖农的地位发挥了关键性影响，绝品咖啡的荣耀不再由烘豆师或咖啡师独揽。

弄懂埃塞俄比亚复杂的咖啡分级制

埃塞俄比亚产区分散在东西两半壁，品种浩繁，种植系统又分为森林、半森林、田园、农林间植和大型种植场，还有日晒和水洗处理法，加剧了埃塞俄比亚生豆分级的难度，堪称世界最复杂的分级制！

近 20 多年来，埃塞俄比亚咖啡豆的评等经多次调整，有愈来愈严的趋势，这与精品浪潮有关。千禧年之前，埃塞俄比亚以瑕疵豆多寡作为评等标准，2008 年埃塞俄比亚商品交易所成立，咖啡生豆的评价更为系统化，可分为初级评鉴（Preliminary Assessment）与进阶的精品评鉴（Specialty Assessment）两大阶段。初级评鉴先为水洗与日晒生豆评出低等级（Under Grade）与商业级。初评的商业级得分较高的 G1、G2 两个等级，即可进入精品级评等，再次杯测 ≥ 85 分可获评精品一级（Specialty 1 或 Q1），杯测 80—84.75 分则给精品二级（Specialty 2 或 Q2）的精品级别。换言之，埃塞俄比亚生豆分低等级、商业级与精品级三大类（评等流程请参见表 14-2 至表 14-8）。

埃塞俄比亚商品交易所有关咖啡生豆级别的评定经过了 2010 年、2015 年、

2018 年这 3 次微幅调整，以下表格根据 2022 年修正版编绘。 初评包括两大项：生豆评价占 40%，杯测评价占 60%。 低等级与商业级据此定出。

看表 14-2，水洗生豆评价包括瑕疵豆评等占 20%，外观形状 5%，颜色 5%，气味评等占 10%，合计 40%。 值得一提的是，依埃塞俄比亚商品交易所 2010 年版本，一级瑕疵[1] 的颗数为 0 才能拿 10 分，但 2015 年后的版本却修改为 1 颗以下即可拿 10 分，这应该和 2010 年版本是以每 300 克生豆为准，后来增加为每 350 克有关。 二级瑕疵[2] 则以瑕疵豆重量占每 350 克受检生豆的重量比来衡量。出口等级的生豆含水率必须低于 12%，而且大于 14 目的生豆重量必须超过样本总重量的 85%。

表 14-2　初评：水洗生豆瑕疵、形状、颜色、气味评价，占 40%

生豆评价 40%									
瑕疵豆 20%				外观形状 5%		颜色 5%		气味 10%	
一级瑕疵（颗数）10%	分数	二级瑕疵（重量）10%	分数	品质	分数	品质	分数	品质	分数
1	10	≤ 5%	10	非常好	5	浅蓝	5	干净	10
2—5	8	≤ 8%	8	好	4	浅灰	4	较干净	8
6—10	6	≤ 10%	6	较好	3	浅绿	3	极少杂味	6
11—15	4	≤ 12%	4	一般	2	杂色	2	轻微杂味	4
15—20	2	≤ 14%	2	太小	1	褐色	1	中度杂味	2
> 20	1	> 14%	1					强烈杂味	1

1　一级瑕疵指全黑豆、全酸豆、真菌染豆、严重虫害豆、掺杂异物等。
2　二级瑕疵指半黑豆、半酸豆、未熟豆、轻微虫害豆等。

水洗豆初评的杯测评价包括干净度、酸质、咖啡体、味谱等4项，合计60%。

表 14-3 初评：水洗豆杯测评价

杯测评价 60%							
干净度 15%		酸质 15%		咖啡体 15%		风味 15%	
品质	分数	品质	分数	品质	分数	品质	分数
干净	15	突出	15	厚实	15	好	15
较干净	12	较突出	12	中等厚实	12	较好	12
一杯瑕疵	9	中等	9	普通	9	中等	9
二杯瑕疵	6	柔酸	6	轻度	6	尚可	6
三杯瑕疵	3	缺酸	3	薄弱	3	不好	3
逾三杯瑕疵	1	未感知	1	未感知	1	未感知	1

水洗生豆外观与物理性评价（表 14-2）的分数加上水洗豆杯测评价（表 14-3）的分数，即可定出水洗商业豆的级别（表 14-4），得分最高的 G1 与 G2，有机会进入精品级评鉴（表 14-8）。

表 14-4 初评：商业级水洗生豆级别

级别	总分（生豆评价 + 杯测评价）
第一级（G1）	≥ 85
第二级（G2）	75—84
第三级（G3）	63—74
第四级（G4）	47—62
第五级（G5）	31—46
低等级（带壳）	15—30
低等级（未带壳）	15—30

表 14-5：日晒生豆瑕疵豆包括一级瑕疵与二级瑕疵，评分占比各 15%，气味占比 10%，合计 40%。一级瑕疵低于 5 颗得 15 分，但二级瑕疵是根据每 350克生豆中二级瑕疵所占的重量百分比来算。埃塞俄比亚日晒豆未经水槽浮选，因此未熟豆或瑕疵豆较多，评等标准也比水洗宽松。

表 14-5　初评：日晒生豆瑕疵、气味评价，占 40%

生豆评价 40%					
瑕疵豆 30%				气味 10%	
一级瑕疵（颗数）15%	分数	二级瑕疵（重量）15%	分数	品质	分数
<5	15	< 5%	15	干净	10
6—10	12	< 10%	12	较干净	8
11—15	9	< 15%	9	极少杂味	6
16—20	6	< 20%	6	轻微杂味	4
21—25	3	< 25%	3	中度杂味	2
> 25	1	≥ 25%	1	强烈杂味	1

表 14-6：日晒豆杯测评价项目与计分与水洗豆相同，并无任何变更，即表 14-6 与表 14-3 相同。

表 14-6　初评：日晒豆杯测评价，占 60%

杯测评价 60%							
干净度 15%		酸质 15%		咖啡体 15%		风味 15%	
品质	分数	品质	分数	品质	分数	品质	分数
干净	15	突出	15	厚实	15	好	15
较干净	12	较突出	12	中等厚实	12	较好	12
一杯瑕疵	9	中等	9	普通	9	中等	9
二杯瑕疵	6	柔酸	6	轻度	6	尚可	6
三杯瑕疵	3	缺酸	3	薄弱	3	不好	3
逾三杯瑕疵	1	未感知	1	未感知	1	未感知	1

日晒豆外观与物理性评价的分数加上杯测分数，即表14-5加上表14-6的分数，可定出初评日晒商业豆的级别（表14-7）。值得注意的是，2018年版埃塞俄比亚商品交易所初评日晒商业豆级别G1（91—100分）、G2（81—90分）、G3（71—89分）均可升入进阶评，再次杯测确定品质能否获得Q1或Q2的精品级。但2022年版埃塞俄比亚商品交易所修正为初评的日晒级别只有G1（≥85分）、G2（75—84分）的日晒豆才有资格升到进阶评，此标准如同水洗豆，显示出埃塞俄比亚对日晒豆的评鉴标准与水洗豆渐趋一致。

表 14-7　初评：商业级日晒生豆级别

级别	总分（生豆评价＋杯测评价）
第一级（G1）	≥ 85
第二级（G2）	75—84
第三级（G3）	63—74
第四级（G4）	47—62
第五级（G5）	31—46
低等级	15—30

据2022年修订版本，初评的水洗与日晒商业豆获得G1（≥85分）与G2（75-84分）的样本可升入进阶评。如果进阶评的杯测分数≥85分，且初评总分≥80分，则可获得精品一级（Specialty 1，简称Q1）的最高级别；如果杯测分数落在80—84.75分，可获得精品二级（Specialty 2，简称Q2）的次高级别，请参见表14-8。Specialty 1（Q1）与Specialty 2（Q2）是ECX咖啡合同质量最高的级别，但在埃塞俄比亚出口咖啡的麻布袋上仍以G1与G2代表，更次等的商业级别为G3—G5。

商业级水洗豆的初评结果在生豆评价与杯测评价总得分≥80分的G1与G2，可进入精品级的杯测评价，如果再次杯测分数≥85分，则可获得最高级精

表 14-8　进阶评：精品级水洗与日晒级别

级别	级别决定因素	
	初评级别与总分	精品级根据杯测分数评定
Q1	G1 与 G2 总分 ≥ 80	≥ 85
Q2	G1 与 G2	80—84.75

品 Q1（G1）。其中杯测分数在 80—84.75 分的，可获评为次级精品 Q2（G2）。

另外，如果初评中 G2 的杯测分数 > 45 分（总分 60 分），亦可被推荐进入精品级评价。若初评的生豆与杯测评价总分 ≥ 80 分，进入精品级评价但未能获得最高级 Q1，亦可获评为次级精品 Q2 即 G2。

埃塞俄比亚商品交易所定出下限价维护市场秩序

2020 年 1 月，埃塞俄比亚咖啡和茶叶管理局颁布新指令，将以全球咖啡交易价的加权平均值为基础，制定每天交易的每磅下限价，出口咖啡不得低于此价格，以减少不履行合约与报价低等违约事件。咖啡占埃塞俄比亚总出口值将近 40%，2008 年 ECX 成立后，埃塞俄比亚咖啡、芝麻、小麦、玉米、白腰豆等商品全纳入管控，十多年来褒贬不一，但咖啡出口量从 2008 年以来已增加 48% 以上，埃塞俄比亚商品交易所居功甚伟。

第十五章
咖啡后制四大浪潮（下）：
奇技竞艳的第四波处理法

2014 年以后，咖啡后制技法迈入第四波新纪元。

前三波盛行的日晒、水洗（有水、无水发酵）、去胶机半水洗、

去皮日晒、蜜处理，除了有水发酵是在低氧环境，

其余均在有氧环境进行。

直到 2014 年首见密闭容器阻绝空气的厌氧蜜处理

打进哥斯达黎加 CoE 优胜榜，咖啡的厌氧时代于焉降临，

掀起各大产地"窒息式"发酵热潮。

更甚者，厌氧冷发酵、热发酵、接菌发酵和添加物，

亦在此时争相出笼，

满足精品市场求新求变的需求。

第四波浪潮 2014 迄今
特殊处理法崛起：厌氧发酵、冷发酵、热发酵、
接菌发酵、添加物、厌氧低温慢干、发酵解读神器

　　短短不到 10 年，市场蹦出诸多奇门"炼香术"，引发原教旨主义派与前卫派大辩论："我们喝的究竟是咖啡的本质风味、微生物代谢味，还是添加物之味？该不该规范发酵的掺入物？"另外，以科技协助咖农解读发酵程度，譬如糖度计、酸度计、发酵大师检测器（Fermaestro）等检测工具，以及控制干燥速率的科学研究，在当下的第四波浪潮尤为盛行。第四波提升咖啡发酵的可控性，取代过去的看天意发酵。

多端多样、打造差异化的炼香术

　　第四波多端多样的炼香术包括厌氧水洗、厌氧日晒、厌氧蜜处理、双重厌氧发酵、有氧厌氧双发酵、冷发酵、热发酵、接菌与添加物等处理法，令人眼花。咖啡是文化，更是一种生活方式与流行趋势，不可能长久不变。各庄园和处理厂不断寻找新技法，打造差异化，为烘焙师和市场添香助兴。咖啡后制往往因生产者一个小转弯、小巧思、小创意或小实验而"小兵立大功"，成为新技法的造浪者。咖啡的厌氧发酵即为最佳典范。

　　厌氧发酵并不是什么天马行空的新发明，早在千百年前，人类已会隔离氧气腌泡菜，酿酸奶与美酒。耐人寻味的是，咖啡产业为控制含氧量而采用密闭容器、抽真空或灌入二氧化碳在缺氧环境下发酵，却是这几年才盛行的新招。纵观 1400 年以来的咖啡后制史，第一至第三波浪潮尚未见厌氧发酵一语；厌氧发酵以及二氧化碳浸渍法跃为后制显学，吃香蹿红至今还不到 10 年。

全球疯厌氧！世界咖啡师大赛顶尖咖啡师厌氧大作战

　　2018 年阿姆斯特丹举办的世界咖啡师大赛的前六名中，至少有五位的赛豆

使用了厌氧发酵法，火热程度可见一斑。前六名顶尖咖啡师的赛豆发酵法如下：

1. 冠军，波兰女咖啡师阿格涅丝卡·罗耶斯卡（Agnieszka Rojewska）采用2015年冠军咖啡师萨莎开发的二氧化碳浸渍埃塞俄比亚水洗豆。

2. 季军，瑞士咖啡师马蒂厄·泰斯（Mathieu Teis）以哥斯达黎加的卡杜拉拼配卡杜阿伊，全果密封厌氧发酵20小时，造出肉桂、柑橘与李子风味。

3. 殿军，希腊咖啡师米哈利斯·卡西亚沃斯（Michalis Katsiavos）用巴拿马狄波拉瑰夏，全果厌氧发酵62小时，取出去皮后，带壳豆再一次厌氧发酵24小时，也就是前半段全果厌氧，后半段厌氧蜜处理，以双重厌氧发酵造出丰富乳酸味谱。

4. 第五名，加拿大咖啡师科尔·托罗德（Cole Torode）以哥伦比亚瑰夏与希爪拼配。处理方式为全果密封营造厌氧的乳酸与酒精发酵，提高咖啡体与酒味风韵。

5. 第六名，新西兰咖啡师约翰·戈登（John Gordon）亦用埃塞俄比亚厌氧发酵豆出战。

至于亚军，荷兰咖啡师莱克斯·温内克（Lex Wenneker）是用哥伦比亚蓝色山峦庄园（Finca Cerro Azul）采 Natural XO 处理法的瑰夏，造出干邑白兰地风味。据该庄园的说法："Natural XO 处理法是精选糖度 18°Bx 的鲜果，在不锈钢槽内预先静置发酵（但并未言明是否密封厌氧），温度控制在 25℃—30℃，发酵时间36—48小时，再入烘干机48小时，脱除大部分水分终止发酵，再移到户外晾晒，约两周时间慢速脱除剩余水分，直到咖啡果含水率降至 11%。"但我对此做法满腹狐疑，因为鲜果在 25℃以上不算低温的有氧环境下静置发酵 36—48 小时，如无其他配套设施，容易有呛鼻的酒精与酱味，庄丰可能尚有其他重要细节未透露。

厌氧发酵在2018年世界咖啡师大赛大爆发，各产地也跟风推出厌氧水洗、厌氧日晒、厌氧蜜处理、双重厌氧、有氧厌氧双发酵、二氧化碳浸渍等各种仿自酿酒的发酵法，这是第三波不曾见过的异象。若说第四波咖啡后制浪潮是在玩弄酿酒与泡菜的发酵技法，并不过分。

这股厌氧风也吹到非洲，获得非洲精品咖啡协会主办的"收获的味道"（Taste of Harvest）2019年、2020年总冠军的埃塞俄比亚 Adorsi 与 Konga 赛豆，均采厌氧日晒。我喝过这两支非洲总冠军豆，如果说第三波的有氧日晒是水果炸弹，那么这两支第四波厌氧日晒就是核弹级水果炸弹。

2021 年世界咖啡师大赛特殊处理法高占八成以上，传统处理法不到两成

到了 2021 年世界咖啡师大赛，更可看出传统处理法式微，非传统处理法争相竞艳。来自全球的 38 位意式咖啡高手所用的赛豆中，高达 80% 以上采用实验性的特殊处理法，其中以厌氧最多，至于传统的日晒、水洗和蜜处理占比不到

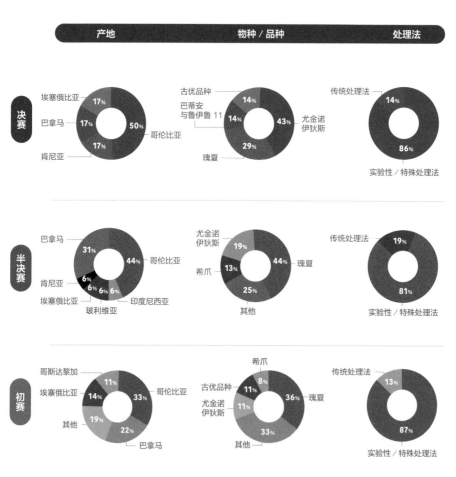

图 15-1 2021 年世界咖啡师大赛初赛、半决赛、决赛，生豆产地、物种／品种、处理法统计

注：图中百分比为四舍五入，故部分相加总和并非 100%。

（＊数据来源：André Eiermann）

20%，足以反映第四波特殊处理法的红火盛况。

打进世界咖啡师大赛决赛的赛豆，产自哥伦比亚的高占 50%，埃塞俄比亚、巴拿马、肯尼亚各占 17%。更跌破大家眼镜的是打进前六名决赛占比最高的物种，竟然不是阿拉比卡，而是阿拉比卡的母本——二倍体的尤金诺伊狄丝占 43% 之多！更令人惊讶的是，前三名好手都用尤金诺伊狄丝，昔日的常胜将军阿拉比卡的瑰夏 2021 年只占 29%，埃塞俄比亚古优品种占 14%，肯尼亚的巴蒂安与鲁依鲁 11 拼配豆占 14%。四倍体阿拉比卡被二倍体尤金诺伊狄丝打趴，是历来首见！

厌氧咖啡滥觞地：2014 年哥斯达黎加 CoE

提到近年红得发紫的厌氧咖啡，国外媒体或咖啡刊物均认为是塞尔维亚裔澳大利亚冠军咖啡师萨莎 2015 年以二氧化碳浸渍的赛豆赢得世界咖啡师大赛冠军，启动了厌氧咖啡浪潮。然而，这是仗势说法。据我考证，厌氧咖啡滥觞于 2014 年哥斯达黎加 CoE，"始作俑者"是寂寂无闻的咖啡奇人路易斯·爱德华多·坎波斯（Luis Eduardo Campos）。他研究厌氧咖啡比萨莎早了好几年。

低海拔厌氧：初吐芬芳打进 CoE 优胜榜

我于千禧年后开始关注每年 CoE 与 BOP 赛事的优胜名单，以掌握品种、后制与产地的新趋势。2014 年惊觉哥斯达黎加 CoE 第七名的钻石庄园（El Diamante），采用崇高咖啡公司（Café de Altura）[1] 开发的厌氧发酵技法，这是拉美各产地 CoE 首度出现厌氧赛豆打进优胜榜。也因此，我个人尊奉 2014 年为厌氧咖啡元年应不为过。虽然路易斯早在 2009 年已开始钻研厌氧发酵，但唯有在权威的赛事获奖才能证明自成一派的实力。

1　2004 年，哥斯达黎加 500 多位小农面临低豆价与气候变化的挑战，合力成立崇高咖啡，研发新的农艺技术协助咖农减灾，并创新后制技法提升质量，开发国际市场。路易斯在崇高任职多年，该公司有两大外销咖啡品牌：其中的"诗人"（El Poeta）豆源来自西部川谷，"巨嘴鸟"（El Tucan）来自中央山谷、三川、塔拉珠，中国台湾亦有进口。崇高咖啡旨在协助旗下的咖农成为企业家。

厌氧咖啡 2015 年再接再厉，哥斯达黎加钻石庄园、鸡爪庄园／北天使庄园（Finca Pata de Gallo ／ Finca Angeles Norte）亦采用崇高公司的厌氧发酵法，分别赢得 CoE 第四名、第五名。2016 年山丘庄园（El Cerro）引进崇高公司的厌氧蜜处理技法，以 91.03 的高分赢得哥斯达黎加 CoE 第三名，厌氧咖啡连年得奖，声名大噪。而路易斯就是为崇高公司开发厌氧发酵的灵魂人物。

路易斯在崇高公司任职多年，2009 年开始研发蜜处理以外的发酵法，但仍聚焦在厚厚的果胶上。咖啡过去盛行的发酵法除了水下发酵，其余皆暴露在空气中，招来各路好氧菌参与分解 "大业"，菌种复杂不易控制，他于是尝试隔绝氧气的密封式厌氧发酵。一方面使菌相更单纯，有助于掌控发酵变因与进程，另一方面，缺氧环境的发酵速度变慢，可延长果胶与生豆 "你侬我侬，如胶似漆" 的造味时间，如同泡菜和酿酒。但他的做法与萨莎最大的不同是密封后不注入二氧化碳。

杯测发现，厌氧发酵的咖啡体、水果韵与酸质更为丰厚，这正是低海拔咖啡所欠缺的优质味谱。于是崇高公司指导海拔 1,300 米左右的庄园试做，2014 年以来，钻石等多家低海拔庄园以厌氧发酵参加竞争激烈的 CoE，竟和瑰夏或 1,600 米高海拔庄园分庭抗礼，打进优胜榜，实战证明厌氧发酵可丰富低海拔咖啡的味谱。2020 年，路易斯又开发出热发酵新技法，我们将在稍后论述这一技法。说他是奇人恰如其分。

路易斯之前任职的崇高公司指导钻石庄园厌氧蜜处理的做法如下：挑选糖度 20° Bx 以上的鲜果，去皮后将含胶的带壳豆置入不锈钢容器，再补入同等级鲜果，刨下的果胶至少要盖满容器内的带壳豆，富含糖分的果胶是厌氧菌的食物，然后密封发酵，并监测容器内的温度、酸碱度、压力、糖度等参数，至少发酵 25 小时以上，发酵后再取出带壳豆晾晒。这就是初试啼声的厌氧蜜处理，制程比有氧蜜处理更为复杂耗时，却为低海拔咖啡争了一口气。

2014 年，厌氧发酵在哥斯达黎加 CoE 取得佳绩后开始流行，厌氧处理法几乎年年打进优胜榜。2019 年，哥斯达黎加 Don Dario 庄园的厌氧日晒瑰夏锦上添花，夺下冠军。从 2007 年至今，哥斯达黎加 CoE 优胜榜的后制法包罗万象，有日晒、全水洗、去胶机半水洗、蜜处理、厌氧水洗、厌氧蜜处理、厌氧日晒、双重厌氧、厌氧有氧混合，堪称发酵怪招最多的产地。在哥斯达黎加的带动下，近年各产地 CoE 常见厌氧发酵名列前茅，"窒息式发酵"成了第四波浪潮的新宠！

二氧化碳浸渍法：一战成名，低海拔推广有成

继 2014 年厌氧蜜处理在哥斯达黎加 CoE 展露锋芒后，2015 年塞尔维亚裔澳大利亚冠军咖啡师萨莎征战西雅图世界咖啡师大赛，选用哥伦比亚知名咖啡企业家卡米洛·梅里萨尔德（Camilo Merizalde）旗下云雾（Las Nubes）庄园 [1] 的非洲野生品种汝媚苏丹，并以澳大利亚酿酒师蒂姆·柯克（Tim Kirk）的二氧化碳浸渍法增加该美味品种的酸甜震与花果韵，一举夺冠，成功地将酿酒术引进咖啡产业，又为咖啡的窒息式发酵法打了一剂强心针。二氧化碳浸渍法是葡萄酒业惯用的酿造术，源自法国勃艮第南部博若莱（Beaujolais）产区，萨莎率先将此技法应用于咖啡，亦有人称之为红酒处理法。

2018 年 5 月，萨莎送我签名大作《咖啡人》（*The Coffee Man：Journal of A World Barista Champion*），书中透露二氧化碳浸渍水洗豆的制作重点如下：

1. 容器：选用容易清洗不易沾染细菌的不锈钢容器，底部最好有轮子，方便在不同的恒温房间进出与发酵。容器有个气阀，可排出剩余的氧气或因发酵而产生的二氧化碳。

2. 温度：不同温度可造出不同风味，在较低温 4℃—8℃发酵可提升酸质；在较高温 18℃—20℃发酵可提高甜感。在不同温区的房间发酵多久，这是萨沙的最高机密。

3. 密封：去皮的带壳豆置入密封容器以净化菌种；好氧菌被淘汰，留下厌氧的乳酸菌、酵母菌与肠杆菌，可增加花果韵、酸质和咖啡体。

1　2000 年卡米洛在哥伦比亚考卡省创立桑图阿里奥（Santuario）庄园，"收容"一些被中南美弃种的美味老品种波旁。2009 年又在稍北的考卡山谷省设立完美（La Inmaculada）、云雾、蒙塞拉特（Monserrat）3 座庄园，专门种植珍稀的没问品种汝媚苏丹、瑰夏、尖身波旁、尤金诺伊狄斯等。萨莎夺得 2015 年 WBC 冠军，卡米洛功不可没。萨莎走下 WBC 颁奖台，第一个要找的人就是卡米洛，并感谢他的奇异品种汝媚苏丹。

4. 二氧化碳：容器密封后灌入二氧化碳，好氧菌难以存活，可大幅减缓糖类的分解速度，pH 值下降的速度也会较慢，也就是说可延长发酵时间。 在缺氧环境下，即使在 22℃偏高温环境，发酵时间也可长达 3 天，如配合低温环境，发酵时间可以更长。 二氧化碳浸渍可增加花果的香气。

简单来说，鲜果去皮后将含胶的带壳豆置入不锈钢容器密封，并注入二氧化碳，好氧菌无法生存，改由乳酸菌与酵母菌主导。 发酵完毕取出带壳豆冲洗干净并晾晒，即为水洗版的二氧化碳浸渍豆。

二氧化碳浸渍法除了水洗版，亦有蜜处理版。 发酵后的带壳豆从容器取出，不冲洗直接晾晒即为蜜处理，也就是说前半段为二氧化碳浸渍，后半段置于有氧环境。 亦可置入全果进行二氧化碳浸渍，发酵后取出果子不去皮，直接晾晒即为日晒版。

2019 年，在我的居间协调下，正瀚生技免费以气相色谱 – 质谱仪为萨莎的各款二氧化碳浸渍咖啡分析化学成分，但因双方约定，化验结果不便公开。

萨莎的二氧化碳浸渍技法，为低海拔豆带来高分希望！

2008 年，萨莎的首家咖啡馆 ONA Coffee 在澳大利亚堪培拉开业，是当地首家走精品路线的咖啡馆。他为了可持续维持与拉美、非洲和亚洲咖农的关系，于 2012 年启动产地计划（Project Origin）协助咖农改善质量，并以超出公平贸易与雨林联盟 50% 的价格采买，双方互蒙其利。

萨莎 2015 年征战世界咖啡师大赛所用的赛豆汝媚苏丹，出自哥伦比亚考卡山谷省海拔高达 1,600—2,100 米的云雾庄园。赢得冠军后，他迫不及待将二氧化碳浸渍法推广到各产地，尤其是先天不良的低海拔产区，盼能以二氧化碳浸渍提高杯测分数。他先在洪都拉斯、巴拿马、尼加拉瓜 3 座持有股份的低海拔庄园，以风味普通的卡杜拉、卡杜阿伊、卡蒂姆进行二氧化碳浸渍实验。由于品种不同，果胶与胚乳成分也不同，加上水土气候互异，无法套用之前汝媚苏丹的二氧化碳浸渍发酵参数，几经失败与修正，终于捉出各合作庄园最适切的参数，成功拉升低海拔咖啡的酸质、花果韵与咖啡体。

以 2021 年尼加拉瓜 CoE 为例,海拔 1,380 米的比利牛斯山脉(Los Pirineos)庄园的卡杜阿伊采用萨莎辅导的二氧化碳浸渍日晒技法,以 90.21 分夺得第三名,与冠军 90.96 分种在 1850 米高海拔的水洗美味品种帕卡马拉相比亦不遑多让。而海拔仅 1,300 米圣何塞(San Jose)庄园的卡杜拉也以二氧化碳浸渍日晒获 89.71 分赢得第七名,相较于第四名种在 1,700 米高海拔的水洗瑰夏 90.11 分,并不逊色。

低海拔的比利牛斯山脉庄园和圣何塞庄园的二氧化碳浸渍日晒做法是,鲜果先经过水槽浮选,剔除瑕疵果,因品种与水土不同,接下来做法有些出入。比利牛斯山脉庄园二氧化碳浸渍的时间较短,但以高架棚晾晒的果子铺层较厚,圣何塞庄园二氧化碳浸渍的时间较长,但以高架棚晾晒的果子铺层较薄。

这 6 年来萨莎与欧美学术机构合作,修正低海拔非美味品种的二氧化碳浸渍发酵参数,经 CoE 实战证实了低海拔并非原罪,只要加强田间管理与因地制宜的后制发酵,仍可大幅改善低海拔缺香乏醇的宿命。哥斯达黎加与尼加拉瓜的成功案例为低海拔庄园带来新希望。

厌氧咖啡的款式、参数与味谱

厌氧发酵短短不到 8 年至少发展出密闭不抽真空、密闭抽真空、注入二氧化碳、接菌厌氧、加料浸渍厌氧、常温厌氧、低温厌氧与加热厌氧等诸多款式,令人眼花缭乱。

在缺氧环境下,好氧的坏菌被淘汰,菌相更为单纯,改由厌氧的酵母菌与乳酸菌取得发酵主导权,分解糖类并释出酒精、有机酸、醛、酯等芳香代谢物,在缺氧环境亦可减少风味物氧化。厌氧发酵的速度比有氧发酵慢许多,咖啡浆果在有氧环境或低氧的水下发酵,一般 12—36 小时可完成。然而密封的厌氧发酵弹性大多了,最短 10 多个小时,如果温度与缺氧环境控制得宜,最长可持续 9—10 天且仍未出现发酵过头的酸败或酱味。

厌氧发酵最常见的时间为 40 小时至 10 天,我喝过厌氧发酵 10 天仍美味悦口的好咖啡,譬如阿里山乡茶山村的卓武山庄园常温(20℃)厌氧 226 小时水洗

SL34，以及埃塞俄比亚古吉 240 小时厌氧日晒。若在有氧环境发酵这么久，肯定出现呛鼻的恶味。

厌氧发酵比传统有氧发酵更费时耗工，由酵母菌与乳酸菌主导的厌氧造味，更能彰显乳酸、酒精、醛、酯类代谢物"大合奏"的香气与滋味，恰似养乐多、可尔必思、酸奶、水果酸甜震的律动感以及厚实咖啡体，颇投好求新求变的咖啡市场，已跃为第四波最具代表性后制法。厌氧咖啡有以下多种款式：

1. 厌氧日晒： 厌氧发酵速度较慢，一般会精挑糖度较高的鲜红果供给酵母菌、乳酸菌足够的糖类食物。多数咖农在厌氧发酵前会先将鲜果入水槽，一方面淘汰瑕疵浮果，一方面清洗果子表面溢出的汁液，减少害菌，提高干净度。但也有咖农认为不需多此一举，因为好氧的害菌一旦进入缺氧环境便难以存活作怪。拉丁美洲一些水资源较丰的产地多半先过水清洗再做厌氧，东非较干燥地区则以不过水为主。

厌氧日晒不难，将鲜果密封入塑料袋或化学桶、不锈钢槽皆可，并在阴凉处发酵，由于酵母菌不会游动，每天滚动发酵桶有助于均匀发酵。然后再取出发酵完成的潮湿果子直接晾晒或烘干即为厌氧日晒。严格来说果子取出后接触空气，在干燥至含水率降为 11%—12%，细菌和霉菌失去活性以前，仍有可能掺混少许的有氧发酵，但果子的糖类食物已不多，有氧发酵的代谢物应该远低于厌氧发酵，故一般仍以厌氧视之。

厌氧发酵有抽真空与不抽真空两种形式，台湾地区的咖啡庄园规模较小，大多用塑料袋或化学桶来做厌氧，亦有少数咖农密封后再抽真空，营造缺氧或无氧环境，质量更稳定，但该不该抽真空目前尚无定论，有待日后的科研报告来印证。拉美和亚洲产量大的产地，是将鲜果密封进不锈钢容器，几乎满载但并不抽真空，因为厌氧发酵产生二氧化碳，好氧菌会窒息而死，如果未加装排气阀泄压，发酵完成开封时会发出爆声，有点危险。

记得 2018 年 6 月，正瀚生技全球研发总部在南投开幕，邀请国际精品咖啡师协会首席研究官彼得·朱利亚诺（Peter Giuliano）以及加州戴维斯分校咖啡中心总监威廉·里斯滕帕特（William Ristenpart）教授前来演讲。我陪同两位远道而来的嘉宾参访附近的百胜村咖啡园，并鉴赏我指导试做的厌氧日晒，两位专家对于海拔只有 500 米的铁比卡竟能有丰富的酸甜水果韵有点吃惊，问我是如何发酵的。我说用的是厌氧，全果置入厚塑料袋并挤出空气，在袋子的最上端绑紧，预留产气膨胀的空间以免爆掉，好氧的害菌在缺氧与产生二氧化碳的袋内难以生存作乱。但里斯滕帕特教授说，此法没抽真空，严格来说不算厌氧发酵。几个月后百胜村在简嘉程的协助下，引进可抽真空的发酵桶，更稳定地大量生产厌氧咖啡。

拉美的庄园规模较大，惯以容量较大且加装排气阀、温控设备的不锈钢酿酒槽或芝士发酵槽来生产厌氧咖啡，并检测浆果或槽内发酵液的酸度、糖度还有温度与发酵时长，作为停止发酵的重要参考。各庄园因品种、气候、水土、菌相与鲜果的糖度不同，终止发酵的酸度、糖度与发酵时数，不可能一致。

2. 厌氧水洗： 鲜果去皮后将带壳豆置入密闭容器进行厌氧无水发酵，参考环境温度、发酵时长、发酵汁液酸度与糖度的减幅以及客户对发酵程度的偏好，取出发酵毕的带壳豆冲洗干净，进行晾晒或烘干，即为厌氧水洗。

3. 厌氧蜜处理： 前半段如同厌氧水洗，但哥斯达黎加的厌氧蜜处理会再添同等级鲜果的果胶入桶，增加厌氧菌的食物，完成发酵后取出带壳豆，不需过水冲洗，直接晾晒或烘干残余果胶的带壳豆，即为厌氧蜜处理。

4. 双重厌氧发酵： 熟红鲜果置入发酵槽密闭，发酵进行到一半时取出咖啡果，去皮后将含胶的带壳豆再置入密闭容器，进行后半段厌氧发酵，再取出晾晒或烘干，共经过全果与去皮两阶段的厌氧发酵，发酵入味程度较高。

5. 有氧厌氧双重发酵： 鲜果采下后先在透气袋内隔夜进行十多小时的全果有氧发酵，第二天早上置入密闭容器进行厌氧发酵，再取出晾晒或烘干。这种发酵是前半段为有氧发酵（醋酸）、后半段为厌氧发酵（乳酸）的双重发酵，亦有全果、水洗与蜜处理多种款式，可平衡醋酸发酵与乳酸发酵的风味。有氧厌氧双重发酵的速度比纯厌氧发酵快许多，总时数为 40—60 小时。亦有咖农反过来，先全果厌氧进行一半，取出果子去皮再进行有氧蜜处理，玩法多端。

厌氧发酵的时长

没有标准也无硬性规定，因为各庄园的海拔、温度、果胶成分、菌相都不同，不可能有四海通用的发酵时长，但常见的厌氧发酵时长介于 40 小时至 10 天（240 小时），出入颇大。温度愈高，发酵进程愈快，可酌情缩短时间；温度愈低，发酵愈慢，则可酌情延长时间。

厌氧发酵的酸度区间

pH 值为 4 的溶液的酸度远强于 pH 值为 7 的溶液的酸度，而咖啡果胶酸度的 pH 值在 pH5.5 上下。拉美产地的厌氧咖啡都会参考发酵液或发酵中咖啡果胶的酸度，结束发酵的酸度多半降至 pH 值 4 至 4.5 的小幅区间，酸度已成为厌氧咖啡的重要参考值。百胜村厌氧日晒发酵完成酸度的 pH 值在 4.2 左右，每座庄园不尽相同。

厌氧发酵的糖度区间

糖度计除了用来测鲜果的糖度，也可用来检测发酵后糖度的降幅作为停止发酵的参考，因为微生物已将果胶的糖类转化为其他代谢物。

但是糖度计的变量比酸度计大，因为每批鲜果的糖度不一，有的庄园以糖度 18 左右的鲜果来做厌氧处理，有些则严选糖度 22° Bx 以上的来做，初始的糖度不同，会影响发酵结束时的糖度。以哥斯达黎加拉楚梅卡微处理厂（La Chumeca Micromill）为例，挑选糖度介于 22—25° Bx 的鲜果来做厌氧日晒，糖度降至 16° Bx 终止发酵，这是该庄园奉行的参数。而我们在百胜村试做的厌氧日晒，初始糖度 19° Bx，降至 12° Bx 即终止发酵。如何提出各庄园各品种停止发酵的糖度值，是个硬功夫，唯有勤记录各项参数与事后的杯测鉴味结果，才能提出自家庄园各种处理法、品种、不同糖度的鲜果发酵后，糖度降多少才是停止发酵的参考值。

控制得宜的厌氧发酵可提升水果韵

2022 年巴西米纳斯吉拉斯联邦大学（Federal University of Minas Gerais）、拉夫拉斯联邦大学（UFLA）联合发表的科研报告《自然诱导咖啡厌氧发酵：对微生物族群、化学成分、咖啡感官质量的影响》[Self-induced Anaerobiosis Coffee

Fermentation（SIAF）: Impact on Microbial Communities, Chemical Composition and Sensory Quality of Coffee] 指出，科研人员对米纳斯吉拉斯州 4 个咖啡产区蒙特卡梅洛（Monte Carmelo）、特雷斯蓬塔斯（Três Pontas）、卡尔穆 - 迪米纳斯（Carmo de Minas）、拉日尼亚（Lajinha）进行自然诱导咖啡厌氧发酵，在未接菌的厌氧日晒、厌氧去皮日晒的发酵槽中鉴定出 380 种微生物，包括 149 种偏好 25℃—35℃的嗜中温菌（Mesophilic Bacterium）、147 种乳酸菌、84 种酵母菌。其中乳酸菌包括植物乳杆菌（Lactiplantibacillus plantarum）、肠膜明串珠菌（Leuconostoc mesenteroides）、泡菜中常见的食窦魏斯氏菌（Weissella cibaria）；酵母菌包括葡萄汁有孢汉逊酵母（Hanseniaspora uvarum）等。厌氧微生物的代谢物除了众所周知的乳酸、醋酸、醇类、醛类、酯类，还包括糖类、绿原酸、葫芦巴碱。报告的结论是自然诱导咖啡厌氧发酵对微生物行为产生积极影响，为咖啡造出更强烈的水果韵味。

知名庄园的厌氧与特殊发酵实战参数

各庄园的水土、气候、海拔、品种、菌相与果胶成分与制作流程各殊，发酵参数不可能相同。以下各庄园厌氧与特殊发酵实战参数，仅供参酌。

哥伦比亚

棕榈树与大嘴鸟，厌氧有氧混合发酵

哥伦比亚棕榈树与大嘴鸟庄园（La Palma & El Tucan，简称 LPET）素以特殊处理法与奇异品种闻名于世，其产品常被各国咖啡师用来参加世界咖啡师大赛与世界咖啡冲煮大赛。表 15–1 是 LPET 以卡杜阿伊先厌氧（乳酸发酵）后有氧（醋酸发酵）的双重发酵参数。

鲜果先进行 37 小时密封式厌氧乳酸发酵，开封后去掉果皮，带壳豆在有氧环境下进行约 32.5 小时的醋酸发酵，前段厌氧时间稍长于后段的有氧发酵，总发酵时间约 69.5 小时，但仍需视环境温度而调整。

表 15-1 棕榈树与大嘴鸟英雄系列：厌氧、有氧混合发酵参数

发酵前数据	
°Bx 糖度	18
pH 值	4.8
带壳豆温度	22℃
发酵时间参数	
厌氧发酵（乳酸发酵）	37 小时
有氧发酵（醋酸发酵）	32.5 小时
总发酵时间	69.5 小时
发酵完成参数	
°Bx 糖度	10
pH 值	3.9
带壳豆温度	19℃
干燥参数	
高架棚	310 小时
烘干机（不超过 38℃）	85 小时
带壳豆含水率	10.2%

鲜果发酵前的糖度为 18° Bx，发酵后降至 10° Bx，这是因为糖分被乳酸菌和酵母菌消耗掉，并产生乳酸、醋酸、苹果酸等多种有机酸，酸碱值从发酵前的 pH 值 4.8 降至发酵后的 pH 值 3.9，酸度大大增加。

再来比较 LPET 最高档的传奇系列厌氧日晒希爪的相关参数，鲜果密封厌氧发酵前的糖度为 16° Bx，经 70 小时厌氧发酵后降至 11° Bx；而发酵前 pH 值为 5.3，发酵后 pH 值降至 4.2。请留意前述两例鲜果发酵前的糖度不高，分别只有 18° Bx 与 16° Bx，原因出在鲜果采下后，在等待厌氧发酵前已在透气袋中静置数小时，微生物已分解一些糖分。

巴西

厌氧葡萄干蜜处理，创下巴西 CoE 最高价

巴西是农艺科技与资源最雄厚的咖啡产国，不遗余力开发抗病、高产新品种

以及机械化采收。由于气候较干燥，20 世纪 90 年代以来，90% 以上的巴西咖啡采用日晒或去皮日晒法。1999—2011 年巴西 CoE 赛事只设去皮日晒组，直到 2012 年才增设日晒组，但 2019 年起不再分组，水洗、蜜处理、厌氧各路处理法在巴西 CoE 优胜榜百花齐放，好不热闹。

其实，早在 2019 年以前，厌氧处理法就已在巴西开花结果了。2017 年巴西塞拉多产区海拔不到 950 米的佳园咖啡农场（Fazenda Bom Jardim）黄波旁，用葡萄干处理法混搭厌氧与有氧，以 92.33 分的高分赢得巴西 CoE 去皮日晒组冠军，并以 130.2 美元 / 磅成交，创下巴西精品豆在线拍卖的新高纪录。做法如下：

成熟的鲜红咖啡果暂不采摘，多等 1—2 周让熟果从红转紫，表皮起皱再采下，巴西称此法为葡萄干处理法。但"葡萄干"采后需经水槽浮选，捞除过熟或破损的浮果，再将优质果子置入密封的容器，由卡车载到森林里自然降温，厌氧发酵 36 小时，再取出去皮，以高架网棚晾晒。换言之，前半段为全果厌氧发酵，后半段为有氧蜜处理。少庄主是一位农艺学家，开发出此新技法。

奶酪发酵槽改装成厌氧咖啡发酵槽

巴西既是世界最大的咖啡产国，也是第四大乳制品产国，将奶酪发酵槽改装成厌氧咖啡发酵槽一点也不奇怪。2014 年，哥伦比亚咖啡企业家卡米洛将他的咖啡庇护所理念带到巴西，并与在米纳斯吉拉斯州颇负盛名的精品咖啡开发商卡莫咖啡（Carmo Coffees）合资成立占地 100 公顷的 Santuário Sul 庄园[1]，种植瑰夏、汝媚苏丹、粉红波旁、SL28 等 20 多款巴西罕见的美味品种，被誉为巴西最有"姿色"的咖啡花园。

几年后，新品种开花结果，卡米洛偕同哥斯达黎加后制专家伊万·索利斯（Ivan Solis）参访巴西卡莫咖啡麾下的十多家庄园，并协助研发适合巴西风土的发酵法，发现巴西农场随处可见的双层不锈钢奶酪发酵槽很管用，于是将之改装

---

1 2010 年起，卡米洛向拉美产地输出他的庇护所理念，在哥斯达黎加与法库斯（Facusse）家族合资成立三奇迹庄园（Café Tres Milagritos）专精种植埃塞俄比亚品种、波旁与新锐的 F1，2014 年又在巴西米纳斯吉拉斯州和知名的卡莫咖啡合资成立占地 100 公顷的 Santuário Sul 庄园，种植美味品种并开发特殊处理法。

为厌氧咖啡发酵槽。伊万将奶酪发酵槽的温控系统修改为厌氧咖啡发酵的温度区间，几经测试，效果奇佳，不需另外进口厌氧发酵槽设备。

巴西厌氧咖啡的发酵参数与哥斯达黎加、哥伦比亚不同，一般巴西庄园发酵的 pH 值降到 4.5，糖度降至 8° Bx，即表示发酵造味完成，然而，在其他产地（包括台湾地区），pH 值降至 4 左右，糖度降至 10—12° Bx，才会开封。发酵参数并无四海统一的标准，常因各地品种的果胶成分、水土、温度变化、干湿度、菌种的不同而有不小的差异！

中国（台湾地区）

2017 年厌氧咖啡元年，助台湾咖啡豆提香增醇！

记得 2013 年我受邀到海拔仅 400—600 米的南投县国姓乡百胜村休闲咖啡农场辅导，当时杯测分数不到 80 分，低海拔先天不足的味谱一样不缺，诸如木质、低酸、风味与咖啡体淡薄。低海拔咖啡每 100 粒生豆的平均重量与细胞数量都低于高海拔咖啡，尤其是水洗豆，发酵入味程度较低，很容易露出低海拔的缺陷风味。经建议改采发酵程度较高的日晒或蜜处理，搽脂抹粉一番，风味确实改善很多，杯测可到 83 分。

我注意到，2014—2017 年厌氧发酵在哥斯达黎加与巴西 CoE 优胜榜大放异彩，凭直觉认为可引进台湾地区助力低海拔庄园。2017 年 1 月，我建议百胜村的苏庄主，拉美低海拔庄园正流行厌氧发酵，战果辉煌，百胜村不妨试试看。苏庄主半信半疑地问："没有氧气，万物无法生存，该如何发酵？"我费了一番工夫解释发酵的意义，以及乳酸菌、酵母菌在缺氧环境更具造味活力。

勇于尝鲜的苏庄主决定试做一批厌氧日晒铁比卡。初次试做，因陋就简直接将鲜果放进厚塑料袋，挤出空气捆紧上端并预留发酵胀气的空间。但低海拔的百胜村冬天午后温度常超过 22℃，我建议可冷藏，但不要低于 10℃，以免厌氧菌活力太低无法发酵而出现草腥味。我们试做 4 组，包括全果低温厌氧发酵 3 天、4 天、5 天，以传统有氧日晒作为对照组。苏庄主做完后静置了一个月。4 月，我邀几位杯测师到百胜村为以上 4 组评分，盲测结果发现厌氧发酵 4 天的豆

冠军咖啡师简嘉程为百胜村设计的抽气式厌氧发酵桶。

咖啡师、杯测师、烘豆师齐聚咖啡园向咖农学习后制技法，进一步了解咖啡生豆的生产流程。

子最令人惊艳，得到 84.75 分，花果韵丰厚，酒酵味极低，酸质与咖啡体明显提升，喝起来像精湛处理的高海拔豆，且低海拔咖啡常有的木质味几乎不见了。

　　苏庄主以这批厌氧日晒参加 2017 年 5 月的南投咖啡赛，赢得第二名；9 月又以厌氧日晒参加台湾精品咖啡评鉴，得到 84.35 分，勇夺第三名，只比冠军低了 0.19 分，而冠军和亚军都是 1,200 米以上的高海拔咖啡，百胜村因此被誉为低海拔之王！

　　然而，塑料袋不方便厌氧咖啡量产。具有电子工程学历的台湾冠军咖啡师简嘉程，2018 年为百胜村设计了一款抽气式厌氧发酵桶，将全果或带壳豆入桶再加点酵素密封后，打开盖上的气阀以马达抽出剩余气体，桶壁因而内缩，再关闭气阀，确保咖啡在缺氧环境下发酵。发酵桶体积较大，只能放在户外阴凉处发酵，无法冷藏，发酵时间缩短为 40—60 小时，视气温而定；但酵母菌不会移动，因此每天要滚动桶子几次，确保发酵均匀。受控的厌氧发酵虽然麻烦，但质量稳定风味更丰，百胜村此后全改为厌氧发酵。

　　2019 年 7 月，在正瀚生技园区举办的两岸杯 30 强精品豆邀请赛，百胜村是 30 强中海拔最低者，最后百胜村厌氧日晒铁比卡竟以 84.231 分赢得第八名，击败两岸一票高海拔庄园。

　　于是，台湾咖啡界在 2017 年以后吹起厌氧风，生豆进口商争相引进非洲、拉美的厌氧咖啡，此后台湾各大咖啡评鉴常见厌氧咖啡胜出。为了稳定厌氧咖啡的质量，百胜定制了较大型的控温冷藏柜，朝微处理厂精致路线迈进，并与海拔 700—800 米的咖农契约耕作美味品种瑰夏。2021 年 8 月南投咖啡评鉴，百胜村低温厌氧蜜处理瑰夏以 85.25 分赢得第五名，这是百胜村首度突破 85 分门槛。而南投向阳咖啡的林言谦，用海拔 1,000 米的厌氧水洗瑰夏以 85.8 分夺得冠军。两庄园均为厌氧瑰夏，发酵参数如下：

> 百胜村：鲜果去皮，带壳豆入发酵桶并抽真空，发酵桶移入 6℃—15℃恒温冷藏柜，低温厌氧发酵 60 小时取出，pH 值 4.02、12° Bx，再晾晒或烘干。

> 向阳：鲜果去皮，密封带壳豆并在 18℃恒温厌氧发酵 72 小时，取出冲洗干净，再晾晒或烘干。

中国台湾咖啡在国际竞标创纪录！

1999 年，首届 CoE 在巴西举办，迄今有 13 个产地举办 CoE 赛事暨在线拍卖会。为奖励更多优秀咖农并推广 CoE，2002 年卓越咖啡联盟（Alliance For Coffee Excellence，简称 ACE）成立，经费主要由巴西精品咖啡协会捐助，20 年来 CoE 赛事与拍卖会办得有声有色，被誉为"咖啡界的奥林匹克"。2020 年，CoE 与 ACE 分割为两个独立不相隶属的非营利机构，以便筹措更多的外部资金供两个独立机构使用。既有的赛事、技术培训、杯测师与咖农教育和相关研究由 CoE 负责，而 ACE 则专门负责会员、市场，并开发类型更多且公正的拍卖会，ACE 典藏精品咖啡国际竞标（ACE Private Collection Auctions，简称 PCA）乃应运而生。

在 PCA 的架构下，不曾执行 CoE 或 PCA 赛事的国家、地区或庄园只要符合相关条件，亦可通过 ACE 平台举办生豆赛与国际锦标赛，经 3 位以上专业杯测师评鉴得到 86 分以上，且瑕疵豆符合 SCA 严格规范的精品豆，即可进入国际锦标赛。PCA 为微型产区、庄园与杰出咖农提供了一个走向国际的机会。

过去中国台湾不曾参加 CoE，但在台湾咖啡研究室负责人林哲豪的奔走争取下，2021 年，台湾与 ACE 合办了第一届典藏中国台湾精品咖啡国际锦标赛，

第四波精品咖啡学

经海内外 24 位评审评分，有 9 支台湾精品豆杯测分数逾 86 分，符合在线拍卖资格。嘉义卓武山咖啡园先常温后低温的日晒瑰夏以 89.77 分夺冠，在 PCA 以 500.5 美元／磅售出，打破 2018 年哥斯达黎加 CoE 拍卖会唐卡伊托庄园蜜处理瑰夏创下的 300.09 美元／磅天价纪录，也就是说，卓武山日晒瑰夏缔造了 CoE 22 年来或 ACE 平台最高的拍卖价纪录。亚军是琥珀社咖啡园的 SL34 传统日晒获评 88.4 分，以 72.5 美元／磅售出；卓武山的厌氧低温蜜处理瑰夏以 88.36 分赢得第三名，以 84.5 美元／磅成交，可谓双喜临门。卓武山赢得 PCA 冠军与季军的 2 支精品豆后制参数如下：

卓武山冠军双温层日晒瑰夏： 鲜果先在户外日晒 2 天，再移入冷藏柜，以 4℃—8℃低温发酵 2 天后，用烘干机以 45℃干燥 5 天完成。这支冠军日晒全程以有氧发酵，先在户外日晒 2 天，然后移入冷藏库低温熟成 2 天，可抑制过度发酵的酒醛味与杂味，即室温与低温双温层总发酵时间 4 天，再以机器烘干 5 天后，终止发酵。

卓武山季军低温厌氧蜜处理： 鲜果去皮，含胶的带壳豆密封入桶，在冷藏柜内以 4℃—8℃低温厌氧 3 天后，取出平铺在层架上，在冷藏柜内吹风干燥 1 天，然后进烘干机以 45℃干燥 3 天。换言之，低温厌氧发酵 3 天，再加上低温有氧发酵 1 天，发酵 4 天后才进烘干机终止发酵，这就是低温厌氧与低温有氧混合式发酵。

2013—2021 年，ACE 已在尼加拉瓜、夏威夷、坦桑尼亚、也门和中国台湾办理多场 PCA。但中国台湾咖啡产量小，2021 年中国台湾 PCA 中符合 86 分以上的拍卖批次，总共只有 540 磅，相较于 CoE、PCA 符合拍卖资格的精品豆动辄数千磅甚至一万磅以上，宝岛咖啡可谓量小质精卖价高的典范。2021 年中国台湾 PCA 的买家来自海峡两岸，还有美国、日本、法国、加拿大、沙特阿拉伯，联手将每磅平均价拉高到 94.5 美元，比均价第二高的也门 PCA 的 54.43 美元／磅高出 40.07 美元，也创下 CoE 与 PCA 平均价的新高纪录。

2021 年中国台湾 PCA 啼声初试，不但创下 ACE 与 CoE 拍卖平台 20 多年来的最高价，也写下最高平均价纪录。

宝岛咖农素质高
创新发酵百花齐放

2021 年 11 月，我在台北南港的茶酒咖啡大展会场买到卓武山几款特殊发酵咖啡，包括 SL34 常温厌氧 226 小时水洗、瑰夏真空无氧水洗、铁比卡真空无氧水洗、SL34 贵腐日晒、瑰夏贵腐日晒。真没想到区区台湾，咖啡产量只占全球产量的 0.01%，竟发展出如此多样的发酵技法，其中有几款的干净度与丰富度已逾精品级水平，宝岛咖农素质极高，创新力与提升质量的能力可与拉美和非洲产地的咖农一较高下。

卓武山贵腐日晒瑰夏初试啼声即赢得 2020 年台湾精品咖啡评鉴金质奖（第九名）。贵腐日晒的命名过程相当有趣，少庄主许定烨以瑰夏鲜果试做慢速干燥，竟然长出白白的粉末物，但拿起来轻轻一抹，白色物便掉下来。他当时吓了一跳，心想：完蛋了，这批瑰夏浆果发霉了，全毁了！但隐约闻到一股香香的味道，就捧起浆果闻闻，却有一股酒心巧克力的香甜味，这白色物到底是何物？于是拿些样本请正瀚生技化验，结果是真菌中的米曲菌，也就是日本和中国用来酿造清酒、黄酒、甜面酱和味噌的微生物，不会危害健康。少庄主又查了些资料，发现这些浆果上的白粉末很像葡萄上的果粉，而匈牙利和法国也有一种利用微生物发酵的贵腐葡萄甜酒，遂以贵腐为新发现的慢干日晒法命名。

但值得注意的是，贵腐葡萄酒的真菌是灰葡萄孢菌（*Botrytis cinerea*），不同于卓武山贵腐日晒的米曲菌。贵腐慢干日晒的制作法如下。

卓武山贵腐日晒： 整个制程的直接日照时间只有 5—6 小时，干燥时间长达 360 个小时，全红的鲜果会发生有趣的颜色转换，覆盖一层白色的曲菌，有几分像贵腐制程中的染菌葡萄。为了控制曲菌不至于过度滋生而影响到最后的成品，每天必须每 3—5 小时查看温湿度并做调整，而且不断地翻动床架上的咖啡果使其均匀干燥。最后再以烘干机干燥，终止发酵。

这不禁让我想起几年前上马里欧博士的后制课，他说至今喝过最棒的咖啡不是酵母菌或乳酸菌发酵的，而是来自真菌发霉的美味，但他卖了个关子，没明说是哪种真菌，可能是怕我们玩过头，不小心染上要命的赭曲霉菌二级代谢物赭曲毒素 A，危害健康。各种处理法中，以有氧日晒较容易染上赭曲霉菌，尤其是在潮湿闷热的环境下，务必留意。近年国际盛行的特殊处理法在台湾大行其道，开花结果了！

　　　　　　　　　　　　　　　　　　第四波精品咖啡学

冷发酵与冷熟成：延长种子活性，抑制过度发酵

较高温会加快发酵，较低温则抑制发酵。正瀚生技的发酵实验也证明在10℃—15℃较低温发酵与干燥，可延长咖啡种子活性，有助于风味前体转化为风味物（请参见第十三章）。低温发酵或冷熟成是近6年各产地盛行的发酵技法，但尚无一个硬性的低温区间，我搜集的低温发酵实战记录，有10℃以下的，亦有10℃—15℃的区间。可以肯定的是，低温不可能低到结霜或结冻，否则会冻死有生命力的种子。记得5年前台南东山有位咖农听到低温发酵，竟然将鲜果置入冷冻库结冰后再取出解冻进行后制，造出难以入口的草腥味咖啡。咖啡后制的低温发酵仍有许多机制未明，尚待进一步的科研报告揭示。低温发酵制霸各大赛事所在多有。

巴拿马90+：以冷发酵助岩濑由和夺日本 WBC 冠军

巴拿马90+宣称是最早采用冷发酵的庄园。2015年日本咖啡师岩濑由和采用它们的冷发酵瑰夏赢得该年日本咖啡师大赛冠军，事后，90+老板布罗德斯基宣称，这可能是全球首见的冷发酵咖啡。

先将鲜果密封入袋，浸入10℃的冷水中，每天翻动两次，冷发酵时间长达10天。开封后果皮呈暗紫色。亦可加工成冷发酵版的日晒、蜜处理或水洗豆，有香槟酒的风味。

中国台湾卓武山："一路发"水洗，是最早的冷发酵咖啡？

其实，卓武山老板许峻荣早在2011—2012年已推出168小时低温水下发酵咖啡，曾多次赢得台湾生豆赛大奖，并戏称其为"一路发"咖啡。卓武山的低温发酵至少比90+早3—4年，全球最早量产低温发酵咖啡的产地可能在台湾！

记得2013—2014年，我为了写《台湾咖啡万岁》一书，走访数十家台湾咖啡园。参访卓武山时，许庄主告诉我，这里海拔1,200米，冬天后制发酵的气温常低到6℃—10℃，水下发酵至少要耗上168小时才能完成脱胶，虽然费工耗时，但风味颇佳，也常得奖，索性称之为"一路发"水洗法。

但"一路发"并非卓武山最耗时的后制法，卓武山发酵时间最长的是2021

年推出的常温（20℃）厌氧226小时水洗。开封取出带壳豆，发酵液酸度pH值降到3.7，低于一般的4—4.5区间，发酵液闻起来微酸，但尝起来甜感明显，像可尔必思。密封厌氧发酵会比水下低氧以及有氧的无水发酵更为耗时，这不令人意外。

日本 Key Coffee：全果低温熟成，增蔗糖含量1%

2017年11月，有近百年历史的日本老牌Key Coffee宣布，该公司在印度尼西亚苏拉威西托拉贾的咖啡农场开发出低温熟成技术，鲜果采收后不必急于去皮，先以未达冷冻的低温来冷藏咖啡果。研究发现，这种低温熟成技术可使鲜果的蔗糖含量从原先的6.35%增加到7.35%，且有机酸与氨基酸含量亦上升，烘焙后的香气与甜感明显上升。但Key Coffee对此技法透露不多，并为它取了个双关名Key Post-Harvest Processing（关键的收获后加工）。此后，Key Coffee高端的托拉贾咖啡均改用全果冷熟成处理法。台湾地区Key Coffee有售，取名为冰温熟成咖啡。

哥伦比亚白山庄园：引领哥伦比亚冷发酵风潮

被誉为哥伦比亚粉红波旁发迹地的白山庄园因位于乌伊拉省南部圣安道夫镇海拔1,730米云雾缭绕的山头上而得名。白山庄园在后制发酵上也很有一套，首开哥伦比亚冷发酵风潮。

庄主罗德里戈·桑切斯·巴伦西亚（Rodrigo Sanchez Valencia）和技术团队发觉糖度太高的鲜果在常温下后制，很容易出现过度发酵的瑕疵味，于是尝试低温的冷发酵专门侍候糖度28° Bx左右的鲜果。按照庄主的说法，冷发酵旨在抑制发酵，经过多次实验才提出该园区冷发酵的最佳参数，2015年开始用来处理糖度较高的微批次。冷发酵有水洗与日晒两种版本：

1. 冷发酵水洗：将糖度28° Bx的鲜果去皮后，黏答答的带壳豆置入超级气密袋GrainPro，再放进10℃—13℃的冷藏柜，进行70—76小时的低温厌氧发酵，取出后冲洗干净以高架网棚晾晒。此法不但可延长生豆与果胶接触的时间，也可避免过度发酵的恶味，还可增加迷人甜味。

2. 冷发酵日晒： 糖度 24—26° Bx 的鲜果先进行浮选，将零瑕疵果子直接置入超级气密袋 GrainPro，再放进 12℃—15℃的冷藏柜进行 52 小时厌氧低温发酵，取出果子晾晒。低温可防止糖度过高的果子因发酵太快而出现恶味。

高海拔地区享有低温发酵优势？

高海拔地区均温较低，可延长咖啡果的成熟期，有助于风味发展，诸多文献亦发现咖啡的绿原酸、咖啡因等与苦涩相关的风味前体会随着种植海拔增高而降低，而生豆的蔗糖、有机酸含量、每单位面积的细胞数量、风味强度又与海拔高度呈正相关，因此高海拔咖啡的杯测分数普遍优于低海拔，此乃环境使然。高海拔的优势可能还不止于此，多年来我一直怀疑高海拔较凉爽，菌相可能不同于低海拔，这或许也是优势之一。

果然，2021 年巴西拉夫拉斯联邦大学发表的论文《咖啡种植的海拔导致自然诱导厌氧发酵微生物族群与代谢化合物的改变》(The Altitude of Coffee Cultivation Causes Shifts in the Microbial Community Assembly and Biochemical Compounds in Natural Induced Anaerobic Fermentations) 指出，研究员对巴西米纳斯吉拉斯州与圣埃皮里图州交界处的卡帕罗（Caparaó region）精品咖啡专区所做的研究发现，该地区不同海拔高度自然诱发且未接菌的厌氧咖啡发酵槽的微生物族群不尽相同，从而产生不同的风味代谢物。800—1,000 米的低海拔温度较高，微生物族群最丰，酒精代谢物多于 1,000—1,400 米较高海拔；而 1,000—1,400 米高海拔微生物的有机酸、酯类、醛类代谢物较多；1,400 米高海拔的甲基杆菌属（Methylobacterium）非常活跃，可能是柠檬酸代谢物较高的原因；另外，中国的东北酸菜发酵液常见的耐寒酵母菌（Cystofilobasidium），竟然是卡帕罗 1,400 米高海拔厌氧咖啡发酵的要角。近年，学界开始探索红得发紫的厌氧咖啡相关机制，未来将有更多资料公之于世，值得期待。

热发酵、热冲击，火苗已燃

既然有冷发酵，反其道的热发酵就不足为奇了。多元化是咖啡第四波后制

浪潮特有的现象。巴拿马 90+、哥斯达黎加后制奇人路易斯是热发酵的先行者。热发酵是较晚近出现的后制法，不若厌氧处理、冷发酵、菌种发酵那么普及，但火苗已燃。

热发酵旨在加速发酵进程，缩减发酵时间并增加风味强度，一旦失控很容易酿出刺鼻酒醇味与杂味。常见的做法是将鲜果或去皮的带壳豆密封入黑色塑料袋或不锈钢容器短暂曝晒在艳阳下，或用 40℃—70℃温热水浸泡，加速发酵。

哥斯达黎加火焰山：独门热发酵技术

2015 年哥斯达黎加后制奇人路易斯离开崇高公司，与另一位庄主合资成立火焰山微处理厂（Cordillera Del Fuego）及荨麻庄园（Finca La Ortiga），专营微批次特殊发酵咖啡，诸如厌氧发酵以及路易斯独创的热发酵法（Termal Process 或 Termic Fermentation、Termic Process）。

热发酵是路易斯的独门技术，他始终认为咖啡的万味之源不在胚乳，而在厚厚的胶质层。有关热发酵的细节他透露不多，目前只知道有两个版本：

1. 去皮的带壳豆连同额外加入的果胶密封入袋，在艳阳下短时间曝晒，升温至 70℃ 即完成路易斯所称的热冲击（焦糖化），再置入密封的不锈钢容器进行数十小时温和的厌氧发酵，监控温度与酸度。厌氧发酵产生二氧化碳，高压使得发酵液的风味物渗入豆壳内的种子。在大量酒精产生前停止发酵，开封时要小心因高压产生的气爆，取出潮湿的带壳豆晾干。热发酵咖啡会有热带水果与肉桂风味。

2. 路易斯的实验发现，在厌氧发酵槽中加入 80℃ 的热水，热冲击使甜味渗入豆体，发展出草莓、小豆蔻、肉桂、红枣、茴香、雪松、荷兰薄荷等特殊风味（但他并未透露流程与细节）。热发酵尚未大流行，产量不多，但火焰山的热发酵咖啡于 2021 年 8 月由德国有 100 多年历史的老牌农产品贸易集团 Touton Group[1] 旗下的精品咖啡部门 Touton Specialties 经销热发酵蜜处理（Honey Termic Fermentation）豆及热发酵日晒（Natural Termic Fermentation）豆，但我至今尚未喝过，难以置评。

---

1 创立于 1848 年的德国 Touton Group，专营可可、咖啡、香草、香料进出口贸易，2017 年成立精品咖啡部门进军微批次、特殊处理的高档咖啡市场。

危地马拉救济庄园：热发酵瑰夏夺下 CoE 冠亚军

热发酵也在危地马拉奏起凯歌，海拔高达 1,850 米的救济庄园（El Socorro）热发酵瑰夏于 2020 年以 91.06 分的高分勇夺危地马拉 CoE 冠军；2021 年，同款处理的瑰夏以 90.1 分赢得 CoE 亚军，锦上添花。

2000 年该庄园第三代掌门迭戈·德·拉·塞尔达（Diego de la Cerda）接棒后，一改家族过去惯用的冷泉发酵，改以温水发酵。他发现艳阳下采摘的鲜果温度高达 38℃，如果以 10℃ 冰冷的山泉水直接浸泡发酵，有生命的种子温度一下掉了近 30℃，会产生两大问题：冷撞击有损种子活性、低温拖长发酵时间，这些都不利于风味的表现。于是他改以接近鲜果采下温度的 38℃ 温水进行水下发酵，让种子温度自然缓降下来，不但将发酵周期控制在 24—48 小时，同时减少了发酵后的失重率，亦可维持种子的密度，进而改善风味。迭戈表示，此一实验性做法的优越性在实战中获得了印证：自从更改为温水发酵后，他至今已 12 次打进危地马拉 CoE 优胜榜，其中 2007 年、2011 年、2020 年更夺下冠军。

热发酵让我想到水果业常用的温汤法：木瓜、杧果、香蕉采收后浸入 55℃—60℃ 热水数十秒，可以抗病、抗氧化并延长保存期。咖啡的热发酵仍在起步阶段，相关机制仍不明，恰与冷发酵背道而驰，热发酵能否形成下一波浪潮尚待观察。有趣的是，中国台湾已见热发酵。2021 年台北南港咖啡展上已见花莲的热发酵咖啡，但酒味重了点，仍有进步空间。

90+ 的拿手绝活：热厌氧发酵（Hot Anaerobic Fermentation）

主推瑰夏、埃塞俄比亚古优品种以及特殊处理法的 90+，对于自家开发的处理法向来守口如瓶。有强烈花果韵、味域宽阔的 90+ 咖啡，辨识度如同其价位一样高，很多咖友因喝了 90+ 而跌进超级精品的深坑。90+ 的产品中有不少采用厌氧处理、热发酵、接菌或复合式发酵，打造超乎精品豆的缤纷味谱；传统水洗、蜜处理和日晒在 90+ 的豆单上反而少见。90+ 经典的最佳方法、莲花、红宝石系列均采用热厌氧重度发酵，以提高风味强度，但发酵时间短于常温与低温厌氧。

最佳方法：创办人布罗德斯基 2013 年在埃塞俄比亚为了改善乏香品种的风味表现，采用密封升温的全果重度发酵技法，效果显著，故以埃塞俄比亚盖德奥产区的方言"Drima Zede"（最佳方法）命名之。而今，巴拿马90+海拔稍低种植场的埃塞俄比亚品种或风味普通的卡杜拉均以此法增强风味。2014年与2015年，热厌氧发酵技法也应用到巴拿马瑰夏上，并开发出知名的莲花瑰夏与红宝石瑰夏，后者以豆体泛红而得名。这两款热厌氧瑰夏均以密封全果、控制升温的重度发酵为之，但至今未透露相关细节。

巴拿马：BOP"神仙打架"，厌氧慢干、除湿机暗房慢干

如同劳斯莱斯等级的最佳巴拿马大赛瑰夏组，2019年起也吹起厌氧风。艾利达庄园老板拉玛斯图斯实验多年的厌氧慢干日晒（Natural Anaerobic Slow Dry，简称 Natural ASD）瑰夏，2019年以95.25分的高分夺得日晒瑰夏组冠军，不但创下2004—2021年BOP瑰夏组最高分纪录，还以1,029美元/磅售出，突破2004—2019年BOP的最高成交价。这两年埃塞俄比亚与拉美也跟风推出不少厌氧慢干咖啡。

这种厌氧慢干日晒瑰夏的熟豆被送往CR评鉴，获98分的高分，又创下1997年以来CR的最高评分纪录。一鸣惊人的艾利达厌氧慢干做法如下：

过去，艾利达的传统日晒瑰夏是将鲜果运下山，在温度较高的低海拔区进行干燥，加快脱水速度，以提高干净度并减轻酒酵味，10—20天可达含水率10%—12%标准。然而，艾利达技术团队几经实验，发现在低温的环境中晾干，虽然干燥的时间延长了，风味却更丰富了。2019年艾利达改用厌氧慢干处理法，将鲜果密封5—6天，厌氧发酵120—144小时，取出发酵好的果子，经筛选后再运往海拔更高的低温地区进行慢速干燥，低温全果干燥长达40天，比传统日晒干燥天数多一倍。换言之，厌氧慢干的做法与过去运到山下的快速干燥恰好相反。

瓜鲁莫庄园黑豹微批次：暗房阴干法夺2020年BOP日晒瑰夏冠军

继2019年艾利达厌氧慢干之后，2020年日晒瑰夏组亦由特殊慢干法胜出夺冠。位于巴拿马西部与哥斯达黎加接壤的瑰夏新产区雷纳西缅托（Renacimiento，请参见第十一章），瓜鲁莫庄园的黑豹日晒瑰夏微批次（Geisha Black Jaguar Natural

Limited）破天荒以不曝晒，不加热，只靠除湿机阴干制霸瑰夏日晒组，但庄主迟至2021年才对外具实说出做法：

鲜果置入房内的大型抽屉，不见阳光，也不加热烘干，房内加装大型除湿机降低相对湿度以利晾干，还有一个大风扇使房内的空气循环。这和传统日晒或用干燥机加热的干燥方式大相径庭。因为暗房里没有阳光，大部分细菌不能存活，不用烘干机，没有热气，就少了湿气，这可降低不易掌控的变数，有助于提高咖啡的干净度。

庄主拉蒂博尔·哈特曼（Ratibor Hartmann）解释说："干燥是后制过程中工期最长、最易出错的环节，很多人认为需用高温加速干燥，这是错的，因为高温通常伴随着湿气。10年来，我的团队一直在试验新的干燥法，直到3年前才掌握不见阳光、不加热的阴干技术。在暗房里晾干，没有阳光，少了害菌污染，这是我们多年来从失败中学到的宝贵经验。"

无独有偶，正瀚生技早在2019年已开始尝试不加热、不晒太阳的处理法，只将鲜果置入有除湿功能的特制柜子内，并在10℃—15℃的低温下慢速干燥。此法有助于种子在干燥进程中仍保持活性，使风味物顺利转换（请参见第十三章）。这与艾利达的厌氧慢干法和瓜鲁莫的除湿机阴干法有异曲同工之妙。

更有趣的是，2020年BOP赛豆的介绍中，对瓜鲁莫庄园冠军黑豹微批次日晒瑰夏仅有只言片语的笼统叙述：

挑选熟透的鲜果，日晒28天（慢速干燥），相对湿度64%，环境平均温度20℃，静置熟成60天。

2020年，该庄园并未据实以告，拖了一年，直到2021年，庄主哈特曼才和盘托出。他研究了10年，经过无数次失败，直到3年前才逐渐掌握除湿机辅助的全果阴干技术，2020年初试啼声即拿下BOP日晒冠军，2021年也以同样技法赢得BOP日晒组第二名佳绩。瓜鲁莫不见阳光的阴干法属于全果干燥，按照国际精品咖啡协会对处理法的分类，参加日晒组应该没问题。BOP瑰夏组向来是最有看头的"神仙打架"组，各庄园都有一批技术团队协助开发后制新技法。

有德国和捷克血统的哈特曼是第三代咖农，他除了瓜鲁莫还有哈特曼庄园（Finca Hartmann）及"我的小农场"（Mi Finquita）。2020年夺冠的黑豹微批次有其典故，这批瑰夏并非出自巴拿马瑰夏的传统产区波奎特，而是种在巴拿马与哥斯达黎加交界的瑰夏新区雷纳西缅托，海拔1,800米人迹罕至的拉阿米斯塔德国际公园（Parque Internacional La Amistad）。这里常见黑豹出没且园内盛产一种药用植物瓜鲁莫，故以之为名。

接菌发酵：成本高，争议大，专攻高端系列

延长食品保质期、创新味谱与口感、有利健康，乃发酵的三大目的。千百年来，人类的美酒、酸奶、芝士、火腿、泡菜、面包、豆瓣酱、臭豆腐等美味全靠肉眼看不见的微生物炼香造味。发酵是最客气的说法，实际上在人类鉴赏这些美食前，微生物早已抢先入肚"排泄"出分子重组的代谢物。人类吃下会中毒的被称为腐败菌（害菌）代谢物，入肚后不会生病、有益健康的被称为益菌（好菌）代谢物。1837年，德国动物学家特奥多尔·施万（Theodor Schwann）等人率先为文指出，发酵是酵母菌所为，并在显微镜下发现，酵母菌是有生命的微生物，靠着无性的出芽生殖产生子代。但此说遭一批化学家抨击为无稽之谈，他们认为发酵只是一种简单的化学反应，无关微生物。此争议直到19世纪50—60年代才由法国微生物学家兼化学家路易斯·巴斯德（Louis Pasteur）以实验推翻化学家所谓的"自然发生论"，进一步证实酸奶、泡菜与美酒等美味出自乳酸菌、酵母菌等微生物的代谢物。

数百年来，咖啡的发酵远不如葡萄酒讲究。长久以来，消费者也不认为咖啡是发酵饮品。打开大门迎接随风而来的任何微生物参与发酵盛宴、抛掷微生物骰子看天意发酵、不需过度管控，是600多年来咖农对后制发酵的主流态度。然而，近10年，为了创造差异化而效法酿酒业筛选菌株控制发酵的咖农有增加趋势，接菌发酵成为第四波后制浪潮难度最大、成本最高、争议最大的后制法。

国际精品咖啡协会办讲座剖析接菌发酵的发展与远景

2018年国际精品咖啡协会特意举办"接种酵母菌受控制发酵的潜力"（The

Potential of Controlled Fermentation Through Yeast Inoculation）座谈会，深入探讨这股新趋势，并邀请巴拿马翡翠庄园的雷切尔·彼得森（Rachel Peterson）、萨尔瓦多女咖农兼企业家艾达·巴特勒（Aida Batlle）、加拿大发酵菌种百年大厂拉曼（Lallemand Inc.）、专精咖啡与可可发酵菌株的专家劳伦特·贝尔蒂奥（Laurent Berthiot）、任职于法国农业国际研究发展中心的咖啡育种专家贝诺伊特·伯特兰（Benoit Bertrand）、反文化咖啡的寻豆师蒂莫西（Timothy Hill）、以及美国酿酒公司斯科特实验室（Scott Laboratories）执行长扎卡里·斯科特（Zachary Scott），一起畅谈他们对咖啡菌种发酵的实务经验。

座谈会的结论是：控制得宜的接菌发酵虽有助于改善生豆质量，但成本高，普及不易；高海拔美味品种接菌的加分效果不如低海拔一般商业品种。

这几位横跨咖啡、酿酒、发酵菌株领域的专家认为，近20年来菌株的基因鉴定与风味物分析，已能精准找出有利于咖啡发酵的菌株。优质菌株至少要满足四要素：能够分解果胶、对发酵产生的酒精与酸度有耐受性、能够压制病原真菌的滋生、产生的代谢物对感官有加分效果。

商用菌株面市，要价不菲

菌种大厂拉曼公司看好接菌发酵在咖啡后制的潜力，协同斯科特实验室从全球商用的70种酿酒酵母菌中选出20种，在三大洲数十个咖啡产地进行多年接菌发酵的实务操作与评估，从中选出最佳的4种菌株作为产品，由拉曼公司新创立的Lalcafé咖啡菌株品牌营销：Lalcafé Intenso（提升花果韵与咖啡体）、Lalcafé Oro（对温度起伏适应力强）、Lalcafé Cima（增强柑橘韵与明亮度）、Lalcafé BSC（降低害菌风险，提高干净度）。这四款酿酒酵母功能不同，都可供咖啡发酵用。

2017年以来，雷切尔的翡翠庄园与艾达的乞力马扎罗庄园经多年试用上述菌株，已推出多款接菌发酵咖啡。这两位知名咖农认为，控制得宜的接菌发酵确实可提高生豆质量，延长储存期，但一切都还在起步阶段，仍有许多问题待克服，各菌株对不同咖啡品种、海拔、处理法仍有差异。最大障碍是成本太高，平均每磅生豆成本将因此增加1.4美元，消费市场能否接受？因此，今日的接菌发酵仍以高端精品豆为主，诸如翡翠庄园瑰夏、90+瑰夏、棕榈树与大嘴鸟"生物创新处理法"（Bio-Innovation Process）等高价位产品。

然而，最需要接菌的却不是高海拔地区本质佳的瑰夏，因为杯测 86 分以上的瑰夏用了菌种发酵的杯测分数不见得高于自然发酵，不过呈现味谱会有所不同。最需借助菌种筛选与精准发酵来增香提醇的反而是低海拔庄园的一般商业品种及罗豆，这些咖啡的风味基准低，接菌的加分效果显著，但恐无力负担接菌的高成本。低海拔庄园或罗豆接菌后提升的价值能否高过增加的成本，进而创造利基，至今仍无定论。

接菌发酵应用在咖啡产业仍有不小争议，尤其不见容于崇尚自然发酵的原教旨主义派。这情况如同 20 世纪的酿酒业，接菌发酵刚开始并不顺利，遭到崇尚自然的卫道之士围剿，直到 20 世纪 80 年代以后，更精准的接菌发酵才在酿酒业遍地开花。曾任职于斯科特实验室的菌种发酵专家露西娅·索利斯（Lucia Solis），以自己培养的菌种在中南美洲接案，协助咖农接菌提升质量。她坚信，咖啡后制终将走上酿酒业接菌普及的道路，只是迟早的问题。

90+ 瑰夏 227 批次接种特殊菌株

接菌发酵咖啡已在世界咖啡师大赛和在线拍卖会立下彪炳战功。台湾咖啡师王策 2017 年赢得世界咖啡冲煮大赛冠军的 90+ 瑰夏 227 批次在 90+ 自办的在线拍卖会以每千克 5,001.5 美元（2,273.4 美元/磅）售出，创下全球生豆拍卖价的新高纪录，轰动咖啡江湖，直到 4 年后的 2021 年 BOP 大赛在线拍卖会努果庄园（Finca Nuguo）的冠军日晒瑰夏以 2,568 美元/磅成交，才打破 227 批次保持多年的纪录。

227 批次采用 90+ 自己开发，融合接菌、全果泡水与低温厌氧三面向的专利发酵技法。生豆颜色并不均匀，每粒豆褐黄与淡绿色块参差，并不美观，这与特殊发酵有关。创办人布罗德斯基难得透露若干细节如下：

> 鲜果采下，剔除瑕疵果，不去皮的全果直接置入密封的水槽，并接种巴拿马 90+ 瑰夏庄园发现的一种可提升瑰夏风味的菌株一起浸泡，在冷气房内厌氧发酵 72 小时，再取出湿淋淋的全果进行日晒干燥。

90+ 的 227 批次的专利发酵法已用来生产常规产品，取名为 Carmo，每千克生豆售价高达 440 美元。90+ 有不少高端产品也采用接菌发酵，我高度怀疑其产品标示"创新／专利"（Innovation/Proprietary）处理法的高端系列，譬如创办人精选系列（Founder's Selection），皆用到接菌发酵技术。

棕榈树与大嘴鸟庄园：接菌彰显地域之味

前面提到哥伦比亚棕榈树与大嘴鸟庄园以厌氧发酵、美味品种希爪、瑰夏打造的传奇系列、英雄系列闻名于世，2019 年韩国女咖啡师全珠妍以棕榈树与大嘴鸟庄园厌氧 48 小时的日晒 希爪赢得世界咖啡师大赛冠军。2021 年，棕榈树与大嘴鸟庄园又推出研发了 3 年的生物创新处理法，以科技彰显自家庄园及契约耕作的庄园的本地菌株呈现的地域之味，是当今最前卫的接菌处理法。

棕榈树与大嘴鸟庄园以生物创新处理法与自家庄园的美味品种希爪、瑰夏发挥造味的相乘效果，另外也以此法协助契约耕作庄园的一般商业品种卡杜拉、卡斯提优提升质量与价值。

生物创新处理法

这是结合实验室与田间最高科技的新锐处理法。2018 年以来，棕榈树与大嘴鸟庄园与顶尖的生物植物实验室（BioPlant Laboratorio）合作，分析自家与契约耕作的庄园有机土壤与发酵液的微生物群，从中找出最适合各庄园增香提醇的菌株。各庄园水十与小气候不同，微生物组成不尽相同，需要通过显微镜与科技进一步了解肉眼看不见的异世界。 实验室从各庄园送来的样本中筛选出能够制造乳酸等有机酸的葛兰氏阳性菌（乳酸菌）和各种酵母的最佳组合，接着调配"饲料"喂养这批造味微生物，再将之接种到原先的环境进行观察，一旦发现接种的微生物可主导发酵并在发酵过程中表现良好，就表示已经选出最能代表各自风土的微生物组合。 各庄园的菌株配比不完全相同。

换言之，这是从庄园到实验室再接种到各有机庄园的后制处理法，取之于庄园的菌株用之于庄园的发酵，以科技彰显各自的地域之味。 生物创新处理法是棕榈树与大嘴鸟庄园履行有机农业的原则，以厌氧发酵为例：

先将实验室精选出的微生物组合作为发酵"汤头"，再与严选的熟果一起密封发酵100小时（约4天），取出果子直接晾晒，即为生物创新的厌氧日晒版（Bio-Innovation Anaerobic Natural）；取出果子去皮冲洗掉残余胶质，则为生物创新的厌氧水洗版（Bio-Innovation Anaerobic Washed）。2019年，此处理法开始用在自家的瑰夏、SL28、希爪，以及合作庄园的卡斯提优等品种上，是新锐处理法，而使用过的发酵液则作为堆肥滋补土壤，不断循环利用。

选对酵母、处理法，增添咖啡风华

接菌发酵已广为酿酒业采用，是一门很成熟的技术，但咖啡产业迟至第四波后制浪潮才出现较多钻研此领域的文献，咖啡的接菌发酵终见曙光。2020年，巴西拉夫拉斯联邦大学与先正达农作物保护科技公司（Syngenta Crop Protection）联署发表《发酵条件对咖啡接种酵母菌的感官影响》（Influence of Fermentation Conditions on The Sensorial Quality of Coffee Inoculated With Yeast），结论是：接种酵母菌确实可改变咖啡的感官特征，选对菌株与处理法，可增加杯测分数5分以上；酿酒酵母最宜接种在厌氧去皮日晒，德尔布有孢圆酵母（*Torulaspora delbrueckii*）接种在厌氧日晒豆的效果最优。

该研究在米纳斯吉拉斯州五大阿拉比卡产区进行。卡尔穆-迪米纳斯为一号产区，海拔1,161米；特雷斯蓬塔斯为二号产区，海拔885米；阿拉沙为三号产区，海拔997米；蒙特卡梅洛为四号产区，海拔963米；拉日尼亚为五号产区，海拔470米。除了接菌的厌氧日晒、厌氧去皮日晒，还有未接菌的传统日晒与传统去皮日晒作为对照组。

研究结果显示，接菌咖啡的杯测分数均高于未接菌的对照组。第二与第三产区未接菌的日晒对照组，杯测分数只有79.25分与79.75分，未达精品级标准。反观第二产区，接种酿酒酵母的日晒豆分数达83分，而接种孢圆酵母的日晒豆分数更高达85分；第三产区接菌的日晒与去皮日晒豆虽然同获82.5分，但风味各有特色。

研究还发现，孢圆酵母菌株对厌氧日晒豆的加分效果最佳，而酿酒酵母对厌氧去皮日晒豆加分效果最显著。譬如，产区一与产区二接种孢圆酵母的日晒豆杯测分数高达 87 分与 85 分；反观产区一与产区二，未接种的日晒对照组杯测分数分别只有 83.25 分与 79.25 分。本研究证明，控制得宜的接菌厌氧处理加分效果非常明显；酿酒酵母菌株可提升去皮日晒的酸质、甜感、余韵和咖啡体，而孢圆酵母菌株则对日晒豆提高甜味、酸质与余韵很有效。

另外，2018 年巴西的研究报告《使用不同接菌法接种酵母菌的发酵咖啡特性》（Characteristics of Fermented Coffee Inoculated with Yeast Starter Cultures Using Different Inoculation Methods）也有类似结果。该文献指出，酿酒酵母对厌氧咖啡的增分效果显著，近平滑念珠菌（Candida parapsilosis）对直接喷在咖啡果子上的有氧发酵有加分效果，而孢圆酵母则对有氧与厌氧都有加分效果。

酵母菌日晒：延长发酵增风韵

多种多样、勇于挑战极限，是第四波后制浪潮的特色。咖农长久以来惯于较快速地发酵与干燥，以降低产生酒酵、酸败与酱味的风险。有趣的是，第四波有一批艺高人胆大的精品咖农逆势而为，想方设法延长发酵时间，总发酵与干燥时长达到 800 多小时，竟然未出现酒精与酸败恶味，反而炼出惊世奇香，这种方法被称为酵母菌日晒（Yeast Fermented Natural），目前知晓者不多，假以时日，此技法有可能咤叱咖啡江湖！

2019 年赢得德国杯测赛冠军、目前在哥伦比亚托利马省北部利巴诺镇（Libano）圣路易斯庄园（Finca San Luis）协助优化后制技法的佛斯特（Nikolai Fürst），开发出发酵、干燥长达 800 多小时的酵母菌日晒，这是我所知最耗时又美味的怪招。

一般延长发酵的手法不外乎低温或厌氧，但佛斯特并未接种酵母菌，他在进行将近一个月的常温长时间发酵前，先日晒鲜果数天，使果子变成半干燥状态，抑制好氧坏菌的滋生后，再进行长时间发酵与熟成，得以发酵造味一个月而不坏。该庄园酵母菌日晒的参数如下：

鲜果置入超级气密袋 GrainPro 厌氧发酵 36 小时，取出果子日晒 4 天，全果仍处于半干状态即终止日晒，再将尚未完成干燥的果子重新放入超级气密袋进行最后的 29 天发酵。重点在于先让果子完成半干燥，杀死可能的害菌后，二度入袋长时间发酵，才不会发霉。结束发酵后还需静置数月熟成，风味才会好。重度发酵咖啡若未经较长时间的熟成，直接烘焙冲煮，会有碍口的尖酸、涩感与药味。

讨论

为何叫酵母菌日晒？

此参数在圣路易斯庄园多次复制成功，德国杯测赛冠军佛斯特对其风味的评语是："喝起来就像强化版的肯尼亚咖啡，令人惊艳！"但此技法并未接菌，为何又称酵母菌日晒？至今查遍数据，均找不着任何解释，这可能和此法难度高，尚未普及有关。

我认为有个线索可供参考，不妨先复习一下第十三章《日晒法菌相比水洗复杂》一段，其中提到，日晒果的微生物中最不耐旱的是细菌，鲜果日晒水活度降至 0.9 以下，多数细菌无法存活，酵母菌接棒主导发酵；酵母菌亦可抑制霉菌滋生，但水活度降至 0.87，多数酵母菌阵亡，腐败的霉菌可撑到水活度为 0.8，因此果子必须干燥到含水率降至 10%—12%，此时水活度降到 0.8 以下，多数霉菌不易存活，干燥才告完成。但日晒果半干时可能恰好是多数细菌被淘汰，改由酵母菌接棒主导发酵的水活度区间，因此国外有人称这种半干状态的日晒果子再入气密袋发酵的技法为酵母菌日晒。

掌握细菌、酵母菌在不同水活度下的存活率，可能是此技法的关键。也就是水活度愈高，结合水愈少，游离水愈多，就愈有利于微生物繁殖，反之则愈不利于微生物生存（请参见第十三章第 322 页注释 1）。这是我唯一能想到的理由，是否如此有待日后科学文献的印证。

有氧、无氧、温度、湿度、酸度、糖度、水活度的改变都会影响微生物的行为、菌相与风味代谢物的种类，而后制环境的改变也会牵动种子内在代谢物的转换，这些都直接影响到熟豆的香气与滋味。有理论根据的后制技法谓之科学，但至今仍有许多知其然不知其所以然的后制技法，全凭主事者的经验，这就属于艺术境界。咖啡后制涉及复杂的生化反应与经验火候，是一门难学的科学，更是难精的艺术。

天堂庄园集百家大成：双重厌氧、接菌、热冲击水洗、无氧慢干

2018 年哥伦比亚考卡省天堂庄园（Finca El Paraiso）的双重厌氧波旁赢得 CoE 第 10 名，平凡的波旁进出浓郁草莓韵与花果香，被台湾知名杯测师陈嘉峻的宸峄国际相中，以每磅 54.1 美元抢标买下，竟比冠军水洗瑰夏的价格高出 10 美元。草莓味过于浓郁未必投所有评审之所好，因而平均分为 89.76 分，只获第 10 名，然而，稀世奇香激起买家抢标。我有幸喝过这一奇葩，真不敢相信世上有如此艳丽的咖啡。直到两年后，庄主迭戈·贝穆德斯（Diego Bermudez）才将后制细节和盘托出：浓浓的红皮水果韵来自实验多年的复合式炼香术，集合双重厌氧、接菌、热冲击水洗（Thermal Shock Washed）与无氧慢干，堪称特殊处理法的总成。

步骤 1：精炼咖啡果汁

务必精挑熟透甚至有点过熟的果子，因为果肉果胶中的单宁酸、多酚类、酯类、糖类和种子接触愈久，愈易引出红色水果风味。天堂庄园知名的红李子（Red Plum）微批次故意采摘较熟的鲜果，置入过滤的净水洗涤，并打入臭氧降低果皮野生微生物数量，以便发酵。鲜果洗净后置入不锈钢槽并灌入二氧化碳，排出槽内氧气，在密封缺氧环境下以 18℃恒温厌氧发酵 48 小时，可起到三大作用：缺氧有助于酵母菌生长并释出酒精与有机酸等风味前体；可防止酵母菌或乳酸菌的风味代谢物被氧化；微生物发酵产生的气体使槽内增压，有助于风味物渗入生豆。而发酵过程产生的汁液流入底部的容器，这些汁液是本步骤的精华液，可作为下一阶段特殊菌种增殖造味的培养液。

步骤 2：精选菌株组合，酿造发酵培养液

2016 年，迭戈成立农业创新与技术发展公司（Idestec），为自家庄园研发有效的后制与可持续农法，多年来已从天堂庄园的咖啡果中分离出数种可制造酯类、醇类、醛类的菌株供发酵用。后制团队确定好微批次所要的风味调性，即可从菌株库中挑出最佳的菌株组合，经培养基增殖后，再和步骤 1 炼出的咖啡果汁液一同置入另一个不锈钢槽，让菌株与果汁融混，一起发酵造味，并监控槽内培养液的 pH 值、二氧化碳含量、温度、酒精浓度、酵母菌和乳酸菌数目。当酒精浓度开始下降，就表示培养液开始产生醋酸，这是终止发酵的指标之一。

步骤 3：生豆浸泡发酵培养液，二度厌氧发酵

步骤 2 的微生物发酵培养液完成后，接着将在不锈钢槽内已完成首轮厌氧发酵的步骤 1 的全果取出并去掉果皮，再把带壳豆、步骤 2 的发酵培养液以及额外的果胶一起置入另一个有搅拌功能的不锈钢槽，进行 120 小时的厌氧发酵，产生的气体使槽内压力升至 1.4 巴尔，有助于风味物渗入生豆。

步骤 4：热冲击水洗

生豆完成两次厌氧发酵后，将槽内温度升高到 40℃，使种壳与种皮的毛细孔放大，有助于风味物渗进生豆。完成热冲击后，将带壳豆取出，以 12℃ 冷水冲洗干净，同时冷却豆体。

步骤 5：无氧低温慢干

最后取出生豆，置入特制的烘干机进行无氧低温慢速干燥，机器以二氧化碳与氮气吹干生豆，温度控制在 35℃，进行 34 小时低温无氧慢干，防止不耐热的风味物因长时间烘干而氧化。

天堂庄园的咖啡香气过于浓郁，常有人怀疑在制程中加入了香精，但迭戈出面澄清并透露了以上制程细节。他指出，经仪器检验，红李子咖啡生豆中富含的多种挥发性芳香物，诸如芳樟醇、己醇、二庚烯醛，皆是在特殊发酵制程中产生的，而且这些芳香化合物的市价昂贵，500 克己醇要 318 欧元，不会有人笨到买来为生豆添香，做赔本生意。

土法炼钢 vs 摩登炼香

发酵是很复杂的新陈代谢过程，涉及咖啡种子内在的萌发反应，以及外在微生物分解果胶的代谢物。发酵环境的温度、湿度、糖分、菌相与酸度起伏，都会影响发酵的进展。过去，咖农全靠累积的经验来决定发酵停止点。如果太早终止发酵，果胶未尽除，在如哥伦比亚等潮湿的产地是一大风险，因为残留豆壳上的果胶在湿度较大的晾晒环境下会继续发酵产生醋酸的呛鼻味；如果太晚停止发酵，过度发酵会产生丙酸、丁酸的腐败味以及不好的酱味，过犹不及。一个发酵槽的水洗豆动辄数百千克，发酵不当会造成咖农不小的损失。

水洗槽风云：声响、手感、气味与插棒法

传统上，咖农靠着触觉、听觉、嗅觉、发酵时间与环境温度，综合判断有水与无水发酵的最佳停止点。搓揉发酵槽内的带壳豆，如果不再黏滑，又有粗糙感（台湾咖农称为"出砂了"），而且两手用力搓带壳豆会发出石头撞击声，就表示果胶已完全水解，是终止发酵的时候了。气味也值得参考——有无酒精味、醋酸味、腐败味、酱味，这些都是发酵过头的气味。但气味不易定性，参考价值不如触感和听觉。

插棒法

传统上还有一种简便而不失精准的插棒法，在中南美广为使用。用一根棒子插入槽内已沥干的带壳豆，再拔出棒子，如果带壳豆一下子又滑进棒子拔出所腾出的柱形洞，表示果胶尚未水解完成，必须继续发酵下去；如果棒子拔出，洞维持一分钟以上未崩塌，表示果胶已脱除，不再黏滑，可以停止发酵了。这是因为果胶完全水解后，生豆之间会产生摩擦力，不致滑进棒洞内。

解读水洗的摩登工具之一：锥状发酵大师

除了上述土法，近年各国咖农普遍使用现代化工具，更精准地解读发酵槽内的风云。哥伦比亚国家咖啡研究中心的科学家培纽耶拉（Aída E. Peñuela Martínez）等人在2013年推出了一款锥状多孔塑料材质的发酵大师检测器，协

正瀚生技园区咖啡研究中心发酵教室的发酵大师检测器。

助咖农掌握有水与无水发酵的进程，近年已广为各产地使用。

锥状的发酵大师检测器底部最宽处直径为 88 毫米，顶端最狭处直径为 14 毫米，高 206 毫米，容量约半升，上下部各有一个圆环标志。使用相当方便，先从槽内取出刚去皮的带壳豆，装满发酵大师检测器，将底部的盖子锁紧，再置入原发酵槽仅露出锥状容器的顶部，并与同槽咖啡一起发酵。12—36 小时后，随着黏答答的果胶被微生物分解成水溶性质地并从多孔的锥状容器渗出，果胶去化体积缩小，试着将发酵大师检测器取出，底部朝下在地上轻震 3 次。如果容器内的带壳豆从原先的满载位置下降到上部圆环处，即小圆环上部已腾出空间，表示发酵完成，可将槽内咖啡取出冲洗晾晒；如果带壳豆位置高于上部圆环，表示发酵还未完成，需继续发酵下去；如果带壳豆位置下降到上部圆环以下，表示发酵过头了。

哥伦比亚科学家依据果胶水解前与水解后不同的密度，以及带胶的带壳豆和去胶的带壳豆体积的不同，精算出发酵大师检测器的检测机制，有了它，咖农更易掌握有水与无水发酵进程，从而减少发酵不足或过头的损失。该检测器售价不贵，每枚约 10 欧元。

解读水洗的摩登工具之二：糖度计与酸度计

除了发酵大师检测器，咖农还可利用糖度计和酸度计来判断发酵进展。发酵对咖啡而言，不仅仅是去化果胶而已，更可影响味谱走向，掌控得宜的发酵可增香添醇，失控的发酵则酿出恶味。咖农过去靠着搓揉发酵槽内带壳豆的手感、声响，以及气味、环境温度和发酵时间，综合判断发酵的最佳停止点。然而，每人经验不同，且发酵变量亦多，难保每批质量如一。近年巴西、哥伦比亚、哥斯达黎加等产地也采用糖度计、酸度计来解读发酵情况，确保每批质量与价值一致，亦能应客户要求，酿出发酵程度不同的客制化风味。糖度计与酸度计可应用在有水与无水发酵以及密封式厌氧发酵上，但不适用于不需发酵的去胶机半水洗。

图 15-2 和图 15-3 是哥伦比亚南部纳里尼奥省的马里亚纳大学（Universidad Mariana）与巴西巴拉那联邦大学（Federal University of Paraná）的科学家对哥伦比亚

水洗豆发酵过程中糖度、酸度、葡萄糖、果糖含量的变化所做的研究。样本取自纳里尼奥海拔 1,959 米的庄园，将 10 千克鲜果去皮后所得的含胶带壳豆置入水槽，加 4 升水进行传统有水发酵，直到第 48 小时，每间隔 6 小时抽取 10 毫升发酵液一式四份，以糖度计、酸度计、高压液相色谱法、气相色谱法检测。

水洗发酵槽中单糖类的变化：先增后降

　　先看图 15-2：水洗发酵槽中单糖类（葡萄糖与果糖）的变化。鲜果去皮后将带壳豆入发酵槽，最初的果糖为 1.16g／L，葡萄糖为 0.82g／L；开始发酵至第 12 小时，槽内的果糖和葡萄糖含量明显增加。这是因为微生物将果胶、蔗糖（双糖）分解为葡萄糖与果糖，因此发酵初期这两种单糖含量同步上升。但到了 12—18 小时时，部分单糖被微生物消化后转为能量、有机酸、酒精、醛和酯，因此单糖含量明显下滑。发酵 18—36 小时时的单糖含量大致持平，未再下降，部分原因是发酵槽中的酸度增加，淘汰了一些不耐酸的微生物，仅剩下耐酸性较佳的菌种。但 36—42 小时时单糖稍有增加，因为微生物又将剩余的蔗糖或碳水化合物分解为单糖。42—48 小时时，单糖被消耗再度下滑，最后的果糖与葡萄糖含量分别为 1.52g／L 与 0.98g／L。咖啡发酵和酿酒的发酵不同，酿酒发酵可能会持续到单糖全部被微生物转为酒精才结束，但咖啡如果发酵到单糖耗

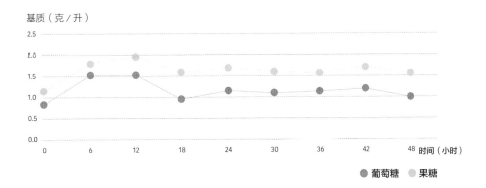

图 15-2　哥伦比亚水洗豆发酵过程中葡萄糖与果糖含量的变化

（＊数据来源：First Description of Bacterial and Fungal Communities in Colombian Coffee Beans Fermentation Analysed Using Illumina-based Amplicon Sequencing，2019 年）

尽，肯定会因过度发酵而产生恶味。咖啡发酵的停止点一般会选在单糖第一次下降后的持平期至第二次起伏前，约莫在第 18—36 小时之间，结束点尚需视生产者对发酵程度的偏好及当时的温度而定。

上述单糖变化数据是靠实验室精密仪器测得的，一般处理厂或庄园不可能有这些仪器，但仍可利用方便携带又不贵的糖度计来了解水洗槽发酵的大概情况，请参见图 15-3。

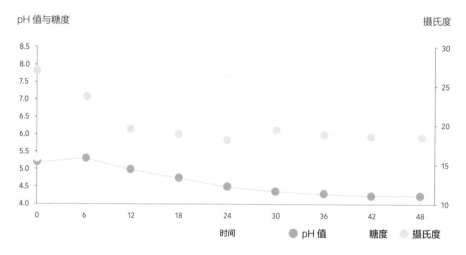

图 15-3　哥伦比亚水洗豆发酵过程中糖度、酸度与温度变化

（＊数据来源：First Description of Bacterial and Fungal Communities in Colombian Coffee Beans Fermentation Analysed Using Illumina-based Amplicon Sequencing，2019 年）

糖度计

咖农通常利用糖度计来检测果实成熟度。收获期鲜果的糖度一般在 15—28° Bx，1° Bx 表示 100 克水溶液含 1 克蔗糖。值得留意的是，果胶除了含蔗糖，亦含果糖、半乳糖以及少量矿物质和有机酸成分，这些都会影响糖度计的读数，但果糖、葡萄糖、半乳糖的物理性近似蔗糖，因此足以提供相对糖度的比较，仍有参考价值。另外，检测时的气候状况也会影响糖度数值，比如连续数周不下雨，熟红鲜果的糖度读数可能高达 26° Bx；如果连日下大雨或适逢雨季，糖度因熟果含水量增加可能会降至 16° Bx。因此，糖度计仅能大致了解检测物的蔗糖含量。

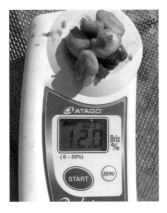

百胜村全果厌氧发酵桶开封后，剥开果皮取出带壳豆以糖度计检测糖度的降幅，从发酵前的 18° Bx 降至 12° Bx。

由图 15–3 可见，发酵初期糖度计测得的糖度亦呈上升走势，因为微生物将碳水化合物分解为单糖类，发酵液浓度上升，糖度计测得的糖度也会上升；18—30 小时的糖度呈持平状，因为单糖被微生物消化了，不再增加；但 30 小时后，糖度又起变化，这与微生物代谢物增加使发酵液浓度起伏有关，表示发酵进入末期了。糖度计虽只能大致反映发酵液糖度的起伏，远不如实验室精密仪器准确，但由于便利，已被专门生产精品咖啡的处理厂广泛使用。

值得留意的是，各庄园的咖啡品种、果胶厚薄、成分、含糖量、菌相不尽相同，因此糖度计不可能提供一个放之四海皆准的发酵停止参考点，只能辅助咖农找出自家庄园最佳发酵的糖度区间。换言之，各庄园终止发酵的糖度区间不会一致。另外，有水发酵与无水发酵的读数亦有不小出入。糖度计检测无水发酵的读数会高于有水发酵，因为前者浓度较高。咖农使用糖度计来判读发酵进展，必须耐心地记录各项变因，譬如品种、有水或无水、发酵前糖度、每 6 小时糖度变化、气温等。刚开始比较辛苦，有心得后 10—20 小时检测一次即可了然发酵情况。若能参考糖度计、酸度计数据，再综合带壳豆手感、气味、发酵时间、气温，以及事后的杯测评语，会更精准地找出自家庄园各品种的最佳发酵终止点。本章中有关各庄园糖度计与酸度计的实战数据可作为参考。

酸度计

近年，中南美洲的咖农常利用酸度计解读水洗与厌氧发酵情况，普及率高于糖度计。咖啡果胶的 pH 值介于 5.5—6.2，因地域与品种不同而有些出入。咖啡一旦摘下，微生物就开始分解果胶的糖分。以最常见的无水发酵为例，日夜高低温 17℃—26℃，pH 值多半在 20 小时左右降至 pH4.5 附近，这已比去皮时 pH5.5 的酸度高出非常多。但水下发酵一般会比无水发酵多花 4 小时以上，酸度才会降至 pH4.5 左右，因为水下发酵温度与含氧量低于无水发酵，微生物分解果胶的速度较慢。换言之，无水发酵因温度与含氧量较高，果胶分解的速度快于水下发酵。

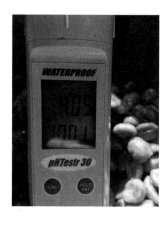

百胜村厌氧蜜处理的发酵桶开封后，以酸度计检测 pH 值，从发酵前的 5.3 降至 4.05。

咖啡发酵后酸度和温度会增加，这是因为微生物将果胶所含的蔗糖分解为葡萄糖和果糖，并释出热能与有机酸的代谢物。最常见的情况是发酵 10 小时后酸度降幅剧增，请参见图 15-3。如果环境温度太低，微生物活力变差，发酵速度会很缓慢，酸度降不下来，可能拖 3 天还无法完成脱胶。

美国华盛顿大学、西雅图大学的化学家与工程师在尼加拉瓜的 4 座庄园进行了一系列无水发酵研究，于 2005 年出版论文[1]建议咖农采用酸度计判断发酵是否过度或不足，参考点是 pH 值降到 4.6、果胶几乎水解，预示发酵接近完成。此结论与目前各庄园普遍采用的发酵完成的酸度区间 pH 值 4—4.5 颇为吻合。

以巴西栽种面积 1,523 公顷、共有 7 座庄园的 O'Coffee 为例，每批次产量很大，禁不起发酵失当的损失，有水或无水发酵时间控制在 16—25 小时，并以

---

1 Characterization of the Coffee Mucilage Fermentation Process Using Chemical Indicators: A Field Study in Nicaragua.

第四波精品咖啡学

糖度计与酸度计的数值作为停止发酵的重要参考，即糖度不低于 8° Bx、酸度不低于 pH 4.5，以维持质量的一致。

但这绝非金科玉律，会因地域、品种与后制法而异，仍需视庄主或客户对各种发酵程度的偏好而定。各地气温起伏、果胶成分、菌相、客户偏好不尽相同，这些都会影响发酵的停止点，酸度计虽可提供自家庄园停止发酵的重要参考数据，但仍需以带壳豆不黏滑的手感、石头撞击声、气味、气温，以及客户要求的发酵程度，综合判断最佳的发酵停止点。发酵一旦失控，过度发酵就会产生恶味，其中有一部分归因于霉菌的增生，其代谢物不同于乳酸菌与酵母菌代谢物。

水洗罗豆难伺候：发酵脱胶时间数倍于阿拉比卡豆

习惯处理阿拉比卡豆的人第一次水洗罗豆都会被耗时更久的发酵时间吓一大跳，我就是受惊者之一。20℃的环境温度下，阿豆水洗发酵时间约 20 小时，而罗豆在 23℃—25℃更高温的环境下，至少要 60 小时才可完成脱胶，二者为何差距如此大？查了资料，果然印度和印度尼西亚都有这方面的研究报告，原因出在罗豆的果胶更为黏厚，微生物需耗费更多时间分解，且罗豆果胶中的丹宁酸与多酚类较多，这些都会影响发酵速度。

2012 年印度咖啡研究分所的后制实验室针对印度阿拉比卡与罗布斯塔无水发酵的研究论文[1]指出，在日夜高低温 17℃—26℃环境下同步进行阿拉比卡（S795）与罗布斯塔改良品种刚古斯塔（C×R）[2]无水发酵实验，阿拉比卡的果胶约 24 小时完成水解，酸度 pH 值从最初的 5.43 降至 4.71。但在同样温度下，罗豆果胶却要 96 小时才能完全水解，酸度 pH 值从 5.54 降至 4.05（请参见图 15-

---

1　Impact of Natural Fermentation on Physicochemical, Microbiological and Cup Quality Characteristics of Arabica and Robusta Coffee.

2　印度著名的刚古斯塔（Congusta）是以刚果咖啡与罗豆杂交改良的品种（Congusta= *C. congensis* × *C. canephora* 或 C×R）刚果咖啡与罗豆的遗传相近很容易杂交，甚至有人认为刚果咖啡是罗豆的另一品系。最大差别是，刚果咖啡产量低于罗豆，但风味优于罗豆，因此常用来杂交改良罗豆的风味。刚果咖啡原产于中非的刚果民主共和国，亦称刚果咖啡。

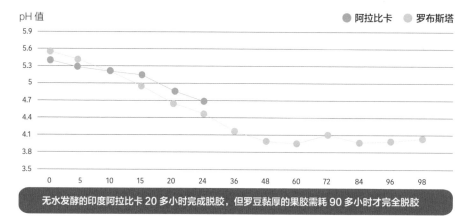

图 15-4　印度阿拉比卡与罗布斯塔无水发酵进展

（＊数据来源：Impact of Natural Fermentation on Physicochemical, Microbiological and Cup Quality Characteristics of Arabica and Robusta Coffee）

4），水洗罗豆所耗时间竟然比阿拉比卡豆多 3 倍。

罗豆取巧水洗法，风味不如 96 小时全水洗

　　印度咖啡研究分所的研究指出，罗豆的海拔较低，温度较高，且果胶更黏厚，如采水洗，工时较长，风险也较高，而且需更多的水洗槽来消化采收季等待水洗的鲜果，罗豆咖农为了降低成本与风险，八成以上采日晒，水洗只占不到两成。即使罗豆采用全水洗，亦非传统水洗，通常会添加果胶分解酶加速发酵，十多小时可完成水洗。如咖农不加分解酶，还有个方法可省工时：在发酵到一半（20—30 小时）时就取出果胶尚未完全水解的带壳豆，再用去胶机磨除残余果胶，以节省工时与成本。印度知名的赛瑟曼庄园（Sethurman Estate）水洗罗豆，如皇家罗豆（India Kaapi Royale）及刚古斯塔，都是先无水发酵 24—36 小时，取出尚未完全脱胶的带壳豆，再以去胶机磨掉残余果胶后，泡水 2 小时后再晾晒，是当今口碑最佳的罗豆。

　　然而，印度咖啡研究分所的研究发现，用上述节省工时的取巧法处理的咖啡豆，经杯测师鉴味发现，风味远不如耗时费工的 96 小时全水洗。该研究的结论

是，如果采用传统耗时费工的全水洗制程，罗豆风味会有更大的爆发潜力。这表示印度水洗罗豆风味还有很大的美味潜能。

罗豆第二大产国印度尼西亚也多半采用日晒法，水洗罗豆占比不到两成。印度尼西亚水洗罗豆的做法比印度更取巧：在发酵槽先添加果胶分解酶，十多小时后取出带壳豆再以去胶机磨除果胶，节省更多工时。但取巧的水洗罗豆风味已比日晒干净多了，成为精品罗豆的主要处理法。

烘干速率：细胞膜完整度是美味关键！

晒干与烘干是后制中最费工耗时的环节，尤其是日晒和蜜处理，因生豆含果肉果胶，脱水速度会比去皮脱胶的水洗豆慢许多。如未借助烘干机加快脱水，一般日晒、蜜处理的干燥需要 10—20 天才能将生豆含水率降到标准的 10%—12%，水洗只需 6—10 天即可。含有果肉与果胶的日晒和蜜处理，干燥时间长，发酵入味程度较高，如遇阴雨天或湿气重时，很容易受潮发霉，产生腐败味。因此，不少咖农惯用较高温加快全果或蜜处理的干燥，以降低酒酵味并提高干净度。但干燥速度太快又常导致出现风味物氧化的缺陷味，诸如呆板、乏香、油耗味等。

水洗豆发芽率高于日晒豆

2019 年，巴拿马知名的艾利达庄园首度以慢速干燥（Slow Dry）夺得瑰夏组 BOP 冠军，掀起各产区慢干热潮。艾利达的慢干法并非标新立异的噱头，而是有科学根据的。精品咖啡界赫赫有名的农艺学家兼咖啡后制专家波伦博士（Flávio Meira Borém）[1] 于 2015 年美国精品咖啡协会第七届关于咖啡年度研讨会（Re：co Symposium）的专题演讲《超越日晒与水洗：打破咖啡后制的陈规》

1　波伦博士目前仍在巴西米纳斯吉拉斯州南部的拉夫拉斯联邦大学任教，著作包括《咖啡后制技术手册》（*Handbook of Coffee Post-Harvest Technology*），以及诸多有关咖啡化学与后制的学术报告，是一位深受敬重的咖啡界学者。

（Beyond Wet and Dry: Breaking Paradigms in Coffee Processing）强调，在晾晒或烘干过程中，全果内的种子（即日晒豆）对热伤害或烘干速率过快的敏感度远高于去皮去胶的水洗带壳豆。

　　图 15-5 是波伦博士在巴西就日晒与水洗影响咖啡胚胎活性的研究，发现全果日晒对咖啡胚胎活性的伤害明显大于去胶去皮的水洗法。如图所示，水洗法的带壳豆以阳光晾晒干燥后，发芽率仍可高达 96%，反观全果日晒的生豆，发芽率只有 66.3%。这和全果日晒的干燥进程较慢、拖延时日有关。

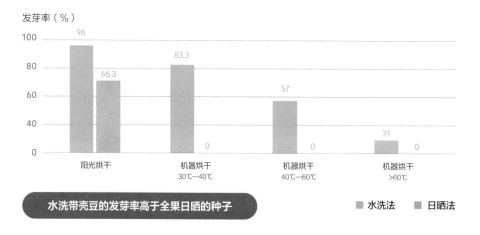

图 15-5　日晒与水洗发芽率比较表

高温高速烘干，易生油耗味

　　如改以机器烘干，两者差异更大，尤其全果烘干的温度高于 40℃，果子内的种子在高脱水率的煎熬下发芽率是零（图 15-5），胚芽失去活性无法发芽。反观去皮去胶的水洗豆，即使以机器烘干，仍保有可观的发芽率，不过发芽率会随着烘干温度的上升而降低。起初波伦博士质疑这项实验结果，怀疑其中有误，全果日晒的种子活性不可能这么低，于是请研究生重做。经过 5 年实验，结果都一样，即全果日晒的种子活性远低于水洗法的，使用烘干机的更为明显。

但这不表示全果只能在阳光下晾晒，不能用机器烘干。该研究的结论是：

> 如果全程采用烘干机为鲜果脱水，温度最好低于 40℃ 且要避免在
> 太干燥的环境中烘干，烘干速度最好不要太快，以维持细胞膜完整不
> 破，这才是美味的关键！

波伦博士说："经过实践与实验印证，烘干温度太高或速度太快，都会破坏
咖啡细胞膜的完整性，致使细胞内的风味物渗出而被氧化。在显微镜下可看出，
细胞膜受到热伤害而破损，含有芳香物的油质大量渗出而遭氧化，造成油耗味，
缺香乏醇，不但有损咖啡的风味表现，也会大幅缩短生豆的储存期！"

波伦博士的团队以不同温度、烘干速率烘干并杯测其风味，归纳出全果日晒
与去皮去胶水洗最佳的阳光晾晒或机器烘干温度应介于 35℃—40℃，最好控制
在 36℃—38℃。全果日晒的烘干速率不该高于每千克每小时脱水 13 克：

日晒与水洗最佳脱水温度：35℃—40℃

全果日晒最佳烘干速率：≤ 13g/（kg·h）水

即每小时每千克烘干物脱水速度小于等于 13 克

湿度高采较高温烘干，湿度低采较低温干燥

波伦博士指出，如果使用机器烘干，脱水速率愈高，表示烘炉内的热气流愈
强，温度愈高，相对湿度愈低，咖啡的细胞膜愈易破损，风味物愈易氧化。去胶去
皮的水洗豆对干燥速率的耐受度虽然较高，但不建议高温高速脱水，这同样不利于
水洗豆的风味。高档精品豆均采用较温和的烘干温度与脱水速率。2019 年以来，巴
拿马艾利达庄园带动全球精品豆的慢干热潮，是科技理论与实务经验的完美结合。

波伦博士建议，烘干的最高温不要超过 40℃，这却和精品咖啡协会技术长
马里奥博士的建议有些出入。马里奥博士建议，水洗、日晒和蜜处理的烘干温
度最高勿超过 45℃。我认为两位专家的建议都有科学根据，值得参考，各国咖

农的干燥温度多半介于 35℃—45℃。

　　不妨这么理解：当相对湿度较大时，可采较高温脱水，譬如 45℃，以免回潮或拖延太久增加酒酵杂味；若相对湿度较低，可采较低温烘干，譬如 36℃—38℃，以免生豆脆弱的细胞膜在干燥、高温热气的煎熬下破损，造成风味物氧化走味。后制发酵的参数并非硬性规定亦非一成不变，需视环境变化而调整。

生豆品管的关键指标：水活度

　　2009 年以来，美国精品咖啡协会（现国际精品咖啡协会）规范精品级生豆的水活度（简称 Aw）必须低于 0.7，以保食品安全。然而，2020 年后经过诸多生豆进口商锲而不舍的研究，发现最有助于精品豆保质的水活度应介于 0.45—0.55，这远比国际精品咖啡协会的规定更为精准！

　　带壳豆晾晒或烘干后的含水率必须在 10%—12% 才符合精品咖啡储存或输出标准。然而，讲究品管的咖啡进出口商或烘焙厂除了检验生豆含水率，还会加验水活度，国际精品咖啡协会规范精品生豆的水活度必须低于 0.7 才符合食品安全。2020 年后诸多研究[1]陆续有了比国际精品咖啡协会更为精确的数据，指出稳定性较佳的生豆水活度应在 0.45—0.55 之间，只要储存环境妥当，水活度介于此区间的生豆的色泽与质量可保一年不变。研究亦发现，生豆稳定性最佳的水活度为 0.5，若能在 15.5℃—21℃、湿度 50% 左右的环境妥善储存，生豆上架效期甚至可达 18 个月，水活度的高低已成为生豆品质管理的关键指标。

水活度量测游离水多寡，意义异于"含水率"

　　早在半个多世纪前，1953—1957 年间，威廉·詹姆斯·斯科特（William James Scott）率先证实食物中影响微生物生长的不是总水分含量的含水率，而是

1　Sustainable Harvest Water Activity Report, Caravela Coffee Report etc.

水活度。然而,将水活度更精确地运用到咖啡产业却是近几年的事。

生豆含水率指总水分含量,即总水分占生豆重量百分比,包括结合水与自由水(游离水)两大类。结合水和自由水有何不同?结合水是指和氨基酸、糖、盐等结合而失去流动性,不能溶解其他物质,无法参与代谢作用且不能被微生物使用的水,也就是被束缚的水。而自由水是指未和其他物质结合,可在细胞间自由流动,能够自由参与化学反应,可供生豆代谢或微生物维生的游离水,也就是总水分含量中的活性部分。

含水率是指生豆中结合水与自由水合占生豆重量的百分比。而水活度则是量测生豆中自由水的多寡。举凡生豆新陈代谢、酵素反应甚至微生物的生长均靠自由水,而不是结合水。水活度是某物质中水的能量状态。某食品自由水愈少,即水活度愈低,表示微生物愈不易生长;反之,自由水愈多,即水活度愈高,愈有益于微生物的生长或生豆的新陈代谢。

水活度的科学定义,指密闭空间中某食品的平衡水蒸气分压与同温下纯水的饱和蒸气压的比值。纯水未与其他物质结合,未受束缚,可自由参与各种化学反应,其水活度为 1。国际精品咖啡协会规定精品级生豆的水活度必须在 0.7 以下,才不致产生真菌毒素(Mycotoxin),确保生豆质量与食品安全。然而近年诸多研究发现,生豆最有利于延长保存效期的水活度应介于 0.45—0.55,这比国际精品咖啡协会的规范更严格。

而含水率则是检测生豆里的结合水与自由水的总含量,虽然也能作为生豆品质管理的参考标准,但就判断质量保存与赏味期长短而言,含水率远不如水活度精确。近年咖啡产业尤其贸易商和烘焙厂除了测量含水率,更需量测水活度高低,作为生豆品质管理的关键指标。

水活度太低或太高都不利于生豆保质

水活度与含水率虽然有一定的相关性,却是不同的概念,两者也不能画上等号。基本上含水率愈高,也会拉高水活度,反之亦然。在大部分受检测生豆的案例中,含水率 10%—12%,其水活度介于 0.4—0.6 之间;含水率 10.5%—

11.5%，其水活度多半在 0.45—0.55 之间，但这并非绝对，亦不乏例外。

　　生豆的水活度太高，譬如超过 0.7，不但会增加真菌毒素的感染风险，亦会加快风味物的折损或老化。因为水活度太高会促进生豆的呼吸作用（酶素反应），也就是胚利用氧气将风味前体的碳水化合物、脂质、蛋白质转化为能量，加速风味物的流失。生豆的水活度低于 0.6，则可适度减缓生豆的呼吸作用，亦使微生物无法生存，可确保生豆储存的安全。然而，这不表示水活度愈低，愈有利于生豆的保质。近年的研究指出，生豆的水活度太低，比如低于 0.4，生豆会因无法维持基本的新陈代谢与酶素反应，而失去活性，反而加速脂肪、有机酸、蛋白质等风味前体的变质或氧化，生豆会逐渐成为乏味的老豆。因此，水活度太低或太高都不利于生豆质量的稳定和保存，这是个平衡问题。

　　近两年的研究指出，生豆的水活度维持在 0.45—0.55，豆子的颜色与杯测质量可保持 1 年不变；如果环境许可，水活度控制在优化的 0.5，不论豆色或杯品均可保持 18 个月不衰。哥伦比亚知名的精品咖啡贸易公司 Caravela Coffee，2021 年公布了 2020 年符合出口品质管理的 3,489 件生豆样本，其平均水活度为 0.54，几乎达到优化的标准，水活度已成为生豆进出口商监控品质的利器。

水活度与保质有关，但与杯测分数无关

　　然而，水活度和含水率都无法作为杯测分数好坏的可靠预测，因为感官分数是各种复杂因素交互作用的结果。实务上发现，有些生豆的水活度虽在 0.4—0.6 的理想区间，但杯测分数却未达精品水平；但也不时发现水活度高于 0.6 的生豆，杯测分数却高于处于理想水活度区间的豆子。换言之，水活度与杯测分数并无可靠的关联性。

　　但水活度对维持感官质量的稳定具有重大价值。研究发现，水活度不在理想区间的生豆，即使杯测分高达 87 分以上，但 3—6 个月后，杯测分数的跌幅会远大于水活度在 0.4—0.6 理想区间的生豆。生豆具有吸湿性，尤其是水活度高于 0.6 的生豆，由于呼吸作用等生物反应旺盛，其吸取水汽的速度远高于水活度较低的生豆，很容易变成风味呆板的白豆，甚至染上真菌毒素。

实务上，超出 0.4—0.6 水活度理想区间的生豆，风味衰减、老化较快，务必优先使用，而落在 0.4—0.6 水活度理想区间的生豆，较耐久存，可稍慢使用，尤其是水活度在 0.45—0.55 的生豆，若能妥善储存，可保一年不变质。水活度对于生豆的管理，确实有大用。咖啡生豆的保存只谈含水率是不够的，水活度的高低更攸关生豆质量保存效期的长短。水活度是驱动微生物生长、生豆物理化学反应的主要力量，但过犹不及，维持平衡才是王道。

十多年来，国际精品咖啡协会规范精品豆的水活度必须低于 0.7，以免染上真菌毒素，然而此规定过于宽松笼统，也不合实际。虽然水活度低于 0.7 时，细菌与酵母菌已无法生长，但少数霉菌仍可在 0.6 以上存活。而且水活度 0.7 的生豆，其含水率经常会超过 12%。因此 2020 年后，重视生豆品质管理的进出口商或烘焙厂，已将生豆保质的最佳水活度调降为 0.4—0.6，甚至压缩至 0.45—0.55。请参见表 15-2 的归纳。

表 15-2　生豆水活度的风险与理想区间对照表

水活度 0.65—1：高风险

此一高水活度区间易滋生各种微生物，不符合食品安全要求，且生豆的呼吸作用、酵素反应太旺盛，会加速碳水化合物、蛋白质、脂质等风味前体的流失，加快生豆老化，大幅缩减生豆上架的效期

水活度 0.6—0.65：有风险

此水活度区间常见于精品级生豆，但仍有染上真菌毒素和流失风味物的风险，生豆难保 8 个月的上架效期

水活度 0.4—0.6：理想区间

生豆水活度控制在此区间，可适度减缓呼吸作用，抑制风味前体的流失，微生物亦难以存活，是维持生豆稳定的理想区间，可保质 8 个月以上

水活度 0.45—0.55：最理想区间

这是最能够维持生豆质量稳定的水活度区间，也为生豆提供一个水活度波动的缓冲空间；只要储存条件完善，在此区间的生豆效期至少可维持一年

水活度小于 0.4：有风险

较低的水活度虽可防止微生物滋生，但过犹不及。水活度低于 0.4 的生豆无法维持必要的新陈代谢，从而失去活性，风味前体易遭氧化而走味

后制浪潮的结语

咖啡后制四大浪潮中前三波盛行的日晒、水洗、半水洗、去皮日晒、蜜处理与日晒复兴，旨在去除果胶与省水减污，但在发酵炼香上却显得相当保守；除了水下发酵是在低氧环境下进行的，其余均在有氧环境下完成。直到 2014 年，哥斯达黎加的密封式厌氧蜜处理首度打进 CoE 优胜榜；接着，2015 年，澳大利亚咖啡师萨莎以二氧化碳浸渍法夺得世界咖啡师大赛桂冠；2018 年更热闹，阿姆斯特丹世界咖啡师大赛前六名的第一、三、四、五、六名咖啡师均采用厌氧发酵豆，一举掀起厌氧热潮。各国咖农不再墨守成规，大胆创新，厌氧水洗、厌氧日晒、厌氧蜜处理、低温厌氧、葡萄干厌氧、有氧厌氧混合发酵、厌氧慢干、冷发酵、热发酵、菌种发酵、酒桶发酵、添加物浸渍……奇门秘技争香斗醇，不亚于酿酒术。

是纯咖啡，还是"掺杂咖啡"？

2014 年以来的第四波后制浪潮花招之多，令人眼花，惹来自然发酵派抨击："近年咖啡族喝的究竟是咖啡本质风味、酵母菌与乳酸菌排泄物，还是人工添加物？该不该为咖啡发酵制定规范，以免入魔？"

纯咖啡与掺杂咖啡的定义为何，至今难有定论。事实上，不可能有百分之百纯咖啡。在发酵或干燥过程中，咖啡或多或少会沾上咖农从外地带入的微生物，或从远处飘来的菌种。肉眼看不到的微生物无所不在，因此我认为，以微生物为发酵剂，不论是刻意添加还是自然接种，只要不危害健康仍可将其视为自然的赠礼。

记得 2015 年，挪威咖啡名人蒂姆·温德尔伯来到台湾，并在百胜村举办一场杯测讲评。他坦言对水洗豆干净的酸甜震味谱情有独钟，而日晒与蜜处理发酵程度较高，实已偏离咖啡的本质风味。他认为即使日晒豆常有迷人的草莓与奶油风味，但已超出发酵该有的风味，是发酵过度的"俗丽杂味"。他说这是主观意见，并非市场主流看法。北欧崇尚自然与极简，蒂姆只喜欢淡雅的水洗味谱，是饮食文化使然，第四波的奇门炼香术肯定不是他的"菜"。

对重发酵或浅发酵的偏好，应与饮食文化有关，无关对或错。亚洲国家偏

第四波精品咖啡学

爱日晒、蜜处理、厌氧等重发酵风味甚于欧美国家，是挺有趣的现象。

目前专供咖啡发酵的菌株，譬如文内所述 Lalcafé 销售的 4 款功用不同的菌株，全是酿酒酵母，因为酵母可干燥成粉末，也不需冰箱冷藏，使用方便，但不表示接菌发酵无法扩大到其他菌种。我相信，乳酸菌应用到咖啡发酵的潜力很大，因为酵母菌的主要代谢物酒精，发酵过头常造成酒酵味过重，而乳酸菌主要代谢物为乳酸，若能拼配乳酸菌与酵母菌为接菌配方，应可抑制酒酵味，并兼顾两菌种制造有机酸与醛、酯类的花果韵，造出更迷人的味谱。

哥伦比亚棕榈树与大嘴鸟庄园在 2018 年协同研究机构钻研此领域，2021 年推出生物创新处理法。实验室从各庄园的水土与发酵液中筛选出可增香提醇的菌株，再接种回各庄园的厌氧发酵槽，协助益菌取得发酵主导权，也就是以前卫的接菌科技彰显精品咖啡重中之重的地域之味，为实践"取之庄园的菌株，用之庄园的发酵"立下典范。

换言之，第四波后制浪潮的地域之味，已从第三波的风土、气候扩大到当地特有的菌株造味！

添加物不该有香气与滋味

至于菌种以外的添加物，早在 100 年前已盛行。美国擅长以菊苣、谷物、大豆混合咖啡一起炒，不但喝得出咖啡味，还可降低成本；西班牙和东南亚偏好将蔗糖与罗豆一起炒，提升风味。20 世纪 90 年代精品咖啡第二波末期，美国盛行以香精搅拌刚出炉的熟豆，产出香草、巧克力、榛果等各种调味熟豆。千滋百味的果露糖浆也为咖啡馆的拿铁或卡布奇诺增香。添加剂早已在业界盛行不辍，也经过了市场的考验，畅销至今。

前三波是在熟豆端或饮品内加料，然而，当下的第四波却提前一步在产地的生豆中添料酿香，而且香气与滋味又必须熬过烘焙与萃取，其难度远甚于熟豆或饮料的加料。

密封、抽真空、接菌、注入二氧化碳、冷发酵、热发酵，皆为第四波最潮的加工术，但这些"加工"的本身并无味道，需靠时间温度的控制、经验知识的累积，才能炼出有价值的味谱，我认为这些特殊发酵技法应归类为受控制的自然发酵，值得力推。这就好比传统的后制法是按日晒、水洗、半水洗、去皮日晒、蜜处理的顺序演进，后制的多元化乃历史之必然；物竞天择，适者生存，一切由市场定夺，适者存活，不适者被市场机制淘汰。

至于第四波盛行在发酵槽内或干燥过程中掺入的肉桂、果汁、酵素、水果皮、柠檬酸、甘蔗汁、香精等具有强烈香气与滋味的添加剂，不但可熬过烈火与萃取，香气甚至可残留在咖啡渣上，可谓胜之不武。这些添加物有可能造成过敏，理应受到规范，在产品外包装上必须标示清楚。

中国台湾生豆进口商联杰咖啡负责人黄崇适曾告诉我，他在中美洲寻豆旅程中，喝到过一种有浓郁肉桂香的精品豆，大为惊艳，亲访该庄园，发现竟然是在发酵槽掺入肉桂，愤而拂袖不买了。由此足见正派咖啡人对发酵槽内添加强烈风味物的投机取巧行为有多反感。

这类非自然发酵的"调味"生豆在第四波浪潮并不少见，但不难辨识，抓一把生豆闻闻，如果散发浓烈花果、肉桂香气，且熟豆冲煮后的咖啡渣仍能闻到浓香，这很可能是掺杂咖啡。接菌、厌氧、灌入二氧化碳、冷发酵、热发酵等靠技艺与经验的自然发酵手法，或传统日晒、水洗、蜜处理，不可能造出如此强烈、不自然的香气。

浓香咖啡在市场上有一定的需求，但加工方式务必明白标示，让消费者了解香气是来自香精、水果皮还是自然发酵。唯有诚实以告，利人利己，才可长可久。

低海拔庄园提香神器：管控式发酵

继 2021 年萨莎以二氧化碳处理法助尼加拉瓜低海拔庄园打进前三名，集四师——杯测师、寻豆师、烘豆师、后制师——于一体的美国知名咖啡界人士米格·梅扎（Miguel Meza）以研究 3 年的菌种发酵法指导夏威夷咖农，包揽 2022年第十三届夏威夷咖啡杯品大赛前三名。本届大赛的亮点是冠军瑰夏，其海拔只有 300 米，而获亚军的卡杜拉与铁比卡混种海拔更低，仅 230 米。二者皆采用梅扎开发的接菌发酵法，杯测分数竟优于海拔比之高出 2—3 倍的庄园。接种乳酸菌或酿酒酵母的管控式发酵，已成为低海拔庄园扭转逆势的关键。任何庄园或物种只要有完善、精准的工序，都可能产出高价值的精品咖啡。

本届大赛的第一、二、三、五、十名都用到梅扎的接菌法，冠军是出自科纳产区的香槟日晒瑰夏（Kona Geisha Champagne Natural），亚军为普纳产区的乳酸日晒（Puna Lactic Natural）。总括而言，前十名优胜豆只有第七与第九名采用未接菌的传统处理法。无独有偶，2021年夏威夷杯品赛的前十名优胜豆，亦有高达3/4采用菌种发酵法，夏威夷应该是全球最热衷接菌的产地。

但切勿误解为只要接菌就一定拿高分，重点在于选对菌株，精准发酵。如何调控与解读发酵桶内的温度、pH值、糖度、压力、气体等变因，以及对发酵时间的拿捏，技术门槛高于传统处理法。我喝过不少标榜菌种发酵的咖啡，大多数的干净度与丰富度未必优于传统处理法，当然也喝过几种令我惊艳难忘的接菌绝品。若无扎实的学理与经验，不可能成就美味的菌种发酵咖啡。

梅扎有句名言，可作为本章的结语："精品咖啡是一个工序，它不是一个物种，也不是海拔高度，更不是特定的种植地点！"（Specialty coffee is a process. It's not a species, nor an elevation, nor a particular growing location！）

表15-3　2022年夏威夷咖啡杯品赛前十名优胜榜

名次	庄园	品种	处理法	指定酵母	产区
1	Geisha Kona Coffee	瑰夏	日晒	有	科纳
2	Arakawa Coffee and Tea Plantation	铁比卡 × 卡杜拉	日晒	有	普纳
3	JN Farm	红波旁	日晒	有	卡乌
4	Maunawili Coffee LLC	粉、黄、红波旁	日晒	有	瓦胡岛
5	Uluwehi Coffee Farm	SL-34	日晒	有	科纳
6	Hula Daddy Kona Coffee LLC	SL-34	水洗	有	科纳
7	Kona RainForest Farm LLC	SL-34	日晒	无	科纳
8	Rusty's Hawaiian	波旁	日晒	有	科纳
9	Casablanca Farms LLC	铁比卡 × 帕卡马拉	日晒	无	卡乌
10	Kona Naturals Kona Coffee	铁比卡	日晒	有	科纳

（＊数据来源：夏威夷咖啡协会）

04

第四部

修正金杯理论与
杯测烘焙度之浅见

咖啡的萃取科学远比想象中更复杂迷人，
因应萃取技法日益多元的发展，风味谱的万千变化，
本书末篇将讨论金杯理论理想萃取率与杯测烘焙度可能的变化。
2018 年，台湾地区已率先采用烘焙度 Agtron 75±3，
至今咖农风评甚佳，更有利于咖啡的风味表现，
也获得国际咖啡达人认同，
堪称咖啡界典范。

第十六章
金杯理论理想萃取率与
杯测烘焙度该修正吗？

本书末篇冒昧提出，

认为金杯理论理想萃取率 18%—22% 应予扩充，

以免作茧自缚，限制美味咖啡的可能区间。

杯测烘焙度亦该调整，

助力高低海拔产区多样化发展，

也符合精品咖啡趋浅焙的潮流。

台湾 2018 年弃用 CQI Agtron 58—63 旧规，

率先实行 Agtron 75±3 新规，

咖农风评极佳，亦获 CQI 董事苏纳利尼·梅农认同，

为全球精品咖啡立下革故鼎新的典范。

金杯理论两大支柱：浓度与萃取率

金杯理论是美国麻省理工学院生物化学博士欧内斯特・埃拉尔・洛克哈特（Dr. Ernest Eral Lockhart）于 20 世纪 50—60 年代提出的。他分析咖啡熟豆的结构与成分，发现一杯黑咖啡是否美味取决于溶入多少风味物，也就是浓度，亦称溶解固体总量（Total Dissolved Solid，简称 TDS），当时美国人偏好的咖啡浓度介于 1.15%—1.35%。咖啡粉有多少风味物被水萃出并溶入咖啡液关系到浓度的高低，而咖啡粉被萃出的风味物重量与萃取前咖啡粉重量的比值称为萃取率。

洛克哈特博士经研究发现熟豆可被萃取出的风味物约占熟豆重量的 30%，其余约 70% 是不可溶的纤维质，但 30% 可溶风味物不必悉数萃出，以免萃取过度产生碍口的苦涩，萃取率 18%—22% 已可尽数萃取出悦口的风味物，并将其他碍口成分留在咖啡渣内。洛克哈特博士综合科学数据与市民试饮的问卷，定出"咖啡液浓度介于 1.15%—1.35% 且咖啡粉的萃取率介于 18%—22%"为金杯的理想区间，唯符合这两个条件才可冲泡出一杯酸甜苦平衡且浓淡适口的美味咖啡，这就是金杯理论。浓度的高低与咖啡的强度有关，而萃取率的高低则与酸、甜、苦、涩的滋味与口感有关，低萃取率凸显尖酸，高萃取率凸显苦涩。

现实中，各国因饮食文化差异，对适口的咖啡浓度至今仍未达成共识，但对萃取率 18%—22% 的接受度普遍较高，已奉为圭臬并沿用至今，金杯理论的理想浓度与萃取率成为咖啡师必修的萃取学分。

各大机构实行的理想浓度区间

金杯理论的浓度公式以及各机构的理想浓度区间如下所述：

浓度（%）

＝萃出咖啡粉风味物重量 ÷ 咖啡液重量

＝从咖啡粉萃出风味物的重量与咖啡液重量的百分比值

＝溶解固体总量

→可用咖啡折射仪（Coffee Refractometer）测得

　　粉水比与浓度成正比，意即粉水比愈高则浓度愈高，粉水比愈低则浓度愈低。譬如 20 克咖啡粉使用 300 克水（粉水比 1∶15）冲出咖啡液的浓度会低于 20 克咖啡粉兑上 200 克水（粉水比 1∶10）的咖啡。

　　虽然金杯理论的理想萃取率在全球统一标准为 18%—22%，然而，欧美咖啡协会对适口的咖啡浓度区间至今仍无共识，数十年来美国精品咖啡协会、欧洲精品咖啡协会（SCAE）、精品咖啡协会（SCA，2017 年美国精品咖啡协会与欧洲精品咖啡协会合并为精品咖啡协会）、挪威咖啡协会（NCA）"各吹各的号"，各协会咖啡理想浓度的高低依序为：NCA ＞ SCAE ＞ SCA。

美国精品咖啡协会理想浓度

　　1.15%—1.35%

　　= 11,500—13,500ppm

　　= 11,500—13,500 毫克／升＝ 11.5—13.5 克／升

　　＝每升黑咖啡含 11.5—13.5 克咖啡风味物

欧洲精品咖啡协会理想浓度

　　1.2%—1.45%

　　= 12,000—14,500ppm

　　= 12,000—14,500 毫克／升＝ 12—14.5 克／升

　　＝每升黑咖啡含 12—14.5 克咖啡风味物

美国精品咖啡协会与欧洲精品咖啡协会合并为精品咖啡协会，理想浓度区间扩大

　　1.15%—1.45%

　　= 11,500—14,500ppm

　　= 11,500—14,500 毫克／升＝ 11.5—14.5 克／升

　　＝每升黑咖啡含 11.5—14.5 克咖啡风味物

　　　　　　　　　　　　　　　　　　　　　　第四波精品咖啡学

挪威咖啡协会理想浓度

1.3%—1.55%

= 13,000—15,500ppm

= 13,000—15,500 毫克／升= 13—15.5 克／升

=每升黑咖啡含 13—15.5 克咖啡风味物

精品咖啡协会于 2019 年出版修订的《咖啡冲泡管控表》（Coffee Brewing Control Chart，请参见图 16-2）将理想浓度区间扩大到 1.15%—1.45%，即介于原先美国精品咖啡协会的最低标准浓度 1.15% 与欧洲精品咖啡协会的最高标准浓度 1.45% 之间，但理想萃取率区间仍固守在 18%—22%。

理想萃取率的计算方法：烤箱烘干 VS 摩登算法

接着谈咖啡萃取率。萃取率的计算方法从早期的烤箱法进化到今日的摩登法，细分为滴滤式与浸泡式等不同模式。半个多世纪以前检测咖啡浓度的屈光仪尚未问世，洛克哈特博士以土法算出咖啡粉的萃取率。他将冲煮后的湿咖啡渣置入烤箱烘干，再以（冲煮前咖啡粉重量－冲煮后烘干咖啡渣重量）÷ 冲煮前咖啡粉重量，算出咖啡粉冲煮后的失重率，也就是咖啡粉萃入咖啡液的风味物重量与冲煮前咖啡粉重量的百分比值，算出咖啡粉的萃取率。此手法在当年算是创举，但 2021 年加州大学的研究报告[1] 指出，烤箱法算出的萃取率并不等于黑咖啡的萃取率，两者仍有出入。然而金杯理想萃取率 18%—22% 却是早年洛克哈特博士根据烤箱法制定并沿用遵循至今的，这是学习金杯理论应先有的谅解。但瑕不掩瑜，全球咖啡人至今仍感佩洛克哈特博士提出浓度与萃取率的概念，助世人进一步理解咖啡萃取科学的堂奥。

---

1 An Equilibrium Desorption Model for the Strength and Extraction Yield of Full Immersion Brewed Coffee.

早期烤箱法的咖啡萃取率（%）

＝萃出咖啡粉风味物重量 ÷ 冲煮前咖啡粉重量 × 100%

＝（冲煮前咖啡粉重量−冲煮后烘干咖啡渣重量）÷ 冲煮前咖啡粉重量 × 100%

＝咖啡粉萃取后的失重率

＝萃出咖啡粉风味物重量与冲煮前咖啡粉重量的百分比值

烤箱法极为麻烦，一般人不可能大费周章用烤箱烘干咖啡渣来估算咖啡萃取率。2008 年检测咖啡浓度的屈光仪问世，只需一小滴接近室温的咖啡液即可测出黑咖啡的浓度，再乘以黑咖啡重量即为溶入咖啡液的风味物重量，然后除以咖啡粉重量，即可算出萃取率，便捷又精确。如果不想动手计算，可花笔小钱购买 VST 咖啡工具（VST Coffee Tools）软件帮助计算萃取率与调整粉水比。但 VST 算出的萃取率会稍高于前述的手算，该软件很讲究细节，将熟豆含水量 0.4% 与二氧化碳含量 1% 纳入演算程序，尤其是二氧化碳在冲煮时会挥发掉需从粉重中扣除，即分母变小，故算出的萃取率略高于手算。

今日咖啡萃取率因不同萃取法而有不同的计算基准，滴滤式诸如美式咖啡机、Chemex 等手冲以黑咖啡饮品重量为准。而浸泡式如虹吸、法压、爱乐压、土耳其壶，则以萃取水量为计算基准，不同萃取法的基准不同，算出的萃取率出入不小，也更符合现代多端多样萃取法的需求。

滴滤式萃取率 vs 浸泡式萃取率

滴滤式萃取率（%）

　　＝（黑咖啡饮品重量 × 咖啡浓度）÷ 冲煮前咖啡粉重量 × 100%

　　→以萃入底壶或杯内的黑咖啡成品重量为准

浸泡式萃取率（%）

　　＝（萃取耗水重量 × 咖啡浓度）÷ 冲煮前咖啡粉重量 × 100%

　　→以萃取的耗水量为准

浸泡式耗粉较多，成本高于滴滤式

滴滤式是以水穿流咖啡粉层，萃出黑咖啡直接流入底壶或杯内，即咖啡粉与黑咖啡液分离，但最后会有些咖啡液残留在咖啡渣或滤器内，咖啡粉吸液率约为每克咖啡粉吸附 2 克咖啡液，这些残液并未成为饮品，计算萃取率时必须扣掉。譬如 20 克咖啡粉完成手冲，约有 40 克咖啡液残留在滤纸和粉渣内，实际萃出的黑咖啡饮品约 260 克，而 40 克残液并非饮品，计算萃取率时需予扣除，只以成品量 260 克黑咖啡为计算基准。手冲前可先称底壶或杯子重量，冲煮后的重量减掉冲煮前重量，即为黑咖啡饮品的重量；或冲煮前将秤归零。

滴滤式冲煮时，咖啡液浓度随着萃取时间增加而降低，粉渣残余液的浓度低于底壶或杯内的咖啡饮品。以手冲 2 分钟为例，残留在滤纸或粉渣内的咖啡液浓度多半在 0.6% 以上，甚至超出 1%，虽然残余液浓度较低，但也不会低到接近零，残液不是饮品故不予计算。

浸泡式则是咖啡粉与萃取总水量溶混在一起，咖啡液的浓度随着萃取时间增加而升高（这恰好与滴滤式相反），时间到了再分开粉层与咖啡液。浸泡式完成萃取再分离咖啡液与咖啡渣，粉渣残余液的浓度等同于杯内黑咖啡饮品的浓度，表示所有的水量已参与有效萃取，故浸泡式萃取率的计算应以萃取总水量为基准而不是以黑咖啡饮品量为基准。浸泡式以聪明滤杯来说明，20 克咖啡粉，粉水比 1∶15，热水 300 克。20 克咖啡粉浸泡在滤杯内的 300 克热水中 2 分钟后，再靠上杯口萃取出黑咖啡饮品 260 克，但这 260 克黑咖啡的浓度与粉渣内 40 克的残余液一致。这 40 克残液虽然不是饮品但已有效参与萃取，故需予以计算，也就是说浸泡式应以萃取的耗水量为准。反观同样萃取参数的手冲，2 分钟萃取出 260 克黑咖啡成品，但粉渣残余的 40 克咖啡液的浓度却明显低于 260 克黑咖啡成品，计算萃取率时应予以扣除。

再从另一视角来看，浸泡式与滴滤式虽用相同的粉水比，但浸泡式实际参与有效萃取的水量却多于滴滤式，多出的部分恰好是咖啡粉的吸液率，也就是每克粉吸水 2 克，以上例而言，聪明滤杯实际有效的萃取水量为 300 克，而手冲只有 260 克。即使两者以相同粉水比冲煮，浸泡式参与有效萃取的水量也比滴滤式多了 40 克，这对浸泡式的浓度有稀释作用。因此有些咖啡师采用浸泡式时会刻意增加些许粉量或拉高粉水比以提高浓度，要不就是增加扰流、搅拌、加压或升高水温以提高萃取率，但效果明显不如增加粉量或拉高粉水比。相较于滴滤式，浸泡式若要更好喝耗粉量就要多些，要不就是减少黑咖啡萃取量，所以浸泡式的成本会高于滴滤式。

最佳傻瓜式萃取法：浸泡式杯测与聪明滤杯

另一个值得留意的现象是浸泡式尤其是聪明滤杯与杯测，粉水比与萃取率的互动关系远不如滴滤式敏感。滴滤式手冲如果拉低粉水比会很敏感地拉高萃取率，譬如粉水比 1∶15 手冲的萃取率会比 1∶12 的萃取率高出 2% 以上。然而，浸泡式的杯测与聪明滤杯 1∶15 粉水比的萃取率却和 1∶12 差不多，粉水比对浸泡式杯测与聪明滤杯的萃取率的影响远不如滴滤式。换言之，浸泡式粉水比的变动只会影响浓度的变化，但对萃取率的波动影响有限，有助于防止失误与稳定质量，不失为简单、好用又稳定的完美萃取法。

举一个我在台北维堤咖啡与杨总做的小实验的例子，并使用 VST 咖啡工具软件浸泡模式记录的聪明滤杯的冲煮参数来说明：

（1）咖啡粉 20 克、粉水比 1∶15.05、萃取水量 301 克、黑咖啡饮品量 256 克、浓度 1.26%、萃取率 19.49%、二氧化碳 1%、含水率 0.4%、吸水率 2.5 克、Ditting 807 刻度 8.25，热水 91℃，浸泡 2 分钟搅拌靠上杯口处。

→ 粉水比 1∶15.05 虽然比下一例的 1∶11.96 低很多，但萃取率只有 19.49%，只高出 0.25%，风味寡淡，略带杂味，明显不如下例高粉水比好喝。

（2）咖啡粉 20 克、粉水比 1∶11.96、萃取水量 239 克、黑咖啡饮品量 194 克、浓度 1.56%、萃取率 19.24%、二氧化碳 1%、含水率 0.4%、吸水率 2.5 克、Ditting 807 刻度 8.25，热水 91℃，聪明滤杯浸泡 2 分钟搅拌靠上杯口处。

→粉水比很高为 1∶11.96，但萃取率并不低也达 19.24%，只比上一例的萃取率低了 0.25%，但浓度更高，水果韵清晰，酸甜震与滑顺口感更迷人。

讨论

以上浸泡式聪明滤杯实验，正常粉水比 1∶15.05 的萃取水量虽然比高粉水比 1∶11.96 多了 62 克，但正常粉水比的萃取率 19.49% 只比高粉水比的萃取率 19.24% 高出 0.25%，如果换作手冲粉水比落差这么大，前者的萃取率会比后者高出 2% 以上。换言之，浸泡式杯测与聪明滤杯的粉水比只会影响浓度，但对萃取率的扰动很小，可说是单方向影响，这有助于防止失误与保持冲煮质量的稳定。反观滴滤式的手冲，粉水比的变动会大幅拉动浓度与萃取率的双向变化，风味较不易掌控。难怪鉴定咖啡质量均采用浸泡式的杯测或聪明滤杯，以减少人为变因，确保公平。

很多人惯以手冲的参数套用聪明滤杯，常泡出寡淡的乏味咖啡，这是忽略了浸泡式实际参与有效萃取的水量多于滴滤式，从而产生稀释作用的缘故。解决之道是增加些粉量或提高粉水比，即可改变对聪明滤杯的偏见。浸泡式是粉层与咖啡液泡在一起萃取，浓度会逐渐增强，但溶液接近饱和时，高浓度扩散到低浓度的作用受到抑制，也会压抑萃取率。表现最显著的是杯测，咖啡粉浸泡 8 分钟但其浓度和萃取率只会比浸泡 4 分钟微幅增加。反观滴滤式手冲，如果冲煮时间从 1 分钟增加到 2 分钟，其浓度会明显降低且萃取率会大幅扬升，因为滴滤式是以饥饿的净水冲刷粉层的风味物入杯，因此萃取前半段的黑咖啡浓度很高，后半段因粉层的可溶风味物释尽，入杯的多半是稀释的咖啡液，故浓度逐渐降低，但萃取率会逐渐增加直至风味物全数溶入杯。滴滤式与浸泡式对浓度与萃取率的扰动机制大不相同，非常有趣。

挑战金杯理论 4 种手法，让异常萃取率亦美味

金杯理论的理想萃取率介于 18%—22% 之间，若低于 18% 为萃取不足，风味失衡，高于 22% 为萃取过度，易有苦味，业界半个多世纪以来奉之为金科玉律。

然而，金杯理论是 60 多年前的萃取理论，当时的冲煮设备、磨豆机远不如今日先进，且冲泡手法更不如今日千变万化与讲究。今日以低于 18% 或高于 22% 的

萃取率亦能轻松泡出美味咖啡。譬如刻意减少萃取量的 by-pass 手冲[1]、意大利减少萃取量的芮斯崔朵（Ristreto，粉水比 1∶1），两者的萃取率常低于 18%；而意大利增加萃取量的 Lungo（粉水比 1∶3），萃取率多半高于 22%。另外，在 Espresso 滤杯中添加滤纸或不锈钢滤网，这些手法都能轻易将萃取率拉高到 22% 以上，并萃出更有水果渐层的美味咖啡。在 21 世纪 20 年代，以 20 世纪 60 年代公认的异常萃取率，亦能轻松冲泡出丰美咖啡，"年久失修"的金杯理论已面临严峻挑战。

金杯理论的《咖啡冲泡管控表》（请参见图 16–1）以不同粉水比、萃取率与浓度构建的九宫格风味区，诸如金杯理论理想矩形、过度萃取矩形、萃取不足矩形、过浓、太淡、苦味等风味属性，实已过时，无法解释为何 by-pass、芮斯崔朵、Lungo，甚至在 Espresso 滤杯内加滤纸亦能萃出更美味的咖啡。金杯理论理想萃取率 18%—22% 已不符合今日多元化的萃取技法与万千风味谱，不加以辩证继续墨守成规，无异于限制美味咖啡的可能区间，这无助于精品咖啡的教学与推广。金杯理论的理想萃取率有必要扩充，以跟上时代脚步。

萃取率 18% 未必是美味的黄金低标

18% 是金杯理论萃取率的黄金低标，低于 18% 为萃取不足，会产生尖酸、寡淡口感，但此教条多年来在精品咖啡界"信者恒信，不信者恒不信"。持平而论，萃取率过低确实会有碍口的尖酸、草本、坚果、纸板等风味，但问题是 20 世纪 50—60 年代定出的金杯萃取率低标 18% 已不宜套用在 21 世纪多端多样的冲煮技法上。譬如，滴滤式手冲的萃取率低到 16% 以下仍丰美悦口，尤其采用"绕道技法"，也就是高浓度低萃取率的黑咖啡再补水稀释手法的 by-pass 手冲，印证了萃取率低于 18% 仍能冲出丰美、层次鲜明的好咖啡。

半世纪前的萃取率黄金低标未必是今日的黄金低标。咖啡含有千百种水溶性滋味物与挥发性气味，在科技发达的今日仍难全盘厘清咖啡的化学成分与滋

---

1 一种冲煮技法。by-pass，"绕道技法"，或称跨粉补水。

味、气味的互动以及影响感官的复杂机制，徒以半世纪前的萃取率低标 18% 作为今日咖啡萃取不足的标准，会有很大的风险与挑战。解决之道在于下修萃取率的黄金低标，扩大悦口咖啡的理想萃取率区间以符合实际。到了 21 世纪 20 年代仍墨守狭窄的金杯萃取率 18%—22%，恐有味理误导之憾！

举一个实例说明：

例 1：手冲巴拿马骡子庄园瑰夏 20 克咖啡粉、水温 90℃、EK43 刻度 8、萃取水量 300 克、粉水比 1∶15、黑咖啡 253.5 克、浓度 1.31%。

黑咖啡萃取率＝（253.5 × 1.31%）÷ 20 × 100% ≈ 16.6%

这是一般常用的手冲参数，黑咖啡萃取率虽只有 16.6%，低于金杯理论理想萃取率 18% 低标，但风味甜美、丰富且平衡，是典型水果炸弹，丝毫没有萃取不足的碍口感。如果为了达到金杯理论最低标萃取率 18% 以上，而改采更低的粉水比 1∶16 或 1∶17，却冲出寡淡甚至淡苦的过萃咖啡，凸显金杯理论的尴尬。

另举两个 by-pass 参数说明：

例 2：手冲巴拿马翡翠庄园瑰夏 20 克咖啡粉、粉水比 1∶7.53、萃取水量 150.5 克、水温 90℃、黑咖啡 110.5 克、浓度 2.48%、EK43 刻度 8.2。

黑咖啡萃取率＝（110.5 × 2.48%）÷ 20 × 100% ≈ 13.7%

by-pass 补水 133 克后，黑咖啡共 243.5 克，浓度从 2.48% 降到 1.13%。这杯黑咖啡萃取率只有 13.7%，浓度只有 1.13%，低于金杯理论萃取率与浓度的双低标，但风味依然丰美平衡，并无萃取不足与浓度太低的寡淡口感。

例 3：手冲印度尼西亚曼特宁 20 克咖啡粉、萃取水量 150.5 克、水温 90℃、粉水比 1∶7.53、黑咖啡 112.5 克、浓度 2.67%、EK43 刻度 8。

黑咖啡萃取率＝（112.5 × 2.67%）÷ 20 × 100% ≈ 15.02%

by-pass 补水 136 克后，黑咖啡共 248.5 克，浓度从 2.67% 降到 1.21%。 黑咖啡萃取率只有 15.02% 亦低于金杯理论萃取率低标，但风味甜美丰富，咖啡体厚实，并无萃取不足与浓度太低的失衡口感。

探讨 by-pass 补水量

高浓度低萃取率技法在咖啡界并不少见，譬如意大利刻意减少萃取水量以抑制萃取率并拉高浓度的芮斯崔朵。 另有美式咖啡机、手冲为放大前段与中段较易溶出的有机酸、甜感与水果韵，避开萃取后段溶出的苦涩物而使用的 by-pass 手法，也就是提早结束萃取，将剩余约 30%—60% 的萃取热水绕过咖啡粉，补入只完成 40%—70% 咖啡萃取量的原液中。 这类绕过咖啡粉的补水法，萃取率均偏低，约在 13%—17% 之间，可根据个人喜好的浓度补入定量热水稀释浓咖啡，轻易冲出一杯层次鲜明、干净度高、味谱缤纷丰美，甚至优于金杯理论理想区间风味的美味咖啡，印证了低于 18% 的萃取率未必是萃取不足。

by-pass 常应用于大量冲煮的美式咖啡机，可避免过萃的苦涩；另外，对于风味平庸的商业豆，亦有放大美味减少恶味的"擦脂抹粉"神效，但最大缺点是耗用更多的咖啡，增加成本。

跨粉补水技法常被原教旨主义派不齿，认为是投机取巧，随兴补水稀释并不科学，到底要补 30% 还是 60% 的热水没标准。 其实，会质疑此技法的人才是故步自封不科学。跨粉补水可以很严谨很科学地执行，精准补水量公式如下：

by-pass 精准补水量公式

跨粉补水量
＝[（原咖啡液重 × 原咖啡液浓度）÷ 稀释后想要的浓度] − 原咖啡液重

例 4：咖啡粉 20 克手冲、EK43 刻度 8.5、水温 90℃、萃取耗水量 160 克、萃出黑咖啡原液 125 克、浓度 2.38%。

问：请问 125 克黑咖啡原液，浓度高达 2.38%，若要调整出浓度 1.32% 的黑咖啡，需补入多少水量？

答：补水量

$$= [（ 125 × 2.38\%）÷ 1.32\%] — 125 ≈ 100.4 （克）$$

→补入 100.4 克热水即可完成一杯 225.4 克、浓度 1.32% 的美味咖啡。换言之，这杯黑咖啡有 44.5% 来自以稀释高浓度原液的跨粉补入的热水。

讨论

咖啡豆是哥伦比亚玛丽亚（La Maria）庄园的瑰夏。by-pass 前的浓度高达 2.38%，味谱纠结舒展不开，尖酸是主韵，但补水 100.4 克，浓度降至 1.32%，风味犹如孔雀开屏华丽变身。若和同种咖啡豆常态冲煮的 1:15 粉水比对照组相比，by-pass 冲法的干净度、酸甜震、水果韵、厚实度均更上一层楼。值得留意的是，这杯 125 克黑咖啡原液的萃取率只有 14.875%，即（125×2.38%）÷20×100% = 14.875%，远低于金杯理论萃取率低标 18%，但兑水后风味丰美饱满，并无萃取不足的失衡味谱。就 by-pass 而言，浓度比萃取率重要，兑水调整到适口浓度，低萃取率不是问题，反而能因此避开碍口物。

例 5：by-pass 手冲哥伦比亚商业级特级咖啡粉 20 克、EK43 刻度 8.5、水温 90℃、萃取出黑咖啡 109.5 克，浓度高达 2.78%。

问：如果想跨粉补水出一杯浓度 1.2% 咖啡，请问该补多少水量？

答：补水量

$$= [（ 109.5 × 2.78\%）÷ 1.2\%] — 109.5 ≈ 144.2 （克）$$

→补入 144.2 克热水即可完成一杯 253.7 克、浓度 1.2% 的咖啡。这杯黑咖啡有 56.8% 来自以稀释高浓度咖啡原液的跨粉补入的热水。

讨论

商业级咖啡的杂味涩感较明显，但经跨粉补水后，放大了前半段的水果韵与甜感，规避了后半段的苦涩与杂味，喝起来更干净悦口有趣。咖啡的前味有机酸、中味甜感，在萃取量完成 60% 时多半已溶出，剩下的大部分是较不易溶解的会在后半段溶释的焦苦涩成分，因此在这些碍口成分溶出前停止萃取，改而补入热水稀释原液较高的浓度，可避开杂味与苦涩，泡出一杯味谱鲜明活泼更有渐层的咖啡，虽然粉水比偏高且成本较高，但有趣的口感值得推广。要留意的是，这杯 109.5 克黑咖啡原液的萃取率只有 15.22%，即 109.5×2.78% ÷20×100% ≈ 15.22%，远低于金杯理论萃取率低标 18%，但补水后却喝到商业豆罕有的酸甜震味谱，并无萃取不足的失衡风味。这些跨粉补水范例的萃取率均低于金杯低标 18%，但悦口度较之金杯标准反而有所提升。

以上 5 例是我在正瀚生技风味物质研究中心的上百个 by-pass 手冲范例中，随机取样供大家参考的。正瀚生技每逢大型活动或咖啡论坛，现场供应的咖啡都用上述 by-pass 精准补水公式，大量调制质量稳定又丰美的咖啡。

好用的跨粉补水简易技巧

上述精准补水公式相当好用，可随心所欲调配出想要的咖啡浓度与口感。如果手边没有检测咖啡浓度的屈光仪，也不想费神计算精准补水量，不妨使用以下懒人专用的简易法。

首先，黑咖啡饮品量最好以较高的粉饮比（1∶13 至 1∶10）来调配，譬如以咖啡粉 20 克，粉饮比 1∶12 即饮品量 240 克为准，确定好想要的黑咖啡饮用量，只冲出目标黑咖啡量的 40%—70% 便停止萃取，再跨粉补水 30%—60% 即可。如果想要一杯 240 克黑咖啡，可先萃出 96—168 克黑咖啡，再跨粉补入热水 72—144 克即可。我个人较偏好 40%—55% 的补水率，以 240 克饮用量来算，只要冲出 108—144 克黑咖啡，再补水 96—132 克，风味便会较甜美平衡。补水率并无标准，视各人喜好而定。原则上，原液愈少萃取率愈低、浓度愈高，则补水率愈高，反之亦然。

我不只试过瑰夏也试过商业豆或重焙豆，条件不好的熟豆如以 by-pass 矫正，效果欠佳，而且粗研磨的 by-pass 效果优于细研磨。此法尤适合用于大型会议需大量冲煮的美式咖啡机，可避免萃取过度、咬喉又扫兴的咖啡。高浓度低萃取率的冲煮法虽然耗用较多咖啡，但代价是值得的。不同浓度的咖啡原液搭配不同的水量稀释，会有不同口感与渐层。我个人偏好补水率 40%—55%，但仍需视不同豆性与焙度而定。跨粉补水会增加咖啡用量与成本，咖啡馆多半不愿采用，但就享乐而言，低浓度高萃取率的滴滤式手冲不如高浓度低萃取率的更迷人有趣。

萃取率 22% 未必是美味的黄金高标

讨论完低萃取率以及 18% 并非美味的黄金低标，接下来谈高萃取率问题。没错，以今日的设备与技术，萃取率超出 22% 亦可萃出平衡、悦口的丰美咖啡。意式咖啡圈有一批高手擅长以特殊技法将 Espresso 萃取率拉高到 22% 以上，不但不涩苦反而更甜美，已推翻萃取率超过 22% 是过萃的世纪教条。"艺高人胆大"的高萃取率技法以更少的咖啡粉萃取出美味 Espresso，这表示可以省成本增利润，已成为第四波方兴未艾的新浪潮。

2010 年，SCAE 进行了一项科学研究以查验洛克哈特博士半世纪前提出 18%—22% 理想萃取率，迈入今日有先进设备、后制、烘焙、多样萃取法百家争鸣的大时代是否站得住脚。2013 年，欧洲精品咖啡协会根据此研究出版了《欧洲人对冲煮咖啡的萃取率偏好》（European Extraction Preferences in Brewed Coffee）[1]，结果发现，今日欧洲人在相同浓度下更偏好较高的萃取率，萃取率偏好已从约 60 年前的 18%—22% 上移到 20%—24%，其中以偏好 22% 萃取率的占比最高。嗜喝 Espresso 的意大利人尤其偏爱高萃取率的强烈风味。

无独有偶，2020 年加州大学戴维斯咖啡研究中心发表的报告《消费者对黑

---

1 这份研究报告 SCA 官网有售。

咖啡的偏好分布在宽广浓度与萃取率上》（Consumer Preferences for Black Coffee are Spread Over a Wide Range of Brew Strengths and Extraction Yields）更对所谓的"理想"萃取率18%—22%提出疑问。科学家以各种不同萃取率与浓度的黑咖啡对美国消费者进行调查，发现今人对萃取率的偏好范围上移到19%—24%，但对浓度的偏好范围则不变，仍在1.1%—1.3%。换言之，洛克哈特博士半世纪前以理想萃取率与浓度建构的九宫格中央的黄金矩形，于今已站不住脚。

该报告还指出，新的偏好范围背后暗藏更复杂的偏好模式，数据显示今日美国消费者对浓度与萃取率的偏好，分成两大旗鼓相当的族群。族群一偏爱浓咖啡且较能鉴赏酸香咖啡，族群二偏好淡咖啡且怕酸，两者有天壤之别。嗜淡的族群二，浓度偏好介于0.5%—1.1%、萃取率偏好介于16%—21%，此族群的萃取率偏好较接近洛克哈特博士的理想区间。然而，嗜浓的族群一却无固定的偏好区间，而是集中在两个极端：其中一个极端的浓度落在1.3%—1.7%，而萃取率落在14%—18%，即偏爱高浓度低萃取率；另一个极端的浓度集中在1.2%—1.7%，萃取率偏好介于24%—28%，即偏爱高浓度高萃取率。嗜浓的族群一萃取率偏好集中在两个极端区间，这不禁让人想到著作等身的知名咖啡专家斯科特·拉奥（Scott Rao）的"双峰论"（Double Hump）——每支咖啡的萃取率甜蜜点不止一个而是两个，但会随着更换磨豆机而变动。该报告的结论是：半世纪前的理想萃取率已难套用在今日多端多样的冲煮技法与消费者不同的偏好上，金杯理论的"理想"区间有必要修正与扩充。

以上两篇文献均显示今日欧美对浓度的偏好仍与半世纪前的差异不大，但对萃取率的偏好却明显上移。此现象不难理解，因为磨豆机、冲煮设备、烘豆、品种质量与萃取手法的精进，使得咖啡更禁得起萃取，萃取率得以上扬甚至超出22%并不令人意外。

意式咖啡新浪潮：加滤纸或金属滤网拉高萃取率增风韵

拉高浓缩咖啡萃取率增香添醇是意式咖啡方兴未艾的风潮，美国咖啡界名人安迪·谢克特（Andy Schecter）、斯科特·拉奥、WBC赛事常胜者——澳大利亚的马特·佩尔格（Matt Perger）三人是拉高 Espresso 萃取率的领头人。他们的做法是在浓缩咖啡粉的上层或下层加一片爱乐压滤纸，拉高萃取率到 22% 或以上，不但不会过萃苦涩，反而能强化风味渐层，是近年"歪打正着"的新招。

首创者是 20 年来常在 Coffee Geek 等网络咖啡论坛发表论述的 Espresso 技术先驱谢克特。2014 年，他试着在滤杯底部加一片滤纸，挡掉增加胆固醇的咖啡醇以保健康，却惊觉浓缩咖啡的流速因此变快，咖啡粉不得不磨得更细，萃取率因而突破 22%，比之前的萃取率提高 1.5%；更神奇的是风味更丰满，渐层更清晰。

美国咖啡师兼烘豆师斯科特·拉奥，2019 年灵机一动，除了在滤杯底层加一片爱乐压滤纸，又在粉层上面再加一片相同的滤纸，萃取率竟高达 24.3%，味谱更为丰美鲜明。拉奥是用浅焙的埃塞俄比亚生豆烘焙后养味 5 天再冲煮，相关参数：在滤杯粉层的上下面各加一片滤纸、咖啡粉 18.3 克、萃出浓缩咖啡59.7 克、浓度 7.45%、萃取率 24.3%。

在浓缩咖啡粉的上面或下面加一片滤纸，各有不同的有趣效应，一般人以为在粉层下面（滤杯底部）加滤纸会产生阻力使流速变慢，其实恰好相反，因为Espresso 的粉层在高压萃取时，细粉会因惯性往底部窜流，很容易塞住滤杯的小孔，使得流速变慢，但在粉层下面加一片滤纸即可挡住细粉末，不致阻塞滤杯的细孔，流速反而因此加快，研磨刻度必须调得更细，从而拉高萃取率，萃取率甚至超出 23%。如果改在粉层上方加一片滤纸则使热水更均匀地散布在粉层各区位，减少粉层在压力萃取下产生的通道效应（也就是水注会往较松软的部位窜流造成过度萃取，而其他部位则萃取不足）。这同日本冰滴咖啡在粉层上面加一片滤纸，以免水滴撞击粉层产生凹陷引发穿孔效应差不多。

拉高萃取率并非难事，难的是如何规避高萃取率的苦涩与杂味，如何使原本不易溶出的高分子苦涩物，如绿原酸的降解物，不因拉高萃取率而被萃取入杯。在滤杯粉层的上方加一片爱乐压滤纸有助于均匀分水，防止通道效应发生；在滤杯底部加滤纸可防止细粉塞住滤杯的细孔，有助于拉高萃取率。滤纸加在上面或下面，抑或两面都加，这 3 种做法的风味与萃取率有差异吗？

我和维堤咖啡的杨总做了几次实验，粉水比 1∶3，初步结论是在上面或下面加一片滤纸，确实会拉高萃取率，且水果渐层更清晰，干净度更高，酸甜震更丰满迷人，而且几无苦涩感，风味明显优于未加滤纸的对照组。滤纸加在底部的 Espresso 酸质与干净度更高；滤纸加在上面则甜感更好；若在上下方各加一片滤纸也就是共加两片滤纸，流速会更慢，比加一片滤纸慢 5—10 秒，萃取率虽可拉高至 24% 上下，但风味与苦涩感更强烈，不如只加一片滤纸来得悦口，因此加两片滤纸时，研磨刻度有必要调粗些，会有不错效果。不论加一片滤纸还是加两片滤纸，均可视流速快慢、浓度大小、萃取率高低、熟豆质量优劣与风味偏好再调整研磨刻度，萃出的 Espresso 会比不加滤纸的对照组更为剔透与丰美，亦可滤掉不利健康的咖啡醇。

为了提高萃取均匀度、降低 Espresso 通道效应并迎合拉高萃取率的新趋势，澳大利亚 Normcore 推出了新款金属滤网 Puck Screen。它是用 316 不锈钢材质制造的，厚度 1.7 毫米，滤网大小有 51 毫米、53.3 毫米、58.5 毫米共 3 种规格，其作用近似加一张滤纸，不同的是不锈钢滤网比滤纸厚重，不如用完即丢的滤纸好用，且挡掉咖啡醇的效果不如爱乐压滤纸。

台湾冠军咖啡师、台北名店 GABEE. 的老板林东源与我分享使用心得。他认为此金属滤网加在上面或下面会有不同效果："加滤网在上面，可以让咖啡粉饼的萃取均匀度更好，萃取率也会增加，风味的饱满度会提高，尾端的干净度较好；而加在下面，整体干净度会更好，明亮感增加，风味的层次会较清晰，但咖啡体会减少。另外，不锈钢滤网需要用更大的滤杯才能维持原本的粉量。放在下方的滤网会因为压力而变形为弧形。"

另外，高端磨豆机与意式咖啡配件制造商韦柏工作室（Weber Workshops）的新产品 Unifilter 荣获 2022 年波士顿精品咖啡展会（Specialty Coffee Expo）颁发配件类最佳产品奖。Unifilter 打破意式咖啡滤杯可从手柄过滤器拆卸下来的传统，将两者整合，手柄过滤器底部有一片不锈钢滤网，不必再用滤杯，不但改进萃取温度的稳定性亦方便清洁。更令玩家瞩目的是，该公司还推出浓缩咖啡滤纸（Espresso Paper Filter）以及不锈钢滤网，可搭配 Unifilter 一同使用。据该公司的资料，滤纸放在过滤器底部的滤网上，可拉高萃取率 1%—2%（此结果近似我在维堤咖啡实验得出的数据），另外在粉层上面加一片金属滤片，可使浓缩咖啡风味更丰美。在浓缩咖啡过滤器底部加滤纸以及

不论爱乐压滤纸加在浓缩咖啡滤杯的上面还是下面，萃取出的Espresso仍有厚厚的克丽玛（Crema），且萃取率、干净度与风味渐层都会提高。（图片来源：维堤咖啡）

将爱乐压滤纸放在布好的粉层上，再以填压棒压实进行萃取，可增加分水均匀度并防止通道效应，提高风味渐层与萃取率。（图片来源：维堤咖啡）

滤纸加在浓缩咖啡滤杯底部，萃取完成后的粉饼倒立照片。滤纸加在底部可防止细粉塞住滤杯小孔，亦可提高萃取率、明亮度、风味渐层，并滤掉增加胆固醇的咖啡醇。（图片来源：维堤咖啡）

在粉层上加金属滤片或滤纸的浪潮正在升温。

若要拉高浓缩咖啡萃取率接近或超出22%，除了加滤纸或滤网助力，至少还需要：

澳大利亚Normcore新产品——58.5毫米的不锈钢滤网，有助于拉高Espresso萃取率与风味渐层，但性价比与方便性不如爱乐压滤纸。

1. 精良的磨豆机，如 EK 43、Ditting 等高端机器，粒径一致度愈高，愈可减少通道效应，有助于均匀萃取。如无高端磨豆机，可在磨粉后再入小罐内摇晃几下，有助于细粉与其他粒径咖啡粉均匀分布，亦可降低通道效应。

2. 熟豆表面与磨粉后咖啡粉测得的焦糖化数值（Agtron number），焦糖化数值差距愈大，即熟豆内外色差（Roast Delta）愈大，愈易萃取不均，拉高萃取率愈易风味失衡。反之，内外色差愈小，愈易达到均匀萃取，拉高萃取率愈不易风味失衡。

3. 单一庄园，单一品种，大小与密度一致，这些都有助于均匀萃取，在拉高萃取率的同时较不易出现碍口的苦涩。显然拉高萃取率又要萃出美味咖啡的操作难度远高于低萃取率高浓度的冲煮法。加滤纸或滤网有助于拉高萃取率，提升干净度与风味渐层，但加滤纸的性价比高于加金属滤网，将成为意式咖啡的一股新趋势。

就意式咖啡而言，萃取过度已无法用 22% 的上限来界定，这失之草率与武断。如果能防止通道效应发生，极性较低的苦涩物就不易溶出，萃取率即使突破 22% 最大值，也能在萃出悦口风味物的同时不致溶释苦涩物。意式咖啡是否萃取过度，需考虑通道效应是否发生，如果发生严重通道效应，萃取率即使低于 18% 亦会出现过萃的苦涩与咬喉，若能避开通道效应，萃取率即使逾越 22%，其水果韵、酸甜震仍会精彩。意式咖啡是否萃取过度有赖更严谨的科学与风味鉴定重新定义，半世纪前的上限萃取率 22% 显然已过时。

咖啡冲泡管控表，扩充更新中

20 世纪 50—60 年代，洛克哈特博士将溶解固体总量与萃取率作为衡量咖啡质量的量化标准，并协同几个研究机构绘制咖啡冲泡管控表（图 16-1），这是世人首份咖啡萃取的科学研究报告，贡献殊伟。洛克哈特博士经典版的冲泡管控表已成为 SCAA、SCAE、SCA、NCA 咖啡萃取与金杯理论的教科书。然而，金杯理论有些内容已跟不上 21 世纪的先进设备、多变的萃取技法与风味的进展，亟须调整与补充。2019 年，SCA 虽稍做更新并公布新版咖啡冲泡管控表（图 16-2），但还不足以回应业界诸多质疑。近年美国加州大学戴维斯分校咖啡研究中心

　　　　　　　　　　　　　　第四波精品咖啡学

协同 SCA 下属的咖啡科学基金会，以及咖啡机与厨具巨擘布雷维尔（Breville）进行诸多研究，以期早日更新扩充陈旧的咖啡冲泡管控表以应实际需要，目前已有初步结果。

我们先比较洛克哈特博士经典版与 SCA 微调版的冲泡管控表，再进一步探

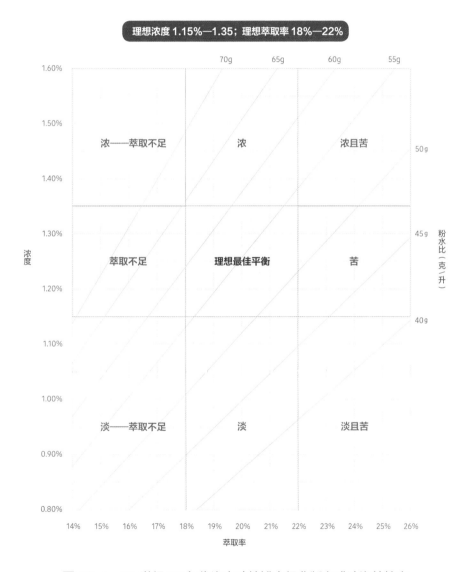

图 16-1　20 世纪 60 年代洛克哈特博士经典版咖啡冲泡管控表

索加州大学戴维斯分校咖啡研究中心等机构在更新管控表方面的最新进展与令人兴奋的发现。

经典版冲泡管控表以不同粉水比对应不同浓度与萃取率，构建 9 个风味矩形，50—65 克咖啡粉兑上 1,000 毫升水，即粉水比约 1∶15 至 1∶20，萃出的咖啡更可能进入最理想的风味平衡矩形，也就是浓度 1.15%—1.35%、萃取率 18%—22%，若粉水比与此范围偏移过大，所冲出的咖啡容易不是萃取不足就是萃取过度，产生太浓、太淡、太苦的失衡风味。数十年来这张管控表被业界奉为金科玉律，协助无数咖啡从业人员进一步理解咖啡萃取的堂奥，直到 2019 年 SCA 才公布微调的修正版本（图 16-2）。

SCA 微调版咖啡冲泡管控表的理想萃取率虽然仍墨守 18%—22%，但也首度坦承此范围外的某些冲煮咖啡亦可能同样美味。而且理想浓度的上限从 1.35% 提高到 1.45%，粉水比从旧版的 1∶15 至 1∶20 扩充到 1∶14 至 1∶20，理想矩形 "长高" 了些。微调版可容忍的浓度上限从经典版的 1.6% 上修到 1.8%。从中可看出管控表未来有扩大解释的趋势。

另外，旧版萃取率超过 22% 即最右侧 3 个矩形内的 "苦味" 被删除，改为过度萃取（over extracted），但经典版的萃取不足、浓、淡字眼，微调版仍予保留。

经典版冲泡管控表的三大缺陷

经典版管控表虽有助于咖啡从业人员对萃取科学的理解，数十年来造福无数学子，但加州大学戴维斯分校咖啡研究中心的科学家与咖啡界意见领袖长久以来认为经典版存有三大缺陷[1]：

1.该表将感官描述属性（风味像什么？）与消费者享乐偏好（咖啡族喜欢什么？）混为一谈。其实两者迥然不同，但该表却假设有一种普适的、四海通用的萃取参数，也就是浓度 1.15%—1.35%、萃取率 18%—22% 的金杯理论理想矩

---

1 Towards a New Brewing Chart，SCA 25 Magazine, Issue13, December 11, 2020.

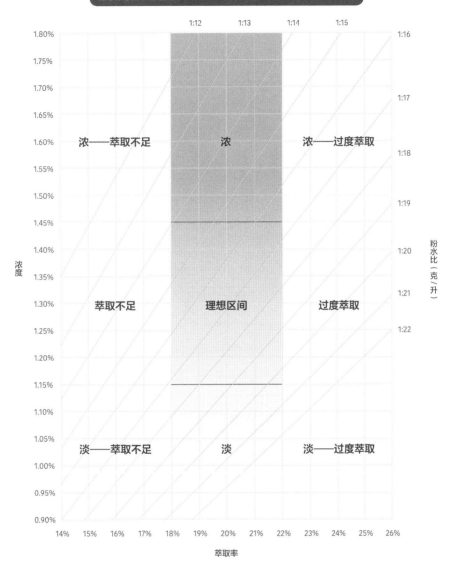

图 16-2　2019 年 SCA 微调版咖啡冲泡管控表

形。其余参数皆为下品，无视有些咖啡族偏好略带苦味或酸味的事实，日本人甚至认为苦滋味分好多种，包括悦口的苦味。

2.经典版将不同浓度与萃取率分为九大风味矩形，并明确标示微小的误差将造成感官上的巨变。事实上，即使是咖啡专家或感官灵敏的杯测师大多也无法分辨萃取率 17.9% 与 18.1% 的风味差异，但前者却被打入萃取不足的矩形，后者进入理想的金杯理论萃取率矩形，这失之武断。

3. 更重要的是，该表忽视了咖啡的万千风味，光是 WCR、SCA 与加州大学戴维斯分校咖啡研究中心合编的咖啡风味轮与风味词典就收录了 105 个咖啡风味属性。然而，管控表的九大风味矩形只在过度萃取矩形标示苦味。过度萃取只有苦味吗？萃取不足的味谱是什么？低浓度全是碍口风味吗？高浓度全是苦味吗？低萃取率高浓度的咖啡都是下品吗？在金杯理论理想矩形之外就没有美味的可能吗？

令人兴奋的新发现

即使 2019 年 SCA 微调的新版本亦无法回答这些问题。几年前加州大学戴维斯分校咖啡研究中心、SCA、布雷维尔针对这些问题进行研究，着手修正、扩充咖啡冲泡管控表。这是项大工程，研究人员以风味干净的洪都拉斯水洗豆为实验豆，并以浅中深 3 种焙度、同焙度用同水温萃取、同焙度用 3 种水温冲煮、以不同粉水比检测九大风味矩形 30 种咖啡风味属性的强弱，由 12 位受严格训练的杯测师鉴味，共收集 58,000 份感官描述资料。如何解读这庞大的风味数据并揭示一个明确趋势，是最大的挑战。以下是令人振奋的初步结果：

涩感、苦味、焦木、炭烧、橡胶、土腥：常出现在高浓度高萃取率↗

涩感、苦味确实如同经典版咖啡冲泡管控表所述，其强度随着浓度与萃取率增加而增强，最大值常出现在管控表九宫格右上的矩形。另外，碍口的炭烧、橡胶和土腥亦和浓度与萃取率成正相关走势，但强度不如涩感和苦味。请参见图 16-3，纵轴为浓度、横轴为萃取率，本组不讨好的风味强度走向是往右上方扬升。

酸味、柑橘韵、水果干：常出现在高浓度低萃取率↖

酸味与柑橘韵的强度常随着浓度增加而增强，但随着萃取率的增加而减弱，这也符合萃取不足的高浓度咖啡易凸显尖酸味的实际情况。其最大值常出现在管控表九宫格左上的矩形，即高浓度低萃取率区块。

茶感、花韵、巧克力味：常出现在低浓度高萃取率↘

茶感、花韵与巧克力味的最大值常出现在低浓度与高萃取率的矩形，也就是九宫格的右下角矩形，意式咖啡的 Lungo 很容易出现这些风味。

甜味：常出现在较低的浓度与较低的萃取率↙

最令研究人员惊讶的是，精品咖啡最可贵的甜味常随着浓度与萃取率的降低而增强，甜味峰值常出现在管控表九宫格左下的低浓度与低萃取率的矩形而非中间的理想矩形。

经典版或微调版管控表九宫格上半部的高浓度矩形标示"浓"（strong），下半部低浓度的矩形标示"淡"（weak），恐有误导之嫌。因为研究发现甜味、花韵、茶感和巧克力味等悦口风味全在低浓度时的感知最强烈，反而在高浓度时的感知最为寡淡，这恰好与经典版或微调版咖啡冲泡管控表的描述相反。

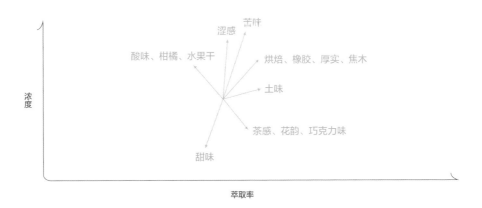

图 16-3　浓度、萃取率与风味的互动关系图

迷雾般的甜味

虽然咖啡冲泡管控表的更新与扩充刻不容缓，但咖啡风味是千百种风味物的共同表现，仍有很多谜团待解。为何甜味在低浓度时最为强烈？此谜题吸引了不少咖啡学者，其中暗藏诸多玄机。

2020 年美国加州大学戴维斯分校咖啡研究中心发表的报告《滴滤式按时间分段接取咖啡液的感官与单糖分析》（Sensory and Monosaccharide Analysis of Drip Brew Coffee Fractions Versus Brewing Time）为咖啡甜味在低浓度时的感知最强烈提出部分解答，原来人类的味觉有可能被嗅觉诱骗了。

该咖啡中心以哥伦比亚乌伊拉产区水洗豆烘焙度 Agtron #54 实验，以美式咖啡机冲煮 4 分钟，每 30 秒换接一瓶，分别接取 8 瓶浓度不同的咖啡。咖啡浓度最高的是萃取 30 秒的第 1 瓶，为 3.2%，浓度次高的是 31 秒—60 秒的第 2 瓶为 2.3%，以此类推，浓度最低的是 3 分 31 秒—4 分整的第 8 瓶，为 0.4%，并以液相色谱-质谱联用仪（Liquid Chromatograph Mass Spectrometer）检测每瓶咖啡液的总单糖[1]浓度，请参见图 16-4。

该中心刻意不按照浓度排序出杯，请 12 位经受过严格训练的杯测师就酸、甜、苦、咸、涩、烟熏味以及花果韵的强度评分。

其中对酸、苦、咸、涩与烟熏味的感知一如所料，会随着浓度的降低而递减。然而，出乎意料的是杯测师的评分表中，花韵、茶感与甜味三味亦步亦趋，且与酸、苦、咸、涩背向而行，随着浓度递减而增强，即甜味、茶感与花韵更容易在低浓度显现（图 16-5）。可能的推论是，咖啡的单糖不易萃出，要到中后段才会溶出最大值，因此甜味强度至萃取的后半段到达最高，也就是 3 分 01 秒—3 分 30 秒的第 7 瓶和 3 分 31 秒—4 分整的第 8 瓶在评分表的甜味最强。

但此推论在科学上却不成立，因为该中心以液相色谱–质谱联用仪检测每瓶的总单糖浓度，第 1 瓶浓度最高，为 2.7 毫克／毫升，而各瓶的总单糖浓度大

1　单糖包括果糖、葡萄糖、甘露糖、鼠李糖、木糖、阿拉伯糖等，其中甜味感知最强的是果糖和葡萄糖。

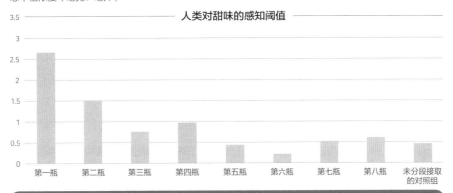

总单糖浓度（毫克／毫升）

人类对甜味的感知阈值

第一瓶　第二瓶　第三瓶　第四瓶　第五瓶　第六瓶　第七瓶　第八瓶　未分段接取的对照组

检测分段接取咖啡液的总单糖浓度，第 1 瓶浓度最高达 2.7 毫克／毫升，第 2 瓶降至 1.5 毫克／毫升。总单糖浓度大致依序递减。另外还有一瓶未分段接取，是完成全程 4 分钟冲煮的对照组，总单糖浓度低于 0.5 毫克／毫升。即便第 1 瓶的总单糖浓度最高，亦还低于人类感知甜味的阈值 3.5 毫克／毫升。换言之，人类的味觉无法感知黑咖啡的水溶性甜味，是被鼻子嗅到的香气蒙骗了，误以为喝到甜味。

图 16-4　分段接取 8 瓶滴滤式咖啡液，每瓶的总单糖含量皆远低于人类感知甜味的阈值

（＊数据来源：《滴滤式按时间分段接取咖啡液的感官与单糖分析》）

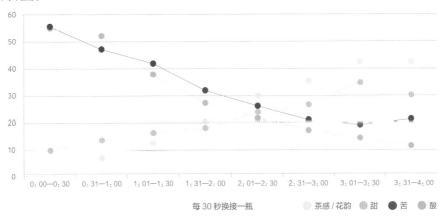

风味强度

0：00—0：30　0：31—1：00　1：01—1：30　1：31—2：00　2：01—2：30　2：31—3：00　3：01—3：30　3：31—4：00

每 30 秒换接一瓶　　茶感／花韵　甜　苦　酸

美式咖啡机冲煮 4 分钟，每 30 秒换接 1 瓶，共 8 瓶浓度递减的咖啡，从杯测师的风味描述归纳出一些风味的趋势：酸、苦、咸、涩随着浓度递减而降低，有趣的是甜味、茶感与花韵随浓度递减而增强。

图 16-5　甜味、茶感和花韵的感知随浓度递减而增强，酸、苦的感知随浓度递减而剧减

（＊数据来源：《滴滤式按时间分段接取咖啡液的感官与单糖分析》）

致随萃取时间延长而递减，最低的 3 瓶也就是第 6、7、8 瓶的总单糖浓度介于 0.2—0.6 毫克 / 毫升之间，竟然是评分表中甜味最强的三瓶。但总单糖浓度最高的第 1 瓶 2.7 毫克 / 毫升在杯测师评分表上是甜味最低的一瓶。更令人不解的是这 8 瓶的总单糖浓度均低于人类感知总单糖甜味的阈值 3.5 毫克 / 毫升（图 16-4）。

该研究还指出，所有单糖中甜味最强的是果糖与葡萄糖，即便受过训练的杯测师对这两种单糖的敏锐度高于常人——文献中杯测师感知果糖的最低阈值纪录为 0.108 毫克 / 毫升，对葡萄糖为 0.18 毫克 / 毫升，但在滴滤咖啡分段接取实验中，总单糖浓度最高的第 1 瓶，其中果糖浓度也只有 0.015 毫克 / 毫升，葡萄糖浓度只有 0.095 毫克 / 毫升，均远低于最敏锐的杯测师感知两种游离单糖的阈值。

换言之，配合本研究的 12 位精挑细选的杯测师所感知的甜味，并非来自单糖，而是来自其他因素或其他成分。

本研究的几位教授推论这可能是"掩饰"产成的效应。冲煮初期浓度较高，即分段接取前几瓶的有机酸、咖啡因、绿原酸等造成酸、苦、涩的风味物大量溶出，蒙蔽了对甜味的感知；但接到最后几瓶，酸、苦、涩成分已留在前几瓶中，随着浓度降低、干扰因素减少，甜味就更容易被感知。但此推论亦不成立，如前所述，即使第 1 瓶的单糖浓度最高，亦远低于人类感知甜味的阈值。

教授们认为还有另一个"掩饰"与"联觉"效应可能性较大。因为咖啡有些香气会让人误以为是甜味，但香气与甜味是完全不同的感官机制，香气是靠鼻前嗅觉与鼻后嗅觉感知，而甜味是水溶性滋味，由舌头味觉呈现。咖啡富含挥发性的呋喃化合物，闻起来像焦糖，很容易让人联想到甜味，但不是味觉感知的水溶性甜滋味。无独有偶，2015 年另一篇文献[1]证明有些香气出现时，即使没有糖类的刺激，也会增加人类对甜味的感知。另外，咖啡亦含有糖醇（包括木糖醇、山梨糖醇、甘露醇、甘油、麦芽糖醇等），虽然不是糖，但也具有某些糖的属性，也会产生味觉的甜味。

1　Multisensory Flavor Perception by Charles Spencer, 2015.

萃取率高低也会影响甜味的感知

加州大学戴维斯分校咖啡研究中心分段接取咖啡液并检测浓度与总单糖的报告（图16-4、16-5）仍留下一团迷雾，这表示进一步的化学分析有其必要。因为上述实验尚无法提供萃取末段低浓度高萃取率时还有哪些非挥发与挥发性风味物被萃出的证据，这也有可能是分段接取到最后几瓶时浓度降低但甜味、茶感与花韵浮现的主要原因。

咖啡萃取率随流量的变化也是一个有趣领域，若能从物理、化学和感官的角度进一步探索流量如何根据不同的粉水接触时间而萃取出不同的风味物质，补上这方面的资料，将有助于揭开为何在较低浓度与萃取率的咖啡中感知到的甜味最强烈，而在低浓度高萃取率的咖啡中感知到的茶感与花韵最为强烈的世纪之谜。

近年不少咖啡研究文献[1]指出熟豆中带有甜味、花香、香草与水果味的愈创木酚（Guaiacol）、4-烯丙基愈创木酚（4-Allylguaiacol）、乙酰乙酸乙酯（Ethyl acetoacetate）、乙酰氧基-2-丙酮（2-Oxopropyl acetate，亦称丙酮醇乙酸酯），会在萃取末段即萃取率较高的阶段释出，这些风味物的香气会增加对甜味的感知。另外，研究还发现极性高的风味物较容易被萃取出来，会在冲煮初期溶出。比如奶油风味的2,3-丁二酮（2,3-Butanedione）的极性较高，往往在萃取率较低的冲煮初期溶出，而极性较低且带有玫瑰花与蜂蜜味的β-大马烯酮（β-Damascenone）在萃取率较高的冲煮末段才会溶出。换言之，当热水不断流过咖啡粉层，碍口与悦口的风味物不断被萃取溶释而出，彼此的平衡与消长会随着萃取率与浓度不停变动。咖啡的萃取科学比想象中更为复杂。

该咖啡研究中心下一步将针对萃取率高低与风味物的释出如何影响感官进行深入研究，再整合浓度与萃取率的研究结果，预料浓度与萃取率的理想区间将会放宽与扩充，以免作茧自缚限制美味咖啡的可能。期盼更精准的咖啡冲泡管控表以及金杯理论修正工程早日完成，让学子对咖啡萃取有更宏观的视野。

1　The Kinetics of Coffee Aroma Extraction、Extraction Kinetics of Coffee Aroma Compounds Using a Semi-automatic Machine: On-line Analysis by PTR-ToF-MS.

中国台湾抢第一！修正杯测烘焙度

20多年来，SCAA、SCA、CQI的杯测烘焙度坚守在Agtron 58（豆表）—Agtron 63（磨粉）的狭窄区间，咖啡风味评价遵循统一烘焙度无可厚非，问题是为何定在Agtron 58—63，SCA至今仍拿不出相关的研究文献，在科技发达的今日，强迫实操经验丰富的咖啡人墨守教条，已面临诸多质疑与挑战。台湾杯测师、烘豆师与咖啡师率先"起义"，经过多次会议讨论，2018年采多数决，投票通过抛弃Agtron 58—63陋规，统一为更浅的烘焙度Agtron 75±3，这是一个适合高海拔与低海拔咖啡展现酸甜震、花果韵的区间，亦符合精品咖啡趋浅焙的时代潮流，为全球立下"开第一枪"的典范。

2013年以来，我有幸参与台湾各产区的咖啡评鉴，起初仍严守SCAA烘焙度Agtron 58—63的规范，却发现窒碍难行，不少低海拔咖啡即使烘到近二爆仍无法达到此烘焙度，可能原因是低海拔咖啡含糖较少，美拉德反应不易上色，如果硬烘进二爆或延长烘焙，焦苦味很重，恐毁了咖农一年的心血。但高海拔咖啡就无此问题。难道Agtron 58—63旨在利好高海拔咖啡，借着中焙稍深的烘焙度，暗中淘汰低海拔豆？我相信SCAA心机没那么深，应该是当年制定此规范的"大咖"喝惯高海拔豆，欠缺烘焙低海拔咖啡豆的实际经验，草率将事，徒留后患。

咖啡评鉴的烘焙度理应定在一个有利于高、中、低海拔咖啡发挥特色的区间，公平性才站得住脚。虽然目前尚无文献揭示最有利于咖啡风味表现的烘焙度区间，但有经验的咖啡师、烘豆师、杯测师多数认同交集落在Agtron 70—80之间。巧合的是，另外两个咖啡评鉴与教学系统CoE与可持续咖啡学会（Sustainable Coffee Institute，简称SCI）的杯测烘焙度不约而同定在Agtron 70上下，这远比SCA的Agtron 58—63更令人信服。CoE并未将比赛的烘焙度规定死，基本上是由主审在赛前试烘试饮当地咖啡，根据当地咖啡的特性开会决定赛豆的烘焙度区间，也就是采较开放的因地制宜原则。有趣的是CoE赛事的烘焙度多半落在磨粉Agtron 70±3至70±5的区间。而SCI对杯测烘焙度的弹性更大，定在豆表Agtron 65—80。这两机构的烘焙度标准更切合实际，也更公平。台湾地区新制定的磨粉Agtron 75±3亦落在这两个机构的范围内，可谓英雄所见略同。

　　　　　　　　　　　　　　　　　　　第四波精品咖啡学

三年前炬点咖啡（Torch Coffee）共同创办人马丁·波拉克（Martin Pollack）来台湾教杯测鉴定师认证课程，我告诉他台湾已更改杯测烘焙度，他大表赞同，并说之前曾多次建议SCA有必要更改不合时宜的烘焙度，内部也有人同意更动，但因SCAA创办人之一特德爷爷（即特德·林格尔）不同意而作罢。理由是如果更动烘焙度，分数也会变动，即无法和过去的评分比对。这理由过于牵强，用21世纪20年代的评分去跟21世纪初相比，已无意义。光是台湾地区咖啡评鉴的同款豆寄到美国请SCA杯测师评分，双方均采Agtron 58—63的烘焙度，SCA的评分也往往比台湾地区评分高出1—2分，这并不奇怪，因为地域、文化、人种、偏好不同都会影响评分，想要做到四海一致地给分并不实际。与其墨守成规自限于过去的小框架，不如敞开心胸，调整评分机制跟上大时代变动的脚步。

台湾地区采用Agtron 75±3至今，咖农风评甚佳，更有利于高、低海拔咖啡的风味表现。至于要不要更动粉水比，这可以讨论。SCA Agtron 58—63的粉水比为1∶18.18，而台湾地区改用更浅焙的Agtron 75±3，理论上浅焙咖啡较不易萃取，浓度会低于中焙或深焙，因此Agtron 75±3有可能要调高粉水比以提高浓度。2019年5月，正瀚生技风味物质研究中心举办的两岸杯30强精品咖啡邀请赛上，CQI董事苏纳利尼·梅农出任主审，也同意采用新制Agtron 75±3作为赛事的烘焙度，但粉水比经过试饮，仍采用1∶18.18，并未调高。她也觉得杯测烘焙度调浅是挺好的改革方向。

记得2015年挪威冠军咖啡师蒂姆来中国台湾讲习，并在百胜村办了一场杯测会，与南投咖农一同杯测中国台湾咖啡和他带来的北欧风肯尼亚与埃塞俄比亚咖啡。杯测会仍用SCAA制式杯测表格，但咖啡豆的烘焙度并未按照SCAA或CQI规范的Agtron 58—63，而是采用更浅的烘焙度Agtron 70—80，以利于咖啡花果韵的表现。世界各地杯测鉴味弃用CQI的Agtron 58—63标准而改用更浅的烘焙度，实已酝酿多年。

就有利于高、中、低海拔咖啡展现风华，友善咖农而言，采用较浅的烘焙度Agtron 70—80是进步的做法。没有最好，只有更好，时时检讨，及时修正，才是精品咖啡产业进步的最大动力！

图片来源

封面（底纹）
视觉中国

正文
p.6—p.7，p.130—p.131，p.310—p.311，p.422—p.423：
视觉中国

p.177, p.181：
站酷海洛